彩图 1-1　黑木相思优良无性系 SR17

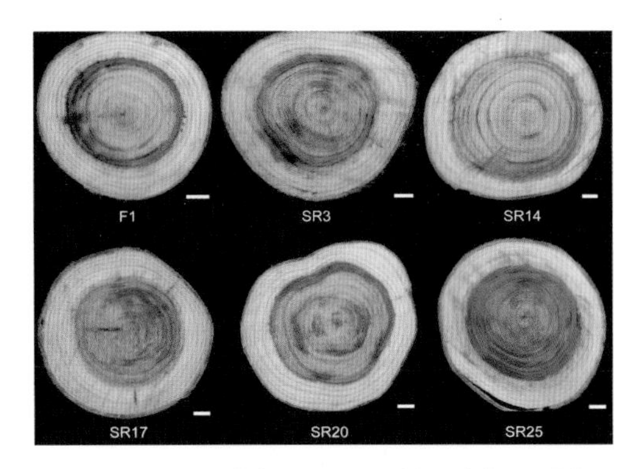

彩图 1-2　黑木相思不同无性系胸径处圆盘

彩图 1-3　降香黄檀雕刻工艺品

彩图 1-4　降香黄檀幼树截干移栽

彩图 1-5　降香黄檀幼树移栽种植后恢复生长

彩图 1-6　降香黄檀营养生长与生殖生长调控效果
（左侧为促进营养生长，右侧为促进生殖生长）

彩图 1-7　柚木无性系轻基质穴盘苗工厂化生产

彩图 1-8　云南畹町 40 年生柚木人工林

彩图 1-9　柚木家具

彩图 1-10　广西凭祥 6 年生坡垒人工林

彩图 1-11　坡垒红叶变异株系（左）和常规绿叶株系（右）

彩图 1-12　坡垒带翅种实

彩图 1-13　坡垒播种发芽

彩图 1-14　海南尖峰岭坡垒大树

彩图 1–15　泰国大果紫檀

彩图 1–16　泰国大果紫檀种质收集

彩图 1–17　广东阳江 10 年生大果紫檀试验示范林

彩图 1–18　泰国大果紫檀人工林

彩图 2–1　南洋杉种子及清水浸种

彩图 2–2　南洋杉容器播种及育苗

彩图 2–3　广东开平 11 年生南洋杉人工林

彩图 2–4　麻楝与毛麻楝树叶与树皮对比

彩图 2–5　麻楝人工林（泰国）

彩图 2-6　麻楝人工林（澳大利亚达尔文市）

彩图 2-7　麻楝扦插繁殖

彩图 2-8　火力楠花

彩图 2-9　火力楠果实

彩图 2-10　采集的火力楠种子

彩图 2-11　火力楠育苗

彩图 2-12　3 年生火力楠人工林

彩图 2-13　火力楠实木家具

彩图 2-14　火力楠大径材人工林

彩图 3–1　岭南槭植株翅果

彩图 3–2　岭南槭苗期叶色表现

彩图 3-3 花球较大、花期较长的紫花风铃木品种

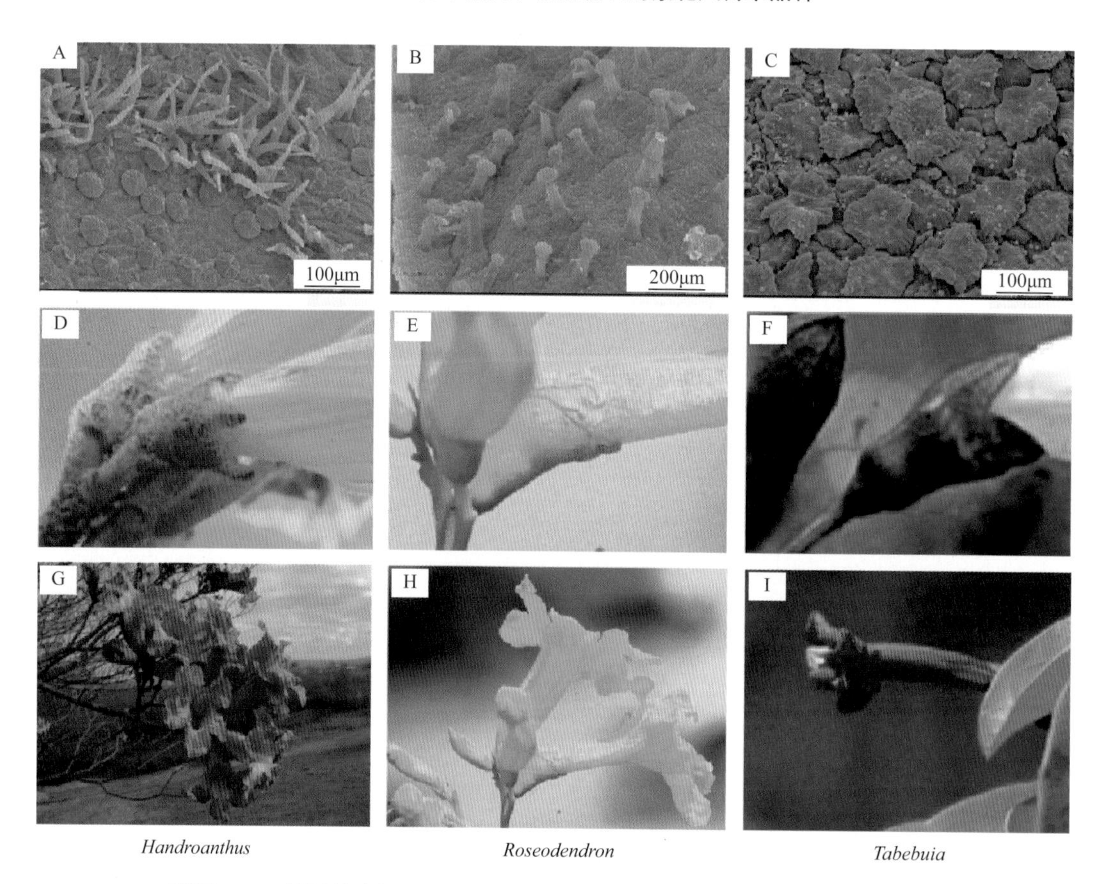

彩图 3-4 粉风铃木属、风铃木属和金铃木属的表型变异（Grose，2007）

注：A~C 为被毛叶片或花萼的电镜扫描图，D~F 为花萼形状和颜色，G~I 为花冠颜色。

彩图 4-1 桐花树胚轴

彩图 4-2 桐花树单株

彩图 4-3 广州南沙湿地桐花树人工林

彩图 4-4 桐花树花

彩图 4-5 不同生境下白骨壤的高度差异（一）

彩图 4-6 不同生境下白骨壤的高度差异（二）

彩图 4-7 白骨壤的种子

彩图 4-8 虫害导致白骨壤成片死亡

彩图 4-9　没入水中的白骨壤的树冠

彩图 4-10　白骨壤的笋状呼吸根

彩图 4-11　白骨壤林冠层的鸟类（一）

彩图 4-12　白骨壤林冠层的鸟类（二）

彩图 4-13　木榄花

彩图 4-14 木榄胚轴

彩图 4-15　木榄植株

彩图 4-16 木榄群落

彩图 4-17 海防卫士木麻黄

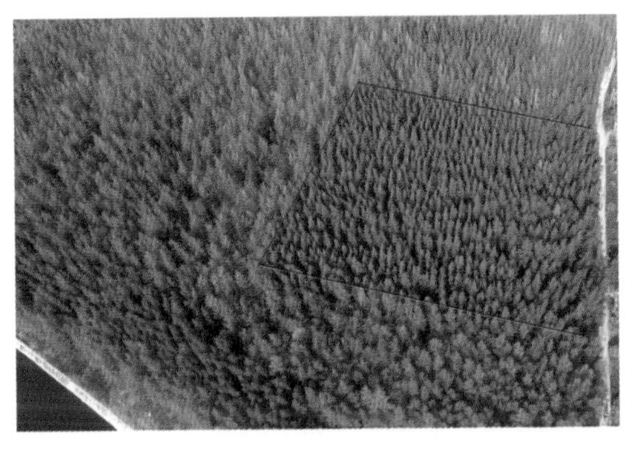

彩图 4-18 木麻黄抗青枯病新品种选育

彩图 4-19 木麻黄水培育苗

彩图 4-20 木麻黄沙池育苗

彩图 4-21 木麻黄人工林修枝效果

彩图 4-22 木麻黄沿海沙丘造林

彩图 4-23 秋茄人工幼林

彩图 4-24　秋茄人工成林

彩图 4-25　秋茄发达板状根

彩图 4-26　红海榄植株

彩图 4-27　红海榄叶和花

彩图 4-28　红海榄胚轴

彩图 4-29　红海榄群落

热带南亚热带主要造林树种
遗传改良与高效栽培

徐大平　主编

中国林業出版社
CFPH China Forestry Publishing House

图书在版编目（CIP）数据

热带南亚热带主要造林树种遗传改良与高效栽培 / 徐大平主编. -- 北京：中国林业出版社，2022.8

ISBN 978-7-5219-1797-0

Ⅰ. ①热… Ⅱ. ①徐… Ⅲ. ①热带林—造林—主要树种—遗传育种②热带林—造林—主要树种—栽培技术③亚热带林—造林—主要树种—遗传育种④亚热带林—造林—主要树种—栽培技术 Ⅳ. ①S718.54

中国版本图书馆CIP数据核字（2022）第140117号

责任编辑 李敏 王美琪
出版发行 中国林业出版社（北京市西城区刘海胡同 7 号 10009）
电话 （010）83143575 83143548
印 刷 北京中科印刷有限公司
版 次 2022 年 8 月第 1 版
印 次 2022 年 8 月第 1 次印刷
开 本 787 × 1092mm 1/16
印 张 20.5
彩 插 16面
字 数 460千字
定 价 118.00元

《热带南亚热带主要造林树种遗传改良与高效栽培》编委会

主　　编　徐大平

副 主 编　马海宾　曾　杰　曾炳山　杨锦昌　辛　琨　李　明　郭俊杰

编　　者（以姓氏笔画为序）

王　涛　王先棒　王春胜　甘四明　生　农　仲崇禄　刘　英　刘小金　孙　冰　李　玫　李　娟　李　梅　李发根　李光友　李改云　李荣生　李素欣　李湘阳　杨曾奖　杨锦昌　何　栋　余　纽　邹文涛　辛　琨　宋湘豫　张　勇　张宁南　张如平　张启雷　陈仁利　陈玉军　陈祖旭　陈朝黎　范春节　林明平　罗水兴　周长品　周再知　郑松发　孟景祥　赵　霞　赵志刚　胡　冰　施招婉　姜仲茂　姜清彬　洪　舟　徐大平　徐建民　郭　朗　郭俊杰　黄世能　黄桂华　黄烈健　崔之益　梁坤南　梁炜深　董明亮　韩　强　曾　杰　曾炳山　谢亚婷　裘珍飞　裴男才　管　伟　廖宝文　廖绍波　熊燕梅　魏永成

序 言

习近平总书记指出："森林是水库、钱库、粮库，现在应该再加上一个'碳库'。"习总书记的英明论断深刻阐明了森林在国家生态安全和经济社会可持续发展中的基础性、战略性地位与作用。近年来，随着我国社会经济高速发展，人民生活水平不断提高，公众对于森林提供的林产品和生态服务功能的需求日渐增加。我国热带和南亚热带地区面积约为 80 万 km^2，占国土面积的 8%。该地区水热资源丰富，树木生长快，发展人工林潜力巨大。提升热带和南亚热带地区主要造林树种遗传改良和高效栽培技术水平，将有力推动我国华南地区林业产业高质量发展，充分发挥森林的生态服务功能，对于促进区域生态文明建设，以及稳中求进实现经济社会可持续发展具有重要作用。

中国林业科学研究院热带林业研究所（以下简称"热林所"）建立之初衷便是为热带和南亚热带地区林业建设提供科技支撑，其发展历史可以追溯至 1962 年。当年，13 名先驱在海南岛尖峰岭建立中国林业科学研究院热带林业试验场，开启了中国热带林业研究历史新篇章，至今已走过 60 年峥嵘岁月。今天的热林所，已经发展成为具有较大国际影响力的热带林业科研机构，设有森林生态学、湿地生态学、林木遗传育种、森林培育、森林保护学、经济林学和城市林业等 7 个二级学科，成为了"一带一路"林业国际合作的重要平台，为热带和南亚热带地区林业工程和生态建设提供了重要科技支撑。

《热带南亚热带主要造林树种遗传改良与高效栽培》综述了近年来热林所在热带、南亚热带主要造林树种遗传改良和高效栽培方面的科研进展和技术进步，涵盖 30 多个树种，展现了热林所在支撑华南地区林业高质量发展方面作出的贡献。

1991 年进入中国林业科学研究院工作以后，我曾陆续主持多项国家级项目研究工作，与写作本书的主要专家有过密切的合作，对本书记载的主要树种也有一定的了解。作者对热带南亚热带主要造林树种遗传改良与高效栽培进行了较为全面系统的总结，并集结成书。相信该书的出版，可为林业科技工作者、林业院校和科研院所师生提供学习研究参考，为进一步弘扬中国科学家精神，激发广大林草科技工作者的荣誉感、自豪感、责任感，激励广大年轻科研工作者积极投身林草科技事业，用科技成果践行“两山”理论，为林草事业高质量发展立新功，为我国乃至全世界林业可持续发展贡献力量。

中国工程院院士

2022 年 8 月 8 日

前言

我国热带南亚热带地区自然条件优越，树种资源丰富，是发展珍贵用材和速生用材的理想之地。该地区目前已经成为我国木材生产的关键区域、生态文明建设的重要阵地、乡村振兴战略实施的主战场。中国林业科学研究院热带林业研究所的中心任务是以热带南亚热带森林为研究对象，解决热带南亚热带林业建设中综合性、关键性、基础性的科学技术问题，主要开展森林与环境相互关系、林木良种选育和高效栽培、森林资源保护与可持续利用等研究，有力地支撑区域林业产业发展和生态建设。

值此中国林业科学研究院热带林业研究所建所60周年之际，组织编写了《热带南亚热带主要造林树种遗传改良与高效栽培》。该书综述了热带林业研究所主要研究的32个树种在遗传改良与高效栽培方面的研究进展，详细介绍了这些树种在优良种质选育、良种壮苗培育、立地选择、抚育管理、林分结构调整、林产品加工利用、林木生态服务功能等方面的主要研究成果，旨在更好地为热带南亚热带主要树种栽培提供技术指导。

根据所撰写树种的特性，全书共分四章，分别为珍贵树种、速生及乡土树种、观赏及经济林树种和生态树种的遗传改良和高效栽培，由热带林业研究所森林培育研究中心、林木遗传育种中心、森林资源研究中心和海岸带研究中心的科研人员完成各自所研究树种的撰写，徐大平主编，科技管理处协助完成出版。本书在整个编写过程中得到全所科技人员的大力支持，谨在此一并致谢！

由于本书编写时间较为仓促，虽然经过作者多次仔细查对，但仍难免有错漏，恳切希望广大读者给予批评指正。

编　者

2022年8月

目 录

第一章 珍贵树种遗传改良与高效栽培

第一节 黑木相思

黑木相思（*Acacia melanoxylon*）又称澳洲黑檀，原产澳大利亚昆士兰至塔斯马尼亚的东部及东南部，即南纬16°~43°之间。黑木相思材质好，心材气干密度0.65~0.75g/cm^3，弦向收缩仅1.5%左右。心材呈棕色至黑棕色，间有鸟眼、雨点、斑点等美丽图案，是高档的家具材和贴面板材，且声学性能优异，常用于制作小提琴等乐器。因此，黑木相思是经济价值高的珍贵树种。

黑木相思生长快，木材产量高，轮伐期短。优良无性系林1~1.5年即可郁闭，13~15年即可培育成中大径材。黑木相思心材形成时间早，心材比例高。1年后即可形成心材，6年时心材比例约45%，13年时约75%。因此，黑木相思的经营周期短，是中短经营周期的珍贵树种。

黑木相思根系具有丰富的根瘤，固氮能力强，施肥时需要的氮肥量少，商品林经营能避免追施大量氮肥导致的面源污染。同时，黑木相思枯落物丰富，能显著提高土壤有机质含量，从而改良土壤。因此，黑木相思是生态友好型树种。

黑木相思树冠苍翠宽大，观赏价值较高，对氟化氢、二氧化硫、氯气的抗性强，也是优良的绿化树种。

一、组培育苗技术

（一）增殖与生根诱导

组培技术不仅是繁育林木无性系试验苗和无性系选育的关键技术，也是优良无性系扩繁推广的关键技术。中国林业科学研究院热带林业研究所（以下简称“热林所”）从2008年起开展黑木相思组培技术研发，采用优良单株根蘖萌条为外植体，使组培材料更幼态化，提高了组培材料的增殖和生根性能。同时通过根蘖建立的采穗圃实现了组培材料的异地保存，方便人工管理和外植体的采集，显著提高了消毒成功率，外植体消毒成功率超过15%，丛芽诱导率可达8%。至2012年，优化了增殖培养基配方的大量元素含量、维生素的含量、激素种类和配比浓度，许多无性系的增殖系数达2.5倍以上（裘珍飞等，2016），增殖周期仅30~35天。随后又优化了生根培养基配方的大量元素、激素、蔗糖含量，多数无性系的生根率可达80%，部分无性系可达90%。

在黑木相思组培中，不同无性系组培难易差异很大。在相同条件下培养，有的无性系月增殖率达3倍以上，生根率90%以上，属于易组培无性系，约占30%；另有约30%的无性系，月增殖率不足1.5倍，生根率低于50%，属于难组培无性系；其他40%的无性系介于两者之间。主要原因是不同基因型对养分和外源激素的需求有很大差异。本研究所选育的优良无性系大部分是来自澳大利亚昆士兰南部及新南威尔士北部的种源，少量是来自维多利亚及塔斯马尼亚的种源。针对不同无性系的组培特征，研制了不同配方的培养基，并针对接种周期、接种密度、生根苗长度及炼苗时间等制定了标准化的生产工艺，对极难生根的无性系还研发了穴盘驯化培养专利技术，提高了生根率和移植成活率。通过培养基配方、标准化生产工艺和难生根无性系驯化培养技术的研发，大部分无性系的技术参数达到了规模化生产的要求。

（二）组培光照研究

黑木相思继代增殖时，不同无性系的适宜光照强度不同。完全暗培养时，SR13、SR14和SR17 3个无性系在增殖培养基上仅形成白色、细弱、无叶片的增殖芽苗。只有在一定光照的条件下，增殖的茎芽才是绿色的，才能产生叶片，且叶片随光照强度的增加而变大。在0~3500lx的荧光灯白光光照强度范围内，以“增殖倍数”“苗高”“高度≥2.5cm”和“具有绿色叶片的可生根苗率”为评价指标，不同无性系的最佳光照强度有所差异。SR13的增殖倍数、苗高随光照强度的增加而下降，但暗培养及过弱的光照下形成的芽苗细弱且叶片细小，可生根苗率则先随光照强度的增加而增加，在1000~1500lx光照强度范围达到最高值，随后下降。SR14和SR17的增殖倍数随光照强度的增强而呈现倒“V”字形变化，即先升后降，分别在250lx及500lx达到最高值。SR14的苗高在暗培养时比较高，有光照后随光照强度的增加表现为先降后升再降的变化趋势，在3000lx时达到最高值，3500lx时略有下降。SR17的苗高显现典型的“U”字形变化趋势，在暗培养时苗高最大，后随光照强度的增加而降低，苗高最低值出现在增殖芽数最多的500lx处，而后随光照强度的升高而升高，在3500lx出现次高点。

3个参试无性系的茎叶生物量随光照强度增加的变化趋势有所差异。SR13、SR14无性系的茎叶生物量表现为先升后降，其中SR13在1000lx达到最大，SR14在3000lx达到最大。SR14的生物量在0~500lx之间直线上升，500~1500lx之间缓慢上升，1500~2500lx之间稳定微增，2500~3000lx之间又快速上升，3000~3500lx之间快速下降。SR17的茎叶生物量随光照强度的增强而不断增大，在3000~3500lx缓慢微增，3500lx达到最大值。

继代增殖时，同一无性系对不同光质的响应和利用效率不同。SR17无性系对LED

红、蓝、黄、白色 4 种光质响应如下：蓝光有利于芽数增殖及苗高生长；红光有利于芽数增殖，与蓝光增殖倍数差异不大，但平均苗高比较小；黄光有利于苗高生长，亦与蓝光苗高生长差异不大，但增殖芽数比较少（表 1–1）。在蓝光 500~2500lx 的光照强度范围内，SR17 增殖芽数基本稳定，至 3500lx 时反而下降。增殖芽苗的平均苗高在 2500lx 时达到最高，显著优于其他光照强度。与 SR17 无性系的荧光光照强度结果相比，在荧光 500~3500lx 光照强度中，平均苗高一直随光照强度的增强而升高，未见下降趋势（表 1–2）。

表 1–1 SR17 在不同光质与荧光灯白光中的生长状况

处理	芽数（丛）	高于 2.5cm 的芽比率（%）	平均苗高（cm）
荧光灯白光	9.0b	14.4c	1.6c
LED 白光	8.9b	23.2b	1.9b
LED 蓝光	13.1a	31.4a	2.4a
LED 黄光	9.9b	26.4b	2.2a
LED 红光	12.2a	16.3c	1.8bc

注：光照强度为 2500lx。

表 1–2 SR17 在不同强度的荧光灯白光、LED 蓝光中的生长状况

处理	芽数（丛）	高于 2.5cm 的芽比率（%）	平均苗高（cm）	处理	芽数（丛）	高于 2.5cm 的芽比率（%）	平均苗高（cm）
LED 蓝光 500lx	13.1a	16.1c	1.9b	荧光灯白光 500lx	17.0a	4.9d	1.6c
LED 蓝光 1500lx	12.9a	15.4c	1.8b	荧光灯白光 1500lx	15.4a	8.8c	1.7bc
LED 蓝光 2500lx	13.1a	31.4a	2.4a	荧光灯白光 2500lx	13.2b	13.8b	1.9b
LED 蓝光 3500lx	10.8b	22.5b	2.0b	荧光灯白光 3500lx	13.8b	20.6a	2.2a

注：两个不同光质的光照强度试验，没有在同一时间开展。

4 种光质对 SR17 生根培养的影响主要表现在苗高、根条数、生物量等方面，对生根率影响不大，培养 35 天后生根率均可达到 96%~100%。蓝光的苗高显著高于其他光线，LED 红、LED 蓝、LED 黄及 LED 白的生根条数均高于荧光，其中以红光根条数最多，其次为蓝光，但二者差异不大。4 种光线对根长没多大影响。从根系生物量来看，红光最大，蓝光次之，其他光线则显著要低。从茎叶生物量来看，红光更利于茎叶生物量的积累，显著高于苗高最大的蓝光及其他光线，原因是叶片大，且苗木木质化程度高和内含物多而比重大。

在生根培养时，不同无性系对暗培养的需求和反应不同。SR17 无性系的无暗培养对照，第 8 天开始生根，第 15 天达到 73.1% 生根率，第 25 天达到 95.4%，其后生根率不再增加。若经过 2~8 天的暗培养，而后在光照下培养，生根诱导 25 天后，生根率可达 85% 以上。若经 10~12 天的暗培养处理，生根诱导 25 天后，生根率均低于 80%，直至培养 35 天时，生根率才达 85% 以上。若暗培养 12 天以上，则有部分芽苗出现落叶现象，生根率随暗培养时间的继续延长而显著降低。若一直在 250lx 弱光下诱导生根，

生根率也比较低。因此，SR17 的生根诱导需要适当的光照强度，暗培养总体是抑制生根的。SR14 则与 SR17 略有不同，在暗培养 3~5 天时生根率最高，但与无暗培养的对照差异不大。12 天以上的暗培养则生根率显著降低，14 天的暗培养时也出现部分芽苗落叶。暗培养时间的长短对始根期无影响，两个无性系的各处理间相差仅 1~2 天。

综上所述，在黑木相思继代增殖中，不同无性系对荧光灯白光的光照强度的响应有所差异，分为强、中、弱 3 种。SR3 无性系需求 1000~1500lx 的光照强度，为弱光型。SR14 无性系对光照强度的需求略高，即 1500~2500lx，为中光型。SR17 无性系在 3000~3500lx 的光照强度下茎叶生物量最高，为强光型。黑木相思的生根诱导中，3~5 天的暗培养对部分无性系的生根可能有轻微的促进作用，但超过 8 天的暗培养不仅降低生根率，还容易引起苗木落叶，影响苗木的生根及生长。

生根组培苗的温室炼苗试验结果表明，早期 15 天内适宜的炼苗光照强度为 4000~10000lx，后期适宜的炼苗光照强度为 10000~20000lx。如果早期的光照强度超过 15000lx，后期光照强度超过 25000lx，且强光照的时间超过 4h，瓶苗将会失水和出现枯叶枯死现象。

（三）田间移植技术

通过 5 个苗圃连续 5 年的组培苗移植技术优化，总结了不同纬度、不同季节的出瓶、清洗、包装运输、移植、水分管理、保湿管理、光照管理、温度控制、杂菌控制、施肥、苗木分级、炼苗、病虫害防治等系统配套的组培苗移植技术。移植后前 30 天内，以天为单位，分雨天、阴天、小晴天、大晴天 4 种天气状况，优化了每天的喷雾次数和具体时间，盖遮阳网的层数和具体时间，高温季节还优化了每天淋降温水的次数和具体时间，使得脆弱的组培芽苗平稳过渡到可以常规管理的状态。将一年分成 2 月上旬 ~2 月中旬、2 月下旬 ~3 月底、4 月上旬 ~5 月上旬、5 月中旬 ~6 月底、9 月中旬 ~10 月中旬、10 月下旬 ~11 月底、12 月上旬 ~ 次年 1 月底共 7 个时段，纬度则分为北纬 22° ~24° 和 24° 以北，编制了企业标准《黑木相思组培苗移植技术规程》2 套共 14 册。将成套的移植技术规程按维度交付广东和广西的 18 个新品种授权林业苗圃使用，移植了 SF1、SR3、SR6、SR8、SR9、SR13、SR14、SR17、SR20、SR21S、R24、SR25、SR53 共 13 个无性系的组培苗近 3000 万株，主要无性系大多数批次的移植成活率均能达到 85% 以上，最佳移植季节可达 90%~95%。

二、良种选育

（一）无性系选育

种源试验表明，昆士兰南部至新南威尔士北部的种源适合于中国华南地区栽培。然而，受开花季节大雨等因素的影响，我国种植的黑木相思多数年份不结实或结实率非常低，难以采集种子培育苗木，栽培用种必须依赖进口。另外，与大多数林木一样，无论生长、分枝与干形、心材比例、心材密度、心材颜色、白腐病抗病性、抗寒性等经济性状，还是分枝角度、叶片聚集程度、叶片长短、叶片宽度、树皮颜色、树皮开裂方式和树皮花纹等非经济性状均有巨大的分化和变异。生长、分枝和材性等经济性状的巨大分化导致林分平均生长量和木材平均质量的降低，木材产品的均一性也较低，不利于工业化的木材干燥和家具制作。再者，黑木相思生长快而轮伐期短，无性系栽培因出现新病害而导致毁灭性影响的风险小。因此，选育优良无性系是黑木相思推广栽培的可行技术路线之一。

黑木相思绝大多数植株的粗大分枝多，且主梢容易被粗大侧枝取代，导致冠幅偏大、干形不良。冬季低温的生长停止、季节性干旱的生长停止、风力等导致的倾斜，昆虫取食等导致的主梢嫩芽缺失、缺硼等等，均可引发主梢被侧枝取代，最终引起主干弯曲。因此，优树和无性系测定的分枝和干形评价就成了无性系选育的关键。根据黑木相思的这一特点，提出了优树和无性系的枝条的创新性评价方法，即粗大分枝相对大小评价法。具体做法为：按枝条直径占分枝处主干直径的比例，将 2/3 中下部树冠的枝条分为 5 级，即 < 1/5、1/5~2/5、2/5~3/5、3/5~4/5、 > 4/5，分别设置每一个分枝级别的权重，累加计算分枝值，重点淘汰粗大分枝多的优树。该法的优点是：①无需测量工具也能准确判读枝条的相对大小；②纳入评定的枝条处于树冠中下部，能准确反映植株的早期分枝特性，与分叉、干形和弯曲的相关性高。

采用五株优势木法，以树高、胸径、粗大分枝、树干弯曲、冠幅、枝下高、病虫害等为主要指标，对树高、胸径、粗大分枝等赋予比较高的权重，综合计算优树得分。从 6.5 年生以上的优良种源人工林中评选了优树 53 株，入选比例为 1/3000~1/2000。挖取优树 1~4cm 粗的侧根，截断成 15~20cm 长的根段，通过根蘖的方法繁殖了 49 个无性系进行保存；通过组培和根蘖的方法繁殖了 35 个无性系在紫金中坝、紫金苏区、田林旧州和田林潞城 4 个点进行无性系测定。根据 6 年左右的连续生长观测，最终选育出了干形通直的速生无性系 SR3、SR13、SR14、SR16、SR17（彩图 1–1）、SR18、SR21、SR22、SR24、SR53，耐寒无性系 SR6、SR26、SR47、SR3，直干形无性系 SR25。苏区试验点 6.5 年生 SR3、SR13、SR14、SR21、SR24、SR53 的胸径提高 20.8%~55.8%，树高提高 36.0%~59.6%，除 SR53 外粗大分枝数量减少为 0.2~1.7 条 / 株，对照为 2.4 条 / 株（表 1–3）。中坝试验点 5.5 年生 SR3、SR14、SR17、SR18、SR20 的胸径提高 17.8%~68.9%，树高提高 1.7%~44.9%，粗大分枝数量减少为 2.0~2.3 条 / 株，对照为 3.1 条 / 株（表 1–4）。

表 1–3　6.5 年生苏区试验点表现较佳的无性系

无性系	平均胸径（cm）	平均树高（m）	>1/5 分枝数（条 / 株）	胸径提高（%）	树高提高（%）
SR2	16.0	15.5	1.7	33.3	36.0
SR3	16.5	15.5	1.6	37.5	36.0

（续）

无性系	平均胸径（cm）	平均树高（m）	>1/5 分枝数（条 / 株）	胸径提高（%）	树高提高（%）
SR13	17.1	17.1	1.1	42.5	50.0
SR14	15.4	18.2	0.8	28.3	59.6
SR16	15.9	16.3	1.6	32.5	43.0
SR21	14.5	17.5	0.2	20.8	53.5
SR24	15.8	17.0	0.8	31.7	49.1
SR53	18.7	16.9	2.6	55.8	48.2
对照	12.0	11.4	2.4	—	—

表 1–4　5.5 年生中坝试验点表现较佳的无性系

无性系	平均胸径（cm）	平均树高（m）	>1/5 分枝数（条 / 株）	胸径提高（%）	树高提高（%）
SR3	10.6	12.0	2.3	17.8	1.7
SR14	13.8	15.7	2.3	53.3	33.1
SR17	14.6	16.7	2.0	62.2	41.5
SR18	15.2	17.1	2.0	68.9	44.9
SR20	13.8	16.5	2.0	53.3	39.8
SR42	11.6	14.1	2.3	28.9	19.5
SR47	11.7	14.2	2.2	30.0	20.3
对照	9.0	11.8	3.1	—	—

黑木相思优良无性系具有良好的速生性，6 年生平均树高可达 15.0~16.8m，平均胸径可达 15.0~18.5cm，最粗的单株胸径可达 28.5cm。多个点的观察对比发现，5~6 年生黑木相思的胸径生长量能接近或超过周围立地和经营条件相同的桉树人工林，显示黑木相思优良无性系具有良好的速生性。在东江林场的优良无性系中试生长观测结果表明，2 年生 SR3、SR13、SR18、SR22、SR47、SR52、SR53 等无性系的平均胸径可达 6.5~8.5m，平均树高可达到 6.0~8.5m。相对于桉树丰产林而言，1 年生黑木相思无性系林的胸径和树高生长量均明显要小，但 2 年后的胸径生长可逐步接近或超过桉树丰产林。

选择了 9 个生长快、粗大分枝少、干形通直、抗寒、抗病的具有较大保护前景的优良无性系，采集其干形、叶片、枝条、树皮等形态特征与数据，确定了准确稳定区分这些无性系的形态指标（裘珍飞等，2017；吕中跃等，2018），申报了林业植物新品种保护权，并通过了国家林业局新品种办公室组织的新品种实质审查，具有明显的特异性、一致性和稳定性，最终获得了 SR3、SR13、SR14、SR17、SR18、SR21、SR24、SR25、SR53 的新品种权。目前，这些新品种已授权给国内的 5 个大型林木组培工厂扩繁生产，2015 年至 2022 年已扩繁组培芽苗超过 3000 万株，在广东、广西、福建和云南等省（自治区）移植推广，已种植面积超过 15 万亩[①]。广东省肇庆、河源、梅州和韶关等

① 1 亩 $=0.0667hm^2$。

市政府均将黑木相思列为低效林改造的重点推广树种之一，推广前景巨大。

（二）无性系遗传进化分析

从已报道的 76 对相思属 SSR 引物中筛选黑木相思 SSR 引物，共有 25 对能够扩增出清晰条带，其中 17 对引物具有多态性，共扩增出 134 个位点。SSR 引物的多态性指数 *PIC* 值范围为 0.044~0.911，每对引物具有 2~18 个位点，平均位点数为 8.06，多态性位点相对丰富。其中有 9 个 SSR 引物具有较好的多态性，其 *PIC* 值超过 0.60，这些 SSR 引物可以将来用作鉴定分析不同的黑木相思表型。通过使用非加权组平均法对 45 个黑木相思无性系进行聚类分析，发现这些无性系具有较近的亲缘关系，相似系数为 0.65~0.99。在相似系数 0.72 时，45 个无性系共分为三类（图 1–1）。其中来源于梅州西阳镇的无性系几乎全部能够聚类于第一簇的第二亚类，且与之聚在一起的 HL06、LL05 等无性系均具有树干通直、分枝少、生长速度快等优点。研究结果为黑木相思育种、进一步的种质资源引进和适应性分析奠定了基础（Fan et al.，2016）。

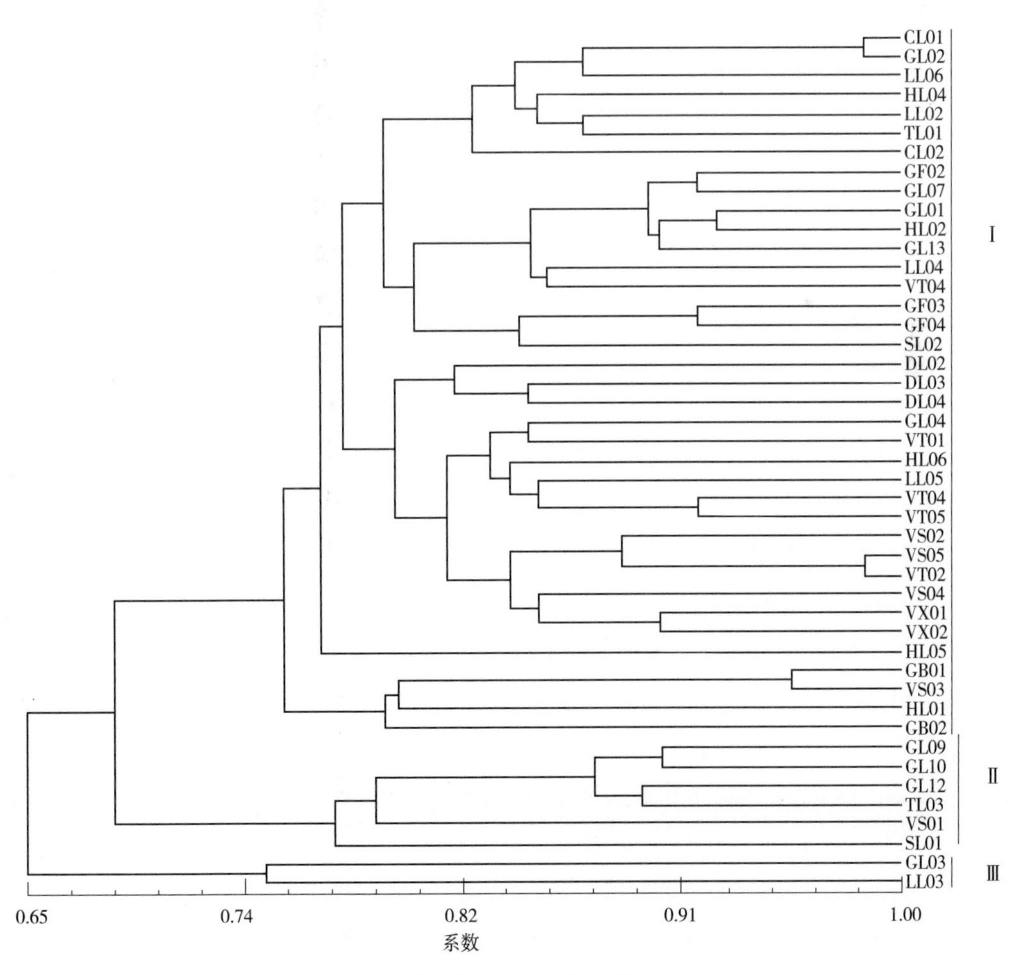

图 1–1 黑木相思 45 个无性系的聚类分析

三、栽培技术

（一）适宜种植区及海拔

在原产地澳大利亚，相思类树种被划分为热带相思和亚热带相思两大类，黑木相思分布于南纬 16°~43° ，属于亚热带相思。2015 年以前，我国推广的黑木相思不足 1 万亩，对其适生栽培条件没有充分的研究和总结。我国冬季的降温幅度大，大寒潮的降温幅度可超 12℃，因此适宜种植范围在北纬 25.5° 以南。华南地区南部则受高温、台风、沿海台地海拔较低等因素的影响，适宜种植范围为北纬 22° 以北。因此，黑木相思在中国华南地区的适生栽培区处于南亚热带地区。同样，受高温和低温寒潮的影响，不同纬度有不同的最适种植海拔（表 1–5）。福建、广东、广西等东部省（自治区）可参照表 1–5 选择适宜的海拔。高纬度和高海拔应采用耐寒品系，如 SR6、SR47、SR26、SR3 等无性系。

表 1–5　华南地区不同纬度的黑木相思适宜海拔范围

种植纬度	海拔高度（m）
北纬 22.0°	200~700
北纬 22.5°	200~600
北纬 23°	150~500
北纬 24°	100~450
北纬 24.5°	＜ 350
北纬 25°	＜ 300

注：云南南部且北纬 23° 以南的适宜海拔为 600~1700m，云南南部且北纬 23°~24.5° 的适宜海拔为 1500m 以下。

（二）适宜气候条件

在没有霜冻的情况下，黑木相思可以耐受 –6℃的短时低温，但有霜冻时可以耐受的低温仅约 –4℃。因此，在纬度较高、容易发生冻害的地区选择造林地时，需要避免容易打霜的山谷山脚或石灰岩山区的天坑等地形。耐寒黑木相思无性系嫩枝的抗寒性与巨桉接近，树干的抗寒性与尾巨桉接近，因此周围桉树林历年的冻害情况是很好的参照。若相近海拔的桉树林近十年来没有冻死尾梢 0.5m 以上，一般可种植黑木相思。黑木相思分布区的年降水量在 750~1500mm 之间，中国华南地区和云南南部的降水量均满足其需求，因此降水量不是黑木相思种植的限制因子。降水量在 1100mm 以上的区域种植，黑木相思生长更为迅速。

有些黑木相思无性系的生长与降水量等气候条件存在一定的交互作用。SR53、SR13、SR24 等无性系在降水量超过 1500mm 的华南地区中东部生长良好，但在百色等降水量约 1100mm 的地区则生长量显著降低。SR20 在华南地区的东西部均生长迅速，但在东部因降水量较高且有台风拉伤主干，容易发生树干白腐病，发病后的植株生长量明显下降，而在降雨少、台风危害轻的百色地区则未发现有白腐病，生长一直优于大多数优良无性系。SR3、SR14、SR17、SR22、SR16 等无性系的生长则未发现与气候条件有交互作用，在华南地区的东西部均生长良好。

（三）适宜土壤条件

黑木相思对母岩要求不严，页岩、砂页岩、花岗岩、砂岩等母岩发育的土壤均比较适宜。石灰岩发育的土壤，当土层厚度大于50cm、土壤pH值小于7.0时，也能良好生长。

黑木相思比较耐瘠薄，对土壤条件的要求比较低，但商品林的目标多是培育经济价值高的中大径家具材，因此土层厚度应大于50cm，土壤肥力应中等以上，否则难以培育出中大径材。土壤有机质含量高有利于根瘤菌的生存和扩散，能促使黑木相思根系形成丰富的根瘤，从而固定空气中的氮元素，促进黑木相思林分的生长，尤其是促进幼林的迅速生长。另外，林地植物枯落物形成的土壤有机质储存了比较丰富的硼元素，能减少缺硼现象的发生。绝大多数相思类树种不耐碱性，土壤pH值超过7.5的林地不适宜种植黑木相思。当土壤pH值超过8.2时，会出现明显的缺铁症状，生长不良。

（四）适宜地形条件

纬度高于北纬24.5°时，尽量选择南坡，以免发生冻害。纬度较低的地区，如回归线以南，应选择开阔通风的中上坡，切勿在海拔低于120m的闷热山谷和山脚种植黑木相思。否则，台风拉伤后，容易出现严重的树干白腐病，导致植株空心、风折和枯死。

（五）种植密度

黑木相思是一个自然整枝和冠幅调整能力较强的树种。在开阔地，多数单株会形成阔大的冠幅，粗大分枝多，高径比小。当密度较大时，植株间竞争激烈，自然整枝强度大、高径比大、树干通直。因此，适宜的初植密度非常重要，既能减少粗大分枝数量、获得通直干形和节疤小的优质木材，又能控制和降低种植成本。通过2m×2m、2.5m×2m、2m×3m、2.5m×3m、3m×3m、3.5m×3m、4m×3m共7个株行距的种植密度实验，结果发现黑木相思的适宜种植密度在2.5m×3m到3m×3m之间。株行距在2m×3m以下，密度再小，也必须进行1次干形修枝，否则粗大分枝仍然较多，只不过自然整枝会提前1~2年。但因密度大，种苗费、挖穴人工、基肥、第1年和第2年追肥、间伐等营造林成本显著加大，且不能产生经济效益。株行距在3m×3.5m以上，林分不能及时郁闭，1.0~1.5年时干形修枝1次无法控制粗大分枝的产生，需要2.2~2.5年再干形修枝1次。此时，大分枝的分枝点普遍上升至2~5m，修枝难度加大，费时费工，营林成本反而有所上升。另外，密度过小，抗风险能力小，受造林天气、造林失误、台风等不确定因素的影响，难以保证每亩所需要的植株数量。

桉树有时采用宽行窄株的种植模式，既方便铲除杂草，还利于桉树在株间完全压制杂草，从而提高在株间所追施肥料的吸收利用率。黑木相思按株行距2.5m×3m或3m×3m种植时，1.0~1.5年时干形修枝1次即可很好地控制粗大分枝的产生。如果以宽行窄株的2m×4m种植时，尽管种植密度处于上述两个株行距之间，但因行间方向的间距过大，干形修枝1次不能很好地控制大分枝的产生。需要在2.2年左右再进行一次干形修枝才能达到预期的效果，但此时大分枝的分枝点普遍上升至 2~5m 高，修枝成本较高。因此，即使同样的种植密度，株距和行距相对接近，使植株均匀分布于林地也是非常重要的。

（六）硼营养对黑木相思生长的影响

硼是植物生长发育所必需的矿质元素。我国南方大部分地区的土壤有效硼含量不足，需要补施硼肥，但植物适宜的硼量范围狭窄，硼肥过量易对苗木和幼树产生毒害作用。因此研究黑木相思的需硼量及其缺硼胁迫的抵御机制具有重要意义。

以五华县华阳镇（土壤有效硼含量 <0.50mg/kg）的 1 年生黑木相思人工林为研究对象，追肥时设置 7 个梯度的硼酸，即 0g/ 株、2.5g/ 株、5.0g/ 株、7.5g/ 株、10.0g/ 株、12.5g/ 株、15g/ 株，4 个重复小区，每小区 10 株，连续追施 2 年后，调查不同硼肥量对黑木相思生长发育的影响。结果表明，施硼量≤ 2.5g/ 株时，植株会产生长度 > 0.5m 的枯枝，发生枯枝的植株比例 >85.0%；施硼量为 5.0g/ 株和 7.5g/ 株时，会产生长度 < 0.5m 的枯枝，发生枯枝的植株比例分别约为 30.0% 和 20.0%；施硼量为 10.0g/ 株时，植株的株高和胸径表现较好，且不会发生枯枝现象；施硼量为 12.5g/ 株和 15g/ 株时，不会发生枯枝现象。另外，随着施硼量的增加，植株叶片的硼含量逐渐增加，而氮、磷、钾的含量没有明显变化规律。施硼量为 7.5g/ 株和 10.0g/ 株时，叶片中的钙含量较高。综上所述，施硼量为 10.0g/ 株时，黑木相思植株生长发育较好，叶片的钙元素含量较高。

以 3 月龄的无性系 SR17 幼苗为研究对象，分别在 0mg/L、6mg/L、60mg/L、120mg/L 4 个硼酸浓度的营养液中培养，每个处理重复 4 次，每个重复 15 株，2 个月后考察不同供硼量对黑木相思幼苗生长发育的影响。结果表明，缺硼处理时，幼苗的株高、叶片数、根长生长均受到抑制；硼酸含量为 6mg/L 时，幼苗的株高、叶片数及根长增长量均高于其他处理；硼浓度过大，幼苗的叶片会产生毒害表现。硼酸含量为 6mg/L 时，叶片中的总叶绿素含量较高；硼酸含量为 0mg/L、120mg/L 时，幼苗分别受到缺硼和硼毒害作用，叶绿素含量均较低。随着供硼量的增加，叶片中可溶性蛋白质的含量逐渐增加。随着供硼量的增加，叶片中的脂氧合酶（LOX）和过氧化氢酶（CAT）活性逐渐增高；相比硼酸含量为 6mg/L，缺硼（0mg/L）和硼酸含量过高（60mg/L、120mg/L）时，叶片中的苯丙氨酸解氨酶（PAL）、过氧化物酶（POD）等抗氧化酶的活性增加（图 1–2），丙二醛（MDA）含量增加，而抗坏血酸（AsA）的含量降低（图 1–3）。另外，测定不同供硼量的叶片矿质元素含量显示，随着供硼量的增加，叶片的硼元素含量的积累趋势明显，且磷和钾元素的含量也与硼含量协同增加，而在生长势较好的 6mg/L 硼酸含量处理下，钙元素含量较高，而镁元素和氮元素含量无明显变化（图 1–4）。综上所述，硼酸含量为 6mg/L 时，黑木相思幼苗的生长发育较好，而缺硼和过量硼供应时，幼苗的生长受到抑制，叶片黄化，抗坏血酸含量降低，丙二醛和脯氨酸含量增加，抗氧化酶的活性增加，钙元素含量降低，磷元素和钾元素含量与硼元素含量协同变化。

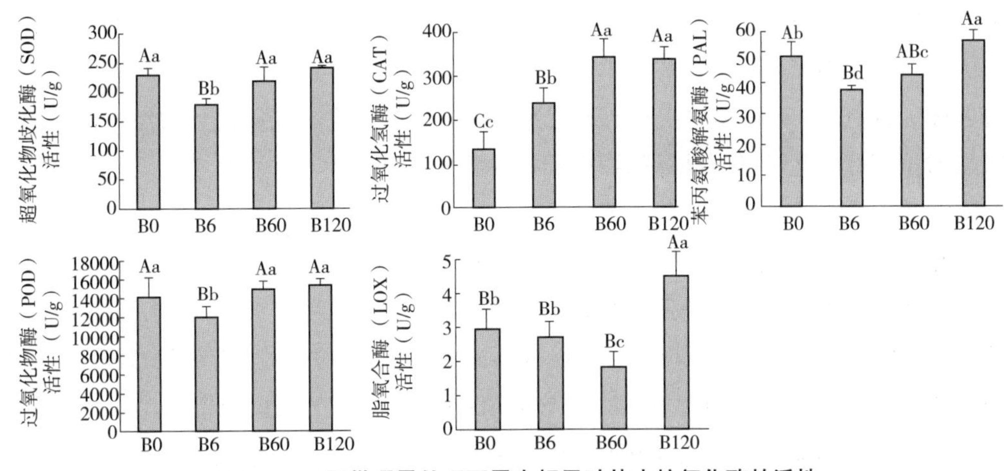

图 1-2 不同供硼量处理下黑木相思叶片中抗氧化酶的活性

注：不同小写字母表示差异显著（$P < 0.05$），不同大写字母表示差异极显著（$P < 0.01$），检验方法为Duncan检验，下同。

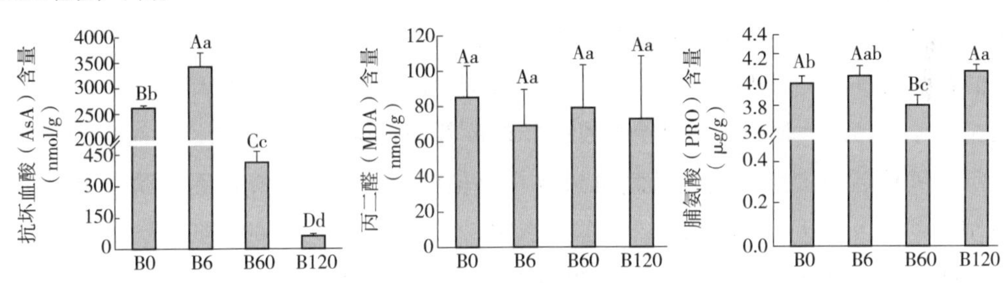

图 1-3 不同供硼量处理下黑木相思叶片中生理活性物质的含量

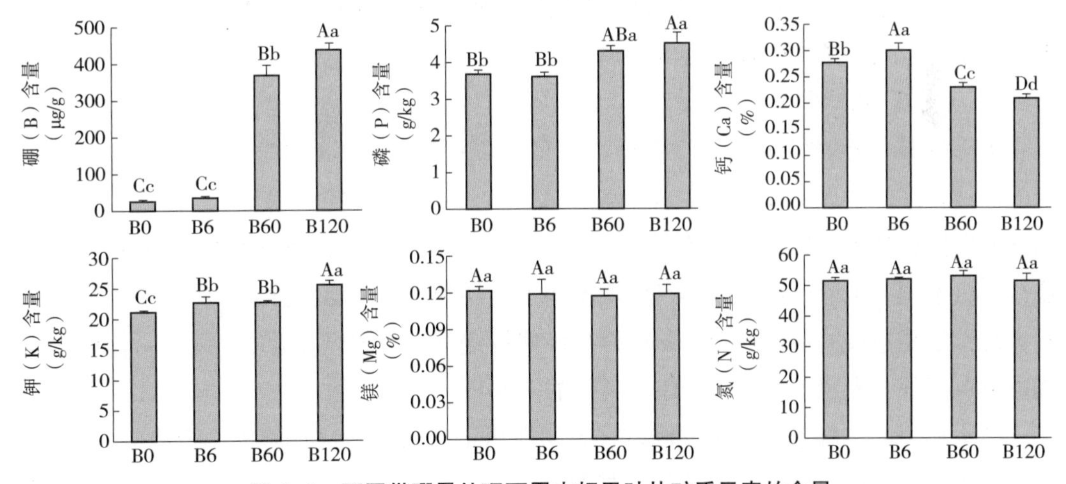

图 1-4 不同供硼量处理下黑木相思叶片矿质元素的含量

（七）基肥与追肥

黑木相思生长快，对营养元素的需求量大，因此肥料配方是否得当，对林分生长量，尤其对幼林生长量影响巨大（林国胜等，2020）。黑木相思基肥应以磷肥为主，一是因为南方的森林土壤比较缺磷，二是磷肥相对长效，且磷元素在土壤中移动相对缓慢，需要施入一定的深度，既利于树木根系吸收，又可避免杂草根系的竞争性吸收。尽管黑木相思具有根瘤能够固氮，但幼林的根系尚未形成良好的根瘤，且为了幼树迅速生长并压制杂草，必须追施足量的氮。因此，造林当年和次年的追肥则应以高氮、中低磷和中低钾为特点。3 年后和间伐时的追肥则仍然以磷肥为主，配以适量的氮和钾，因为此时黑木相思林分已经形成良好的根瘤固氮体系。另外，黑木相思与桉树一样，对微量元素硼的需求量比较大，无论基肥还是追肥均应添加一定量的硼。

根据氮磷钾的施肥试验结果，最终总结黑木相思基肥可为含磷量 18%、含硼 1000~1300ppm 的桉树专用基肥 1.2~1.3 斤[①]或 12% 钙镁磷 1.5 斤 +15：15：15 复合肥 3 两[②]+ 硼砂 2 钱[③]。基肥采用有机复合肥或再添加 2 斤左右农家肥，有利于形成良好的根瘤菌。造林当年的追肥可为含氮 15%、含硼 1000~1300ppm 的桉树专用追肥半斤，或尿素 2 两 +15：15：15 复合肥 3 两 + 硼砂 1 钱；追肥距离 30~35cm，追肥深度应为 15~20cm。第 2 年的追肥可为含氮 15%、含硼 1000~1300ppm 的桉树专用追肥 1 斤，或尿素 2 两 + 15：15：15 复合肥 5 两 + 硼砂 2 钱；追肥距离 40~45cm，追肥深度应为 15~20cm。在台风危害严重的地区，为了减少台风的危害，当年追肥应在 9 月后进行，且当年和次年追肥的氮含量最好在 15% 以下，避免叶子过多，抗风能力下降。第 3 年的追肥可为 15：15：15 复合肥 5 两 +12% 钙镁磷 1 斤 + 硼砂 2 钱；追肥距离 55~60cm，追肥深度应为 20~25cm。

每次间伐后应追肥 1 次，因此时黑木相思植株已经能够很好地固氮了，追肥也应以磷肥为主。每株可追施含磷 12% 的钙镁磷 1.2 斤，再加含氮磷钾均为 15% 的复合肥 3~4 两和硼砂 2 钱，或者每株单独追施含磷 18% 的桉树专用基肥 1.2 斤；追肥距离 60~70cm，深度 20~25cm。间伐后的追肥是以磷肥为主，应追施得深一点，能一定程度地避免杂草吸收，确保肥效保持两年以上。

（八）干形修枝

干形修枝是造林初期为了培育通直干形而进行的，是黑木相思等少数树种经营特有的修枝。常规的人工林修枝多是指无节材修枝，两者的主要区别有：一是修枝目的不同，干形修枝是为了培育通直的干形，无节材修枝是为了培育节疤少的主干木材；二是修枝时机不同，干形修枝是在即将郁闭至刚郁闭期间进行，无节材修枝则是在中龄林期间进行；三是修枝的对象不同，干形修枝仅修树冠中下部的粗大分枝，无节材修枝是要修去树冠下部、光照不足、光合作用不大的全部枝条。

黑木相思人工林未进行干形修枝，容易在树干基部 0.5~2.0m 范围内形成粗大分枝。这些粗大分枝一般要到 6~8 年才被自然整枝，此时基部直径多在 4~12cm 之间，从而留下较大的节子，严重影响木材质量。如果枝条的基部直径超过 8cm，节疤还可能难以愈合，自然整枝 3~4 年后会顺着枝条髓心向主干髓心腐烂空心。因此，黑木相思幼林的干

① 1 斤 =500g，下同。
② 1 两 =50g，下同。
③ 1 钱 =5g，下同。

形修枝十分必要。

1. 修枝时机与季节

生长中等或良好的林分，1.2~1.5 年生时进行干形修枝。3~4 月造林的，可在第 2 年 5~6 月结合追肥前的砍杂进行，能节省少量人工费。其他时间造林的，一般是 1.5 年生左右修枝，此时最佳的追肥时机已过，难以与施肥的砍杂同时进行了，需要单独进场开展干形修枝。也可根据幼林高度来决定干形修枝的时间，平均高 3.5~4.0m 时是修枝的最佳时机，即较矮植株约 2.5m 高，较高的植株约 5.0m 高。如果树高小于 2.5m，1 次干形修枝无法保证形成通直的干形，且不利于幼林快速郁闭和压制杂草。如果树高大于 5m，则粗大分枝的基部直径已经较大，会在主干留下较大的节疤和影响木材质量，且植株的营养已被粗分枝消耗太多，粗分枝以上的主干明显变小。

与无节材修枝不同，干形修枝在秋末和冬季进行则效果不好，因为被修大枝经过冬天和早春的萌芽孕育，新的萌芽条能在春天很快萌出并迅速生长，最终对粗大分枝的抑制效果反而不好。春末或夏季等生长季节进行干形修枝，在被修大枝启动萌芽的时间里，顶梢就已有较大的生长量，反而能较好地抑制被修大枝的萌芽和继续长粗。

2. 修枝次数

造林株行距在 3m × 2m 到 3m × 3m 范围内的黑木相思纯林，郁闭前修枝 1 次即可培育良好的干形。如果是生态公益林中间种的少量黑木相思单株，因其生长显著快于乡土树种，相当于处于开阔地带，没有郁闭的环境，需要修枝 2 次才能保证基部有一定长度的通直主干，中上部则可能仍然存在粗大分枝。

3. 修枝方法

干形修枝一般修去与主梢齐头并进、基部直径大于 2cm 的中下部侧枝 0~3 条。采用短截法修枝，即截去待修枝条尾巴的 1/3~2/3，保留基部长度的 1/3~2/3 以及相应部分的小枝和叶子。粗大的、与主干接近的分枝，要剪去尾巴的 2/3，仅留基部的 1/3；较小的、与主干差距较大但可能形成大分枝的枝条仅剪去尾巴的 1/3，保留基部的 2/3。

多数情况下，每株树要修的粗大分枝不超过 3 条，小分枝和平长的中等分枝均不需要修剪，多修了枝条意味着过度减少了叶面积，会影响生长。因为干形修枝是在生长季节进行，此时湿度大、温度高，如果贴近树干修枝，容易导致树干发生白腐病，发病率可达 10%~20%。即使在秋冬季节，贴近树干的干形修枝，也可能导致约 3% 的树干白腐病。短截法修枝既简便省工，又保留了部分叶子，利于生长。

4. 减少修枝工作量的造林季节

4 月以前造林，7~8 月及时追肥，可显著降低粗大分枝的数量，从而减少修枝的工作量，无需修枝的植株数量可达 1/3 左右。6~7 月造林，因植株高度较小时即进入停止生长的冬季，来年多数侧枝均迅速生长，能产生更多的粗大分枝，多数植株有 2~3 条粗大分枝需要修剪，无需修枝的植株数量在 10% 以下。

（九）间伐技术

当自然整枝达到树高 1/4 至 1/3，林内阳性杂草大量死亡时，开始间伐。黑木相思的胸径生长受密度和植株之间竞争的影响巨大，及时间伐对胸径生长非常重要。若间伐过迟，树冠恢复较慢甚至难以恢复，林分生长量将受到严重影响。

生长较好的林分一般应在 4 年生时第 1 次间伐，生长中等的林分则在 5 年生时第 1 次间伐。8~9 年生时再进行第 2 次间伐后，即可培育中大径材。如果要培育 35~45cm 大径材，应在 13~14 年再进行第 3 次间伐。第 1 次间伐后，每亩保留 60~65 株，即株行距离 3m × 3m 和每亩种植 74 株时，大约是每 4 株间伐 1 株（含缺株）。8~9 年生的第 2 次间伐后，每亩保留 45~50 株，即株行距离 3m × 3m 时，大约保留种植株数的 60%。13~14 年的第 3 次间伐后，每亩保留 35~40 株。

因我国营造的黑木相思林多是无性系林，单株之间没有遗传品质差异，间伐遵循的首要原则是均匀性原则，即保留植株在林地尽量均匀分布，既利于林分充分利用林地水热资源和光照资源，又利于保持植株之间的竞争和减少粗大枝条的产生。第二原则是留大间小原则，即尽量间伐胸径和树高较小的植株，保留胸径和树高较大的植株。第三是要优先伐除树干发生白腐病的、蝙蝠蛾蛀干的以及尚有大分叉的植株。与常规间伐一样，黑木相思的适宜间伐季节是秋冬季节，且间伐时应注意避免砸伤保留植株，尤其是树干的树皮，从而减少发生树干白腐病和空心的风险。

（十）病害防治

树干白腐病是黑木相思的主要病害之一。病菌多从台风拉伤导致的主干伤口或修枝伤口侵染，先形成圆形、略凹陷的小病斑，然后扩展成纵向的长形病斑，即纵向扩展明显快于横向扩展。后期病斑向树干的深层木质部发展，引发木质部腐烂，可见未分解的半纤维素形成的白色丝状物（Zhang et al.，2019）。山脚和山谷的闷热环境有利于病原菌侵染和发病，易感年龄段为 2~6 年生。防治要领有：①干形修枝时只修去大分枝尾巴的 1/3~2/3，避免贴近树干修枝和产生树干伤口；②北纬 23.5° 以南的低纬度地区，避免在低海拔和闷热的地段种植黑木相思，因这些地区既有强台风危害且温湿度高；③间伐时，伐除已有较大病斑的植株，因有病斑后容易空心；④发现病斑后，在病斑及附近涂施粉锈灵、代森锰锌等药剂，且涂至树皮挂水珠，以便药水渗入病斑处的树干韧皮部；⑤在台风危害较严重的沿海地区种植，应选择大分枝少、冠幅较小的 SR25、SR3 等抗风性强的无性系。同时，应降低前期追肥的氮含量，虽然减缓了早期生长，但能够起到良好的防风折和防白腐病的作用。

在纬度较南、不通风的闷热地段种植黑木相思可能发生枝条炭疽病。病原菌在温湿度较高的 5~7 月侵染粗度 1.5cm 以下嫩枝的表皮，形成小斑点，后拓展成黑色、略凹陷的圆形或椭圆形病斑。病斑横向包围嫩枝的一半以上表皮后，枝条会在 9~11 月因秋季干旱而枯死。闷热的山脚、山谷发病率较高，早期的病株也多出现在山谷或山脚。炭疽菌属于弱寄生菌，多在树木长势偏弱、枝条有伤口和适宜病菌生长等湿热条件下才侵染黑木相思嫩枝。防治要领有：①注意巡查，及时防治，一般从闷热的山脚或山谷开始发病，一旦发现采用化学防治，避免扩散；②发病前3~4月，喷施保护性药剂，如80%代森锰锌可湿性粉剂700~800倍液，或75%百菌清500倍液；③发病高峰时期，喷洒75%甲基托布津可湿性粉剂1000倍液，或25%炭特灵可湿性粉剂500倍液，或25%苯菌灵乳油900倍液，或50%退菌特800~1000倍液，或50%炭福美可湿性粉剂500倍液，或40%咪酰胺乳油8000~9000倍液；隔7~10天1次，连续3~4次；④及时清除林地杂灌和杂草，增加通透性和降低林内闷热程度，可减少发病率和病情指数；⑤基肥施足磷肥，3年生时注意补充磷肥，每次施肥时每株树补充1~2钱硼砂，可有效提高植株抗性；氮肥的平衡也较重要，3年后不可单施高氮肥料。

（十一）虫害防治

黑木相思的虫害主要是蝙蝠蛾，1年1代。成虫一般产卵于地面或地被物上，约在6~7月孵化，幼虫先取食枯叶或腐殖质一段时间后，再爬上树干并蛀入，排出虫粪和碎木屑至蛀孔口，一起粘连形成圆球形虫粪包。7~8月为幼虫上树时期，蛀入树干的高度多在0.2~1.5m之间。老熟幼虫在虫道内化蛹，5~6月羽化出成虫。蝙蝠蛾是相对大型的蛾类，需要较开阔的飞行条件，早期多危害位于林道边、林缘的植株。另外，表皮光滑的2~4年生植株容易被危害，5年生植株树皮开裂粗糙后则少见被蛀。防治要领有：① 2~4年生时，加强林道和林缘的巡查，发现新虫粪包时，及时防治；②虫道较浅，可用铁线或软竹片等插入虫道扎死幼虫，也可注入80%敌敌畏500倍液等触杀型杀虫药剂；③用200倍敌敌畏或敌百虫药液，混拌黄心土，去除虫粪包后，填充和堵住虫道口，待幼虫清理虫道时触杀而亡。

四、材性及加工利用

（一）心材形成规律研究

黑木相思无性系的心材比例、颜色、密度变异较大，为心材形成规律提供了丰富的材料。以广东紫金中坝与广西田林旧州的10年生黑木相思无性系解析木，分析心材与边材的生长特征及变异规律。结果表明，不同无性系的心材比例和心材颜色差异较大，其中以SR14的心材比最高，SR13的心材比例最小。不同降水量影响下，F1的心材形成比例相对稳定，而SR25则具有较大的波动。心材颜色深和密度较大的无性系有SR3、SR25、SR38、SF1、SR17等，颜色较浅和密度较小的无性系有SR13、SR14（彩图1–2、表1–6）。

表1–6　不同无性系胸径处心材与边材统计结果

无性系名称	心材比例	心材半径 / 边材宽度
F1	50.72%	2.48%
SR3	43.83%	1.98%

（续）

无性系名称	心材比例	心材半径 / 边材宽度
SR14	58.99%	3.40%
SR17	49.4%	2.40%
SR20	51.97%	2.63%
SR25	48.15%	2.44%

（二）木材物理和力学性质研究

以 28 年生黑木相思为研究材料，木材的基本密度、气干密度（含水率 15% 时）和绝干密度分别为 0.521g/cm^3、0.623g/cm^3 和 0.579g/cm^3，木材品质属于中等级别。黑木相思木材的弦向、径向和体积气干干缩率分别为 3.60%、1.28% 和 4.98%，全干干缩率分别为 6.81%、2.91% 和 9.92%，气干和全干体积干缩系数分别为 0.27% 和 0.33%，根据木材干缩性的划分级别，均属很小级。其弦向、径向和体积气干湿胀率分别为 3.08%、1.73% 和 5.31%，饱水湿胀率分别为 7.22%、3.49% 和 12.23%。干缩湿胀均是径向尺寸变化小于弦向，表明其径向尺寸稳定性更好。黑木相思木材的顺纹抗压强度为 58.4MPa，高于我国木材该指标的平均值 45MPa，属于高等级。弦向和径向横纹抗压强度分别为 7.7MPa 和 9.7MPa，横纹抗压强度的径、弦向差别为 26.0%。抗弯强度和抗弯弹性模量分别为 108.4MPa 和 12.1GPa，说明其抗弯曲变形的能力属中等级。顺纹抗拉强度为 110.1MPa，是其顺纹抗压强度的 1.9 倍。顺纹剪切强度属中等级，远低于顺纹抗拉强度。黑木相思木材的弦面、径面和端面硬度分别为 4.3kN、4.7kN 和 6.2kN，在端面单位面积上承受的压入荷载为 62.1MPa，属中等级别，适用于制作家具、地板等。黑木相思木材的冲击韧性为 72.2kJ/m^2，属甚高等级，说明是制作木梁、枕木及运动器械等的优良用材。黑木相思木材的综合强度为 166.8MPa，属综合强度的很高等级，适用于力学强度要求较高的实木制品。综合品质系数为 320.2，也属于很高等级（周凡，2021）。

（三）木材干燥特性及干燥工艺研究

以 28 年生黑木相思木材为研究材料，木材初期开裂主要为端裂和端表裂，且所有端裂和端表裂愈合前宽度最大值小于 1.00mm，长度最大值小于 5.00cm。干燥过程中木材内部水分排出较为均匀，未产生内部开裂。黑木相思材质较均匀，木材表层及内层收缩差异不大，因此截面变形程度较轻。在干燥过程中试件出现了比较明显的扭曲变形，但可通过终了处理或以机械抑制的方法在材堆顶部压重物减小扭曲变形。经过研究，最终拟定黑木相思板材干燥的初期温度为 55.0℃，初期干湿球温差为 3.0℃，末期温度为 80.0℃。根据优化的干燥基准进行 25mm 厚的黑木相思锯材干燥，可获得满足二级干燥质量指标的干燥锯材，适用于家具、建筑门窗、实木地板、细工木板、室内装饰、文体用品等实木制品的生产（周凡，2020）。

（曾炳山、胡冰、刘英、范春节、裘珍飞、陈朝黎、张如平）

第二节 沉香

沉香属（*Aquilaria*）树种为世界性重要保护树种，沉香（*Aquilaria sinensis*）也是全球重要的香料和药材。21 世纪以来，野生沉香树保护在我国进展显著，沉香人工林发展也十分迅速。国内有关土沉香实生苗人工林促进结香方法众多，结香效果争论也较普遍。近几年来，易结香奇楠沉香新品系选育成功并正在华南地区广泛推广，但相关文章发表不多。本节对沉香属树种和土沉香进行较系统地描述，对沉香及其使用历史、药用价值做一个简单介绍，对土沉香实生苗人工林促进结香研究和沉香中所含成分的发现进行较全面地综述，重点介绍易结香奇楠沉香新品系选育过程、发展中要注意的技术问题和目前的技术研究重点，最后对沉香产业发展进行远景展望，希望能对沉香种植者和研究者有所帮助。

一、沉香属树种介绍

全世界有 26 种沉香属和 8 种拟沉香属（*Gyrinops*）树种能生产沉香（表 1–7）。沉香属树种主要分布在东南亚、南亚、中国南部及太平洋岛屿，拟沉香属树种主要分布在太平洋岛屿和东南亚，拟沉香属树种所产沉香质量不及沉香属树种。中国分布的沉香属树种为土沉香（*Aquilaria sinensis*）和云南沉香（*Aquilaria yunnanensis*），新版《植物志》把海南以前的大叶沉香（*Aquilaria grandiflora*）并入土沉香。

土沉香，又名白木香、牙香树、女儿香、栈香、崖香、青桂香、芸香，天然分布于华南地区北纬 24° 以南、海拔 1000m 以下的丘陵和平原台地，具体分布于广东的陆丰、惠州、东莞、广州、佛山、中山、高要、阳春、茂名、湛江等地，海南的文昌、琼海、临高、定安、儋州、东方、乐东、琼中、保亭、陵水等地，广西东南部陆川、崇左、北流、博白、浦北、灵山、合浦、防城港，福建漳州东南部以及云南景洪等地。土沉香为常绿乔木，高可达 30m。树皮暗灰色，几平滑。小枝圆柱形，幼时被疏柔毛。叶近革质，长圆形，有时近倒卵形，顶端锐尖或急尖而具短尖头，基部阔楔形，侧脉 15~20 对；叶柄长约 5mm，被毛。花淡黄色，伞形花序，密被黄灰色短柔毛；萼筒浅钟状，两面均密被短柔毛，5 裂，裂片卵形，先端圆钝或急尖；花瓣 10，鳞片状，着生于花萼筒喉部，密被毛；雄蕊 10 枚，排成 1 轮；花药长圆形，子房卵形，密被灰白色毛。蒴果，卵球形，幼时绿色，顶端具短尖头，基部渐狭，密被黄色短柔毛，2 瓣裂，2 室，每室具有 1 粒种子；种子褐色，卵球形，先端具长喙，基部具有附属体；果实成熟后，果壳裂开成 2 片，底部长出 1 条丝线，将种子（1~2 粒）悬挂空中；种子千粒重为 200~230g。土沉香的花期为 3~5 月，果期为 6~8 月。土沉香幼苗、幼龄期比较耐阴，40%~50% 荫蔽度有利于其生长。成龄土沉香则喜光，一般林龄为 3 年时，光照充足可以开花结果。土沉香适宜种植在华南地区绝对低温高于 0℃的低海拔地区，在 0℃左右就会有明显的寒害，-2℃左右的低温就能导致整个植株死亡。土沉香对土壤适应性强，在各种质地酸性土壤上均可以正常生长，壤土上生长较佳。此外，土沉香喜湿润环境，在年降水量 1300~2000mm 的地区生长良好。

土沉香是中国特有的珍贵药用植物和生产中药沉香的唯一植物资源，也是我国生产的最好香料，具有悠久的药用历史。1992 年《中国植物红皮书》将土沉香列入易危品种；1999 年又被国务院批准为国家二级重点保护野生植物，《2000 年世界自然保护联盟受威胁植物红色名录》将其列为易危植物。现被载入《中国植物红皮书》和《国家重点保护野生植物名录》。一千多年来人类对沉香需求量不断增大，但沉香自然繁殖状态下结香率低和结香量少，再加上最近几十年来天然分布地的破坏和人为掠夺式砍伐天然沉香树资源等原因，土沉香野生资源面临濒危状态，所以土沉香同全世界沉香属和拟沉香属物种一起均已被列入《濒危野生动植物种国际贸易公约》（CITES）附录Ⅱ，成为全世界关注濒危植物物种的焦点之一。

云南沉香分布于中国、缅甸、越南和老挝，在中国分布于云南西双版纳、普洱、德宏和临沧。自然生长于高温、多雨、湿润的海拔 1500m 以下的山地雨林、半常绿季雨林疏林中。一般为小乔木，高 3~8m，小枝暗褐色，疏被短柔毛。叶革质，椭圆状长圆形或长圆状披针形，长 7~11cm，宽 2~4cm，先端尾尖渐尖，基部楔形或窄楔形；叶柄长 4~5mm，被疏柔毛。花序顶生或腋生，常成 1~2 个伞形花序，花梗细瘦，长约 6mm；花淡黄色；萼筒钟形，长 6~7mm。花外面被短柔毛，内面有 10 肋，在肋上疏被短柔毛，裂片 5，卵状长圆形，长约 3mm，几与萼管等长，内面密被短柔毛；花瓣附属体先端圆，约长 1.5mm，密被疏柔毛；雄蕊 10 枚，长 1.5~2.0mm；子房近圆形，长约 3mm，密被发亮的柔毛，花柱近于无，柱头头状。果倒卵形，长约 2.5cm，宽约 1.7cm；种子卵形，1~2 粒，密被锈黄色绒毛，先端钝，基部附属体约长 1cm，与种子等长或稍长。该种与马来沉香（*Aquilaria malaccensis*）极相似，唯果萼直立，较大，果较小，外面被灰黄色绒毛，果皮干时绉缩；种子密被锈色绒毛，先端钝几无喙而不同。亦与土沉香相似，但果皮干时皱缩，被黄灰色毛，种子卵形，密被锈色绢毛，先端钝，基部附属体与种子等长，为 0.8~1.0cm 而不同。云南沉香生长速度和结香质量都不如土沉香，目前仅在云南西双版纳有少量种植。

分布在东南亚岛国的沉香有 18 种，这些树种所产沉香为星洲系沉香。早期文献中出现的 *Aquilaria aggallocha* 已经被并入马来沉香。分布于中南半岛和华南的沉香有 8 种，这些树种所产沉香为惠安系沉香（表 1-7）。马来西亚天然分布的有突尖沉香（*A. apiculata*）、贝卡利沉香（*A. beccariana*）、短药沉香（*A. brachyantha*）、卡明沉香（*A. cumingiana*）、毛沉香（*A. hirta*）、马来沉香、小果沉香（*A. microcarpa*）、具喙沉香（*A. rostrata*）、赛库达塔沉香（*A. secundana*）共 9 种；印度尼西亚有澳大特沉香（*A. audate*）、贝卡利沉香、卡明沉香、丝沉香（*A. filaria*）、毛沉香、马来沉香、小果沉香、毛司考思克沉香（*A. moszkowskii*）共 8 种；

菲律宾天然分布有钝尖沉香（*A. apiculina*）、短药沉香、柠檬果沉香（*A. citrinicarpa*）、卡明沉香、丝沉香、马来沉香、小叶沉香（*A. parvifolia*）、乌坦尼塔沉香（*A. urdanetensis*）共8种；泰国天然分布有巴永沉香（*A. baillonii*）、厚壳沉香（*A. crassna*）、毛沉香、马来沉香、卵形沉香（*A. rugosa*）、皱叶沉香（*A. subintegra*）、近全缘沉香（*A. subintegra*）共7种；越南天然分布有巴永沉香、巴那沉香（*A. banaensis*）、厚壳沉香、皱叶沉香共4种；中国天然分布有土沉香和云南沉香；柬埔寨天然分布有巴永沉香和厚壳沉香；印度天然分布有喀西沉香（*A. khasiana*）和马来沉香；尼泊尔天然分布有马来沉香；文莱天然分布有贝卡利沉香和小果沉香；新加坡天然分布有毛沉香和马来沉香；不丹天然分布有马来沉香和喀西沉香；缅甸天然分布有马来沉香；老挝天然分布有厚壳沉香。

表 1–7 沉香及拟沉香属树种种类及其分布

序号	学名	中文名	主产地
星洲系 1	*Aquilaria acuminate*	钝尖沉香	菲律宾
星洲系 2	*Aquilaria apiculata*	突尖沉香	菲律宾、马来西亚
星洲系 3	*Aquilaria audate*	澳大特沉香	印度尼西亚
惠安系 4	*Aquilaria baillonii*	巴永沉香	柬埔寨、越南、泰国、老挝
惠安系 5	*Aquilaria banaense*	巴那沉香	越南
星洲系 6	*Aquilaria beccariana*	贝卡利沉香	印度尼西亚加里曼丹岛、文莱、马来西亚
星洲系 7	*Aquilaria brachyantha*	短药沉香	菲律宾、马来西亚
星洲系 8	*Aquilaria citrinicarpa*	柠檬果沉香	菲律宾
惠安系 9	*Aquilaria crassna*	厚壳沉香	泰国、柬埔寨、老挝、越南
星洲系 10	*Aquilaria cumingiana*	卡明沉香	菲律宾、印度尼西亚加里曼丹和马鲁古、马来西亚
星洲系 11	*Aquilaria filaria*	丝沉香	印度尼西亚鲁古、巴布亚新几内亚、菲律宾
星洲系 12	*Aquilaria hirta*	毛沉香	印度尼西亚、马来西亚、泰国、新加坡
星洲系 13	*Aquilaria khasiana*	喀西沉香	印度、不丹
星洲系 14	*Aquilaria malaccensis*	马来沉香	不丹、印度、印度尼西亚加里曼丹岛、缅甸、马来西亚、菲律宾、新加坡、泰国
星洲系 15	*Aquilaria microcarpa*	小果沉香	印度尼西亚加里曼丹、文莱、马来西亚、新加坡
星洲系 16	*Aquilaria moszkowskii*	毛司考思克沉香	印度尼西亚
惠安系 17	*Aquilaria ovata*	卵形沉香	泰国
星洲系 18	*Aquilaria parvifolia*	小叶沉香	菲律宾
星洲系 19	*Aquilaria rostrata*	具喙沉香	马来西亚
惠安系 20	*Aquilaria rugosa*	皱叶沉香	越南、泰国
星洲系 21	*Aquilaria secundana*	赛库达塔沉香	马来西亚
惠安系 22	*Aquilaria sinensis*	土沉香	中国华南
惠安系 23	*Aquilaria subintegra*	近全缘沉香	泰国
星洲系 24	*Aquilaria tomentosa*	白皮沉香	新几内亚岛
星洲系 25	*Aquilaria urdanetensis*	乌坦尼塔沉香	菲律宾
惠安系 26	*Aquilaria yunnanensis*	云南沉香	中国

（续）

序号	学名	中文名	主产地
拟沉香 1	*Gyrinopsaudate*		新几内亚岛
拟沉香 2	*Gyrinopscumingia*		印度尼西亚
拟沉香 3	*Gyrinopsdecipiens*		印度尼西亚
拟沉香 4	*Gyrinopsledermanii*		新几内亚岛
拟沉香 5	*Gyrinopsmoluccana*		印度尼西亚
拟沉香 6	*Gyrinopssalicifolia*		巴布亚岛
拟沉香 7	*Gyrinopspodocarpus*		印度尼西亚
拟沉香 8	*Gyrinopsversteegii*		印度尼西亚

二、沉香介绍

沉香为一种具有芳香味的高价值的木材及其内涵物，主要由瑞香科（Thymelaeaceae）沉香属树种在外界胁迫刺激下，树体内的淀粉和糖类物质发生一系列的化学转化产生倍半萜、色酮等芳香类物质沉积到枝和干中的薄壁组织细胞内，形成凝结于木材内的香脂，因其油脂类化合物含量高，入水即沉，故名“沉香”。在中国人工林种植的主要为土沉香，少量为厚壳沉香和云南沉香。在其他国家分布的 24 种沉香属树种中，结香好的主要为厚壳沉香和马来沉香。厚壳沉香在泰国、老挝、柬埔寨、越南和缅甸都有广泛种植，是中南半岛人工林结香的主要树种。我国近年引种了厚壳沉香在云南种植，并组培 20 多个无性系在广东少量种植。由于厚壳沉香还没有选育出易结香新品种，这些厚壳沉香组培苗结香效果同土沉香实生种子苗相比差别不大，缺乏推广应用价值。在印度尼西亚、马来西亚和印度等地，种植了较多的马来沉香，所结的沉香为星洲系沉香，也没有选育出易结香新品种。

沉香历来被分为惠安系和星洲系。惠安系沉香产区为中南半岛和中国华南，著名产地是越南芽庄和中国华南。惠安系沉香通常呈碎片状，产量稀少，多用于制作线香和熏料，雕刻材极罕见。产生惠安系沉香的树木统称蜜香树种，代表种为土沉香和厚壳沉香。由于蜜香树树体内淀粉和糖类营养物质储存丰富、甜味浓，易招虫子的噬咬形成虫漏沉香。惠安系沉香通常香味清甜，蜜香味为主，有凉韵，层次多变。星洲系沉香得名于其主要交易地——星洲（新加坡旧称），主要产于印度尼西亚、马来西亚、文莱、菲律宾等国家。生产星洲系沉香的树种又名鹰木香树，主要为马来沉香为代表的 18 个树种。星洲系沉香味道浓烈，还有一些药腥味。星洲系沉香质地坚硬、色深黝黑、油线清晰、花纹明显、光泽度高、常有大料，适合用于沉香手串、佛珠、雕件等工艺品和家具。

沉香的国际贸易形式有木材、木片、木粉、油、制成品（如香水、药物等）。沉香的品质分级与树种种类无关，而与产地有关；沉香价格同大小、油脂含量、香味、颜色等因素有关。对于沉香油，则取决于纯度和提炼方法，高纯度的沉香油在其产地的零售价高达 50 美元 /g（2021 年）。在中国华南古典方法蒸馏出来的高纯度沉香油在 15 万元 /kg 以上（2021 年），CO_2 超低温萃取的沉香油在 10 万元 /kg 左右（2021 年）。古法蒸馏的沉香油不带有过敏性物质，适合更广泛人群使用，也适合用于制作香水和化妆品的定香剂。由于沉香在医药、美容、宗教等领域的应用日渐扩大，其价格也在不断上升，在国际市场上含油量较高的沉香木片价格为 30000 美元 /kg 左右（2021 年）。随着沉香主产国相继实施资源保护，国际市场上沉香资源将长期供不应求，价格不断攀升。目前我国的含油量超过 10% 标准级的沉香片价格也在 10000 元 /kg 以上（2021 年），50% 的市场缺口要靠进口弥补。中国内地和港澳台地区目前沉香的平均年需求量约为 1000t。此外，阿拉伯国家还有用沉香油做香料的传统习惯。粗略统计，全世界平均每年需沉香 5000~10000t。

三、沉香的使用历史及现代应用价值

（一）沉香使用历史

沉香作为“沉檀龙麝”中的万香之首，一直以来都是被用作珍稀香料。先秦时期，边陲与海外的沉香尚未大量进入内地，故内地以香草为主，如椒兰、芷、桂等植物。秦后期，华南地区纳入版图为沉香使用带来可能，此时应该为沉香使用的起始期。从汉武帝时期到三国，可称为沉香使用的发展初期。汉武帝击溃匈奴统一西南，盛产沉香的边陲地区进入了西汉版图，随着陆上丝绸之路和海上丝绸之路的畅通，沉香可以从华南地区和中南半岛流入。梁武帝喜用沉香祭天，渐渐地便形成了一种风气。《太清金液神丹经》载有焚香祭礼之事:“祭受油法，用好清酒一斗八升，千年沉一斤。”“千年沉”指的是上好的千年沉香，实际上就是大块的含油量高的香味醇厚的沉香。早在三国东吴时期（公元 3 世纪），万震所著的《南州异物志》就有记载，日南（今越南中部）民众在高山丛林中采收沉香的景况（Brechbill，2012）。直至东汉、三国这 300 多年间，香的使用还仅限于宫廷和上层贵族，被用于重要的皇家仪式、重要节令甚至皇亲国戚的奢侈品。因为沉香特有的香气和气质，很快得到了王公贵族的喜爱，宫廷中也很快盛行熏香之习俗。古人认为香气有养性、净心、养德之用，故常用于祭祀。东汉杨孚所著《交州异物志》，该书载:“蜜香，欲取先断其根，经年，外皮烂，中心及节坚黑者，置水中则沉，是谓沉香。”这个时候已经开始伤害树木结香，由于当时交通费用高，沉香价值不菲。魏晋时期，随着文人用香蔚然成风，留下不少品香用香、记录心情的诗文。汉末至魏晋六朝，佛、道两教的兴盛，也在一定程度上推动了这一时期香文化的发展。此时，具有代表性的博山式熏香文化大行其道，它不再是达官贵人修养身心的专利，富裕百姓用博山炉熏香、品香也成为一种时尚。南北朝时期，沉香不仅为皇亲国戚所珍爱，也为上流社会所追捧，已成为有身份的人的昂贵奢侈品，这个时期贵族阶级就开始尝试把沉香与来自四面八方的香料混合调制香味，称之为“和香”。沉香开始在和香中用更多的形式来演绎，沉香作为香料中最好的定香剂，作用也渐渐被发现。历朝帝王对沉香的酷爱及奢侈使用也比比皆是，如隋炀帝喜在除夕之夜焚烧沉香数百斤，数十里范围内黎明均可闻到沉香味。晋代嵇含《南方草木状》中有沉香的记载：“交祉有蜜香树，干似柜柳，其花白而繁，其叶如橘”，古人所说的蜜香树就是沉香，其别名沿用至今。

盛唐时期与外界交流广泛，香道开始与其他文化交融。当时经济繁荣、海路通达、佛教兴盛，社会上下用香风气趋于普及，也产生了丰富多样的用香方法，是沉香使用的高速发展和推广期，沉香的关注度达到了一个空前的高度。南唐后主李煜用沉香等香木建造了“临春”“结绮”“望仙”三阁，他还指定宫女撒香粉，以保持沉香味不减。宋代是香文化发展最为蓬勃的鼎盛时期之一，诸多香料商店、品香会所成为上层人士的集会场地，尤其是文人雅士、艺术家以及官宦贵族等知名人物频繁出入。北宋大画家张择端的长卷风俗画《清明上河图》中，就有几家香店穿插其间，较显眼的是“刘家上色沉檀柬香店”。可见沉香以及它所包含的香文化极深地贯穿在民众的日常生活之中，沉香交易也开始繁荣起来。北宋时期，因为造船航海事业的发达，海上贸易也非常繁荣，沉香与其他香药一样成了和东南亚贸易往来的重要进口物品。宫中也成立了“香药库”，设立官员专门掌管香药进口事宜，有的官员级别还可达正四品。证明当时我国沉香资源已经不够国人用，开始大量从东南亚进口沉香。上行下效，宋代文人也盛行使用沉香。他们作诗填词要焚香，抚琴赏花要焚香，宴客会友、独居慎思都要焚香。苏东坡特别喜欢沉香，写有“夜香知与阿谁烧，怅望水沉烟袅”。其弟六十大寿时，苏东坡曾寄沉香雕刻的假山并作《沉香山子赋》相赠之。宋代著名女词人李清照也有词赞沉香：“沉水卧时烧，香清酒未消。”延至元朝，香风仍不减，一部元杂剧《西厢记》从借香气描绘崔莺莺始，到崔莺莺焚香拜月，再到后花园焚香私定终身，几乎没有离开过香，自然也少不了那令人心醉的沉香。自从元代沉香线香发明以后，香品的制作也变得形式多样而丰饶。明代在继承前代香文化基础上发展创新，熏香用香文化更趋多元，高崇之佛门和世间之文人雅士，纷纷营建香斋、静室，收藏宣德炉，蔚为风尚。明清时期，喜欢沉香的人更多，上至宫廷，下至百姓都喜欢玩香、闻香。白木香的普遍种植，最早始于唐宋年间，分布在以东莞为中心的珠三角地区，“莞香”因此而得名。宋末元初开始出现在文献中的“伽阑木”（亦称茄蓝木、奇南香或伽南香），也是沉香的一种，油性足，质重而性糯，名称逐渐演化成今天的奇楠沉香（又称棋楠或伽楠沉香）。明代以后，人为因素促使结香的方法增多，如“烙红铁烁之”，《崖州志》载：“铁皮香者，皮肤渐渍雨露，将次成香，而内皆白木。土人烙红铁而烁之。”沉香树得享充沛的阳光，枝干根都能自结成香，故有“海南多阳，一木五香”之说（徐楚峰，2013）。《东莞县志》云：“种香之法，每地一亩种三百株，种欲其疏，疏则使其头得以盘踞开拓。凡种四五年，则伐其正干，正干者白木香也。又越三四年，乃凿香头，初凿日开香门，凿数行如马牙。凿后用黄砂土封盖，使之复生。富者十余年始开香门，贫者七八年即开，开后年年可凿。”“东粤四市”之一的东莞香市兴起，岭南沉香得以畅销，岁售逾数万金。江南一带每逢中秋便要熏月，以黄熟（沉香）彻旦焚烧。从故宫博物院藏品考证，明清宫廷中存有大量的东莞香以及香炉、香盒、香瓶、香盘等香具，正是瑶池佳气、延龄宫柱上沉香。至于香具的精致程度已到达了无与伦比的地步，有香筒，有掐丝珐琅香插，有卧炉，有手炉，有镂空炉。造型也极为别致，有方形、圆形、六角形、花瓣形。壁的纹饰祥云瑞兽、灵草仙禽、描金错银，绚丽华美。制香工艺也十分发达，更趋精致丰富，而优质的线香也被捧为上品并作为礼物相互赠送。

（二）沉香在传统中医药中的应用

沉香树以其含树脂的木材“沉香”入药和用于保健，始载于南北朝时期陶弘景所著的《名医别录》，并被尊为上品（陶弘景，1955）。后世医著中均有记载，为我国传统名贵中药，有“一两沉香一两金”之称。我国传统中医研究表明，在中药中沉香具有行气止痛、降逆调中、沮肾纳气，治疗胃肠冷痛、呕吐、呃逆、温肾之功效（梅全喜等，2013；谭丽杰，2011）。《本草纲目》中记载沉香是一味名贵中药：“沉香，气味辛，微温，无毒。主治：风水毒肿，去恶气；主心腹痛，霍乱中恶，邪鬼疰气，清人神；调中，补五脏，益精壮阳，暖腰膝，止转筋吐泻冷气，破症癖，冷风麻痹，骨节不任，风湿皮肤瘙痒，气痢；补脾胃，益气和神。治气逆喘急，大肠虚闭，小便气淋，男子精冷。”据《本草经疏》记载：“沉香治冷气，逆气，气郁气结，殊为要药。”又据《本草通玄》记载：“沉香温而不燥，行而不泄，扶脾而运行不倦，达肾而导火归元，有降气之功，无破气之害，洵为良品。”《本草衍义》曰：“山民入山，见香木之曲干斜枝，必以刀斫成坎，经年得雨水所渍，遂结香。”记载沉香的成因是“香木枝柯窍露者，木立死而本存者，气性皆温，为大蚁所穴，蚁食石蜜，归而遗于香中，岁久渐渍，木受蜜气，结而坚润，则香成。”中医认为沉香性辛、微温、无毒，有降气、纳肾、调中、清肝之效，其味辛、苦，性微温，具行气止痛，温中止呕，纳气平喘的功效，用于治疗胸腹胀闷、疼痛、胃寒呕吐呃逆、肾虚气逆喘急，为沉香化滞丸、沉香曲、沉香养胃丸等著名中成药的主要组方原料，在1500多年历代药用历史的中药典籍中共有795个方剂1163个配方中含有沉香。中医认为沉香性微温，味辛、苦，具有降气、调中、暖肾、止痛之功效（中国药典，2012）。经过长期中医药的发展，沉香在中药中的主要医疗作用概括如下。

行气止痛 沉香辛香温通，温而不燥，行而不泄，且有良好的行气止痛作用，故用治脘腹胀痛、跌扑损伤骨折诸证甚效。

降逆调中 沉香质重沉降，气香升散。入脾胃经，和胃气，升脾气，性而不燥，善行而不泄；降逆调中，善治脾的虚寒，升降失调，呕逆使秘。

阳虚便秘 凡阳虚体弱，或高年体，则阴寒内生留于肠胃，于是凝阴固结，致阳然不通，津液不行，故肠道艰于传送；从而引起便秘，大便艰涩，排出困难，小便清长，面色泛白，四肢不温，喜热怕冷，腹中冷痛或腰脊酸冷，舌淡苔白，脉来沉迟。沉香温补阳气，行气通便，故主治之。

温肾暖精 男子精冷，或因先天不足，禀赋素弱，或久病大病，久伤肾，或少年频犯手淫恶习，伤及本元；症见腰膝酸冷，阴头寒，形寒肢冷，倦臣神乏、便溏阳痿、舌淡胖润、脉象沉细。沉香温壮肾阳，暖精益液，故主治之。

脘腹胀痛 多由饮食不节，胃失和降。或外感寒邪，内容于胃；或忧思恼怒，气郁伤肝，横逆犯胃，皆致气机阻滞，发为腹胀痛，嗳腐吞酸，恶心呕吐，大便不畅，苔厚，脉沉滑。沉香温能行气，消食导滞，胀痛自愈。

胃寒呕吐 多因素体中焦阳虚，或暴食生冷，重戕胃阳，均致胃气上逆。呕吐不止，脘胃冷痛，四末不温，舌淡脉弱。寒因中焦，胃气不降，发为呕吐不止。沉香温胃调中；降逆止呕，寒邪祛，胃气降，中运健，吐自止。

交通心肾 不寐者，常见心肾不交，多因劳倦内伤，肾阴匮乏于下，不能上济于心，心火独亢于上，不能下交于肾。沉香质重而降，辛香主升，既升且降，交通心肾，既济水火故主治之。

壮阳除痹 "沉香，纯阳而升，体重而降，味辛走散，气雄横行，故有通天彻地之功，温养脏腑，舒筋活络，功能壮阳除痹。"沉香的辛温通气行血行，散邪除痹作用还可用于冷风麻痹，骨节不任之证。

跌扑损伤 凡跌扑损伤，经脉阻塞，血液瘀滞，不通则痛。沉香配伍血药，入血分而消瘀行滞。《药品化义》曰："沉香纯阳而升，体重而沉，味辛走散，气雄横行，若跌扑损伤，以此佐和血药，能散瘀定痛。"对骨折去瘀生新，骨痂愈合，效果显著。

霍乱中恶 沉香具有调中、升清降浊之功，用治霍乱呕痢者有效。症如：起病急骤，剧烈呕吐腹泻，呕吐呈喷射状，倾口而出，大便初如泥浆，继呈米泔水样便等，沉香升脾气降胃气，泌别清浊，善治霍乱。

温肾纳气 沉香沉降，具有纳气归元之功，常用治肾虚端咳，多因久病迁延不愈，由肺及肾，劳欲伤肾，精气内奇，肾为气之根。沉香温而不燥，行而不泄，达肾而导火归元，有降气之功，无破气之害，为治肾喘咳之良药。

湿风皮痒 多因咨食肥甘厚味，辛香炙饽，使体内蕴湿，再复感风邪，则风湿相搏为患，风盛则痒，故瘙抓不止，湿盛则起水疮、丘疹，流水或糜烂。沉香辛味散风，苦味燥湿，湿风除，痒自止。

（三）沉香现代医学应用

沉香是名贵的天然香料，其含有的挥发油成分，不仅香气浓郁，同时也是主要的药效活性成分，具有降压、镇静、镇痛、抗心律失常和抑制中枢系统兴奋等作用，对肠平滑肌有解痉作用（Kakino et al.，2012）、抗糖尿病（梅全喜等，2013）、促进大脑血液循环（Kakino et al.，2010）、镇痛作用（Yumi et al.，2014）等，甚至对皮肤病都有显著的疗效（国家药典委员会，2012）。近代临床试验证明，闻香有利于血管扩张、凝神静气、促进睡眠。国内医院做的闻香临床试验表明，睡前闻香 1 小时，对 80% 左右的人能促进睡眠，增加深睡眠长度，有效减缓睡眠障碍者的焦躁程度。用少量的沉香油涂在耳边或鼻子下边也有促进睡眠的作用，对倒时差时间长和困难的人帮助效果明显。沉香油对伤口有消炎、镇痛、促进结痂、减小疤痕或不留疤痕的作用，可用于开发沉香止血贴，作为常用大众药物具有很大的市场前景。林焕泽等（2011）研究表明白木香树叶中含有多种有益于人体健康的化学成分，诸如多糖、各类氨基酸、黄酮类物质、苷类物质和酚类物质等，药理研究表明这些物质亦具有一定的药用价值，如：镇痛、消炎、促进小肠消化功能、缓解便秘、止血、抗肿瘤、抗氧化、抗糖尿病及抗辐射等作用，这将会进一步促进沉香在胃癌和肠癌不同阶段的治疗和预防保健中发挥作用。苷类物质是白木香叶特有的化学成分，特别是芒果苷含量甚高，其除具有上述功效外，还具有丰胸、美白的功效，具有重要的开发价值（帅欧等，2013）。日本和韩国药用沉香含油量需要高于 30%，日本的救心丹中的主要成分为奇楠沉香的粉末，具有开窍通络的作用。

（四）沉香的其他应用

沉香除了作为香料和中药使用外，还广泛应用于保健用品、工艺品、装饰品及日常用品。沉香加热后使得几百种大分子化合物可以分解成小分子，散发出令人愉悦、平静的复杂气味，所以沉香及沉香精油在全世界古文明，特别是在宗教文明发展中都有举足轻重的地位，在世界上最古老的文字——梵文中都有记载。沉香的乙醇提取物经皂化后蒸馏，挥发油得率 13% 左右。沉香具有独有的檀香与龙涎香混合的香味，目前仍无法人工合成，是制作高级香水和香品的必备材料。由沉香提取的沉香精油是最好的定香剂之一。沉香能发出迷人的香气的同时，其富含的大量各种芳香有机物能迅速清除室内的异味。由于沉香油同时又是最好的定香剂，是东南亚和欧洲各国所用香水中的重要成分，适合做各种日化用品，如洗面奶、洗洁精、面膜、护手霜、香皂、洗发水等日化用品的添加剂（Newton & Soehartono，2001）。沉香也是保健和日化的重要原料。沉香中有 200 多种有机化合物，分离后是细化工的重要原料，可用于洗手液、洗洁精，不用加人工香精也有天然的沉香香味。沉香油具有一定的杀菌保鲜功能，可逐渐用于替代人工合成香精，成为最好的食品和香烟的天然香源添加剂。白木香树的叶、花及小枝均可作为制茶材料，特别是其叶制成的茶，除具有一般茶的功效外，还具有上述的药用功能，极大地丰富了我国茶文化。白木香种子产油率高达 57%，可作为保健品、鞋油和肥皂等生产的原料。

一些沉香制品包括线香、雕像等，是佛教、印度教和穆斯林祭祀典礼时的必备的祭祀物（Persoon & Beek，2008）。此外，由于沉香油脂饱满、乌黑发亮，是上好的雕刻用材，沉香还被开发为一些其他饰品（如手串、项链等），这些都是促使近年来沉香价格高涨的原因。特别是近年来选育的易结香新品种，打冷钻处理结香 3 年后基本上能达到奇楠级沉香水平。不同无性系香型不同，制作成项链后，一星期每天戴不同品种产生的不同香型项链，起到香水同样的效果。据说，老人戴奇楠级沉香的手链，心梗前兆时，咬食之可起到救命的作用。家庭收藏奇楠级沉香，平时罩住，闻香时打开，可起到通血管和促进睡眠的作用。把玩高级沉香也能起到安神和舒心的作用。

四、人工促进结香研究进展

天然林分中，仅有 5%~7% 的树体可以自然结香。由于沉香价格高，高质量沉香稀缺，导致 20 世纪末在天然林中掠夺性采收，造成其天然林资源急剧减少。香农可以通过观察受损的树干或树枝，判定是否结香。如果要测定沉香的含量和质量，就只能将其伐倒后筛检，剔除未结香的白木后拣香，才可以进行对应指标的测定。近年来，随着沉香天然林的减少，我国普通白木香人工林面积达 100 万亩左右，但是面临着结香难、结香少、结香质量低和结香确定性差的问题。为了实现沉香资源的可持续利用，人工促进结香十分必要，也越来越被广泛应用。

结香是沉香树体在受到外部伤害或内在胁迫时的防御性应激反应导致的结果。防御反应是植物在长期的进化过程中，形成的一整套复杂而行之有效的生化防御系统和机制，用以抵御来自外界的伤害（Vlot et al.，2021；Zeier，2021）。防御反应会激活信号途径、改变代谢反应和表达诱导防御基因，导致植物细胞产生特异的防御结构来抵御伤害（Erb，2018）。次生代谢产物的积累帮助植物抵御胁迫，增强胁迫损伤修复，是植物进化出应答复杂环境因素的结果（Ahuja et al.，2012）。次生代谢产物产生的化学抗性是指植物在受到胁迫时作出的生理改变，主要涉及总数约为 5 万多种植物次生代谢产物。苯酚和萜烯是含碳但不含氮的次生代谢物，当植物体内有多余的碳时，就产生这些次生代谢物用来保护植物。不同热带树种防御反应策略也是不一样的，黄花梨和檀香是把萜烯和黄酮类物质储存在心材中，防止昆虫和微生物对树干和根系的危害；黄连木和西南桦是把次生代谢产生储存在树皮中，防止昆虫和微生物侵入对树干的危害；沉香是把萜烯和色酮类物质储存在受伤组织周围，保护未受伤组织避免受伤害，同时通过内涵韧皮部恢复生长、保持树干的水分和养分的输导功能，是一种自我修复机制。

防御反应可分为一般性防御反应和诱导性防御反应。一般性防御反应中，碳营养平衡假说为碳与营养供应在植物防御过程中的分配提供了基本原则。植物的碳营养比例调控植物各种功能的资源分配，从而影响植物响应防御的能力。当营养物质限制生长或光合作用受到营养以外因素限制时，植物优先将光合产物用于防御。当降香黄檀和檀香受到胁迫时，会把萜烯和黄酮类物质储存在心材中，增强树干和根系的抵抗危害能力；而黄连木和西南桦则是把次生代谢产生储存在树皮中，防止病虫进入树干危害。当降香黄檀和檀香受到水分和养分胁迫时，就会加速心材形成。但在碳水化合物超过发育要求时，植物也会将多余的碳水化合物投入到植物防御中，降香黄檀和檀香通常是在林分郁闭后林龄为6~8年生时形成心材。此时枝叶等营养器官生长受限，防御机制让树木分配部分碳有机产物形成心材；当降香黄檀和檀香林龄变老后，连树干的生长空间也受限时会加速心材形成。外界资源可获得性对碳营养比的影响会导致防御水平的变化，施肥或遮阴会降低碳营养比，导致防御的减少，而用于防御的氮的可用性增加。

诱导性防御反应是指植物在受到伤害等胁迫时及时启动防御系统的应激反应，在损伤部位导致次生代谢物质的产生和积累，对胁迫作出应答（Chen，2008）。诱导防御灵活和节约资源的防御模式可使植物更好地平衡自身生长和防御之间的关系（Kettles et al.，2013）。最优防御理论决定了受到频发性伤害植物采用高本构防御和低诱导防御；受到突发性伤害和胁迫植物采用高诱导防御和低本构防御（Janczur et al.，2021）。在沉香树龄老化生长受限时，也会产生少量沉香物质在树干均匀分配；但在遭受台风、虫蛀等突发性伤害时，主要采取防御性应激反应机制，大量产生沉香物质在受伤部位积累。沉香结香的过程，就是在树体受到突发性伤害和胁迫时防御性应激反应的过程，呼吸作用增大，树木体温增高，消耗体内淀粉类物质转化为糖类物质和脂类物质，再转化成倍半萜、芳香族和色酮等活性成分，在受伤部位木质部导管内累积，使导管孔径变大、导管密度变小。大概半年后这些物质进一步转移到组成木射线导管间的内涵韧皮部的薄壁细胞，把受伤部分和正常生长部位隔开，导管输导功能恢复（王东光，2016）。目前已经报道的2-（2-苯乙基）色酮类成分绝大部分是从沉香中分离得到的，又可在沉香中聚合形成2-（2-苯乙基）色酮聚合物。色酮一词源于希腊词“chroma”，即“有颜色的”，所以沉香树白色木材变色多为结香。2-（2-苯乙基）色酮和2-（2-4-（甲氧基）苯乙基）色酮在加热裂解时，会分别产生两个芳香族化合物苯甲醛和对甲氧基苯甲醛，而产生持久香味。何梦玲等（2010）分别以土沉香悬浮培养细胞和离体根为材料，添加黄绿墨耳（*Menanotus flavolivens*）真菌培养液后，首次在组织培养物中成功诱导产生了2-（2-苯乙基）色酮化合物，而未经诱导的悬浮培养细胞中未能检测到此类色酮类化合物，意味着色酮类化合物是土沉香细胞在逆境条件下合成的新的次生代谢物质。

在自然状态下，由于受树木防御反应特性的制约，正常生长50年的沉香树形成沉香的比例仅为5%~7%，且只在自然伤害处产生少量沉香，含油量较高的沉香1万株左右才能遇上1株，奇楠沉香（沉香的最高等级）更是10万株不到1株，一物难求。我国传统的沉香主要采自野生的土沉香树，部分来自于人工种植树木通过伤害处理产生少量沉香，但由于人工结香质量低，通常只能用于提取沉香油。随着经济发展和社会需求量的增加，特别是长期以来对野生资源的无序采伐利用，致使我国沉香资源日趋枯竭，国内市场需求缺口日益加大，大约80%的沉香依靠进口，药用沉香少之又少。由于缺少合格的沉香，导致我国传统的沉香中药应用受到限制，甚至出现以次充好，使沉香没有发挥出应有的药用价值。

沉香树自然条件下结香难、结香少一直是困扰我国沉香发展的难题。我国“七五”“八五”期间，将沉香药材列入重点扶持发展的药材品种之一，先后在广东的陆丰、陆河、湛江南药试验场和海南屯昌药材场开展了白木香的栽培试验。近20年来，已开始人工规模种植土沉香，种植面积不断扩大。据初步统计，目前广东土沉香面积达50多万亩，广西约20多万亩，海南约10多万亩，云南、福建各有数万亩的种植。早期种植土沉香主要采用种子实生苗造林，生产模式是在生长5~8年胸径达到10cm以上时开始人工促进结香。针对土沉香的结香技术研究探索在过去20年始终很热门，但取得的突破有限。

目前土沉香实生苗培育的树木人工促进结香技术可分为外部伤害和内在胁迫。外部伤害一般称为物理造伤法，包括在树干上开香门（开一个方形伤口，伤到木质部）、树干打钉、树干钻孔、火烧树干、半断或全断树干、树桩断根移植、敲皮、电锯穿入树干留孔等方法。内在胁迫主要有非生物试剂法和生物试剂法，非生物试剂法包括无机盐、酸性物质、植物激素或植物生长调节剂等。美国明尼苏达大学的Blanchette等（2003；2009）的研究结果表明，如果只是钻孔创伤，则仅在创伤边缘周围形成少量沉香，如果加入能够杀死一些木材组织细胞的化学物质，则能够形成更大面积沉香，譬如添加能对木质部活细胞起伤害作用的氯化钠、亚硫酸钠、氯化亚铁等化学物质，可以显著提高沉香物质的形成量。据此，Blanchette认为所有对沉香属植物木质部的伤害均能诱导沉香类物质的产生，而且沉香物质形成的多寡与活细胞的伤害强度存在正相关性。经氯化钠处理1年后的样品，样品中倍半萜类成分含量达到了市售中档沉香水平，为1.5%。化学促进结香又名通体结香，利用酸类物质，再加上硫酸亚铁等盐类混合后注入树干刺激土沉香树结香。王东光（2016）发现茉莉酸甲酯（0.05%）、脱落酸（0.1%）、6-苄基嘌呤（0.005%）和乙烯利（0.1%）等植物激素都能激活土沉香的防御反应产生沉香，混合使用对土沉香树结香促进效果最佳。生物试剂法主要是注入树体内有效的内生真菌，可以促使土沉香结香的真菌种类主要有：镰刀菌属（*Fusarium*）（Karlinasari et al.，2015）、青霉属（*Penicillium*）（Tamuli et al.，2006）、木霉属（*Trichoderma*）（Jayaraman & Mohamed，2015）、黄绿墨耳菌（*Melanotus flavolives*）（何梦玲等，2010）和可球二孢菌（*Botryodiplodia*）（唐显等，2012）。真菌接菌促进土沉香结香的方法很多，可概括为两类，一类为在沉香树体上凿孔，一般为螺旋形，间隔的垂直距离约为20cm（Mohamed et al.，2014），直接将菌丝体或培养液封入孔中；另一类即为通体结香输液法，需要将菌种的培养液经过滤后，装入输液袋中，用针管滴注入土沉香树干中（Liu et al.，2013）。有时为了有利于菌种培养液的扩散，配合使用氯化钠等其他试剂。马华明（2013）发现菌液灭活后同未灭活菌液结香效果相同，证实促进树木结香的是菌的代谢产物而不是菌的侵入导致的防御反应。采用滴注式接种，1~2年后形成的沉香符合《中国药典》标准，比天然结香快。一般以夏季接菌效果更好，主要是夏季树液流动快，结香长度增加。接菌法和生物试剂注入法未能解决树木个体间结香分化大，沉香树结香质量低、产香量少的问题。化学和生物促进结香方法虽然能普遍促进快速结香，解决结香难的问题；但结香的数量少，多为薄薄的表面一层，内部为腐木，没有解决结香少的问题；同时结香的质量较差，香味不如物理结香的好，不能达到预期效果，难以达到明显的经济赢利目标。

现在的发展趋势是把生物制剂和非生物制剂进行混合使用，发挥各自的优势。生物和非生物制剂促进结香一般在 1 年左右收获，如不及时收获，结香的部分还会逐渐减小，称之为“遛香”。收获后需要拣香，就是把结香的部分和不结香的部分分开。拣香费时费力，在劳动力成本不断上升的情况下，让沉香种植和经营利润下降。拣香后质量不好的香还会在一定期限内失去香味，称之为“走香”。物理伤害造香法可根据具体方法和沉香的目标用途确定结香期限，莞香一般是 3~5 年后收获树兜上部断面结香部分，然后再移植树兜。海南目前流行用电锯在主干上打孔 2~3 年后收获。茂名化州主要是采用打火孔一年后收获，目前也尝试在打火孔加盐提高沉香产量。对于物理造香法来说，结香期限长短同沉香的含油量和质量成正相关。

在沉香产业发展和研究中，一直存在几个引起广泛争论的问题，目前已有清晰的答案。第一个问题是，什么结香方法是最好的结香方法？没有最好的结香方法，只有最适合目标产品的结香方法。通常来说，物理促进结香方法需要等待较长的时间，但沉香质量相对较好；非生物试剂法、生物试剂法以及生物和非生物试剂混合法等待结香时间短，但沉香质量相对较差；虫结只能靠虫子钻，等待时间长，产量不确定。如果是生产闻香类产品，可以不考虑试剂的化学残留，建议用非生物和生物试剂促进结香。入药和食用类沉香，建议以物理促进结香为主。收藏级沉香要求质量高、结香时间久，以虫结和自然伤害结香为主。

第二个问题是，结香的必要条件是什么？首先是要有足够大的沉香树，需要物理或化学或生物等胁迫，然后结香，这些没有争议。而通常的争议是结香的过程是否需要微生物的参与？一个普遍流行的科学假设是：树干体内生长有多种微生物，它们参与沉香的结香过程，一些易结香或结出奇楠级沉香的树就是树体内生长有特定的微生物，所以种子繁殖后不能结奇楠级香，而嫁接繁殖后仍能结奇楠级香。但实验证明，把微生物菌剂灭活后注射进沉香树体内仍能促进结香，证明是菌的代谢产物导致树木启动防御应激反应的作用。在组培培养中，给沉香组织胁迫也能诱导沉香产生（何梦玲等，2010），进一步证明微生物不是结香的必要条件，只是诱导防御应激反应导致产生沉香的方法之一。

第三个问题是，结香时空气湿度、土壤环境、树木本身状况是否对结香有影响？目前知道的是断根对沉香树结香有利，这就是莞香采香后需要移植树兜的原因，这同防御性应激反应有关。民间传说海边的沉香质量好，华南沿海地区天然生长的沉香树结香多、质量好，笔者认为这可能同台风造成树木损伤和台风带来的盐沉降对树木产生胁迫密切相关。民间普遍相信湿度大有利于结香，湿度大有利于微生物繁殖，微生物胁迫可能性大，结香的机会较大。同时湿度大表示水分充足，水分胁迫小，树木光合作用充分，可为防御反应提供足够的光合产物。目前的观测证明，结香的产量和质量同树木光合作用能力有关，向阳枝所结沉香优于阴生枝。

五、易结香奇楠沉香新品系选育过程

沉香产业源远流长，伴随着丝绸之路发扬光大到了全世界，也沉淀出了辉煌灿烂的沉香文化。但我国沉香产业是随着改革开放的开始而迅速发展壮大，并根据发展特点明显分为三个发展阶段。

第一个阶段为 20 世纪 70 年代后期到 1999 年，这一发展阶段的特点是：以电白、化州到广西北流等地为主，沉香天然分布区的采香人进入深山老林寻香采香。采香对土沉香树的伤害相当于物理造香，进一步促进了结香。当时的沉香主要供给医药公司当药材，好的沉香逐渐开始卖给职业经纪人，再转手卖到香港、台湾、日本、中东及一些大陆收藏者。这些职业经纪人逐渐成为沉香界的大咖，对沉香认识和辨识的水平很高，推动了当年沉香业的发展。但随着采香人队伍不断扩大，社会对沉香的需求不断增加，野生沉香树越来越少。国家在 1999 年把土沉香纳入国家二级保护植物标志着采香阶段结束，再加上 2000 年国家启动天然林保护工程和国际保护公约组织把我国的土沉香纳入保护范围，国际国内开始禁止在天然林采香，沉香发展进入了第二个阶段。1978—1999 年为“采香人时代”，他们不畏艰辛、劳苦，得到了他们应有的回报，促进了沉香产业的延续和繁荣。这一时代初步造就了一批沉香交易人，他们集买卖和鉴别沉香于一身，具有了一定的身价，为后续的沉香产业发展提供了人才和资金保障。

第二个阶段从 2000 年到 2019 年，经历了近 20 年，主要是一批采香人、经纪人、爱好者和林农，为了延续沉香产业的发展，开始人工种植土沉香。随着造林技术和林分经营水平的提高，实生种子苗造林的树木在 5 年左右就能达到胸径 10cm，可用于人工促进结香。结香技术以打火孔为主，开香门、敲皮和烧干等为辅。但很快香农们发现人工林结出的香远不如在天然林采集的沉香质量好，大量的低质量沉香材料只能提取沉香油，催生了提炼沉香油这一新产业。在 2008 年左右，一批新的沉香从业者提出了通体结香（以“中山国林”为代表），以甲酸、乙酸、硫酸亚铁等化学物质进行混合，打入树体，刺激土沉香树结香。这种结香方法催生出中间为腐木、旁边一圈为很薄的一层沉香的一个圆柱体，结香产量不高，质量较低，容易遛香和走香。热林所和广东微生物研究所等单位从沉香树中分离出 30 多个内生菌，培养后接入树体促进结香，虽然能普遍结香，但结香的量和质随树木个体变化很大。所有这些快速结香方法，都不能达到明显赢利，产业发展陷入低谷。但在这一阶段，电白等地采香人不相信通体结香，即使有人把该技术吹得天花乱坠的时候他们也清醒地认识到这不是产业发展的方向，对于野生奇楠香不符合新制定的沉香药用标准更不能理解。他们中间很多人虽然种植沉香投资损失较大，但仍然在探索新的出路，思考新的发展方向。他们想起了他们曾经采过的奇楠沉香，这些单株的优良结香品质能否通过种子繁殖的后代传承？

这一时代属于种香人，他们无怨无悔，投入了大量的资金和精力，没有得到应有的经济上的回报，但积累了丰富的种植经验和失败的教训。但这一时代初步造就了一大批沉香交易人，他们集买卖、鉴别和收藏沉香于一身。在 2014 年前后的顶峰时期，只要你出价就有人敢买，收藏沉香后身价百倍，是他们成就和推动了沉香的高端化、稀有化和贵族化。

第三阶段从 2020 年开始，预计将在 2030 年把沉香产业推到 1000 亿以上，2040 年达到 5000 亿，2050 年达到 1 万亿的新型产业。在 2010 年左右，当第一阶段采香人种植的人工林结香不理想的时候，他们梦到了他们种的沉香树结出了和当年在野外采的奇楠沉香一样的香。他们决定去采这些采过奇楠沉香的土沉香树的种子，育苗种植。这次他们再次失望了，同普通种子苗树木一样结香不理想。他们中间的胆大者，把结过奇楠沉香的土沉香树移植回来，种在自己的院子里，果然结香产量高、质量好。热林所承担的国家林业局重点研发项目“热带珍贵树种良种选育与高效培育技术（2011–2015）”，研究易结香奇楠沉香新品种选育，当时的科学假设是这些结奇楠沉香的树是由特殊基因控制的，用这些树木的枝条嫁接实生苗，建立改良代种子园，子代就会有优良结香品质。结果是种子园采收的种子子代不具备易结香奇楠的特征和品质。但无意中发现嫁接苗容易结香，产量高、质量好，改称这些嫁接的苗为“奇楠沉香苗”。试验证实只有通过无性繁殖，才能保持易结香奇楠树优良结香特性，通过种子的有性繁殖不能保持这些优良结香特性。自从 2015 年以来，从自然状态下结出奇楠沉香的单株中选育出一批易结香新品系，生产上又称为易结香奇楠沉香无性系，后发展为易结香奇楠沉香品系，这些易结香品系具有结香早（2~3 年生幼树可以简单打孔促进结香，区别于打火孔的热钻又称冷钻）、结香快［处理后结香 1 年采收即可获得含油量 10%~20% 的沉香，含有 2–（2– 苯乙基）色酮和 2–（2–4–（甲氧基）苯乙基）色酮，在常温下也可以闻到特殊的香味］、产香量大（3 年幼树冷钻处理后结香 3 年收获，单株采收沉香 500~1000g）、产香质量高［打冷钻处理后结香 3 年，一半以上的结香部分达到含油量 40% 并沉水，可接近或超过野生奇楠沉香 2–（2– 苯乙基）色酮和 2–（2–4–（甲氧基）苯乙基）色酮含量，倍半萜类、烯类等天然芳香族有机物比普通土沉香明显提高］等优良特性。这些易结香单株主要经过嫁接等无性繁殖变成优良品系，并逐渐被广泛认同而开始规模化推广种植，使沉香人工林生产周期缩短为 6 年左右。易结香新品系从 2020 年开始进入生产性规模化种植，从此沉香行业进入了易结香品系的新时代。

奇楠沉香是沉香的最高等级，目前已经报道的 2–（2– 苯乙基）色酮类成分绝大部分是从奇楠沉香中分离得到的，又可在沉香中聚合形成2-（2-苯乙基）色酮聚合物。2-（2-苯乙基）色酮和2-（2-4-（甲氧基）苯乙基）色酮在加热裂解时，会分别产生两个芳香族化合物苯甲醛和对甲氧基苯甲醛，而产生持久香味。奇楠沉香和普通沉香的最大区别是，在常温下奇楠沉香就能闻到明显的香味，普通沉香需要加热或高温时才能闻到香味。目前的沉香化学成分研究和分级得出的结论是：奇楠沉香酒精浸提含油率大于40%，有机提取成分中明显含有2-（2-苯乙基）色酮和2-（2-4-（甲氧基）苯乙基）色酮。由于这两个化合物不需要加热就可分解成芳香族化合物苯甲醛和对甲氧基苯甲醛，所以在常温下也可以闻到特殊的香味。而其他等级的沉香就需要加热才能闻到香味，因为低等级沉香含有色酮类化合物少。

这些从野外选出的优良易结香并结出高质量香的单株，经过无性繁殖已变成优良无性系，在无性系被广泛认同而大面积种植后成为优良品系，统称为易结香奇楠新品系，特点是早结香、易结香，单株沉香产量大、质量高。目前已选出易结香奇楠沉香品系100个左右，沉香产业发展进入易结香奇楠新品种快速发展期，将彻底改写沉香育苗、种植、结香、加工、贸易和收藏的规则。由于产量的大幅度提高（从现在的1000t提高到2030年的10000t，2040年的50000t）、质量的显著提升和生产经营周期的明显缩短，将把沉香从高端化、稀有化和贵族化的奢侈品变成大众化、普通化和日常化的日用品，使沉香变成人人可以用得起的物品，使沉香走进千家万户，使沉香变成我们的随身用品和日常用品。沉香国内大循环和国际双循环市场开始畅通，沉香通过“一带一路”再次走向五大洲造福全人类的场景即将再现。这一时代是属于易结香奇楠新品系选育者的时代，易结香新品系造就了这个新时代。这一时代才刚刚开始，沉香从业人员的认知都需要转型升级，迎接易结香新品系这个伟大的发展机遇期，赚取这个机遇期的新品种红利。

六、易结香新品系发展过程中的技术问题

首先是易结香奇楠新品系短期内难以大规模繁殖和母树保护的问题。在易结香新品种选育过程中，第一步是发现并筛选出已经结出奇楠等级沉香的单株，在这个单株上采枝条嫁接成苗（一代苗），经过无性系测定后，证实是优良的易结香品系，那么这个新品系就选育出来了。由于母株能采的枝条有限，只能等新种的一代嫁接苗长大后再在这些幼树上采枝条嫁接二代苗。一般来说一代苗主要是提供给品种试验者和种苗繁育者，二代苗供给用户和终端苗木繁育者。在二代苗上采枝条繁育的就是三代苗，主要用于大规模种植。完成整个过程（发现母株到大量供应二、三代苗）需要5~10年的时间。这就是为什么早期选育的易结香新品系现在才刚刚开始大规模种植，2016年以后选育的新品系还没有进入规模化生产，所以目前种植易结香品系还有可能到时卖个好价钱，赚取机遇期红利。由于早期存在母株炒作之风，经常发生母株买卖和移植，导致部分母株

死亡。另外就是打冷钻让母株结香和频繁的采穗条（每千克穗条从数千元到几万的价格），导致母株死亡。过早的母株死亡不利于后期的苗木繁育，保护母株对这个品系的持续发展十分重要。

其次是易结香新品种繁殖过程中的代际衰退问题。易结香新品种在 2015 年左右试探性进入市场进行小规模生产性推广，由于嫁接苗产量有限，易结香品种的嫁接苗在 2017~2018 年达到最高价，这几年价格明显下降。主要原因是一些先知先觉的林农买入易结香品系，利用枝条嫁接繁殖二代苗，再通过二代苗繁殖三代苗，产能几何级上升。目前大家发现三代苗结香不如二代苗，二代苗结香不如一代苗，一代苗结香不如母株的易结香奇楠沉香品系逐代退化问题。笔者认为影响结香质量的主要因素是两个方面，首先是沉香树的代数（母株 > 一代树 > 二代树 > 三代树）、打冷钻后结香时间的长短、多次繁殖后枝条生理年龄的老化这三个主要因素，这些都可以通过采穗圃的建立和采穗母株的复壮等繁殖技术得到部分解决。其次是砧木效应，在嫁接的树干和树枝受到伤害后，树木启动突发防御应激反应，导致大量产生沉香物质在受伤部位集聚，这就要求砧木及其根系参与沉香物质代谢产生的整个过程，通过 RNA、蛋白质和激素合成参与代谢。但砧木是普通白木香，参与时不能完全配合上部易结香新品系树木突发防御应激反应需求，上下不一致的砧木效应导致结香质量下降。目前正在试验验证是否存在嫁接后砧木影响接穗造成结香质量下降的砧木效应的代际累加问题，如存在将需要找到其解决方案，也在试验利用奇楠沉香新品系林所产种子育苗作为砧木是否能降低砧木效应。生产上不建议种植四代及以上代苗木，减少出现结香质量下降的可能。

再次是易结香奇楠新品系良种化筛选和规范化发展的问题。目前需要有一批沉香从业者在不断把易结香的特异种质发掘出来，在保存、繁育的同时进行结香评价和生态适应性研究，选育成易结香奇楠沉香良种。与此同时，易结香品系之间可能出现重复编号的问题，给新入行的香农带来辨识的苦恼。广大香农把自己选出的和从他处购买的母株根据结香颜色编为“绿奇楠苗”“紫奇楠苗”“黄奇楠苗”“白奇楠苗”“黑奇楠苗”等，有的根据叶片特征编为“大叶婆”“金勺子”等。目前市场上流通的编号共 200 个左右，电白就有 100 多个。热林所正在通过基因指纹图谱进行标识，减少同一品种通过不同命名重复繁殖的问题。比如有人把买来的二代苗当母株，再繁育到三代苗时实际就是五代苗了，可能会影响结香质量。有的苗木繁育者没有一代品种园，二代苗数量也有限，为了加快发展速度用三代苗当母株，在生产性树木上采枝条大量繁殖苗木，这样推广速度加快了，但结香质量可能难以保障。正确的做法是先建立一代品种园，在一代品种园采穗条建立繁殖二代苗，二代苗造林或二代苗生产的穗条用于生产三代苗。建议每个地区建立 3~5 个示范性苗圃，按品种园、采穗圃和生产性苗圃规范生产流程，建立全程可溯源的苗木生产认证体系，保证苗木代数可查和苗木质量。

接下来的问题是，在早期选育和评价后，利用已有的易结香奇楠新品系进行多点区域测试试验，对林分生长潜力、病虫害抗性潜力、结香过程和能力等进行跟踪调查和监测，探索其生长规律和结香规律，筛选出适宜药用、油用、保健用和多用途等综合功效优良易结香奇楠沉香品种。在规模化发展的同时，组织广东、广西、海南、福建和云南等潜在产区开展品种筛选试验十分必要。广东、广西和海南是主要产区，每个省（自治区）需要选择3~4个点开展生产性能优良的20~30个易结香新品系测试，建议使用二代苗，3年后同一规格处理，2~3年后统一采收测定结香的质量，为每个主要产区（如茂名、惠州、汕头、玉林、钦州、海南东部、海南中部山区、海南西部、版纳、漳州）选取优良的适生品种申报良种，政府扶持良种进行大规模推广和产业化。对科研工作者来说，筛选更多沉香优新品种，尤其是具有易结香、早结香、结香量大、产香质优的优良奇楠新品种的同时，需要组织力量攻克其无性繁殖率低这一难题，突破扦插、组培等迫在眉睫的快繁技术。需要开发并利用高质量分子标记开展沉香遗传多样性和遗传结构分析，理清遗传多样性丰富程度和不同种质间的分化情况，研究沉香植物的表形及分子生物学特性，开发沉香基因指纹图谱，为优良种质创制提供科学鉴定依据。同时，从分子水平上揭示沉香重要经济性状的遗传规律，提升沉香品种的特异性状、品质及产量。

大规模发展后，主要问题是易结香新品种标准化种植问题。广东、广西和海南是我国传统的沉香产区，光照充足、水热充沛，非常适宜沉香生长，沉香品质佳。但其他不同区域立地、气候差异十分明显，围绕不同生态区开展有针对性的沉香良种筛选后，还需要配合选育的良种进行配套栽培技术研发和标准化种植，保证有序发展和生产沉香的质量，引领种植产业高质量发展。现存未经选育的实生苗所种林分，普遍放香难、投产晚、周期长、收益慢、收益少，种植农户积极性受到较大打击。对于这些已有林分需要针对性地使用良种接穗进行换冠嫁接，把过去种植后长期等待不结香的损失夺回来，重树林农种沉香致富的信心。标准化种植和培育技术包括密度调控、田间管理、药肥减施增效、病虫害综合防控等方面，掌握沉香原料林基地快速营建技术。在现有的打冷钻促进结香技术的基础上，进一步优化钻头孔径大小、树干径大小和孔径间距三者之间的关系，保证结香的质和量，以及同沉香主要用途之间的匹配。揭示处理后结香年限同沉香质量和产量之间的关系，保证采香收益的最大化。探索新的促进易结香新品种结香处理方法，研发更好的促进结香技术，特别是形态无损促进结香技术。在总结上述研究成果的基础上，总结出易结香新品种优质高效标准化种植体系，进行大规模推广，保证产业健康发展。

最后一个问题是建立沉香产业示范园，促进种植业、加工业、流通业、健康体验业、旅游业、文化产业等一体化全产业链高质量发展。针对沉香产业长期存在的种源不清、易结香新品种重复命名、种苗市场混乱、育苗基地分散、产品加工基地小、产品销售渠道神秘、沉香用途单一、品牌知名度缺失等产业难点、痛点、堵点，在集成应用标准化种苗繁育、标准化高效种植、标准化结香采收的基础上，建立苗木生产、种植、采收和加工全产业链溯源体系。扶持全自动化、工厂化拣香车间建立，减少人工的使用量来达到降低成本的目的。发展拣香机器人，工厂化机器人对沉香自动分级（初级香、中级香、高级香和奇楠香）处理，准备后续加工。形成一批高品质沉香道地药材种植基地和规范化中药材生产技术基地，保证南药产业发展。对于低级香，主要用于提沉香油和闻香制品。采用前店后厂的办法，建立沉香一条街或沉香小镇，既有土法蒸馏提取、电加热提取、CO_2超低温萃取、超临界分子提取等精油提取工厂，又有现场利用沉香油混香制香水的体验试产车间；既有利用低级沉香制造香的工厂，自己选定和香（几种香的混合）方案定制传统香，也可定制不同价格的通过电加热长久闻香的保健功能香，促进加工业、流通业、健康体验业、旅游业、文化产业一体化发展。中级香主要用于保健和大健康产业，高级香主要用于医药业发展，奇楠香主要用于医药、把玩、装饰、收藏等行业发展。开展本草考证、药效物质与生物活性物质评价比较等研究，制定沉香药材规范，鼓励发展沉香单一类成分的提取和制药。以沉香为原料，开发沉香药材、工艺品、保健品、日化用品、饮料食品等系列产品，开发沉香制品自动化、信息化、智能化和溯源化的生产工艺与设备。研究沉香产品质量标准，研究建立沉香全链条质量追溯技术体系，建立产品质量检测标准体系，引领沉香产业高质量发展。政府主要是引导产品质量控制和检测等关键环节，科普沉香实用技术和知识，提升沉香产业的支撑能力，示范、带动、拓展沉香产业发展空间。在研发方面，开展沉香提取物主要中药活性成分研究，利用细胞实验、动物模型研究沉香提取物并揭示其抗病、抗癌及抑制炎症的相关机理和作用机制，开发系列具有消炎功能的中药沉香保健饮剂或含片；开展沉香提取物护肤日化品的安全性评价研究，探索提取有效成分在护肤产品中的定性、定量应用及使用效果，开发系列美容护肤（面膜、眼罩、香水等）、日化（香袋、香皂、洗手液等）等下游衍生产品。

七、沉香有效成分研究进展

沉香化学成分的研究起步较晚，国内 20 世纪 80 年代才开始研究，沉香的化学成分主要有三类：倍半萜类、芳香族和色酮类。倍半萜类成分包括主要是白木香醛、沉香螺旋醇、白木香酸、白木香醇、去氢白木香醇、异白木香醇、白木香呋喃酸、β－沉香呋喃、呋喃白木香醛、呋喃白木香醇等。芳香族的主要成分有苄基丙酮、甲氧基苄基丙酮和茴香酸等。色酮类成分主要是 2-（2- 苯乙基）色酮的衍生物。除倍半萜类和色酮这两类成分之外，芳香族化合物和脂肪酸等也是沉香组成成分（Naef，2011；Dong et al.，2022；Zhang et al.，2021）。在近期的研究中，许多新物质也从不同地区的沉香中鉴别出来（Wang et al.，2015；Xia et al.，2019；Xiang et al.，2021；Zhao et al.，2021），Li et al.（2021）的最新总结中把沉香的化合物增加到了 160 余种，随着鉴别手段的改进，质谱数据库的不断丰富，沉香中更多化合物会得到鉴定。

沉香组成成分是沉香树抵御逆境胁迫，防御外界伤害的次生代谢的产物。而不同树种、不同生境、不同结香方式对沉香成分多样性有着不同的影响。沉香资源主要分布在东南亚、华南地区和南亚次大陆的东北部直到巴布亚新几内亚群岛，在沉香特性研究中通常将沉香划分为莞香系（华南地区）、惠安系（中南半岛）和星洲系（东南亚群岛和南亚）三个产区。三个产区沉香木材的宏观和微观构造基本一致，仅在管孔形态、内涵韧皮部数量，射线长度和沉香分泌物的分布方面存在一定差异。但不同产地的沉香所含化学成分的组成和含量变异性大，品质差别较大。气相色谱结果表明，三个产区沉香样品的倍半萜化合物的平均相对含量均高于 50%，2-（2- 苯乙基）色酮化合物平均相对含量在 32%~42%，莞香系、惠安系和星洲系的倍半萜和挥发性 2-（2- 苯乙基）色酮化合物相对含量的比值分别为从 1.3 逐渐递增到 1.9。液相色谱结果表明，莞香系沉香的色酮种类最多。星洲系沉香的沉香四醇含量极高，色酮含量较低，这也是星洲系沉香的一个重要特征。惠安系沉香在三个产地中体现出一定的过渡性，莞香系与惠安系样沉香相似度较星洲系更大。

近年来，土沉香易结香奇楠品系开始大规模种植，其形成的沉香（奇楠沉香）与传统沉香（普通沉香）有显著区别。沉香的分泌物均主要分布在内涵韧皮部和木射线薄壁细胞，奇楠品系的内涵韧皮部和木射线薄壁细胞组织比量分别约为 26.4% 和 13.2%，明显大于实生苗种植的普通土沉香的两种组织比量（分别约为 15.2% 和 4.5%）。奇楠品系的分泌物含量明显高于普通沉香，并且分泌物的化学成分与普通沉香存在显著差异，两者是由两种不同的代谢通路防御应激反应所产生。普通沉香中倍半萜类化合物的相对含量约是奇楠沉香的 3.4 倍，而奇楠沉香中色酮类化合物相对含量远远大于普通沉香。奇楠沉香中色酮类化合物以 2-（2- 苯乙基）色酮与 2-［2-（4- 甲氧基）苯乙基］色酮为主，两者相对含量之和最高达到 77.3%，而普通沉香仅为 1.5%。奇楠与普通沉香的烟气均对金黄色葡萄球菌、大肠杆菌以及铜绿假单胞菌具有较强的抑菌活性，杀灭率均达 99% 以上。奇楠沉香水提取物的抗氧化活性低于沉香，而乙醇提取物的抗氧化活性高于普通沉香。两种沉香的乙醇提取物都对大肠杆菌、白色念珠菌无显著的抑菌活性，水提取物对大肠杆菌物无抑菌效果，但对白色念珠抑菌活性显著。由于两者的特征不一样，导致普通沉香需要加热才能散发香味，而奇楠沉香在常温下就有香味，加热后能迅速出香味。在制造线香过程中，一般是把奇楠和普通沉香混合，既有奇楠香味的冲劲，又有普通沉香的持久性。郭晓玲等（2009）对不同产区沉香药材挥发油成分进行了分析比较，发现进口沉香和广东沉香芳香族化合物成分比例较高，适合焚香，而海南沉香倍半萜类成分比例较高，适合入药。2-（2- 苯乙基）色酮类化合物是沉香的重要活性成分，迄今为止除沉香外该类化合物仅从葫芦科甜瓜（*Cucumismelo* L.var.*reticulatus*）、白羊草（*Bothriochloa ischaemum*）和禾本科白茅（*Imperata cylindrica*）中分离得到，可以认为该类成分具有较好的专属性，可以用作评价沉香质量的指标性成分。

对沉香的主要成分倍半萜和色酮生物合成的调控途径的研究，增进了对沉香形成机理的进一步了解，有助于人工诱导结香。植物存在两条途径能合成萜类物质。一条在细胞质中，合成倍半萜、三萜和固醇的前体物质类异戊二烯，是由甲羟戊酸（mevalonic acid）途径所提供（Rohmer，1999）。另一条在于质体中，2–甲基–D–赤藻糖醇–4–磷酸（methylerythritol phosphate）途径，合成单萜，二萜和类胡萝卜素前体物质的途径（Singh & Sharma，2015）。这两种代谢途径并不是孤立的，它们共有的代谢中间产物异戊烯基二磷酸（isopentenyl pyrophosphate）及二甲烯丙基二磷酸（dimethylallyl pyrophosphate），可以通过质体膜进行交换（张伟和梁成伟，2014）。异戊烯基二磷酸及二甲烯丙基二磷酸在萜烯合成酶的作用下，合成萜类物质，之后在两个关键酶倍半萜合酶（sesquiterpene synthases）和依赖细胞色素 P450 单加氧酶（cytochrome P450 dependent mono–oxygenases）作用下通过一系列分子反应完成倍半萜物质的合成（Pateraki et al.，2015）。廖永翠（2015）发现茉莉酸信号途径参与调控沉香倍半萜生物合成的分子机制，阐明了程序性细胞死亡与沉香倍半萜次生代谢关系以及白木香聚酮合酶和倍半萜合酶基因的作用。Ding 等（2020）发布了白木香基因组精细图谱。

不同于倍半萜的合成，色酮的合成是多条次生代谢物合成途径（包括戊酮途径、莽草酸途径和氨基酸等途径）共同作用的结果（Khadem & Marles，2012）。在 Liao 等（2018）的研究中表明色酮的合成可能是通过肉桂酰辅酶 A 类似物、丙二酸单酰辅酶 A 与 2–羟基苯甲酰辅酶 A 缩合反应，随后被Ⅲ型聚酮合酶催化色酮形成，再由羟化酶或 O–甲基转移酶催化形成结构多样的 PECs。在 Wang 等（2022）的研究中，从白木香中鉴定了二芳基戊烷聚酮化合物合酶（PECPS），阐述了苯乙基色酮的生物合成机制。研究人员通过将克隆鉴定的合成苯乙基色酮的关键酶 PECPS 在本氏烟中瞬时表达以及在白木香愈伤组织中敲除低表达等，证实了二芳基戊烷的 C6–C5–C6 骨架是 PECPS 的共同前体，表明 PECPS 在色酮的生物合成中起着至关重要的作用。同时，试验制备并解析了 PECPS 及其 4 个关键突变体蛋白的晶体结构，阐明了 PECPS 对色酮独特的催化机制。

八、全国沉香产业发展展望

发展易结香奇楠沉香新品系，范围局限在白木香原有分布区内，既要冬天没有霜冻，绝对历史极端低温在 0℃以上。海南岛全岛、广东、广西南部的低海波地区，云南和福建最南部的低海波地区都能发展沉香人工林种植。广东南部属热带和南亚热带季风气候，天然沉香广泛分布，年均气温 21.1℃，最高平均气温 37.7℃，年均日照 1396h，年均降水量 1660~1850mm，年均相对湿度 81%，大部分区域适宜易结香奇楠沉香新品系生长，尤其是广东东南（潮州、汕头、揭阳、汕尾、惠州、东莞、广州）和西南（珠海、佛山、中山、肇庆、江门、阳江、云浮、茂名、湛江）两翼，将各形成一个易结香奇楠沉香新品种种植业、加工业、流通业、健康体验业、旅游业、文化产业等一体化全产业链高质量发展千亿产业区。粤港澳大湾区（原香山和莞香地区）是历史上的全国沉香集散地和沉香“一带一路”发源地，将成为世界最大的沉香及其制品的集散地和交易中心。广西东南部为热带和南亚热带季风气候，南宁以南的东南地区均是传统的沉香分布区，是长期以来国内沉香精油的重要来源地之一。该区域土地资源丰富，水热资源适合易结香奇楠沉香新品种种植，将成为第三个全产业链高质量发展千亿产业区。海南全岛为热带气候，大部分地区雨量充沛，气候湿润，土地较肥沃，适合发展易结香奇楠沉香新品种。但海南林地资源受限，土地租用价格高，劳动力成本较高，但水热资源提升结香质量部分抵消了这些成本上升，海南将形成第四个全产业链高质量发展千亿产业区。具体落在各个地级市为广东省的潮州、汕头、揭阳、汕尾、惠州、东莞、广州、珠海、佛山、中山、肇庆、江门、阳江、云浮、茂名、湛江等地，海南省的文昌、琼海、临高、定安、澄迈、儋州、东方、乐东、琼中、保亭、陵水等地，广西东南部玉林、北海、钦州、防城港、南宁、崇左和梧州南部，福建漳州和莆田东南部以及云南西双版纳、普洱等地。

目前，全国普通沉香人工林面积已经达到 100 万亩，广东种植面积达 50 万亩，广西约 20 万亩，海南约 10 万亩，云南、福建有少量种植。易结香品种已发展到 20 万亩左右，分别为广东 13 万亩，海南 4 万亩，广西约 2 万亩，云南、福建有一定数量种植。预计到 2030 年，易结香奇楠沉香新品种总面积将达到 120 万亩，分别为广东 50 万亩，海南 30 万亩，广西 30 万亩，云南、福建各 5 万亩。2030 年以后每年采收 20 万亩左右，以每株易结香品种 6 年一个周期产香量平均在 500~1000g（品种差异、树体大小、结香方法等因素影响）之间，每亩沉香产量为 150kg，年沉香产量为 3 万 t，是目前全世界产量的 3 倍以上，改变了现在的高质量沉香缺乏的被动局面，市场产销两旺，价格稳中有降。目前易结香奇楠沉香新品种打冷钻后 3 年所结沉香平均价在 50 元 /g，主要是目前高质量沉香稀缺，预计 2030 年随着高质量沉香产量的大幅度增加，价格会降到 5 元 /g，3 万 t 沉香产值为 1500 亿元。2030 年沉香产业全产业链（种苗、林分培育、结香、收获和初加工、精加工、产品销售、体验和文化）产值推到 3000 亿以上，其中第一产业（种苗、种植和采收）占 50%，第二产业（中药、保健品、日化和工艺品加工和精加工）占 30%，第三产业（贸易、保健、服务、文化等）占 20%；

预计在 2040 年总面积达到 400 万亩，分别为广东 180 万亩，海南 90 万亩，广西 100 万亩，云南、福建各 15 万亩。新造林平均以 6 年为一个生产经营周期，萌芽二代林为 5~6 年一个周期，2040 年以后每年采收 70 万亩，生产含油量 30% 以上的高等级沉香 5.25 万 t，含油量 30% 以下的中低等级沉香 5.25 万 t，合计 10.5 万 t，是目前产量的 10 多倍，相比目前绝大部分为中低等级沉香的局面质量大幅度提升。随着面积和产量的增加，价格逐步下降，品种红利逐渐降低，价格会降到 2.5 元 /g，10.5 万 t 沉香产值为 2650 亿元。2040 年把沉香产业全产业链产值推到 1 万亿元以上，其中第一产业（种苗、种植和采收）占 26%，第二产业（中成药、提纯药、保健品、日化和工艺品加工和精加工）占 50%，第三产业（贸易、保健、服务、文化等）占 24%。

目前，广东、海南和广西在茂名、惠州、潮州、东莞、中山、佛山、儋州、琼中、澄迈、琼海、屯昌、玉林、钦州、北海、防城港、崇左和南宁等地均实行规模化人工种植易结香奇楠沉香新品种，通过龙头企业、专业合作社、大户等多种形式建立众多的沉香种植基地，同时带动周边的农民加入沉香种植和加工行业。现已生产有沉香茶、沉香片、沉香油、沉香酒、沉香线香、沉香工艺品等系列产品，少数地方甚至形成了“企业 + 农户 + 互联网”“种植、生产、加工、贸易一条龙”的产业格局。现在发展沉香产业已经成为这些地区农民脱贫致富以及政府开展和实现精准扶贫的重要途径和手段，将成为乡村振兴的主要抓手之一。

（徐大平、刘小金、洪舟、张宁南、崔之益、李改云）

第三节　西南桦

西南桦（*Betula alnoides*）是桦木科（Betulaceae）桦木属（*Betula*）的一个高大乔木，其树高可达 30m，胸径达 1.5m。西南桦是北半球桦木属分布最南的一个珍贵树种，天然分布于印度半岛北部、缅甸、中南半岛各国以及中国。在中国，西南桦主要分布于云南西南部、南部、东南部，广西西部和西南部，贵州西南部红水河一带以及西藏墨脱雅鲁藏布江大峡谷等地（曾杰等，2006；曾杰，2010）。西南桦喜温凉气候，是一个典型的南亚热带树种，适宜在年均气温 16~19℃，1 月平均气温 9.5~12.5℃，7 月平均气温 21~24℃，年均相对湿度 80% 以上，降水量 1000mm 以上的地区营建西南桦速生丰产林。西南桦对土壤的适应性很广，较能耐干旱瘠薄，适合在酸性或微酸性土壤上生长，适宜 pH 值 4.2~6.5。目前在中国南岭山地和滇中高原一线以南地区广为栽培，广泛应用于荒山绿化、低产低效林分改造、生态公益林营建以及优良速生用材林基地建设等，推广面积已逾 300 万亩。本节从良种选育、壮苗培育、立地选择、混交栽培、营养诊断与施肥、密度控制、修枝与无节材培育、蛀干害虫营林控制、木材及非木质林产品利用等方面系统评述了 10 余年来西南桦人工林培育的研究进展，旨在为西南桦规模发展上新台阶以及西南桦人工林可持续经营提供理论和技术支撑。

一、良种选育

热林所西南桦研究团队自 2000 年以来，先后三次大规模收集中国西南桦主要分布区的种质资源，于广西凭祥、福建漳州、云南西双版纳和保山、广东韶关等地建立种源家系试验林。基于边试验边推广的思路，通过生长等指标的比较分析为各地筛选出一批优良种质应用于生产实践（郭文福等，2008；赵志刚等，2011；杨晏平等，2012；Chen et al.，2020）。热林所西南桦研究团队对上述试验林开展了近20年的测定，以速生、优质、高抗为选育目标，综合分析胸径、树高、枝下高、冠幅、干形、冠形、分枝等7个性状的遗传变异及基因型与环境互作规律，筛选了一批适宜区域较广的优良种源和家系（Yin et al.，2019）。热林所西南桦研究团队基于上述调查结果，参考材性性状，从25个种源中选育出“西南桦广西凭祥种源”（国S–SP–BA–09–2019）和“西南桦云南腾冲种源”（国S–SP–BA–010–2019）两个良种获国家林业和草原局林木品种审定委员会审定（图1–5）。

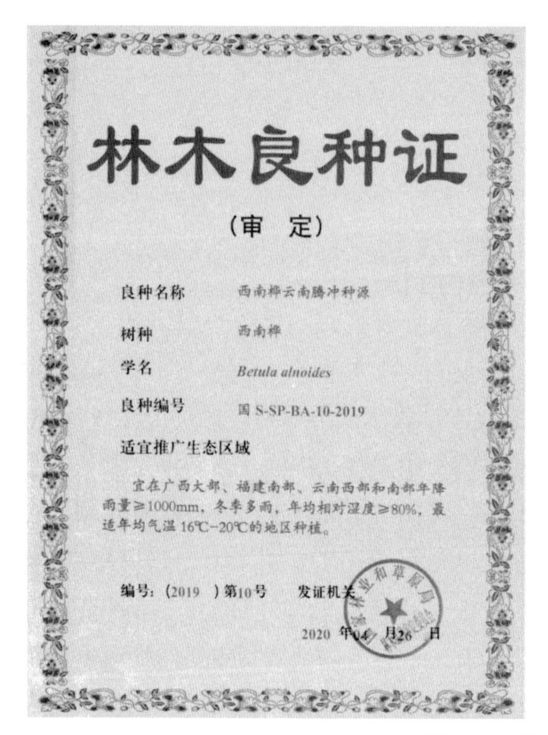
林木良种证

（审　定）

良种名称　西南桦云南腾冲种源

树种　西南桦

学名　*Betula alnoides*

良种编号　国 S-SP-BA-10-2019

适宜推广生态区域

宜在广西大部、福建南部、云南西部和南部年降雨量≥1000mm，冬季多雨，年均相对湿度≥80%，最适年均气温16℃–20℃的地区种植。

编号：（2019　）第10号　发证机关

2020 年04 月26 日

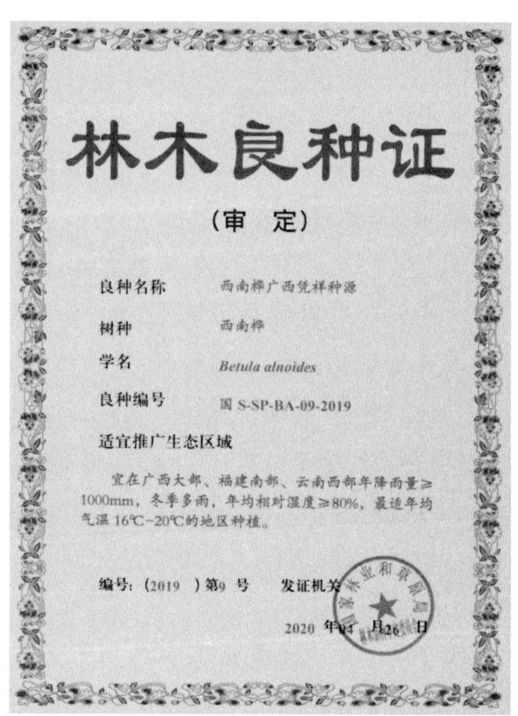
林木良种证

（审　定）

良种名称　西南桦广西凭祥种源

树种　西南桦

学名　*Betula alnoides*

良种编号　国 S-SP-BA-09-2019

适宜推广生态区域

宜在广西大部、福建南部、云南西部年降雨量≥1000mm，冬季多雨，年均相对湿度≥80%，最适年均气温16℃–20℃的地区种植。

编号：（2019　）第9 号　发证机关

2020 年　月26 日

图1–5　西南桦良种证

中国林业科学研究院热带林业实验中心（以下简称“热林中心”）通过组培将初选的优良单株材料无性系化，在广西凭祥、百色、天峨建立了无性系测定林（谌红辉等，2013），通过多点联合选择，选育出西南桦青山1号（桂S–SC–BA–001–2017）、西南桦青山2号（桂S–SC–BA–002–2017）、西南桦青山5号（桂S–SC–BA–003–2017）和西南桦青山6号（桂S–SC–BA–004–2017）4个无性系并获广西壮族自治区林业局林木品种审定委员会审定。这些无性系材料亦逐渐在广东、云南、福建等地营建无性系测定林，初步选育出一批优良无性系（黄佳聪等，2017；王欢等，2017）。热林所西南桦研究团队利用花枝嫁接人工制种技术获得西南桦为母本、光皮桦为父本的杂交种子（郭俊杰等，2010），通过扦插将其子代无性系化（林开勤等，2010），经无性系测定筛选出一批优良的杂种无性系（王欢等，2018）。

二、育苗技术

苗木质量是决定造林成败的关键因素，壮苗培育是人工林高效培育的关键步骤和重要内容，壮苗培育过程中适宜的容器规格和基质配方是培育高质量容器苗的基础，刘士玲等（2019）通过容器规格和基质联合试验，依据地径、苗高、生物量、分枝数、叶面积、叶片数、根长、根表面积、根体积和根平均直径等指标，筛选出适宜西南桦的容器规格为 8.0cm × 12.0cm，基质配方为 74.6% 黄心土 +24.9% 沤制树皮 +0.5% 竹炭。热林所西南桦研究团队对西南桦幼苗开展氮素和磷素指数施肥试验，依据幼苗生长表现和叶片养分含量，确定西南桦幼苗的适宜施氮量为 200~400mg/ 株（陈琳等，2010；Chen et al.，2018），适宜施磷量为 70~209mg/ 株（Chen et al.，2016）。在此基础上，热林中心以不同西南桦无性系幼苗为试材，开展氮、磷配施试验，发现施肥不仅可以促进其地上生物量的增加，亦可显著促进根系的生长发育，并且综合幼苗生物量和根系形态指标，筛选出西南桦幼苗氮、磷最优配比为氮 200mg/ 株 + 磷 70mg/ 株（刘士玲等，2019；刘士玲等，2020）。上述研究在西南桦育苗容器规格选择和苗期施肥方面为西南桦壮苗培育提供了指导。

西南桦是兼具丛枝、外生菌根的典型菌根营养型树种，弓明钦等（2000）分别对西南桦幼苗实施丛枝菌根真菌和外生菌根真菌的接种试验，探明了西南桦幼苗对于外生菌根的依赖性较强，而对丛枝菌根的依赖性中等。西南桦幼苗的生长、叶片养分以及光合生理特征均与其菌根真菌侵染率密切相关（邹慧和曾杰，2018；邹慧等，2019），菌根化育苗是西南桦壮苗培育的一种有效措施。对于西南桦偏向于哪种类型菌根以及何种菌是进行西南桦菌根化育苗首要解决的问题。热林所西南桦研究团队以 4 个西南桦优良无性系为试材，选用 6 种外生菌根［土生空团菌（*Cenococcum geophilum*）、松乳菇（*Lactarius deliciosus*）、黄硬皮马勃（*Scleroderma flavidum*）、多根硬皮马勃（*S. polyrhizum*）、褐环乳牛肝菌（*Suillus luteus*）和红绒盖牛肝菌（*Xerocomus chrysenteron*）］和 6 个丛枝菌根菌株［幼套球囊霉（*Glomus etunicatum*）的 XZ03B 和 XJ04B 菌株，摩西球囊霉（*G. mosseae*）的 HUN03B 和 XJ04B 菌株，分离自甘蔗根际的根内球囊霉（*G. intraradices*）和幼套球囊霉］进行盆栽接种试验，发现接种多根硬皮马勃与黄硬皮马勃（邹慧等，2019）以及根内球囊霉菌株和摩西球囊霉菌株（邹慧等，2018）显著提高了西南桦幼苗生长量、净光合速率、水分利用效率、叶绿素含量和荧光参数、养分吸收，可作为西南桦菌根化育苗的优选菌种，研究为西南桦菌根化壮苗培育奠定了基础。

三、栽培技术

（一）立地选择

立地质量是影响林分生产力的关键因素，合理选择立地是科学营林的前提。热林所西南桦研究团队在广东省东江林场调查发现，坡向对7年生西南桦生长影响不显著，而坡位效应明显，西南桦在中下坡生长表现更佳（陈耀辉等，2017）。2016年1月，云南德宏州造林半年后的西南桦遭受严重冻害。通过设置海拔梯度（1860~1960m）开展样地调查，发现西南桦幼苗冻害指数随着海拔升高呈现明显递增趋势，海拔1920m以上冻害程度显著加重，因此，德宏州西南桦造林海拔不宜超过1920m（刀保辉等，2016）。在广西大青山设置47块西南桦临时样地，调查常规立地因子和西南桦生长状况并进行分析评价，确定西南桦喜温凉气候，在较高海拔，阴坡、半阴坡立地栽培时生产力较高（唐诚等，2018a）。进一步对上述样地的土壤养分状况进行分析，发现西南桦对于低pH值、低磷含量的土壤具有较强的适应性，有机质、全钾和有效氮含量是影响西南桦人工林立地指数的关键土壤养分因子（唐诚等，2018b）。因此，在营建西南桦人工林时，应选择pH值较高的土壤，避免因土壤酸性较强影响土壤性质，造成土壤有机质、全钾、有效氮等养分含量下降和不足，影响西南桦林正常生长。

热林所西南桦研究团队对广西大青山49块西南桦样地49株优势木进行树干解析，获得816对优势高-年龄数据，通过模型拟合确定Richards方程为导向曲线，依据优势高生长过程确定西南桦的基准年轮为15年。应用导向曲线法编制出广西大青山林区的西南桦立地指数表，建议西南桦人工林营建宜选用立地指数在22以上的立地进行大径材培育，研究结果为广西大青山及类似地区西南桦人工林立地质量评价和生长潜力预估提供支撑（唐诚等，2019）。热林所西南桦研究团队采用同样的方法，基于65块样地65株优势木树干解析获取的1009对优势高-年龄数据，编制了云南德宏州西南桦人工林立地指数表，为德宏州西南桦人工林立地的选择和科学经营提供了指导（张雪琴等，2021）。

（二）混交栽培

西南桦纯林存在林分结构单一、空间浪费、病虫害和地力衰退等系列问题，改善人工林的树种、空间和群落结构，提高生物多样性、稳定性和抗逆性，防止地力衰退及生态系统功能退化，是人工林可持续经营亟待解决的关键问题。而混交作为传统培育的一种方式可有效解决纯林所存在的上述问题。选择适宜混交的树种以及合理的混交配置方式是混交林成功营建的关键。基于此，学者们开展了一些初步的探索。郝建等（2016b）通过对25年生西南桦与红锥异龄混交林及13年生西南桦与红锥同龄混交林和相应的西南桦纯林的林分结构、生长量及健康状况进行研究，探明西南桦与红锥混交有利于西南桦干形塑造，提高西南桦生长量及单位面积总蓄积量，减少西南桦的感虫率及单株的虫孔密度，避免恶性杂草对林木生长的影响。明确了红锥是西南桦理想的混交树种，无论营造西南桦与红锥同龄混交林，还是利用红锥对现有西南桦纯林进行混交化改造，都可达到较好的造林效果。唐继新等（2022）从西南桦与红锥混交林的生长动态和林木形质角度探明西南桦与红锥的“丛状行间”同龄混交经营，有利于塑造西南桦与红锥的优良树干形质和林木生活力。学者还对西南桦纯林与西南桦与红锥混交林碳储量进行了比较，探明了西南桦–红锥混交林乔木层碳素年净固定量高于西南桦纯林，这说明西南桦–红锥混交林比西南桦纯林的碳固定速度快（何友均等，2012）。因此，红锥是西南桦的一个优良伴生树种，适宜大面积推广应用。除红锥外，李莲芳等（2012）还对西南桦–高阿丁枫混交林的生长及匹配性进行了研究，发现混交幼林阶段，西南桦与高阿丁枫呈现错峰生长，且两个树种的地理分布、立地的生态适宜条件和林学特征的分析结果表明这两个树种属于混交匹配树种，建议混交采用非均匀密度控制以实现两个混交树种的良好生长和长期稳定。杨德军等（2008）对13年生西南桦人工纯林和西南桦–肉桂混交林的碳储量对比研究发现，西南桦的人工纯林与西南桦–肉桂混交林的固碳能力相差不大。由此可见，相对于前面所述的红锥而言，肉桂作为西南桦的混交伴生树种的表现要稍差。此外，李品荣等（2007）通过样地法比较了西南桦纯林、西南桦–山桂花和西南桦–马尖相思混交林的群落学特征，发现3个群落都以高位芽植物为主，叶型谱以小型叶为主，光照生态类型谱以阳生种类为主，水分生态类型谱以中生种类占优势，西南桦–马尖相思混交林的物种多样性值最高，有利于林分的稳定性和向顶级演替发展。目前有关西南桦混交研究只是涉及一小部分树种，且混交配置模式亦比较简单，因此，西南桦混交树种的选择和混交配置模式的确定仍需进行长期、不间断的探索。

（三）营养诊断与施肥

土壤养分影响林木生长、林分生产力，而施肥是人工林培育的重要技术环节，科学施肥能够有效改善土壤条件，增加土壤肥力，促进树木生长，提高林产品产量与质量。何斌等（2015）对西南桦人工林速生阶段养分需求量进行了研究，发现不同养分元素年净积累量由大到小依次为氮、钾、钙、镁、磷。唐诚等（2018b）分析大量样地西南桦生长表现和土壤养分状况，发现土壤中全钾和有效氮含量是影响西南桦人工林立地指数的关键土壤养分因子。因此，氮和钾是西南桦施肥和追肥过程中首要关注的两个大量元素。

杨光习等（2017）通过对造林后前两年的追肥研究，探明西南桦幼林施肥能显著促进其胸径、树高和冠幅生长，且随着施肥量的增加，这些生长指标均显著增大，施肥效果明显。通过施肥能够提高其早期生长速度，有利于其在造林后2年内与杂草竞争过程中处于有利地位；也能促进林分快速郁闭，进而抑制杂灌生长，减少林分抚育成本。他们还发现坡位会影响到施肥效果，上坡更加需要施肥（杨光习等，2017）。陈琳等（2020）设置多个梯度开展氮素（尿素）施肥试验，结果表明随着施氮量的增加，西南桦无性系的生长和干形性状先逐渐增大，达到最大值后又逐渐减少，但不同氮肥处理间差异不显著，表明单一提高氮肥用量对西南桦造林早期生长和干形的促进作用并不明显。陈伟等（2015）通过正交试验，以底肥的形式证明了氮肥施肥对西南桦的促生效果最好，其次为复合肥；西南桦的最佳底肥配方为：每株100g氮肥+100g磷肥+150g钾肥+50g复合肥等。由此可见，幼林期间施肥不宜过高，且施肥种类不宜单一，多种元素复合，对于西南桦林分生长的促进效果将会更加明显。如：马朝忠等（2018）探讨了在氮磷钾肥中添加微量元素进行配方施肥对西南桦幼林生长的影响，发现氮磷钾肥中添加微量元素硼或硼 + 铜进行配方施肥对 2 年生西南桦幼林生长均有促进作用，尤其以磷、钾含量较高的氮磷钾肥 + 硼 + 铜的施肥效果更佳。上述研究多集中于幼林阶段，特别是造林后的前几年，然而，随着林木生长，其对养分的需求逐渐增加，因此中后期的追肥同样不可忽视，但是此方面的研究却极少。仅王春胜等（2018）结合间伐与施肥对西南桦中龄林进行了初步探究，但因为施肥量偏少且评价时间较短，施肥处理西南桦胸径、冠幅和单株材积的增量均高于未施肥处理，但是仅冠幅增量达到差异显著水平。因此，西南桦人工林大径材的高效培育离不开施肥，但是其施肥量、施肥配方、施肥时间在不同的立地条件下均存在差异，并且施肥要贯穿其整个轮伐期，这一问题仍需长期不间断地探索和监测。

（四）密度控制

造林密度决定着林分后期密度大小，是影响人工林生长的重要因素之一，与林木生长过程密切相关，决定着林分的健康状况及生产力，是林分合理结构的数量基础。合理的密度不仅能够有效降低造林、抚育及间伐的投入，亦能显著提升林木的生长、缩短培育周期。热林所西南桦研究团队通过对广西热林中心 6 年生密度试验林生长的持续观测，探明立地条件好或造林措施高时，株行距以 3m × 3m 为宜，而立地条件差或造林措施低时用 2m × 3m 株行距造林比较好（郑海水等，2003）。王达明等（2013）对于云南德宏州 78 块 1~14 年生西南桦人工林的调查分析表明，理想的造林初植密度为 1110 株 /hm^2，即株行距 3m × 3m。热林所西南桦研究团队通过树干解析对广西热林中心 11 年生西南桦密度试验林生长过程进行研究，综合西南桦的生长表现、生长过程、林分蓄积以及林地利用率等因素，建议凭祥乃至桂西南地区粗放经营条件下，西南桦合理种植密度宜采用 2m × 3m，采用此造林密度，其林木生长较快、林分蓄积量大且能充分利用林地（王春胜等，2013）。

热林所西南桦研究团队对于树冠和枝条发育的密度效应也进行了大量研究，结果表明，合理的造林密度能显著减小树冠内枝条大小、降低大枝所占比例、减小主要用材区段的枝条数量和密度（Wang et al.，2017；Wang et al.，2018），降低死节缺陷（Wang et al.，2015），对于无节材培育有积极作用。这也从枝条形态、数量、分布、自然整枝等角度进一步明确了西南桦合理种植密度宜采用 2m × 3m。对于密度调控枝条发育的机制，通过遮阴试验模拟不同造林密度光环境，验证了造林密度对枝条发育的调控在于光环境差异的假设（骆丹等，2021a），进而影响到枝条的叶片形态的空间变异和分布格局（Wang et al.，2019）以及光合能力（骆丹等，2020）。综合来看，西南桦造林密度宜采用 2m × 3m，不仅不会影响到林木的生长速度，亦可降低抚育投入、控制枝条发育，进而提升木材质量。

西南桦人工林在生长到一定阶段后，因空间、养分等的有限性，种内竞争会增强，进而影响到林木的生长，此时需要通过间伐来对林分结构进行调控。间伐是调节林分内部竞争、促进林木生长、缩短轮伐期的重要经营措施。适度间伐可降低轮伐期内林木单株因竞争造成的死亡，更有利于大径材的高效培育。有些研究认为西南桦人工林的抚育间伐时间最好在 3~5 年之间进行（王达明等，2013），而热林所西南桦研究团队认为造林密度 2m × 3m 与 3m × 3m 的林分宜在造林 8 年后进行间伐（王春胜等，2013），其差异与造林密度和立地条件有关。考虑到间伐的成本、间伐材的可利用性以及对枝条发育的调控作用，西南桦人工林间伐不宜过早，造林 8 年以后适宜进行第 1 次间伐。对于适宜的间伐强度，热林所西南桦研究团队通过对 10 年生西南桦人工林进行间伐得出，随着间伐强度增加至 40%，西南桦保留木的冠幅、胸径、单株材积的增量逐渐增大，但林分蓄积量稍有降低，因此间伐强度一次不宜超过 40%（王春胜等，2018）。

（五）修枝与无节材培育

林木修枝有利于调节干、枝、叶之间的合理物质分配，是生产干形良好、经济价值高的无节良材的重要措施，在国内外已被广泛应用于珍贵树种无节材培育。为了确定西南桦人工林的适宜修枝强度，热林所西南桦研究团队铺设不同修枝高度对比试验，4 年的观测结果表明，修枝对西南桦当年的胸径生长有显著抑制作用，且随着修枝高度的增加胸径增长量逐渐降低，但随着时间推移其抑制作用逐渐消失（王春胜等，2012a）。整体而言，西南桦适宜的修枝强度为 30%~40%，这既能不显著影响西南桦的生长，又能提高优质木材的出材率。热林所西南桦研究团队开展了大量的节子解析工作，重建了节子形成过程，探明了枝条大小和林木直径生长速度是影响节子缺陷的最主要因素（Wang et al.，2015），为珍贵树种无节材培育提供了方向性的有益启示，即如何控制枝条发育成为无节材培育最重要的课题。热林所西南桦研究团队基于修枝试验对修枝后形成的节子进行解析，揭示了修枝可有效缩短节子包埋时间 32% 以上，减小死节大小 30% 以上，且对节子处的木材变色无显著影响；探明了自然整枝和人工修枝对节子影响差异在于自然整枝后会留有枝残桩，而且自然整枝后的残桩长度与枝条直径呈正相关性，提出控制枝条直径是降低节子缺陷的根本（Wang et al.，2016）。为进一步确定西南桦人工林的适宜修枝强度和修枝时间，减少修枝对林木生长的负面影响以及养分浪费等，王春胜等（2012a）先从不同强度修枝后西南桦的生长表现进行了初步探索，明确了修枝对西南桦当年的胸径生长有显著抑制作用，且随着修枝高度的增加而胸径增长量逐渐降低，但随时间推移，其抑制作用逐渐消失。整体上西南桦修枝强度约为 30%~40%，这既能不显著影响西南桦的生长，又能提高优质木材的出材率。骆丹等（2020）通过对西南桦不同冠层的光合能力进行测定，发现西南桦幼林冠层间最大光合速率、光饱和点和光补偿点均差异显著，这些指标均随冠层的升高而显著增大，表明上部冠层光合能力较强，且对强光的利用能力高。而暗呼吸速率随冠层上升虽有降低趋势，但不同冠层间未达显著差异水平。依据上述光合能力和光利用效率以及光合产物的消耗，初步判别出对生长影响较小的冠层，如5年生西南桦3m以下冠层，该研究成果为通过修枝优化树冠结构，改善林内环境，提高树冠的总净光合同化能力提供了指导。为减少修枝造成养分浪费，通过对不同冠层养分的动态及再转移和分配进行研究，探明了不同冠层的养分含量在冬季最低，揭示了不同养分条件下，下部冠层在养分贮存和再分配过程中的作用，首次发现了养分就近利用及转移策略，提出西南桦最佳修枝时间应在冬季后雨季前，修枝强度不宜超过30%（Wang et al.，2021）。研究结果增进了对于不同冠层枝条对林木生长贡献的理解，为有效冠的确定及最佳修枝方案制定提供了理论基础。上述研究不断完善和丰富了珍贵树种西南桦的修枝理论及技术体系，为合理修枝体系的建立提供了充分的理论依据。

（六）蛀干害虫营林防控

钻蛀类昆虫为害是当前西南桦人工林规模发展的一个日益严重的问题，不仅影响到林分生长和稳定性，而且会降低木材质量，已成为其种植业发展过程中的主要限制因素之一。而在实践过程中，钻蛀类害虫防治难度高，因此如何进行有效防治是西南桦人工林可持续、健康经营的一个难点。热林所西南桦研究团队一直在这方面进行探索。赵志刚等（2011）对西南桦种源试验林造林2年后星天牛为害进行了调查分析，发现星天牛为害可导致西南桦个体死亡，而且为害程度与西南桦单株大小呈显著正相关，致使生长表现好的种源或类群发生虫害的几率增加。星天牛为害以树干基部至20cm范围内为主，少量升高至40cm。相对于星天牛而言，拟木蠹蛾防控相对困难得多，因为拟木蠹蛾幼虫多在树枝分叉、树皮粗糙和伤口等处钻蛀入树坑道，为害范围遍布整个树干，拟木蠹蛾为害已成为当前制约西南桦推广发展的一个最为关键的问题。热林所西南桦研究团队在调查中发现，无枝条的西南桦树干上往往未见或少见拟木蠹蛾为害，于是铺设修枝试验开展研究，发现修枝前以及修枝后3年内不同处理间西南桦林分总体感虫株率和受害单株虫口数无显著差异，但是修枝后修枝段的感虫率和虫口数均低于对照，而且使拟木蠹蛾在树干上的集中分布段提升1.5m以上；说明合理修枝能够显著减轻修枝段的拟木蠹蛾危害，从而提高修枝段的木材质量（王春胜等，2012b）。庞圣江等（2016）设置53块西南桦人工林典型样地进行立地、林分特征和拟木蠹蛾为害状况调查，发现林分类型、林下植被盖度和高度以及坡位与西南桦林分感虫率显著相关，是影响西南桦林分拟木蠹蛾为害的关键因子。西南桦纯林拟木蠹蛾感虫率显著高于混交林；林下植被茂盛的林分内拟木蠹蛾为害程度较轻，下坡林分感虫率高。鉴于林下植被与林分内拟木蠹蛾为害程度的显著相关性，研究组将拟木蠹蛾为害控制与植被管理相结合，设置林下植被管理试验予以验证，发现西南桦人工林林下植被不管是全部清除或带状清除，对于西南桦人工林的生长均无显著的促进作用，而显著加重拟木蠹蛾为害（刀保辉等，2022）。林下植被清除需要消耗大量人力和财力，增加了人工林培育成本，而林下植被的保留对于森林生态系统的多样性和稳定性亦有积极影响，且能解决蛀干害虫传统化学防治工作量大、效果差以及大量化学药剂的使用增加的成本和环境污染的风险。因此，在对人工林进行经营管理时，宜仅清除人工林内恶性杂灌，保留对目的树种生长有益或较为珍贵的乔灌草以及有特殊用途的植物。营建可调控拟木蠹蛾的林分环境，使植被多样性保护与病虫害生态防控相结合，促进木材质量及林分稳定性的协同提升，进而实现西南桦人工林健康、高效、可持续经营。

四、木材及非木质林产品利用

（一）木材特性及利用

西南桦的树干通直，木材纹理结构细致，颜色漂亮，重量和硬度适中，容易加工。西南桦木材传统上被用作家具和建筑用材，为林区群众所青睐，用于作屋梁、锯楼板、制家具。西南桦也是优良的军工用材，用来制作枪托和手榴弹柄等。由于其结构细致、年轮较均匀、心材与边材区分不甚明显、共振性能良好，也是制作乐器的优良用材。目前西南桦木材主要用来制作中高档家具和木地板、航空胶合板和装饰胶合板贴面（曾杰，2010）。以往国内市场上销售的西南桦木材，大部分是从越南、老挝和缅甸等国进口的。目前我国 20 世纪 90 年代末以来种植的西南桦人工林开始进入主伐，陆续上市，原木山场价一般在 1000~2000 元 /m^3。

（二）非木质林产品应用

据《中国佤族医药》记载，西南桦树皮用水煎服或生嚼咽汁，可治疗感冒、胃疼痛、风湿骨痛、消化不良和腹泻（曾杰，2010）。传统的印度医学中，西南桦主要用于治疗微骨折、骨脱臼、产后疼痛和失血、外伤、扭伤以及蛇咬。喜马拉雅中部尼蒂山谷的菩提亚人部落流传着利用西南桦树皮治疗眼疾或眼部感染的土方。尼泊尔卡沃普兰楚克地区，西南桦树皮也用于治疗喉咙痛和月经过多，并且将西南桦树皮用水煮沸，液体用于治疗骨脱臼和外伤。泰国民间一直将西南桦树皮作为传统药材，用于滋补、健胃、壮阳、延年益寿等。最近研究发现，西南桦树皮提取物在抑制肿瘤细胞的增殖、抗癌、降血糖、降血脂、消炎、清除自由基、心衰等方面均有较好功效，是潜在的抗癌、降血糖血脂药物研发植物和天然的抗氧化剂。

在西南桦主伐以及木材生产加工过程中，大量树皮遭到遗弃，造成了资源的严重浪费。基于此，热林所西南桦研究团队初步对西南桦树皮厚度、精油含量、成分和提取方法进行了研究。通过模型筛选，从 13 个模型中选出适合西南桦胸高处树皮厚度和树干任意高度处树皮厚度模型，该模型简单可行，为估算西南桦树皮蓄积量和出材量奠定了基础（唐诚等，2017）。基于水蒸气蒸馏法，考虑粉碎程度、提取时间、料液比进行单因素试验及正交试验，筛选出西南桦树皮精油提取适宜组合工艺条件为：粉碎程度 80 目，提取时间 180min，料液比 1∶5（王彩云等，2020a）。还对不同树龄和部位的西南桦树皮进行精油提取、挥发性成分鉴定与组分分析，探明西南桦干皮精油提取率随着树龄的增大而显著降低，精油主要成分为水杨酸甲酯、芳樟醇、水杨酸乙酯（王彩云等，2020b）。因此，建议在西南桦间伐和主伐时收集树皮加以利用，以提高西南桦资源利用率。

（三）生态服务功能

西南桦为强阳性树种，喜光，在新开路边或刀耕火种撂荒地和较大林窗内极易天然更新，是常绿阔叶林区次生林的先锋树种，对立地要求不高，较耐瘠薄。西南桦枝条细而疏散、林下透光度高，是生态友好型树种，其林下乔灌草和谐共处共同形成一个多层次、多物种的群落结构，提升林分的生物多样性以及生态服务功能（陈宏伟等，2006；王卫斌等，2009；庞圣江等，2018；骆丹等，2021b）。西南桦人工林具有很强的涵养水源、保持水土的能力，是中国云南、广西等省（自治区）的水源涵养林的主要树种之一（曾杰等，2006）。由于西南桦凋落物的养分含量高、分解快，释放到土壤中的养分多，对于林分地力的维持及改善亦有积极作用（卢立华等，2009；郝建等，2016a）。在固碳方面，西南桦也是一个以固定温室气体 CO_2 为目标的碳汇造林的适宜树种（杨德军等，2008；何友均等，2012；谭玲等，2015；黄弼昌等，2016）。此外，其独特的季相变化使其成为城郊、森林公园等绿化和大型斑块造景的适宜树种。

（王春胜、郭俊杰、曾杰）

第四节　降香黄檀

降香黄檀（*Dalbergia odorifera*）又名降香、降香檀、海南黄花梨、香红木等，是蝶形花科（Papilionaceae）黄檀属（*Dalbergia*）的一种高大乔木树种，树高可达 20m，胸径可达 80cm，是我国极珍贵的红木用材树种（殷亚方等，2017），亦是海南省特有的珍贵用材树种（徐大平等，2013），同时还是海南五大特类木材之一。降香黄檀因其心材品质优良和价格不菲而闻名于世，其心材呈红褐色，质地坚硬，材性稳定，且极度耐湿耐腐耐磨，花纹飘逸清晰，如行云流水，且有淡淡的特殊香味，是制作各种高档家具、工艺品、名贵乐器和装饰品的上等材料（彩图 1-3）。此外，其心材还可入药，《中国药典》记载为“降香”，在传统中医里，降香可调气止痛，活血化瘀（国家药典委员会，2010；周京南，2015）。现代医学研究认为，降香成分可消炎抑菌、抗氧化、活血化瘀、抗肿瘤和治疗心血管疾病等（赵夏博等，2012）。

降香黄檀天然分布于我国海南全省，温度是影响其分布的重要限制因子，引种实践表明，降香黄檀能短暂耐受 -2℃低温，在 -4℃条件下，部分植株开始整株受冻，因此，适宜推广种植于北纬 24° 以南，极端最低温度大于 -3℃的地区（徐大平等，2008），此外，部分北纬 24° 以北的干热河谷地区（如贵州西南部、四川南部等）、沿海低海拔地区（如浙江温州等）等无霜冻地区均能种植。本节从良种选育、高效育苗技术、人工林栽培技术、木材及其他产品利用等方面系统评述了10余年来降香黄檀人工林培育的研究进展，旨在为降香黄檀规模化发展及人工林可持续经营提供理论和技术支持。

一、良种选育

热林所自20世纪80年代末期开始陆续收集降香黄檀优良种质资源，共收集种质资源251份，并在海南、广东、广西、云南等多地营建了多片测试林。由于降香黄檀的天然资源仅分布在海南全岛，面积相对较小，因而种源间的变异较少，仅有约3%的遗传变异（Liu et al.，2019b），但家系间以及家系内个体间存在丰富的遗传变异（洪舟等，2020a）。洪舟等（2020a）在广东省阳江市阳东区11年生的种源试验林生长调查和木材特性分析结果表明，8个参试降香黄檀种源各性状间均存在显著差异，其中材积和心材比率在种源间的差异最大；进一步的遗传变异分析发现，降香黄檀的遗传分化与种源地年降水量和年均气温均有一定的关系，年降水量少、气温较低地区的降香黄檀种源，其树高、胸径和材积等生长量较大，木材基本密度较大，心材比率也较高；采用相关分析及聚类分析，可以将参试的8个种源分为具有明显地理格局的两大类：一类为东部沿海种源，另一类为中西部山脉种源，并初步筛选出生长快、材质优、心材比率高的白沙种源，可作为适宜广东地区造林的降香黄檀优良种源。家系方面，对广东省阳东区与开平市镇海林场的两个8年生降香黄檀子代测定林早期生长（树高、胸径、单株立木材积）调查分析结果表明，降香黄檀不同生长性状的单株遗传力和家系遗传力分别为0.22~0.41和0.34~0.54，不同生长性状之间存在高度的遗传正相关性；这两个试验点之间存在显著的环境与基因型互作，B型相关系数分别为0.61（树高）、0.53（胸径）和0.51（材积），初步从45个参试家系中筛选出10个速生优良家系，遗传增益分别为3.37%、6.24%和12.86%；从优良家系中筛选出12株优良单株，遗传增益分别为15.57%、24.60%和64.07%（洪舟等，2018）；并对多个优良单株开展了无性扩繁技术研究，突破了组培快繁（李湘阳等，2019）和扦插繁育技术（徐珊珊等，2021b），实现了规模化生产。此外，基于降香黄檀叶片转录组数据，热林所还开发了19个通用性的SSR标记（Liu et al.，2019c），构建了由31个个体（6个野生和25个栽培）组成的核心育种群体（Liu et al.，2019a），绘制了基于染色体水平的降香黄檀基因组草图（Hong et al.，2020）。

鉴于降香黄檀巨大的经济价值和种植收益回报，自20世纪中叶开始，各地纷纷开展引种驯化，并成功引种至浙江温州、四川宜宾、云南普洱以及贵州黔西南等高海拔或干热河谷地区，目前在海南全省的种植面积约有1万hm^2左右（刘小金等，2020）。引种过程中发现，降香黄檀与同属植物交趾黄檀（*D. cochinchinensis*）、东京黄檀（*D. tonkinensis*）和海南黄檀（*D. hainanensis*）等树种在外部形态上比较相似，很容易造成引种混乱，并最终影响到种植收益。研究发现，这四个树种的主要外观区别在于小叶的大小、数量及质地；降香黄檀小叶长4~7cm，宽2~3cm，数量为9~11片，叶片近革质；交趾黄檀小叶长3~5cm，宽1.8~2.5cm，数量为7~9片，革质，顶部叶片最大，叶革质；东京黄檀小叶长度为5~8cm，宽度为3.5~5cm，数量为11~17片，叶革质；海南黄檀小叶为7~10片，小叶比降香黄檀稍小，长3~5.5cm，宽2~2.5cm，但叶片为纸质（Chính et al.，2009；高兆蔚，2009）。此外，这几个树种在木材密度、硬度、心边材成分组成、材性以及最终的经济价值等方面也差异巨大（高兆蔚，2009；杨柳等，2016），因此，开展黄檀属内的杂交育种将是后续降香黄檀良种选育的重要方向之一。

二、育苗技术

（一）实生苗培育

1. 种子贮藏与萌发

当降香黄檀荚果大量成熟后果皮由黄绿变成黄褐色时（一般为当年10月至翌年）即可开始采收，采回的荚果在阳光下暴晒1~2天，待果荚干透即可揉搓，除去果荚边缘后去除杂质可获得带部分果荚的种子（因果荚与种子紧密相连很难去除），稍阴干即可装袋保存或直接播种。为了提升降香黄檀种子的贮藏时间和播种效果，科学家开展了较多的尝试，如低温冷藏、剥离果荚后播种、应用生长调节剂［GA_3（赤霉素）、6-BA（6-苄氨基嘌呤）、IBA（吲哚丁酸）等］浸泡、优化播种基质配方等，然而不同处理其结果不尽相同。何明军等（2008）发现降香黄檀种子宜带果荚低温保存（12℃以下），切忌去果荚后保存，否则发芽率显著降低；吴国欣等（2010a）发现将降香黄檀种子置于50mg/L 6-BA中浸泡6h能显著提升种子萌发率；俞建妹等（2010）则发现50mg/L GA_3对提升降香黄檀种子发芽率效果最好，80mg/L 6-BA则对提高发芽势效果最好；邓力（2013）认为降香黄檀播种前用60℃温水加高锰酸钾消毒30min，再浸泡24h后发芽率最高，17℃是规模化育苗最适合的贮藏温度，播种后用黄心土作为基质覆盖效果最好；魏丽萍等（2014）则发现去除果荚的降香黄檀种子用40mg/L的GA_3溶液浸泡12h后的发芽率最高，达78%，相应的壮苗指数和根冠比也最优，效果最好；王雅连等（2015）的试验结果表明，降香黄檀种子去果荚后再用40mg/L GA_3加20mg/L 6-BA处理6h或者直接去除胚根外种皮可以显著提高其种子萌发速率；李效文等（2018）在浙江温州地区的播种试验结果表明，黄心土是降香黄檀较理想的播种基质。此外，研究还发现不同产地降香黄檀种子和幼苗的表形性状存在较大的变异，幼苗生长性状的变异高于种子性状的变异，表明种子性状的稳定性相对较高（葛玉珍等，2020）。相关分析结果表明，降香黄檀各表型性状间与经度、纬度及年降水量均无显著相关性，但与海拔、年均温度与年降水量则有较显著的相关性，是影响降香黄檀种子和幼苗性状的主要因子；受此影响，不同产地降香黄檀种子，其最佳萌发温度也不尽相同，因此，引种时，宜优先考虑引种区域的年均温度和降水量，并优先选择年均温度和降水量相近地区的种子（Liu et al.，2017）。

2. 育苗基质

降香黄檀幼苗的适应性较强，能适应不同配方的培养基质，然而，不同基质配比处理对苗木生长指标具有明显影响。何琴飞等（2012）采用黄心土、椰糠、泥炭土、塘泥、过磷酸钙和钙镁磷肥 6 种基质的不同配比对降香黄檀开展了幼苗培育试验，通过测定并分析不同配比下幼苗的苗高、地径、单叶面积、生物量、保存率和苗木质量指数等指标差异，发现 $V_{黄心土}:V_{椰糠}=1:2$、$V_{黄心土}:V_{椰糠}=1:1$ 的配方组合较好；表现为苗高、地径、保存率均较好，而且苗木质量指数高。轻基质容器苗是近年来降香黄檀实生苗培育的重要发展趋势，培育实践表明，采用轻基质网袋苗要比传统运用黄心土等作为基质培育的容器苗重量小约 60%，不仅能大幅度降低运输成本，还可显著提高造林工效和成活率（许洋等，2006）。陈海军等（2010）发现用 35% 锯末 +15% 炭化锯末 +30% 泥炭土 +20% 炭化谷壳作为轻基质配方培育 1 年后，有 85% 以上降香黄檀苗木的地径大于 0.50cm、苗高大于 30cm，当年上山造林成活率超过 98%；孙洁等（2015）选用椰糠、泥炭土、黄心土为基料，采用正交试验设计探讨了不同基质配比对降香黄檀幼苗生长生理特性及土壤环境质量变化的影响，发现 $V_{椰糠}:V_{泥炭土}:V_{黄心土}=2:2:1$ 的配方处理下各项指标较均衡，是降香黄檀育苗的最佳轻基质配比；而贾宏炎等（2015）在综合考虑轻基质网袋灌装的基础上，认为 90% 沤制松树皮 +10% 黄心土、75% 沤制松树皮 +25% 炭化松树皮这两种混合轻基质配方最适合降香黄檀苗木轻基质工厂化生产。可见不同地区其最佳的基质处理组合不尽相同，需综合根据各育苗地的条件，因地制宜，选用最适宜的基质配方组合。

3. 养分管理

养分供应是影响降香黄檀幼苗生长的重要因素，不同生长阶段降香黄檀对养分的需求量各不相同，缺素或养分过多均不利于降香黄檀的正常生长（赵霞等，2017），会产生相应的缺素症状或肥害。吴国欣等（2012）采用正交试验设计，分析了氮、磷、钾三种因素下的不同配比施肥试验对 2 年生降香黄檀幼苗生长及生理的影响，发现氮肥（N）用量范围为 1.74~2.15g/ 盆，磷（P_2O_5）的用量范围为 2.4~2.6g/ 盆，钾（K_2O）的用量范围为 0.35~0.75g/ 盆。王楠等（2017）分析了不同氮、磷、钾配比下降香黄檀幼苗的生长和光合参数变化规律，发现 2 年生降香黄檀幼苗在氮、磷、钾质量分别为 1.8g、0.6g、0.3g 的配比下达最大值。赵霞等（2017）采用砂培法研究了大量元素缺失或过量对降香黄檀幼苗生长及叶片养分状况的影响，发现降香黄檀幼苗在大量元素缺乏的情况下，叶片营养元素间存在协同或拮抗作用，氮和钙之间具明显的协同作用，而磷过量和钾过量会降低钙的吸收，并制定了相应的症状表（表 1–8）。温小莹等（2018）采用指数施肥法确定了 1 年生降香黄檀苗木需氮量范围为 5000mg/ 株；李毓琦等（2021）则发现半年生降香黄檀苗木最适的施氮量为 800~1200mg/ 株，最适施磷量范围为 60~100mg/ 株。

表 1–8　养分胁迫下降香黄檀幼苗的叶部症状（赵霞等，2017）

处理	叶部表现症状
缺氮	21 天左右叶片基部从叶脉处开始变黄，逐渐扩散至整个叶片。试验结束时，叶片小而薄，呈淡黄色，老叶有脱落现象
缺磷	叶片小，暗淡无光泽
缺钾	35 天左右老叶边缘出现褐色坏死斑，逐渐向叶脉扩散，叶尖及边缘萎缩卷曲，严重时整个叶片组织坏死，叶脱落
缺钙	未表现出明显症状，无坏死斑，仅叶片颜色较对照稍浅
缺镁	20 天左右老叶中下部叶脉间出现黄色斑块，之后变为铁锈色并逐渐扩展，直至整个叶片呈褐色并大量脱落
缺硫	40 天左右顶端嫩叶主脉附近出现黄化斑，其后向叶缘扩散，整个叶片变黄
氮过量	32 天左右老叶顶端出现黄色斑，逐渐沿边缘向整个叶片延伸，叶片小而厚，颜色深绿
磷过量	25 天左右嫩叶脉间出现黄化，逐渐扩展直至整个叶片，变白且薄，出现明显的网状脉纹
钾过量	35 天左右老叶基部边缘失绿变黄，并扩散至整个叶片，叶缘处出现褐色斑

4. 其他培育措施

除了施肥措施外，在干旱（贾瑞丰等，2013）、低温（洪舟等，2020b）、高温（郭璐瑶等，2022）、锰离子（杨红兰等，2020）、钙离子（蒲玉瑾等，2019）、酚酸（陈凯等，2019）、多效唑（李媛鑫等，2020）、水淹（姜百惠等，2020）、遮阴（郑坚等，2016）、基质石砾含量（杨昌儒等，2017）、菌剂（江业根等，2016）等多种逆境条件下，降香黄檀的正常生长和发育均受到显著影响，因此，在降香黄檀壮苗培育过程中，需综合考虑这些外部环境条件，采用有利于生长和发育的培育措施。如郭璐瑶等（2022）报道了一种采用添加氮素和气候箱增温的方法来促进降香黄檀幼苗生长的方法，发现增温和施氮交互作用对降香黄檀幼苗生长发育有较好的促进效果，这一结果的发现，将为降香黄檀幼苗的高效培育提供了新的方向。

5. 苗木管理与分级

降香黄檀苗期的生长进程表现出明显的“慢—快—慢”的“S”形曲线，且具有明显的阶段性；一年中，苗木的高生长有 3 次生长高峰，地径生长有 2 次生长高峰；依据降香黄檀幼苗地上部分生长特点，可以将苗木的生长过程划分为 4 个生长时期：出苗期、生长初期、生长盛期和生长后期。降香黄檀苗木苗高生长高峰期为每年的 6~10 月，地径生长高峰期出现在每年的 7~10 月，苗高生长与地径生长高峰期的出现时间基本一致，因此可以在苗木生长高峰的中后期进行控肥、控水，使苗木木质化程度提高、根系发达（吴国欣等，2010b），达到出圃标准。生产实践中一般可采用每间隔 7~10 天根部浇淋 0.2%~0.4% 的含氮磷钾（15∶15∶15）复合肥料 1 次的方法来促进幼苗的生长发育的，施用浓度随着苗木的生长逐渐增加，培育至出圃标准后再进行相应的控水控肥。

以前多用当年生苗造林，当苗高达 25~35cm 时可出圃造林，造成造林存活率低，生长慢，需要多次抚育管理，而且经常出现主干不明显等问题。随着劳动力成本不断攀升，目前普遍采用2年及以上苗木造林，苗高在50~80cm，地径在0.5~1.0cm。出圃前1个月需移动苗袋炼苗，促使生出新根，防止因穿根导致搬动时受伤，提高造林存活率。鉴于不同苗圃培育的苗木质量差异，分级宜采取现场评定法，根据当时当地苗木生长状况分成三级：Ⅰ级为生长健壮、高大的苗木，Ⅱ级为生长中等的苗木，Ⅲ级为生长差（落后）的苗木；造林通常用Ⅰ、Ⅱ级苗木，慎用Ⅲ级苗（表1–9）。

表1–9 降香黄檀幼苗分级

幼苗分级	地径（cm）	苗高（cm）	其他说明
Ⅰ级	≥ 0.70	≥ 70	幼苗充分木质化，顶芽完好，无病虫害
Ⅱ级	0.51~0.69	50~70	幼苗充分木质化，顶芽完好，无病虫害
Ⅲ级	<0.5	<50	幼苗木质化一般，顶芽不明显，侧枝多

（二）嫁接繁殖

降香黄檀常见的嫁接方法主要有“互”形接法、劈接法和合接法等。采用双芽“互”形嫁接法，成活率最高，最高成活率达99.1%（杨曾奖等，2011）。嫁接时宜选择地径 >0.4cm，苗高 >40cm 的1年生降香黄檀实生苗作为砧木，砧木高度10~15cm；选取优良降香黄檀母本树冠外围中上部长势良好，芽眼正常，接穗径粗 >0.3cm 的当年生枝条作为接穗；用枝剪将接穗取下后及时剪去叶片，再用湿毛巾或草纸小心包裹好以保持一定的湿度待接，嫁接时间以秋末以后，初春以前的干燥天气为宜。双芽“互”形嫁接法的操作步骤为：先将接穗枝条分段，在接穗芽眼下部削出约45° 的斜口，再在斜口的上部背面反斜刀削少许形成小的反斜口，然后顺着反斜口轴向劈开表皮，再在斜口下方削去部分表皮；砧木采用同样的方法反向处理，将处理好的接穗和砧木的形成层紧密贴合对接，形成“互”形，最后用嫁接农膜条自下而上逐圈缠绕，包扎紧接合处，再包裹好接穗。嫁接约7天后用地面浇灌的方法进行补水，雨季应加薄膜防水，约15天后可适当补充0.2%~0.5% 尿素等氮肥；嫁接成活后需及时放芽和适时除萌，确保新芽自由生长，避免与实生芽竞争养分和水分（杨曾奖等，2011），嫁接苗的出圃和分级标准参考表1–9实生容器苗的标准。

（三）扦插繁殖

徐珊珊等（2021a）研究发现，降香黄檀属于诱导生根型和混合生根型（皮部生根和愈伤组织生根）树种，不定根原基起源于愈伤组织、髓射线和韧皮部，系多位点发生模式。不定根形成可分为三个阶段：愈伤组织形成阶段（0~10天）、根原基形成阶段（10~20天）和不定根生长阶段（20天以后）。扦插基质、插穗长度、母树年龄、采穗部位和品系均显著影响降香黄檀扦插生根率和根系与新梢生长发育。其中母树年龄是影响降香黄檀插穗生根的最重要因素，母树年龄越大，生根率越低，因此，应尽量选择1~2年生的枝条或苗干扦插。扦插时可采用两段育苗方式，即先在芽床扦插，待生根后再移入营养袋内培育，扦插床可用沙床也可用红泥心土掺入20%~30%的细沙，用0.2%~0.3%的高锰酸钾或福尔马林溶液消毒1~2天扦插。将采回枝条或苗木茎段剪成约15cm长穗条，下部剪成约30°斜口，将剪好的插穗泡在约800ppm的生根液3~5min后取出扦插，也可将生根剂与滑石粉调配成混合体，剪好的插穗切口轻轻地沾上一些生根粉剂后插入芽床，插入深度约占穗条长的1/3，插后压实，扦插株行距10cm×10cm。插后淋足水，覆盖塑料薄膜和遮阳网遮阴保湿，经常喷雾淋水以保持床面湿度在80%左右。

施福军（2011）等以降香黄檀同一枝条上四种不同部位的插条为参试材料，着重研究了基质类型、激素类型、激素浓度、浸泡时间、插条类型等5种因素对降香黄檀插条各生长指标的影响及其最优组合。研究结果表明：生根率、生根总数、插条平均根长、插条平均根粗中任意两者之间的相关性均极显著；基质类型、插条类型是影响插条生根效果的重要因素；激素浓度和浸泡时间对插条生根效果的作用表现为高抑低促，因此各处理因素中以珍珠岩为基质，基部插条用100mg/L的ABT-1#溶液浸泡2h为最优组合；同一枝条上基部的插条生根效果最好，下部次之，梢部最差，表明降香黄檀扦插育苗插条存在部位效应。叶水西（2008）对降香黄檀母树不同部位的穗条进行扦插，结果表明，母树的上部和中部穗条扦插成活率较高，而下部穗条扦插成活率很低，说明降香黄檀扦插育苗穗条存在位置效应。徐珊珊等（2021b）通过对降香黄檀扦插生根过程中相关生理生化特征的变化分析，发现降香黄檀扦插生根是一个消耗营养物质的生理学过程，较高水平的营养物质有利于不定根的产生，插穗较高的IAAO（吲哚乙酸氧化酶）活性能够氧化较多的IAA（吲哚乙酸），较低的IAA和ZR（玉米素）以及较高的ABA（脱落酸）水平共同调控着降香黄檀不定根的诱导过程；扦插后超氧化物歧化酶（SOD）和过氧化物（POD）保护酶的活性下降，是1年生插穗更容易生根的重要原因。综合考虑生根率和插穗生长发育状况，建议在生产实践中采用500mg/L IAA+750mg/L NAA（苯乙酸）浸泡1min、750mg/L IAA+750mg/L NAA（苯乙酸）浸泡10s、250mg/L IAA浸泡1min和500mg/L IAA+500mg/L NAA浸泡10s的处理组合开展扦插繁殖（徐珊珊等，2021a）。

（四）组织培养

采集生长表现优良母树的枝条，先用嫁接的方法嫁接到降香黄檀砧木上，待接穗成活后再采集接穗的萌芽条作外植体进行消毒。采集外植体时应选择连续晴朗3天以上的天气，需采集半木质化、生长旺盛且无病虫害的萌芽条，而且需当天采集当天消毒。消毒方法为先用0.1%升汞浸没消毒，嫩枝段消毒3~6min，老枝段消毒7~10min，再用无菌水漂洗4~5次，选择初春第一批萌芽条效果最佳。将消毒成功的外植体切成含有1~2个腋芽的茎段，接种入丛芽诱导培养基进行诱导，培养基的激素配方为0.05mg/L TDZ（噻苯隆）与1.0mg/L 6-BA。继代增殖培养室的温度为24~26℃，光照强度为2000~3000lx，光照时间为每天10~12h，培养基中的激素浓度应下调为：0.03mg/L TDZ+0.5mg/L 6-BA。每间隔30天将培养材料转接至新鲜培养基，达到增殖扩繁的目的。增殖培养过程中的污染苗需废弃。选择健康的增殖芽苗进行生根诱导，应将增殖芽苗切分为单个芽接入生根诱导培养基，培养基配方为：1/2MS+2mg/L NAA，各个阶段的培养基具体配方见表1-10。

表1-10 降香黄檀组培快繁培养基配方

药品类别	药品名称	从芽诱导培养基（mg/L）	增殖培养基（mg/L）	生根培养基（mg/L）
A）大量元素	KNO_3	1900	1900	950
	NH_4NO_3	825	825	825
	KH_2PO_4	170	170	85
	$CaCl_2 \cdot 2H_2O$	440	440	220
	$MgSO_4 \cdot 7H_2O$	370	370	185
B）微量元素	$MnSO_4 \cdot 4H_2O$	22.3	22.3	22.3
	$ZnSO_4 \cdot 7H_2O$	8.6	8.6	8.6
	H_3BO_3	6.2	6.2	6.2
	$Na_2MoO_4 \cdot 2H_2O$	0.25	0.25	0.25
	$FeSO_4 \cdot 7H_2O$	27.8	27.8	27.8
	Na EDTA	37.3	37.3	37.3
	KI	0.83	0.83	0.83
	$CuSO_4 \cdot 5H_2O$	0.025	0.025	0.025
	$CoCl_2 \cdot 6H_2O$	0.025	0.025	0.025
C）有机质	氨基乙酸	3	3	2
	盐酸硫胺素	1	1	0.1
	盐酸吡哆醇	0.75	0.75	0.5
	烟酸	0.5	0.5	0.5
	肌醇	150	150	100
D）糖	蔗糖	30000	30000	20000
E）激素	6-BA	1	0.5	
	NAA			2
F）凝固剂	卡拉胶	7000	7000	7000

生根培养的温度、光照强度和光照时间可与增殖培养相同，污染生根苗需废弃。当生根率>50%时，需将生根苗转入炼苗室进行炼苗以使组培苗适应自然光照和昼夜温差。炼苗的光照强度为5000~8000lx，环境温度为10~30℃。光照弱、温度低的冬春季，炼苗时间宜为15~25天。温度高、光照强的夏秋季，炼苗时间宜为10~15天。炼苗过程中的污染生根苗应废弃，当苗木长至4cm以上时即可开始移植。移植营养袋的基质

配方为黄心土：泥炭土体积比 2∶1（李湘阳等，2019）。移栽前一天，用 0.1%~0.2% 高锰酸钾消毒液将基质淋透消毒。移植季节应选择春季、初夏、晚秋和冬季，避开高温的 7~8 月。在露天苗圃移植，宜选择风小、阳光较弱的天气或时段进行。移栽初期应用薄膜覆盖保湿，并适时喷雾或淋水，保持湿度 80%~95%。移植初期将遮阴度控制为 85%~90%，7~8 天后遮阴度调整为 75%~80%，8~20 天后按常规育苗方法进行遮阴及水肥管理即可。组培苗的出圃和分级标准参考表 1–9 的标准。

（五）大营养袋苗培育

由于降香黄檀早期生长速度较快，主干容易压弯，侧枝长出较多，造成主干弯曲和顶端优势不明显。因此造林后不仅需要不断地除草抚育，还要绑缚和支撑主干，最终导致早期种植成本过高。生产实践中为了解决这一难题，提出了先集约培育大苗，再上山造林的种植方式，既解决了早期干形发育不良的问题，又解决了成本过早的难题，是一种值得推广应用的种植技术模式。其主要的操作方法为：先选择生长良好，无病虫害，地径 >0.6cm，苗高 >60cm 的 2 年生及以上实生营养袋苗，然后选择交通方便、地形平缓、水源充足、排水畅通的苗圃地作为集约化大苗培育基地；先将圃地整理好，在圃地上加铺一层黑色地膜，然后将拟培育的壮苗进行分级后密集排放成苗床状置于地膜上进行集约化管理，苗木密度控制在 36~45 株 /m^2。采用地面浇淋的方法定期补充富含氮磷钾的复合肥料，以促进幼苗的快速生长发育；对影响主干生长的侧枝进行修剪，保持顶端优势；定期喷洒杀菌剂和杀虫剂防治病虫害，每间隔 60 天左右移动 1 次营养袋防止根系穿袋，直到苗木出圃，大苗出圃的分级标准见表 1–11。造林时挑选 Ⅰ、Ⅱ级苗木造林，不合格的大苗应继续培育至合格后再出圃造林，平均培育周期约需 1~2 年。

表 1–11　降香黄檀大苗分级

大苗分级	地径（cm）	苗高（cm）	其他说明
Ⅰ	≥ 1.50	≥ 150	苗木充分木质化，顶芽完好，无病虫害
Ⅱ	1.0~1.49	100~149	苗木充分木质化，顶芽完好，无病虫害

（六）田间大苗培育

近年来，大苗造林被广泛接受，一般在苗木胸径达到 6~10cm 时带泥团移植造林。具体做法为，选择Ⅱ级以上大苗，采用高水高肥的方法在大田内密植培育，密度约为 1.5m×1.5m，促进侧枝自然整枝，主干向上生长，培育优良干形；培育期间每年施用复合肥料 2~3 次，同时采用贴干修枝的方法修除多余的侧枝，保留顶端优势。当培育成胸径达到 6~10cm 时开始实施截干移栽造林。

三、栽培技术

（一）立地选择

降香黄檀适宜的栽培范围为海南全岛、广东、广西、福建、贵州、四川、云南南部以及浙江南部等。温度是制约其生长和分布的重要限制因子，在北缘分布地区冬季极端温度 -3℃以上、土壤肥力中等以上、土层厚、排水良好、避风向阳的山谷区域均适合种植。

（二）整地方式

整地要在造林前一年冬季即造林前 3 个月进行，先将林地上杂草灌木全部砍除后烧炼，对第 1 次烧炼不干净的剩余物宜清理归堆后再烧；然后根据立地状况采取不同整地方式，林地平缓者可全面整地，但费工、成本高，因此多采用带状或块状整地方式，带状整地是以种植行为中心将两侧的杂草灌木清除后挖穴，带宽 1.5m~2.0m；也可不开带直接挖大穴［60cm×60cm×（40~45）cm］。山地造林，坡度超过 20° 时要开水平梯带，带宽 0.5~1.0m，带内按株距挖穴；坡度超过 25° 采取块状整地方式，将种植穴周围 1.0~1.5m 范围内的杂草灌木清除后挖穴，穴规格为 50cm×50cm×40cm。整地宜早，使土壤熟化及消灭部分病虫害。

（三）种植密度

降香黄檀为喜光树种，树冠宽大舒展，需要较强较全面光照才能制造更多养分促进幼林生长发育，达到速生高产效果。再者是其主要产品是心材，只有培育大径材才能获得较理想的用材，因此造林密度应较一般树种要小，通常是 3m×4m 或 3m×3m。立地好，经营措施高时用 3m×4m；立地差，经营措施一般时用 3m×3m；如果培育过程计划进行疏伐者可适当密植，用 2m×3m 株行距。对于交通比较方便的林地，可结合培育大苗，3~5 年后挖取部分幼树出售，其造林密度可大些，采取 1.5m×2~3m 株行距。对于胸径 6~10cm 的田间大苗造林，造林密度一般采用 6m×6m 左右；胸径 20cm 的树木移植造林，造林密度一般采用 8m×8m 左右。

（四）造林季节

华南各地包括福建春季（3 月后）多雨，而且 3 月后气温回升，因此福建、广东、广西等地宜 3~5 月造林；在干湿季明显地区如海南和云南省南部宜在 6~9 月的雨季进行。如果采用裸根苗造林，除在运输过程中须对根系做好保护外，造林宜在树液开始萌动前（2~3 月前后）进行。

（五）施用基肥

施用基肥有利于造林后降香黄檀更好的生长，一般在挖穴后就直接施用基肥。每株施有机肥 2~3kg 或复合肥 150g＋钙镁磷 300g，施肥后回土，回土约 1/2 时将肥与土混合均匀，然后回土满穴待植。

（六）接种根瘤菌

接种根瘤菌也有利于降香黄檀的生长。研究发现，接种从大果紫檀分离的一种根瘤菌 DG 的降香黄檀幼苗植株的株高、干重以及全氮含量均显著高于对照处理，表明 DG 能与降香黄檀形成良好的共生关系，且具有高效的固氮能力，意味着菌株 DG 与降香黄檀形成的生物固氮能在某程度上替代化学氮肥，为植株提供适当的氮源。因此，在条件允许的情况下，可以挖取大果紫檀林分的部分表土和同穴用的土壤进行混合，以达到接种的目的（陆俊锟等，2011）。

（七）造林方法

传统的降香黄檀造林方法为采用小苗造林，但由于大苗培育技术的产生和应用，目前普遍采用大苗造林，此外，还可采用幼树移栽进行造林。营养袋大苗造林宜在3~4月或6~9月透雨后或小雨时冒雨进行，造林最好用Ⅰ、Ⅱ级大苗。6月以后造林因气温高、降水不大稳定，因此种植穴内最好加5~10g保水剂，有条件者可以人工浇灌，每周1~2次，成活后停灌。定植时要先挖15~20cm深小穴，然后将去袋苗或裸根苗置于穴中后回土压实；适当深栽，避免露出地茎基部；同时要做到“根舒、苗正、打紧”，回填土略高于穴面，成小丘状，以免雨后树穴下陷成凹坑积水，避免造成根部积水、土埋，出现烂根死苗等不良效果。

幼树移栽造林宜选择5年生以上生长正常、主干明显、无病虫害的降香黄檀幼树，先用锄头将树干周围30cm范围外的土壤挖松，深度约50cm，同时砍断侧根。将带土团的树头提出地面，然后用有弹性的塑料绳子（带）将带土团的树头进行捆绑结实；土团直径大小和深度均为40~50cm，最后用枝剪去除侧枝，用手锯截掉树稍，保留主干长度3.0~4.5m；视侧枝大小可适当保留3~5条一级分枝，长度30~50cm为宜，装车后运输至目的地（彩图1–4）。整地方式与大苗造林相同，但种植穴规格稍大，可采用70cm × 70cm × 60cm甚至更大规格。每穴放腐熟过的农用有机肥3~5kg，然后用表土回填至穴深1/3处，避免肥料直接和根系有接触。移栽种植前先用透明塑料薄膜将主干顶端的截干处进行包裹，用细铁丝将薄膜固定于树干顶端，防止雨水渗入截干伤口，将带土团的植株置于种植穴内后四周回土压实，避免根系直接接触到基肥，最后用三根竹杆将主干进行固定，浇定根水。移植约30天后，需定期抹除主干2m以下的嫩芽，促进上端侧芽的快速生长。同时清理未成活的植株，进行补植。大树移栽成活率95%以上即为合格。幼树移栽季节一般以春季造林季节为宜，有条件可浇水的地方全年均可移栽（彩图1–5）。提倡冬季落叶后断根假植，在春季根系萌动前完成移栽。移栽种植株行距（6~8）m × 6m，即208~272株/hm^{2}为宜。

（八）抚育管理

种植后当年，在雨季末期（9月）进行松土、锄草1次。第2年起的3年内，应加强抚育管理：以苗为中心清除树兜周围直径1m范围内的灌木杂草，同时松土和培土，抚育松土每年2次分别在5~6月和10~11月进行，有条件的在中间增加1次抚育更好。太多的杂草直接影响生长和产量，没有林下植被则表明土壤条件较差，水土流失比较严重；杂草控制的宗旨是不能让杂草长得太好，需要适当的控制；手工和化学除草都有效，关键是成本。造林当年，树小易被杂草所抑制，栽培两个月后应及时除草抚育1次，在秋季杂草种子成熟前再除草、松土1次。当年抚育与否是造林成败的关键，因此林下植被控制要根据杂草生长状态及时进行，不宜过盛也不宜过干净。吴银兴（2011）对四种不同抚育方式（块状抚育、全面抚育、带状抚育、扩穴 + 抚育）试验结果表明：抚育 + 扩穴因将树周各 1m 的土壤全部松动有利于根系伸展和发育，形成强大的根系网，大大增强吸收能力因而幼林生长快，有利于幼林生长，比其他处理胸径大 8.6%~18.8%，树高高 8.7%~20.2%，材积大 28.4%~69.4%；全面抚育主要清除了阻碍生长的杂草和灌木利于幼林生长发育，其生长次之；带状抚育因还保留部分（带间）杂灌，对阳性树种的降香黄檀而言，不如全面抚育好；块状抚育因抚育范围小（树头周围 1m 范围除草），杂灌的干扰和肥料消耗从而影响幼树生长，因此生长量最小，比前三种处理胸径小 3.3%~15.8%，树高矮 4.8%~16.8%，材积小 13.2%~41.0%。因此在抚育同时适当扩穴，松动树头周围土壤，促进根系生长发育有利幼林生长，达到速生丰产效果。

（九）追肥

追肥是促进幼林生长提高产量的有效措施。虽然造林时下了基肥，但基肥属长效肥，慢慢发挥作用，要使幼林速生快长必须适当追肥。追肥宜在每年第 1 次抚育时结合抚育松土时进行，最好是造林 2 个月前后追施约 50g/ 株尿素 1 次，有条件者 9 月结合抚育松土追施 100~150g/ 株复合肥 1 次。第 2 年在雨季前结合抚育追肥 1 次，150~200g/ 株尿素或复合肥；第 3 年继续追肥 1 次，250~300g/ 株尿素或复合肥。追肥时尽可能加施少量的微量元素。

（十）营养生长与生殖生长调控

降香黄檀作为珍贵的用材树种，过早的开花结实严重消耗了树体养分，不利于其营养生长乃至木材的生产，然而，在种子生产林中，优良种质材料的产量远远满足不了林业生产的巨大需求，促进其开花结实有利于优良种质资源的推广应用。因此，需针对不同的培育目标，对降香黄檀营养生长或生殖生长进行相应的调控，以达到加快树木生长、增加木材产量和推广优良种质资源等目标，并最终实现定向培育（彩图 1–6）。研究发现叶面喷施 200mg/L GA_3 能显著抑制 10 年生降香黄檀的生殖生长、促进营养生长，有利于大径级木材培育，而 2000mg/L 的 PP_{333}（多效唑）则有利于生殖生长，有利于良种壮苗生产（王丽云等，2017）；此外，配方施肥也能对降香黄檀营养生长和生殖生长进行相应的调控，根外追施氮肥（185.6g/ 株）能显著促进 8 年生降香黄檀营养生长，而根外追施磷肥（120g P_2O_5）或钾肥（120g K_2O）则利于生殖生长（王丽云等，2018）。在降香黄檀人工林的培育实践中，可根据具体培育目标的需要，采用相应的调控措施，以实现最终的培育目标。

（十一）修枝

降香黄檀萌芽能力强，主干生长不明显，侧枝多，需要进行修枝以培育优良干形培育，最终提升木材产量和品质。王玥琳（2019）发现降香黄檀修枝方法以贴干斜切（切口上部贴近树干，切口与分枝垂直，切口尽量平滑、不偏不裂，不削树皮，不带皮，不留桩）为宜，修枝强度在短期内对降香黄檀的生长无显著影响，但不同修枝强度下修枝伤口直径大小对降香黄檀伤口愈合率具有显著影响，而且修枝伤口愈合率随伤口直径的增加而减小；此外，修枝处理显著提高了降香黄檀的最大净光合速率。荧光参数 *Fo*、*Fm* 也随修枝强度的增加而升高；轻度修枝（修去冠长的 1/4 枝叶）和重度修枝（修去冠长的 1/2 枝叶）对光合色素含量的增加有明显促进作用，与不修枝的对照相比，修枝 3 个月后 ZR、IAA、GA_3 含量轻度修枝和重度修枝都较高；1 年后，修枝处理 IAA 含量均有所下降，但 ZR 值仍较对照高，且 ABA 含量有所降低（王玥琳等，2018）。研究还发现，修枝有助于降香黄檀心材的形成，表现为修枝后心材形成率明显较高，修枝强度越高，心材比例也愈高，同时对木材的基本密度、生材密度、绝对含水率、相对含水率均无显著影响（王玥琳，2019）。因此，在培育实践中建议采用中强度贴干修枝的方式，修除直径 3cm 以下的侧枝（王玥琳等，2019b）。在生产实践中，建议每年 3 月树木发叶前修除树冠底层 1/3 树冠直到树高 4m 左右。

（十二）心材形成调控

心材是降香黄檀最核心的价值体现，其比例及质量在很大程度上决定着降香黄檀最终的经济价值。降香黄檀一般从 6 年左右（胸径在 8cm 以上）即开始陆续形成具经济价值的心材（麻永红等，2017），此后随着年龄的增加，心材比例逐渐增加。降香黄檀心材的形成是一个复杂的生理生化过程，其心材形成类型属代谢调控类，受土壤水分（崔之益等，2018a）、地表温湿度（崔之益等，2018b）、树干呼吸（Cui et al.，2017）以及钙含量（黄彩虹等，2022）等多种外界因素影响。崔之益等（2019）通过苗期截干试验，发现降香黄檀幼苗截干后木质部乙烯和过氧化氢（H_2O_2）大量合成，且两者含量以及相应的导管闭合比例、含油率和心材物质等合成均受到各自特异抑制剂的显著抑制，表明乙烯和 H_2O_2 是介导降香黄檀心材形成的重要信号物质，随后通过向树干分别注射 1% 乙烯利和 0.1 mol/L H_2O_2 溶液，发现乙烯利和 H_2O_2 均能诱导降香黄檀边材大面积（范围）变色，通过合成大量心材类物质形成心材（王玥琳等，2019a；Cui et al.，2020），其诱导形成的心材在色泽、密度、含油率等基本材性特征均与自然条件下形成的心材无异，精油中的橙花叔醇、金合欢烯、甜没药醇等含量也达到了高质量“降香”的相关质量标准（Cui et al.，2020），从而证实了乙烯和 H_2O_2 具有调控降香黄檀形成高质量心材的潜力，通过参与调控树体内乙烯和 H_2O_2 含量能达到加速心材形成的目的（Cui et al.，2021）。此外，采用根外追施 150g 钙并且覆膜的方式也有利于 7 年生降香黄檀树高生长和心材品质的提升（黄彩虹等，2022）。

四、木材及其他产品利用

（一）木材价值

降香黄檀的木材材质紧密而坚硬，木孔稍粗而长，轴向薄壁组织呈管带状或轮界状，径面斑纹略明显，弦面具波痕。心材呈红褐色到深红褐色，久则变为暗色，略淡于紫檀木，有光泽，花纹美丽，深浅不一，夹带有黑褐色条线（俗称“鬼脸”，是由生长过程中的结疤所致，它的疤跟普通木材不同，无规则，形态多种多样）；纹理斜或交错，清晰美观，视感极好，有麦穗纹、蟹爪纹，纹理或隐或现，生动多变；材质硬重，气干密度为 0.94g/cm^3 左右，强度大，干燥后不开裂、不变形，结构细而匀，极耐腐耐湿；有淡淡的特殊香味且香气长存，是制造名贵家具（高级红木家具）、工艺品、乐器、雕刻、镶嵌和名贵装饰的上等用材；因木材具有浓郁的香气，故也称香枝木。并且为海南所特有的乔木树种，市场上通常把降香黄檀的木材又称为“海南香枝木”或“海南黄花梨”。产于海南的降香黄檀因生长环境的不同，木材的颜色、纹理和密度等有明显的差异，黎族人将海南黄花梨分为两种：①油梨（油格），主要指产于西部，颜色较深、比重大而油性强的降香黄檀心材部分；②糠梨（糠格），主要指产于东部、东北部浅色的油性稍差的降香黄檀心材部分。

（二）药用价值

降香黄檀的药用部分称为花梨格或降香木，主要是指其树干和根部的心材部分（国家药典委员会，2000）。其木材经蒸馏后所得的降香油中，含醇类、烷烃类、烯烃类、醛酮类和脂肪酸等五大类化合物，主要成分为（E）-2- 长松针烯 -4- 醇、2，4- 二甲基 -2，4- 庚二烯、橙花叔醇、2-（5- 甲基 - 呋喃）丙醛和 1，1- 二甲基 -2-（2- 甲基 -2- 丙烯基）- 环丙烷（毕和平，2004），这些主要成分在食品工业和医药行业具有重要的作用。降香油具有行气止痛，活血止血之功，用于心胸闷痛，脘胁刺痛等病症，外治跌打出血，是临床常用制剂如冠心丹参片、乳结消散片、复方降香胶囊等中成药的主要原料。此外，降香油中还含有大量含氧有机化合物，而这些含氧有机物在促进人体荷尔蒙的释放，提高甲状腺素的渗透能力等方面起着重要作用。降香黄檀用作药材时，气味芳香，味稍苦，烧之香气浓烈并有油流出，加水研磨的药液可治疗各种疼痛，也可磨粉外敷，止痛止血，是极好的镇痛剂。降香黄檀木材制成的家具长期散发出的幽香可以杀灭细菌，清新空气；长期坐卧此类家具，对降血压具有明显的疗效；用降香黄檀的根部制成的根雕、酒杯等高等工艺品，同样具有降血压等功效；此外，以心材入药，主治风湿、腰痛、吐血、心胃气痛、高血压等病症。降香中的黄酮类化合物是其重要活性成分，具有抗氧化、抗癌、抗炎、镇痛和松弛血管等作用（Wang et al.，2000）。最新的研究还发现，其叶片提取物对高脂大鼠具较好的降血脂作用（Mei et al.，2021），随着科技的不断进步，相信会有越来越多的应用得到开发。

（三）园林绿化

降香黄檀根系发达，适应性强，在陡坡裸露山地能生长良好，是优良的岩溶山区造林树种，飞籽能成林。其树干稍弯曲，形态各异，树冠广伞形，枝叶茂密而柔韧，树形美观，具有较强的抗风、遮阴、吸尘和降噪能力。由于半落叶的特性，便得其季相变化大，有春夏季枝叶茂盛、冬季落叶的特点，能给人们提供夏日凉爽、冬日温暖的舒适环境。

（刘小金、徐大平、洪舟、崔之益、赵霞、李湘阳）

第五节 柚木

柚木（*Tectona grandis*）是马鞭草科（Verbenaceae）柚木属（*Tectona*）高大乔木，树体通直，树高达57m，胸径达3.67m。世界名贵用材树种，最明显的优点是干缩率极小，不翘不裂，心材颜色柔和、纹理美观、触感温润，在国际市场上广受欢迎，被誉为“万木之王”；是珍贵树种中速生的类型，易加工、用途广、经济价值好、投资回报率高，现在热带亚热带70多个国家和地区广泛种植，世界人工林面积超过500万hm^2。柚木引入中国栽培已有200年的历史，现在海南、云南、台湾、广东、广西、福建、贵州、四川8个省（自治区）70多个县市均有种植，面积3.5万~4.5万hm^2，以云南和台湾面积最大。本节主要综述了近10年来我国柚木种质收集、良种选育、种子园建设、苗木繁育、立地评价、栽培技术、目标树经营、农林复合经营等方面的研究进展。尤其营建柚木育种群体150hm^2，速生优良无性系“热林7029”获国家林木审定良种，高效繁育技术实现工厂化生产，并推向东南亚和非洲国家。柚木人工林立地分类与评价基本完成，研发的柚木带状密植、非均匀密度种植模式生长量提高了35.97%，目标树经营技术规程已编制，农林套种等复合经营的经济效益提高了30%以上。柚木作为国际树种，市场需求很大，种植和加工已成为很多地区的支柱产业，我国目前主要依靠进口，在热区选择适生立地发展人工林，对保障我国木材战略安全和满足国内市场需求具有重要意义。

一、良种选育

柚木天然分布于印度、泰国、缅甸和老挝，位于北纬9°00′~25°30′，东经73°00′~104°30′，呈不连续或大小斑块状分布；垂直分布从海平面至海拔1300m，但多见于海拔800m以下的低山、丘陵和冲积平原（White，1991）。我国主要通过收集国外资源和国内种子园、试验林、收集圃、母树林优株种子或芽条，新收集柚木家系300余个，优株嫁接130余个，组培或扦插繁育无性系40余个，在海南、广西、云南、广东、贵州等地构建了柚木育种群体150hm^2，建立了多目标多层次良种选育技术体系，筛选出一批优良种源、家系和无性系（梁坤南等，2011；2020）。

目前已利用筛选的柚木优株嫁接和组培优良无性系，在海南尖峰、广西凭祥、云南畹町等地营建了以种子园为主的繁殖群体60hm^2，包括改良种子园，亦可用于人工林发展需要。近10多年来，柚木良种在广东、广西、云南、海南、福建、贵州和四川热区广泛应用，显著提高了我国柚木商品林的产量和质量。

（一）优良种源选育

柚木种源遗传多样性和亲缘关系研究表明（黄桂华，2015；Huang et al.，2015），28 个柚木种源间的多样性信息指数 *PIC* 值为 0.394~0.811，平均为 0.56；无偏基因多样性 H_z 为 0.4692~0.8523，平均为 0.6612，说明柚木种源内具有丰富的遗传变异。柚木遗传杂合度是印度种源 > 缅甸种源 > 泰国种源 > 老挝种源。印度种源的 H_e、H_o 和 *NA* 的平均值分别为 0.8056、0.7114 和 10.2。研究发现一些国内次生种源（21、26 和 24 号种源）的遗传变异高于部分天然种源的遗传变异，这些种源可在遗传变异保存和育种利用中发挥作用。遗传距离矩阵和聚类分析显示了不同柚木种源间的遗传关系。Mantel 检测发现柚木 18 个天然种源间地理距离和遗传距离存在很好的相关性（R=0.7355，P<0.001），说明研究对 10 个国内次生种源地理来源的鉴定具有很好的参考价值。AMOVA 分析表明，柚木天然种源 84.760% 的遗传变异存在于种源内个体间，4.654% 的遗传变异存在于种源间，剩下的 10.586% 的遗传变异存在于 4 个天然分布国之间。柚木天然种源间基因流 N_m=1.458，较高；遗传分化系数 F_{st}=0.146，属中度；说明柚木种源间存在较大的遗传分化。为了保存遗传多样性，宜在大种群中尽可能多地选择或保存优良单株。不同国家应在自然分布区就地保存或通过区域合作收集进行异地保护。Mantel 分析显示遗传距离和柚木种源地理距离具有显著相关性（R=0.7355，P<0.001）。非加权组平均聚类分析、主成分分析和 STRUCTURE 分析三种分析结果一致，印度种源首先被区分开来，单独聚成一群；老挝种源和泰国种源聚成另一群，然后缅甸种源相继聚入该群。从亲缘关系来看，国内次生种源 19、20、22、23、25、27 和 28 可能来自老挝（尤其是第 17 号），而国内次生种源 21、24、26 可能起源于缅甸（尤其是第 16 号）。

在前期国际种源试验和国内次生种源测定的基础上，多目标多性状选育优良种源 11 个，其中 5 个认定为省级优良种源：①以木材力学特性和装饰性能为选择目标，结合生长、适应性和形质指标，综合选出 4 个国外优良种源；其中 27 年生 3 个种源在基本密度、静曲强度、抗弯弹性模量、顺纹抗压强度、冲击韧性等方面为结构用材优良种源；2 个种源在基本密度、黄蓝色品指数、弦面硬度、体积干缩率和胶合强度等方面为装饰性能优良种源。尤其是种源 3071 既速生，材性又佳，27 年生长量比对照（当地国内次生种源）提高了 16.72%~124.52%，木材既具豪华、深沉之感，又具色泽美丽之感，且处于 YR（橙）色系内，呈“暖色”视觉（Peng et al.，2012，彭鹏祥，2012）。②采用独立淘汰选择法、多因素综合选择法和综合评分法三种方法评判海南 28 年生国内次生柚木种源的生长、形质和材质优劣，选出了 2 个速生、材质优良的国内次生种源，其中 8003 种源 28 年生长比试验种源平均值提高 19.14%~74.94%（梁坤南等，2011，2020；赖猛等，2011）。③云南省红河州林业和草原科学研究所总结早期柚木种源试验，筛选出 5 个速生柚木优良种源 8507、8602、8603、6615 和 8411，获得云南省林木良种认定，并在河口县建设有国家级柚木种质资源库，其优良种源林和母树林可生产优质种子推广应用，近20年红河州推广种植10万余亩。④苗期光合生理特性表明印度种源为净光合速率高的种源，起源于印度的柚木资源可作为今后高光效育种中优良基因型选择的重点（Huang et al.，2019；刘炳妤等，2020）。⑤种源试验相关分析揭示了生长与木材基本密度相关性不明显，可分别独立选择生长和木材基本密度；揭示了柚木引种的一般规律，种源的生长与纬度呈显著至极显著负相关，种源的保存率与降水量呈显著的正相关，即从低纬度、年降水量较高、湿润气候的原产地引进柚木种源更容易适应雨量低、气候干热的地区（梁坤南等，2011；赖猛等，2011）。

（二）优良家系选育

柚木速生、材质优良家系选择，综合选出了7个优良家系：①以生长、形质或木材基本密度，采用综合评定法和聚类分析选出了28年生优良家系6个，10年生优良家系3个，其中7504和7549为共同优良家系（赖猛等，2011）。②柚木种子园自由授粉子代家系1~3年生树高存在显著或极显著差异，树高和胸径变异系数分别为0.21和0.27，遗传力分别是0.50和0.27，由3年生树高筛选出优良家系26号、35号和4号（石忠诚等，2016）。

（三）优良无性系选育

1. 速生无性系选育

苗期与大田多目标多性状综合选择无性系，选出优良无性系7个，获得国家审定良种无性系1个。苗期无性系光合生理特性揭示了柚木无性系光合生理特征及其与生长的关系，选出了5个无性系以及高水分利用率的4个无性系，其中7029无性系既净光合速率高，水分利用率也高（黄桂华等，2019；刘炳妤等，2020）。苗期不同基因型氮、磷营养效率研究筛选出7544无性系为苗期氮素营养利用率高的基因型和7029无性系为磷素营养利用率高的基因型（Zhou et al.，2012；周再知等，2010）。5省（自治区）柚木无性系区域试验测定结果，选出不同地区速生耐寒的柚木无性系7个，其中7029无性系在海南定安、云南景谷、贵州罗甸、广东揭东和雷州生长表现均列前三位（黄桂华等，2019），单株材积比试验林平均提高37.3%~93.0%。11年生7029无性系的平均树高12.69m，平均胸径17.37cm、平均单株材积0.2035m^3和单位面积蓄积量13.00m^3/亩，分别比对照显著提高了9.21%、18.73%、45.36%和59.20%，分别比试验林平均提高了22.02%、31.99%、93.07%和134.01%。17年生7029无性系基本密度为0.599g/cm^3、气干体积干缩率为5.8%、抗弯强度为155.5MPa、抗弯弹性模量为10491MPa、冲击韧性为86kJ/m^2、顺纹抗压强度为52.3MPa。无性系“热林7029”于2018年审定为国家级林木良种（国S-ETS-TG-002-2017），其次7559无性系也表现优良。现有10余个无性系实现工厂化大规模组培生产应用，显著提高了柚木人工林的良种化程度。Huang等（2016；2014）采用分子标记技术，构建了26个柚木无性系的DNA指纹图谱，为品种权保护、品种鉴定奠定了基础。

2. 耐寒无性系选育

冷害或冻害是柚木在中国发展的主要限制因素，通过苗期冷处理后生理响应评价，探索了柚木无性系苗期冷害胁迫抗寒机理，选出了苗期耐寒性较强的无性系 3 个，均来自缅甸材料的无性系，揭示了缅甸柚木种源抗寒性强于印度柚木种源（黄桂华等，2015；刘炳妤等，2019）。大田冷害发生后调查结果进一步验证了柚木无性系苗期结果，选出了 4 个耐寒性较强的柚木无性系，历经 40 多天的低温霜冻后，保存率仍在 80% 以上，这些结果为不同气候区选择适地适种源 / 无性系提供了科学依据（黄桂华等，2015）。

3. 抗旱无性系选育

柚木已被推广到云南和贵州罗甸等干热河谷地区造林，推动了柚木抗旱优良无性系选育。采用人工控水的方法，对不同柚木无性系苗进行中度和重度干旱胁迫处理，分析了干旱胁迫后柚木无性系生理的响应，结果显示：除了相对电导率在重度干旱处理后柚木无性系间没有显著差异外，不同柚木无性系 3 个生理指标在干旱胁迫后有显著或极显著差异；干旱胁迫后，柚木无性系游离脯氨酸含量和 SOD 活性呈上升趋势，相对电导率无增加或少量增加；柚木无性系通过增加游离脯氨酸和 SOD 活性来调节提高自身的抗旱性，初步评价出 7544、Z408 等抗旱性强的柚木无性系（黄桂华等，2018）。

二、育苗技术

（一）柚木实生苗培育

1. 种子园建设

为了完善种子园技术和开展柚木杂交育种，在观测柚木开花生物学特性的基础上，研究建立了柚木花粉收集、活力测定、贮藏方法及其效果的研究。离体条件下，柚木花粉在 200g/L 的蔗糖浓度 + 200g/L 的硼酸浓度的溶液中萌发效果最佳，萌发率最高，花粉管生长快，最终花粉管也最长，培养 10h，达 1247μm（黄桂华等，2011）。柚木花粉收集可采用水培法和套袋法；不同种源收集花粉时间不同，印度种源和缅甸种源分别为 9：00~11：00 和 11：00~13：00；花开放后，花粉活力是先升后降，1.5h 后花粉活力最强，4.5h 后花粉即失去萌发力。随着贮藏时间的延长，5℃和 –15℃干燥贮藏花粉的活力逐渐下降，贮藏到 330 天，5℃和 –15℃的花粉都失去萌发力；在整个过程中，5℃的花粉萌发率和花粉管长度都比 –15℃下降速度快；–15℃柚木花粉的贮藏效果优于 5℃；–15℃干燥贮藏 240 天的柚木花粉，可满足当年柚木花期不同的种源间或柚木属不同种间人工杂交授粉（黄桂华等，2012）。

为了科学指导柚木种子园不同无性系的配置，研究摸清了柚木不同无性系开花结实的特性，发现不同柚木种源及其不同无性系之间在花期和日开花时间上有重叠区，同时也存在较大的差异性，同一无性系的花期基本一致；不同无性系始花年龄不同，同一无性系的不同单株始花年龄也不完全相同。同时，通过对 10 年生和 30 年生柚木种子园内不同种源及不同无性系种子产量的差异性分析表明，不同无性系间平均每株种子产量呈显著差异，平均每株种子产量最高的无性系是最低的无性系的5.25倍。柚木的开花生物学特性限制了种子园的产量，选择花期尽量一致、单株种子产量高的不同无性系是营建高产优质柚木种子园的前提条件（黄桂华等，2011）。研究为今后营建柚木种子园在材料选择、种子园设计和管理调控上提供了科学依据。

针对柚木种子产量和质量低下的问题，开展了不同年龄柚木无性系种子园不同措施的促花结实技术，取得了显著效果：修枝和半环剥对增加10年生种子园柚木无性系开花数量有较好的促进作用，但施多效唑和断根可以提高10年生种子园柚木单株种子产量，尤其是施多效唑的平均单株产量是对照的2.38倍；不同处理以半环剥处理后对提高30年生种子园柚木单株种子产量的效果好，平均每株增产116.5g；不同施肥水平以施复合肥1.5kg/株的处理对30年生种子园柚木单株种子产量增产效果最好（黄桂华等，2015）。

2. 播种催芽技术

柚木种实中果皮为土黄色或黄褐色的海绵层，密被毡状绒毛；内果皮骨质，播种前需进行催芽处理。研究柚木播种催芽技术，第一种方法是GA_3处理法，发现GA_3处理柚木种实在黑暗条件下催芽效果最好，可提早发芽、减少种子腐烂，提高发芽率。通过植物激素GA_3及控制光照条件发现在35℃高温条件下，GA_3可促进柚木种实提早发芽、提高发芽率。在黑暗条件下，当GA_3浓度低于100mg/L时发芽率较高，可达80%以上，且其种子腐烂率明显较低（8.6%）。黑暗条件下GA_3最佳处理（100mg/L）发芽率、发芽势和发芽指数分别高出传统的石灰浆处理41.3%、59.2%和36.2%，且分别高出GA_3最佳处理光照条件的27.4%、41.0%和31.0%。柚木播种前催芽处理的第二种方法是石灰浸沤处理：种实与石灰粉按5∶1的重量比置于容器内，加清水搅拌成浆。浸沤6~8天，以中果皮变软，可用手捏去为度，取出种实，洗净可播种。柚木播种前催芽处理的第三种方法是冷热干湿交替处理：清晨将种实摊晒于水泥地面，午后气温最高时，堆积种实，淋透清水，用薄膜覆盖，重复此过程10~14天后播种。该法适于干热少雨季节处理大量种实（梁坤南等，2013；2010）。

为了提高柚木种子发芽率，研发出柚木种子发芽最佳播种基质为沙∶黄心土的体积比为3∶1效果最好，发芽率分别是纯沙和纯黄心土的1.69和1.45倍。将沸石应用到柚木苗木培育上，效果显著（黄桂华等，2009）。

3. 容器苗培育

容器苗培育容器规格以8cm×12cm为宜。基质用60%~70%新表土、30%~40%火烧土，外加3%~5%钙镁磷肥混合配制而成。当小苗长出1对真叶时，移苗入袋。移植10天后，用复合肥（N∶P_2O_5∶K_2O=15∶15∶15）与尿素按4∶1混合，配制成0.3%~0.5%的水溶液淋施，施后立即清水淋洗，此后每星期施肥1次。可适当追施

0.5%~1% 钙镁磷肥。5~7 个月时，或出现苗木严重分化有较多被压苗时，按苗高、中、低分级，并按高、中、低顺序移袋。可当年播种，当年出圃造林；或培育 10~18 个月出圃造林。梁坤南等（2017）将沸石应用到柚木苗木培育上，效果显著。添加沸石的 7 个月生柚木苗高、地径、总干物质质量、根干物质质量、茎干物质质量和叶干物质质量分别是不添加沸石的 2.10、1.69、3.17、2.94、4.02、2.60 倍。

4. 截干苗培育

在柚木截干苗培育方面（梁坤南等，2010），研发出柚木截干苗培育最佳基质为黄心土∶沙的体积比为 1∶0 或 3∶1 效果最好，苗高和地径生长分别是最差处理土沙比 1∶1 的苗高 1.16 倍和 1.19 倍、地径的 1.34 和 1.21 倍。截干苗培育的最佳密度为 40cm × 40cm，高径生长显著好于 40cm × 30cm 和 30cm × 30cm。柚木截干苗每公顷产苗 9 万 ~12 万株。加强水肥管理，出圃苗地径 1.5~3.5cm，离地面 2~3cm 左右截干，地下留主根长 15~20cm，修剪侧根和须根后可上山造林。适宜集中育苗，苗木适宜贮藏，便于长途运输和分散造林。

5. 小棒槌苗培育

在柚木小棒槌苗培育方面（黄桂华等，2015），揭示了密度和基质及其互作效应对柚木小棒槌苗培育的影响，影响柚木小棒槌苗品质的因素是密度大于基质。高品质柚木小棒槌苗，需培育到 12 个月生，基质以 $V_{黄心土}$∶$V_{河沙}$=2∶1 或 1∶1，密度以 150~200 株 /m^2 为佳。柚木小棒槌苗培育需注意控制水肥，勿使茎叶徒长；抑强扶弱，防止超级苗产生。这种密度控制方式的苗木主根呈“小棒槌”状，出圃时按上述截干苗要求制备苗木。适宜高效集中育苗，苗木适宜贮藏，便于长途运输与分散造林。

6. 苗木分级与出圃

容器苗以苗高和地径为指标，分三级，分级见表 1–12。

表 1–12 容器苗分级

苗木分级	Ⅰ级苗	Ⅱ级苗	Ⅲ级苗
苗高	25cm ＜ H ≤ 45cm	15cm ＜ H ≤ 25cm 45cm ＜ H ≤ 55cm	H ≤ 15cm，H ＞ 55cm
地径	0.5cm ＜ D ≤ 0.8cm	0.3cm ＜ D ≤ 0.5cm 0.8cm ＜ D ≤ 1.0cm	D ≤ 0.3cm，D ＞ 1.0cm

截干苗以地径为指标，分三级，分级见表 1–13。

表 1–13 截干苗分级

苗木分级	Ⅰ级苗	Ⅱ级苗	Ⅲ级苗
地径	2.5cm ＜ D ≤ 3.5cm	1.5cm ＜ D ≤ 2.5cm	D ≤ 1.5cm，D ＞ 3.5cm

小棒槌苗以主根膨大处直径和棒槌度为指标，分三级，分级见表 1–14。

表 1-14 小棒槌苗分级

苗木分级	Ⅰ级苗	Ⅱ级苗	Ⅲ级苗
主根膨大处直径	2.5cm < D ≤ 3.5cm	1.5cm < D ≤ 2.5cm	D ≤ 1.5cm，D > 3.5cm
棒槌度	DTE > 1.75	1.57 < DTE ≤ 1.75	DTE ≤ 1.57

应选Ⅰ级和Ⅱ级苗，在春季苗木刚开始萌动时起苗造林，截干苗和小棒槌苗可在休眠期起苗后贮藏。

（二）无性系苗培育

柚木已有速生、优质的优良无性系，尤其是国家审定良种或省级良种，如“热林 7029”。组培快繁已规模化生产，采用优良无性系组培苗或扦插苗造林，可大大提高人工林的产量和质量，是柚木商品林发展的趋势。目前柚木组培快繁技术（曾炳山等，2003）、扦插繁殖技术（黄桂华等，2013）、幼苗期叶面肥及管理技术（黄桂华等，2019）已研发成熟，并获得国家发明专利 3 件，可供参考。

1. 组培快繁

采取成年优树中上部侧枝顶芽，需经嫁接使其幼态化，取嫁接苗萌发的枝条顶芽进行组培扩繁。用 75% 酒精消毒处理 30s，0.5% 升汞消毒处理 45s，然后切除顶芽周边组织后，用 MS 培养基附加 2mg/L 6-BA 培养 25 天，继代增值的 6-BA 与盐浓度比控制在 1/3900~1/3600 之间，加入适量 IBA 和 0.25mg/L 的 GA_3 制成 TM 培养基。经过继代培养的无根瓶苗，经炼苗 10~15 天后取出，剪去其下部的愈伤组织和近切口处小叶，以备扦插移植。该方面的研究揭示了光照和温度分别影响了壮苗程度和繁殖率，适当的光照条件下，瓶苗 30 天继代繁殖率达 4 倍以上，而温室高于 32℃，转接周期可缩短到 15~20 天。筛选出适宜组培瓶苗快速生长发育的光源，组培苗增殖阶段选择荧光灯或全光谱灯为好，高生长显著，腋芽分化和生长快，有利于提高增殖率，而 RB 红蓝组合灯（3RB、2RB）适合壮苗培养，叶大苗壮，全株生物量大，且叶表面结构发育成熟，有利于提高光合作用（裘珍飞等，2017）。培养基固化剂筛选试验发现氯和钾离子浓度过高，柚木生长会越差，卡拉胶因有较高质量浓度的氯和钾离子而不适合柚木组培苗生长。试验证明，幼苗的高生长及生物量积累与钙离子浓度呈正相关，最适钙离子浓度为 9mmol/L；pH 值对苗高生长及愈伤组织生物量积累有显著影响，适宜 pH 值为 6.0；在 pH 值 6.0 培养条件下，不同钙离子浓度，影响了不同营养元素的吸收（李湘阳等，2010）。

柚木遗传转化研究进展缓慢，目前该技术仍不成熟。初步建立了以茎段为外植体的柚木优良无性系 71-14 的再生体系，柚木愈伤组织诱导与再生，不定芽分化率为 34.22%；筛选出愈伤组织诱导适宜的培养条件：MS 培养基适合愈伤组织生长，外植体茎段（不带节间）为较适外植体，0.5mg/L NAA+1mg/L 6-BA 及 2mg/L NAA +2mg/L 6-BA 为较适生长调节剂浓度组合，暗培养 28 天后转到光下培养的愈伤诱导率最高，滤纸桥液体培养方式有利于愈伤的诱导，愈伤组织最适继代时间为30~35天；选出最优的愈伤组织诱导培养基为MS+0.9mg/L 6-BA+0.04mg/L IBA+0.02mg/L TDZ+0.8mg/L NAA，愈伤组织诱导率达80.78%，平均直径1.65cm，获致密型愈伤组织83.0%；得出优化的再生培养基为MS+0.132mg/L TDZ，取得不定芽分化率为34.22%；略高于国外愈伤诱导不定芽分化率。优化了农杆菌转化柚木愈伤组织的条件，获得了GUS基因的柚木转基因株，外植体转化率为0.18%（郭彦彤等，2012；刘艳丽等，2014）。

2. 扦插育苗

柚木采穗圃营建需选在无霜冻地区，选择土壤pH值5.0~7.5，平整、肥沃、疏松，水源充足，排水良好，且交通便利、有浇灌条件的地方作圃地。采用人工或机械全垦整地，起苗床种植，每床长800~1200cm，宽100~120cm，高20cm，步道宽50~60cm，四周设排水沟。营建材料需选用顶芽完好、健壮、无病虫害的优良无性系组培苗，苗高15~20cm。3~4月雨后早、晚种植，浇透定根水。株行距30cm×40cm，每床4行种植，行间距30cm，边行离苗床边10cm。翌年3月中旬截干，留干高15cm，4月中下旬可采穗扦插。采穗圃通过修剪，控制株高30~40cm，促使侧枝分枝以生产更多穗条。种植当年的6~7月，沟施1次磷肥（P_2O_5）150g/m^{2}和钾肥（K_2O）100g/m^2。采穗圃每年3月沟施1次复合肥（N：P_2O_5：K_2O=15：15：15）150g/m^2。每次采穗后喷施1%的复合肥（N：P_2O_5：K_2O=15：15：15）。加喷0.01%的6-BA，提高采穗量。根据实际情况，对采穗圃适时除草松土，通常每月1次（梁坤南等，2010）。

柚木扦插需搭建荫棚高2.8~3.5m，内设地苗床或铁架苗床，棚内遮阴度60%~75%，顶部宜用活动遮阳网。有条件的荫棚内可装配自动喷雾设施。将泥炭土、蛭石、珍珠岩、椰糠和黄心土按体积比1~1.5：1~1.5：0.5~1：2：2混合均匀。装入孔深11cm的50孔/盘林木穴盘或轻基质网袋，或塑料薄膜袋（规格8cm×12cm）（黄桂华等，2013）（彩图1-7）。

柚木扦插繁殖的穗条可来自采穗圃穗条或无根组培瓶苗：①采穗圃穗条，当采穗圃母株的萌芽条长7~10cm时，剪取穗条，每7~10天剪1次，穗条保留顶芽和叶片1~2对，叶片剪去1/2~2/3。扦插前泡于清水中，浸泡时间≤5h。②无根组培瓶苗，当柚木无根组培瓶苗茎粗≥0.6mm、高度≥60mm，有2~4对绿色小叶时，从瓶中取出，剪去基部愈伤组织和近切口处小叶，扦插前浸泡于清水中，浸泡时间≤3h。

4月中旬至7月下旬为扦插最适宜季节，海南省全年可扦插，云南热区2~10月均可扦插。扦插前0.5~1.0天用0.3%的高锰酸钾淋透基质消毒，盖上薄膜备用。按1kg滑石粉加入50mg NAA、100mg IBA、200mg IAA和适量水均匀搅拌成糊状配成生根粉。插穗基部蘸配好的生根粉。采穗圃穗条扦插深度2.5~3.0cm，组培瓶苗扦插深度1~2cm，插后喷定根水，再喷洒800倍的多菌灵或百菌清溶液消毒。

扦插苗需要精细管理：①水分。扦插后覆盖塑料薄膜保湿，苗床湿度保持在

80%~100%，晴天每天傍晚喷水 1 次。太阳光照强、膜内温度高于 35℃时，需要在薄膜上加盖遮阳网，11：00~16：00 每隔 1h 膜外喷水 1 次降温。阴天可于傍晚喷 1 次或根据苗情不喷，雨天不喷。20~30 天后揭开薄膜两端。30~45 天后揭开薄膜，早晚各淋水 1 次。②养分。扦插后 4~30 天，每 7 天喷施 1 次叶面肥（黄桂华等，2019），或每 7 天喷施 1 次 0.1%~0.15%（质量比）复合肥（N：P_2O_5：K_2O=15：15：15）水溶液。扦插 30~90 天，每 10~15 天喷施 1 次叶面肥，或每 15 天浇施 1 次 0.3%~0.5%（质量比）的复合肥（N：P_2O_5：K_2O=15：15：15）水溶液。③温度。棚内或床内温度宜保持在 25~30℃范围内。温度过高时，在膜外喷水降温。④光照。苗床遮阴度 60%~90%；扦插 1 个月后，揭去棚四周的遮阳网；2 个月后揭开顶部的遮阳网。⑤病虫害防治。插后第 3 天开始，每隔 5 天用 800 倍的百菌清、多菌灵或甲基托布津溶液交替喷施。发现腐烂插条，及时清除。

扦插苗以苗高、地径和根系为指标，分三级，分级见表 1–15。

表 1–15　扦插苗分级

苗木分级	Ⅰ级苗	Ⅱ级苗	Ⅲ级苗
苗高	25cm ＜ H ≤ 45cm	15cm ＜ H ≤ 25cm 45cm ＜ H ≤ 55cm	H ≤ 15cm，H ＞ 55cm
地径	0.5cm ＜ D ≤ 0.8cm	0.3cm ＜ D ≤ 0.5cm 0.8cm ＜ D ≤ 1.0cm	D ≤ 0.3cm，D ＞ 1.0cm
根系	发达、均匀，布满整个容器；穴盘苗能固定基质	长度、数量一般，分布约 1/2 容器或已穿根；穴盘苗未能完全固定基质，起苗时基质出现少量松散情况	短、稀少，分布于 1/3 容器以下或穿根严重；穴盘苗不能固定基质，起苗时基质完全散落

应选Ⅰ级和Ⅱ级苗，在各地雨季初期苗木刚开始萌动时起苗造林。

三、栽培技术

柚木人工林培育包括高效集约纯林培育模式、混交套种模式（尤其是农林间种）、四旁种植模式，种植配置方式包括均匀密度和非均匀密度（带状）。

中国热带地区的海南岛尖峰岭 10 年生柚木人工林平均树高 13.4m，平均胸径 16.8cm；选出的 7541 优树 10 年生胸径达到 33.0cm，20 年生胸径达 58.0cm。云南河口红沙沟 10 年生柚木人工林平均树高 14.8m，平均胸径 15.7cm；河口安家河水肥条件较好的四旁，柚木（未施肥）16 年生平均胸径达 38.3cm。云南勐腊柚木人工林调查显示，13 年生最好林分平均树高、胸径和年均蓄积量分别达 20.3m、20.5cm 和 24.15m^3/hm^2。在广东西江林场四旁水湿条件较好的冲积沙壤土上种植柚木，前 4 年连续施肥，16 年生时，平均树高 14.5m，平均胸径 32.7cm。在广东揭阳酸性土壤柚木人工林，7 年生优势木胸径达 22.5cm。

（一）造林地选择

1. 气候

适宜湿润、温暖、多雨的热带季风气候。最适雨量为900~2000mm，一年有3~5个月的明显干季（月累计降水量＜50mm）。最适年平均温度22~27℃，最热月平均温度为25~32℃，最冷月平均温度18~24℃，极端最低温度不低于–1.0℃，且不能持续超过4天。

柚木天然分布区年降水量变幅较大，金柚木种源产地缅甸勃固耶马山区年降水量为1270~1650mm。印度柚木自然分布区年降水量为800~2500mm。泰国柚木分布区年降水量为1000~1800mm。柚木不能忍受较长时间积水，超过1周容易死亡。适宜柚木生长的年降水量为1200~1600mm。柚木天然分布区干湿季明显，季节性干旱造成落叶，也有利于心材形成和木材质量提高。

柚木生长发育的最适温度为27~36℃，其苗木生长最佳的昼夜温度为27/22~36/31℃，平均气温为30/25℃，临界温度为21/16℃。可耐极端高温48℃和低温2℃，不耐长久0℃及以下低温，霜冻时易受冷害或冻死。一般来说，寒潮对海南、中国台湾以及云南南部热区的柚木影响较小；但在广东、广西和福建南部的局部地区或个别年份，出现气温降至–2~–1℃的大寒潮，即使持续时间短（2~3天），或者遇低温0~5℃、持续时间10天以上的天气，1~3年生幼树易受寒害，导致地上部分或整株死亡。因此，极端最低温度是评估柚木能否种植的最关键指标，而大于10℃的年积温是预估柚木生长与产量的最重要指标之一，原产地大于10℃的年积温在8000℃以上（梁坤南，2020）。

2. 地形

选择海拔1100m以下，避风、开阔、向阳的平地、坡地及河谷盆地。不宜选择寒流通道及冷空气易于沉积的小地形。不宜选择偶有霜冻发生的低洼地和谷底或立地条件差的山顶、山脊。

3. 土壤类型

适宜由石灰岩、片岩、片麻岩、页岩、砂岩和玄武岩等发育的土层深厚（＞80cm）的土壤、排水性好的冲积土。

4. 土壤性质

柚木能在多种类型土壤生长，如石灰岩、片岩、片麻岩、砂岩、页岩及玄武岩等发育的土壤。在钙、磷、钾、氮含量丰富，盐基含量及阳离子交换量高，有机质含量高的土壤，土层深厚、肥沃、排水性好的冲积土上生长最好。土壤pH值被认为是限制柚木天然分布的重要因素之一，适宜pH值5.5~7.5（最适pH值范围为6.5~7.5），盐基饱和度＞30%，钙、磷、钾、镁和有机质含量较高（尤其是钙含量高）的土壤。对pH值＜5.0的强酸性土壤，需采取改土（如施石灰和施肥）或选择耐酸性土壤的良种等措施，才可种植（杜健等，2016a；2016b）。

（二）林地准备

柚木造林前 3~4 个月，清除造林地的杂灌，树桩高度不高于 10cm。杂灌多的山地，以带状清理为主，按设计的行距，沿山体等高线将杂物归行，清理出宽 1.5m 的种植带。营建混交林宜垂直等高线清杂挖穴。植穴规格：穴状整地宜 60cm × 60cm × 50cm，带状整地和全面整地宜 50cm × 50cm × 40cm。

（三）造林密度与配置

为了培育无节的长干材，通常采用高密度初植，促进早期郁闭，减少抚育成本，并维持 3~4 年时间，这样做的目的是为了减少树冠的面积和侧枝量，同时也可以促进心材的形成和材质的提高。造林优先采用带状模式（陈天宇，2020）：如两行一带，种植带内 2m × 2m，带间距 6m；或三行一带，种植带内 2m × 2m，带间距 6~8m。柚木两行一带的非均匀配置造林方式 2m × 2~（6~8）m，平均树高、平均胸径、平均单株材积和每公顷蓄积量分别比均匀配置方式造林提高 18.27%、13.73%、34.28% 和 35.97%（彩图 1–8）。

（四）基肥配方

研究表明，钾是影响柚木胸径和单株材积生长的第一元素，磷是影响柚木树高生长的第一元素；影响树高生长元素排序为磷 > 氮 > 钙 > 钾，影响胸径和材积增长的元素排序为钾 > 氮 > 磷 > 钙（Zhou et al.，2017；梁卫芳等，2017）。贵州罗甸最佳施肥配比为每公顷施 N 100kg、P_2O_5 100kg 和 K_2O 100kg（陈天宇等，2021）。云南河口施肥配比为每株施大量元素 N：P_2O_5：K_2O=300g：250g：300g；中微量元素镁：硼：锌 =150g：10g：20g。证明幼龄林施肥可极大地促进柚木生长，柚木幼龄林抚育管理效果优于中龄林。柚木造林以碱性肥料 + 有机肥为主。每穴施 1.0~1.5kg 钙镁磷肥 + 1.5~2.0kg 有机肥，可每穴追加 0.5~1.0kg 沸石作为肥料增效剂。土壤 pH 值低于 5.0 时，每穴施 1kg 熟石灰。有机肥必须堆沤、腐熟。

（五）幼林管护

截干苗和小棒槌苗萌芽后，及时定株，保留 1 株生长。容器苗造林 2 个月后、截干苗和小棒槌苗造林 3 个月后及时查苗补苗。幼林连续抚育 4 年。造林当年抚育 2 次；第 2 年到第 4 年每年抚育 3 次。以除草、割灌为主，且适时松土，避免伤及植株。造林当年的第 1 次抚育于造林后 1~2 个月，以苗木为中心 1.0m 半径内进行除草松土，每株施复合肥（N：P_2O_5：K_2O=15：15：15）100~150g。第 2 次抚育于造林后 5~6 个月，全面砍杂，每株施氯化钾 100g。第 2 年到 4 年的第 1 次抚育于 4 月，以苗木为中心 1.0m 半径内进行除草松土，每株施有机肥 1kg；第 2 次抚育于 7 月，全面砍杂，每株施复合肥（N：P_2O_5：K_2O=15：15：15）150~250g；第 3 次抚育于 9 月中下旬，以苗木中心 1.0m 为半径内进行除草松土，每株施氯化钾 100~150g。pH 值低于 5.0 的土壤，视土壤条件和植株营养状况增施石灰或钙镁磷肥。

造林后 1~2 年，对弯曲、歪斜或生长不良等植株，2~3 月进行贴地平茬，萌芽后及时定株。第 1 年到第 3 年萌动后 1 个月内及时抹芽，保持 1 个顶芽生长。

柚木为强喜光树种，除小苗出土初期需短期遮阴外，其他各个生长发育阶段均需要充足光照，不能忍受遮阴和被压。柚木在静风条件下，干形通直，净干材率高；而多风地区，柚木干形略差。柚木少主根，侧根发达，大部分侧根分布在 0~50cm 的表土层，强风下易风倒。

（六）修枝间伐

研究表明，柚木幼龄林修枝极显著地促进柚木高生长，柚木修枝务必尽早进行。轮伐期内经过 1~3 次修枝，修枝在 4~6 月完成。早、中期林分修枝高度不宜超过树高的 1/3，后期林分可修到树高的 1/2~2/3。切口与树干平行，平整光滑，切忌伤及树皮。

Zyhaidi 等（2011）柚木人工林间伐后，林分蓄积量均有明显提高。在林分郁闭度≥ 0.8 时进行间伐，去小留大。立地条件较好或高集约栽培的林分，第 6 年到第 7 年可实施第 1 次间伐；其他林分可推迟 3~4 年。轮伐期内间伐 2~4 次，间隔期 5~8 年，每公顷最终保留 220~370 株。间伐强度视立地、造林密度和林分生长状况确定，一般为 30%~40%（张青青等，2021；吴俊多，2020）。

（七）农林复合经营

柚木经营周期长，为了增加早期收入，进行柚木混交和农林复合经营，是柚木可持续经营，扩大发展的关键。选择柚木与固氮树种、药用植物、经济植物混交（间种）等，充分利用柚木人工林的营养空间，使混交（间种）树种既不影响柚木的正常生长，又能改善人工林土壤地力。通过短周期混交乔木树种的间伐、药用植物或经济植物的收获，还能获取短期的经济效益，是解决目前柚木人工林发展周期长、收益慢的有效途径（梁坤南等，2011）。目前在云南、海南和广西等地，已开展了柚木和玉米、柚木和澳洲坚果、柚木和南药、柚木和菠萝、柚木和香蕉、柚木和肉桂、柚木和山药的套种实践，提高了林地使用率，降低了抚育成本，经济效益提高了 30% 以上。

（八）目标树经营

柚木培育目标为胸径≥ 60cm，无节材长度≥ 10m 的大径级林木。对 13~15 年生的优质林分（年生长量树高≥ 0.9m，胸径≥ 0.9cm）进行目标树经营管理。每公顷选择 90~120 株目标树，目标树选定标准是长势旺盛，为林分中优势木或亚优势木，位于林冠上层；主干通直圆满，无明显机械损伤，尖削度小；树冠匀称、饱满，无严重偏冠，分枝直径小于树干直径 1/3，无两分枝或丛生状梢头；树木健康，无病虫危害。目标树选出后作出永久标记。在 3~4 月修去 10m 以下的分枝，或修去主干 2/3 以下的分枝。紧贴树干，采用斜切（切口上部贴近树干，切口与分枝垂直）方式修枝，修枝口要尽量平滑，修枝口不劈裂，修枝口下的主干不撕皮。对目标树生长直接产生不利影响，通常导致目标树发生自然整枝或偏冠的干扰树，需近期内伐除。之后根据林分生长状况，每隔5~8年进行1次干扰树间伐（梁坤南等，2020）。

（九）采伐与更新

研究表明，柚木心材比例与年轮宽度、胸径都呈相关性，延长柚木的轮伐期可以获得心材比例较高的木材，同时也说明了柚木生长速度与心材比例成正相关关系，即生长快意味着心材比例高、材质优（Bhat et al.，1997）。柚木轮伐期为30~35年，立地条件较好或高集约栽培的人工林可缩短为20~25年。对先后达到培育目标的林木，可适时依次择伐利用，到轮伐期后，可实施皆伐。

柚木更新方式包括重新造林和萌芽更新。柚木萌芽力强，伐后第1年萌芽条高生长可达到3m左右。立地条件好，立木生长中等以上的柚木林，皆伐后宜采用萌芽更新（杨保国等，2021）。技术要点如下：主伐宜在柚木休眠期或顶芽萌动之前砍伐；伐桩高度控制在3~5cm，断面平整而稍有倾斜；萌芽1~3个月后，及时定株，每伐桩选留1~2根健壮的萌芽条，密度不足可补植到适宜密度；当年抚育2次，第1次抚育结合定株，抚育后每伐桩沟施1.0~1.5kg钙镁磷肥。第2年到第4年，每年抚育1~2次，每株沟施复合肥（$N:P_2O_5:K_2O=15:15:15$）200g。

四、木材及其他产品利用

柚木心材呈黄褐色至暗褐色，墨线美观，硬度大，密度中等，木材抗压和抗弯曲力强；耐水耐火性强，能抗白蚁和其他虫蛀，极耐腐。一直是豪华宫殿和高级建筑、游艇、豪车内饰的首选之材，是船舶、军舰甲板和木渔船舷侧板的首选之材，是世界公认最好的地板木材，亦常用来做家具（彩图1–9）、木门、装饰、雕刻、桥梁、码头等（Alcantara et al.，2013）。国外常用柚木的物理、力学性能等指标作为衡量其他树种木材材质优劣的标准。

印度和缅甸有些宫殿庙宇中的柚木梁，超千年仍完好。泰国建于1868年的泰王五世的金柚木行宫，规模大、质地优良，木材颜色和花纹如初，每天有来自世界各地的游客前来观赏。坐落于缅甸阿玛拉普拉古城境内的乌本桥，始建于1851年，全长1200m，也是世界上最长的木桥。整桥都是用缅甸最著名的柚木做成，历经近170年的岁月，至今仍可正常使用。

柚木还具有很好的药用价值，木屑浸水可治皮肤病或煮水治咳嗽。木粉做成的膏药可治头痛，减轻眼睑肿胀。树皮煎剂用于治疗支气管炎、胃酸、痢疾、寄生虫病、糖尿病、麻风病和皮肤病。根煎剂可用于治疗泌尿系统相关疾病，如无尿症，花和种子有利尿功效。在菲律宾，花和根的提取物用于治疗白癜风、痢疾等。从花提炼的精油可促进生发，也可治疥疮，能够促进毛发生长，是开发生发产品的优良基料，柚木种子在印度医学体系中被誉为生发药。叶片可挤压揉碎并涂抹来止血，叶片提取液对发炎、麻风病、皮肤瘙痒、口腔溃疡等症具有疗效，促进伤口收缩和愈合，还具有抗弓形虫的疗效。在缅甸，从其木材中提取的精油可代替亚麻籽油的药用功效，从其树叶中提取的一种染料，可为丝绸、毛织品和棉织品的着色剂。

五、柚木研究和发展趋势

柚木并非红木类树种，之所以被称为世界著名珍贵树种、“万木之王”，主要在于柚木材质优良、用途广泛、经济价值高、栽培范围广，在国际市场上广受欢迎。柚木是目前热带珍贵阔叶用材树种造林面积最大、单位面积产值最高的树种。柚木木材重量感适中、价格居中，适宜的主流消费群体大，市场需求很大。目前国内从事柚木人工林经营、木材贸易、加工销售的企业有数万家，每年经营销售额超过百亿。国内柚木木材主要依靠进口，据海关统计，每年进口柚木近 2 万 m^3，且价格攀升，一些柚木原产国已停止出口，进口越来越困难。2020 年 12 月广东鱼珠国际木材市场柚木统货价格为 11000~17000 元 /m^3，而东莞厚街兴业木材市场柚木大径级无节材达到 20000~25000 元 /m^3；2021 年进口价格上涨了 2000~3000 元 /m^3。立足我国南方水、热和土地等资源优势，大力发展柚木等珍贵树种，前景十分可观。

柚木优良无性系具有速生性、稳定性、一致性的优点，未来柚木人工林发展以优良无性系为主。在广西南宁武鸣区采用柚木良种无性系，集约化经营的人工林，4 年生树高年生长量可达 4.3m，胸径年均增长量高达 4.5cm，该生长量达到或超过了世界范围内许多热带国家柚木人工林生长的速度，且已形成心材。尽管人工林的林木生长更快，但多项研究证明，生长快的林木，树龄达到 20 年后，其木材材质并不降低（Bhat et al.，1998；Lukmandaru et al.，2010；Anish et al.，2015）。优异种质创制及耐寒速生无性系选育仍然是柚木研究的重点。柚木在中国引种成功的范围达到 7 个省（自治区、直辖市）70 多个县市，若能解决耐寒问题，或选育出耐寒新品种，能在这些县市大面积推广，则发展空间很大。柚木无性系与立地存在显著的互作效应，影响柚木等珍贵树种生长和心材性状的关键立地因子及其作用机制是有待研究揭示的科学问题。同时，以优良材料营建种子园，生产优质种子，也是发展柚木人工林的有效补充。高产优质种子园经营技术、人工控制授粉技术有待系统研究解决，以利于提高种子园产量质量以及优异种质的创制。

我国持续的柚木改良和栽培技术研究，为柚木人工林的发展提供了良种材料和技术保障，柚木良种无性系和成熟的栽培技术已走向东南亚国家（菲律宾、柬埔寨、越南、印度尼西亚）和非洲国家（马达加斯加），正推动柚木人工林高质量发展。

（黄桂华、梁坤南、周再知、韩强、王先棒、林明平）

第六节　交趾黄檀

交趾黄檀（*Dalbergia cochinchinensis*）在中国又称大红酸枝、老红木，属蝶形花科（Papilionaceae）黄檀属（*Dalbergia*）珍贵阔叶乔木（霄迪，2009）。原产于泰国、老挝、越南等东南亚地区半落叶或常绿阔叶林中（Khorn，2002）。分布区域狭窄，多为散生状态，自然更新能力差，且由于长期过度开发利用和乱采滥伐导致资源严重枯竭（So & Dell，2020），于2013年被列入《濒危野生动植物种国际贸易公约》中，采伐与出口均受到严格限制（CITES，2013）。

交趾黄檀为喜光、半落叶或常绿树种，树高可达30m，胸径达1.2m。树冠近圆形，干形不通直，分枝多且生长旺盛；树皮浅棕色，薄且光滑，伴有纵向开裂或脱落（Delang，2007）。奇数羽状复叶，长10~15cm，小叶7~9片，暗绿色革质，卵形或长椭圆形，长3.5~10cm，宽1.8~5.0cm，基部楔形，先端渐尖，或者钝头。圆锥花序，腋生，有苞片。虫媒花，白色；自花授粉，顶生或腋生，原生萼片无毛，花瓣近长方形，有直爪；雄蕊9枚，单体，3~6月开花。荚果，长5~6cm，宽为0.6~1cm，扁平且光滑；7~12月成熟，成熟时为深棕色，10~12月采果；每个果有1~2粒种子。种子肾形，红棕色（JØKER，2000）。交趾黄檀根系发达，侧根处常伴生根瘤，具有一定的耐旱能力（Huaf，2014）。

鉴于交趾黄檀重要的生态效益和极高的经济价值，国内外学者对交趾黄檀开展了大量研究工作。本节就生物学特性、木材物理和化学特性、培育技术及遗传改良研究等方面归纳总结了近年来国内外相关工作的研究进展，提出今后我国交趾黄檀研究工作的重点：以引种驯化为基础，从良种选育入手，以社会需求为导向，制定长短结合的系统育种计划；全面收集、保存种质资源，大力丰富并创新种质，加强生态育种和低耗高效型品种选育；同时重视高效栽培技术的发展，探索并建立现代育种和栽培体系，促使我国交趾黄檀的研究获得新突破，最终达到生态效益、社会效益与经济效益完美结合的现代林业产业标准。

一、良种选育

（一）种质资源收集

2015年7月，通过国家林业局“948”引进项目，从泰国、柬埔寨和老挝收集了12个种源83个家系的交趾黄檀种质资源，在福建漳州，广东阳江、佛山，海南尖峰岭建立了种质资源保存库。

（二）遗传改良

交趾黄檀苗期分化严重，前人主要对交趾黄檀苗期和幼林期开展不同家系间生长差异对比分析，旨在筛选出适合大面积推广种植的优良家系。交趾黄檀家系种子表型性状变异丰富，不同种子形态性状在家系间均达到显著水平差异。交趾黄檀发芽率、发芽势、发芽指数和苗期生长性状差异显著。千粒重与苗高、地径呈显著正相关。综合相关性和隶属函数评价分析，选出苗期综合生长表现优良的家系 3 个（麦宝莹，2019）。通过分析不同育苗环境对引种的交趾黄檀不同种源的影响可知：不同种源以及种源与环境间的苗期性状差异极显著。生长性状的地理变异存在明显的气候生态学特征，主要受经度和年降水量控制。根据苗木生长表现、种源及试验点的遗传稳定性和聚类分析的结果，可以将 10 个种源大致划分为 4 个类群，选出了苗期生长表现最佳的种源 2 个（麦宝莹，2019）。

通过对多地点交趾黄檀的子代测定林分析发现：交趾黄檀适合中国南亚热带地区种植。生长性状在各试验点均达到极显著水平差异，树高性状的家系与地点互作效应明显，其他性状的家系与立地交互作用则较小。交趾黄檀家系各生长性状遗传力估算值总体较高且各性状间均呈极显著的遗传正相关。通过综合隶属函数、生产力指数法及基因型分组法方法，分别选择了适应福建闽南地区、海南三亚地区和广西凭祥地区的早期速生优良家系 3 个、2 个和 2 个（洪舟，2020；何书奋，2018；刘福妹，2019；Hien，2012）。

（三）分子生物学研究进展

在过去的几十年中，交趾黄檀的天然资源因长期过度利用和乱采滥伐急剧减少，甚至有的地区已经灭绝；因此，东南亚地区和国家通过设置国家公园、野生生物保护区、禁伐林区等多种措施对资源进行就地保护或异地保存（Barrett，2013）。

为了全面了解交趾黄檀遗传多样性，有效地制定资源保护策略，Hien（2012）用 ISSR 和 RAPD 的方法对越南优丹公园（Yokdon National Park）和嘉莱省（Gia Lai）35 个交趾黄檀家系的遗传多样性进行了研究，获得 52 对（27 个 RAPD 和 25 个 ISSR）可以用来研究交趾黄檀的多样性引物。Hartvig 等（2012）研究了中南半岛地区交趾黄檀的群体遗传结构，发现群体间的基因交流主要受湄公河（Mekong）和洞里萨河（Tonle Sap）的阻碍；种群的遗传多样性适度（H_e=0.55），但种内遗传分化程度高（GST=0.25）。利用黄檀属通用 SSR 标记分别对 70 份引种的交趾黄檀种质的遗传多样性进行评价。19 个 SSR 标记在交趾黄檀有 13 个多态性，检测到 71 个等位基因。H_o、H_e 和 I 依次为 0.28、0.37 和 0.80，表明现有交趾黄檀资源的多样性水平为中度偏低，为更好地开发利用这些资源，应对交趾黄檀的种质材料进行补充收集（刘福妹，2019）。

利用 Illumina HiSeq X-ten 测序平台对交趾黄檀的叶绿体基因组进行了测序、组装和评估。交趾黄檀叶绿体基因组的大小为 156576bp，包括一个 85886bp 的大单拷贝区域，一个 19356bp 的小单拷贝区和一对 25682bp 的反向重复区。交趾黄檀叶绿体基因组的总 GC 含量为 36.08%，包含 111 个独特基因，包括 77 个蛋白质编码基因、30 个 tRNA 基因和 4 个 rRNA 基因。系统发育关系表明，交趾黄檀和海南黄檀的进化关系较近（Xu，2019）。

二、育苗技术

交趾黄檀目前主要采用实生苗培育，也可用嫁接或者扦插方法进行苗木培育。

（一）种子特征

目前，交趾黄檀的种子主要源于天然林或保护区内的母树林（15 年生以上）（莫世琴，2016）；种子平均长、宽、厚依次为 6.67mm、4.04mm 和 1.09mm，变幅分别为 6.09~7.19mm、3.84~4.28mm 和 0.98~1.19mm；平均千粒重达 24.65g。此外，有研究表明交趾黄檀种子形态在泰国、柬埔寨和中国种源间有显著差异（李瑞聪，2016）。

交趾黄檀种子需催芽处理，浸泡一夜（24h）发芽率达到 70%~80%（曾秀珍，2019）。发芽率在不同种源家系间的差异也达到显著水平；引种到中国的交趾黄檀种子萌发不仅与自身遗传特性、贮藏条件相关，还与引种地发育期间环境条件相关：对比了中国、泰国和柬埔寨 10 个种源种子在广东阳江、广东广州、福建漳州、海南乐东 4 个地点的萌发情况，发现广东阳江的发芽率（78%）最高（李科，2018）。

（二）实生苗培育

交趾黄檀种子籽粒小，沙拌后再均匀地撒播到苗床上；育苗床宜选新土，可有效减少病虫害和杂草。育苗基质推荐使用泥炭、黄心土、珍珠岩等混合的轻基质；幼苗长出 3~4 片真叶时移苗，效果最佳，成活率达 95%；注意苗期管护，及时除草（吴培衍，2019）。综合各等级苗木比率、等级取值范围、早期造林效果以及实际育苗生产过程，1 年生交趾黄檀苗木质量分级宜采用平均值 ± 标准差法，其分级标准为（H 为苗高，D 为地径）：Ⅰ级苗，H ≥ 119.76cm，D ≥ 7.66mm；Ⅱ级苗，69.62cm ≤ H<119.76cm，5.04mm ≤ D<7.66mm；Ⅲ级苗，H<69.62cm，D<5.04mm（罗明道，2019）。

（三）嫁接苗培育

交趾黄檀嫁接成活率较高。利用半年生塑料袋苗于 5 月斜栽定植于采穗圃，每亩约 2300 株，加强管理成活率可达 99% 左右；当萌芽条抽高 50cm 左右，做好选留萌芽枝条工作，第 1 年每株母株选留大小一致萌芽枝条 2~3 条，第 2 年起每株母株选留枝条 4~5 条；采穗母株剪取插穗后，留下的伐桩应于 5 月修剪低于 5cm，以克服成熟效应。每亩采穗圃年可生产扦插穗条 7 万条以上（吴培衍，2019）。利用 1 年生营养袋交趾黄檀砧木，在 9~10 月采用双芽枝条切接法进行嫁接，接后加强抹芽除萌、追肥拔草、塑料带解绑和防治病虫害等环节管理，嫁接平均成活率可达 96% 以上；苗木在次年春季平均高度可达 40cm 以上，嫁接亲和力强，大小株适中，很适合出圃上山造林（吴艺东，2019）。

（四）扦插苗培育

通过多年交趾黄檀扦插育苗试验研究，总结出一套精简化扦插苗培育技术：在简易大棚内，漳州地区于 3 月，选择基径 1.6~2.5cm 的中下段枝条剪成插穗；用双吉尔

（GGR）号生根粉 300ppm 溶液浸穗条扦插口 1h 或 1000ppm 溶液浸穗条扦插口 60s；在 70% 红心土 + 30% 细沙配比基质中扦插；扦插后加强管理，利用搭小拱盖膜破洞技术调节湿度、温度，并做好防治病虫害工作；扦插后成活率高，苗木生长健壮、根系发达，可以推广应用于生产中（漳州市林业科技推广站，2020）。

（五）组培苗培育

李湘阳等对交趾黄檀组织培养技术的研究表明：采集交趾黄檀新萌枝条的顶梢作为外植体，将外植体消毒后进行用 1/2 MS 培养基 +TDZ 0.1~0.2mg/L 诱导培养之后转接至 1/2MS 培养基 +TDZ 0.05~0.1mg/L 的增殖培养基中进行培养，诱导生根后进行炼苗和移植，就能获得大量交趾黄檀的优良无性系苗木（李湘阳，2021）。

三、栽培技术

目前，交趾黄檀人工林栽培技术研究尚处于初始阶段，存在幼树主干不明显、易倒伏、低位分叉多现象（李瑞聪，2017）。交趾黄檀应选择立地条件较好的林地，初植密度 1600~2100 株 /hm^2，使用 1~2 年生营养袋苗木在春季造林（杨晓燕，2021）。选择合适伴生树种如大花序桉、尾巨桉、卷荚相思、红花天料木等营造混交林；也可以在全光照（光窗 14cm × 14cm）和半遮阴条件下套种（Lee，2005）。幼林需加强修枝和抚育管理，视情况通过多次间伐调节林内竞争，为培育目标树创造良好生长空间（Nghia，2004）。

四、木材及其他产品利用

交趾黄檀 7 年生时可形成心材；9 年生时，心材直径可达到 3cm。苗木早期速生，但成熟时间较长；造林 4 个月时苗木树高最高可达到 2.7m，38 年生时树高却仅 21.8m（Delang，2007）。专家估计在立地条件优良的地方，轮伐期 50 年生以上的交趾黄檀林分木材产量可达 400m^3/hm^2（Lee，2005）。

在交趾黄檀的原产地，当地人常用茎叶熬汁治疗梅毒、血瘀等疾病（Hanmruger，1987；Rong-Hua，2016）。交趾黄檀的心材富含具抗氧化、抑制脂质过氧化、消炎等功效的黄酮类、萜类、查尔酮类（Shirota，2003）、苯并呋喃化学物及其衍生物（Aree，2003），在食品工业和医药行业具有重要的作用。木材材质优良、强度高、硬度大、耐腐、抗虫性强，解剖后形成褐红、黑红或紫红色包浆，伴有怡人清香，从明清以来就一直作为高档红木家具的首选上等用材，深受消费者的喜爱。

（一）木材解剖特征

交趾黄檀心边材区别明显，边材偏白；心材颜色较深，伴有黑褐或栗褐色深条纹（黄塞北，2012）。木材纹理清晰，结构细腻，生长年轮不明显（刘能文，2015；何拓，2016）；散孔材，单管孔，圆柱形，散生；管孔肉眼可见，横截面为卵圆形，内有红褐或黑色树胶；细木射线，木纤维呈细长纺锤形，排列紧密；轴向薄壁组织明显，多为窄带状，宽1~6细胞；波痕在肉眼下明显。木纤维、木射线、导管、轴向薄壁组织和结晶细胞的组织比量依次为：74.59%、10.57%（横切面）、3.89%、7.12%和0.05%（弦切面）（陈居静，2013）。

（二）木材化学特征

交趾黄檀木材呈酸性（pH值为4.07），含有钾、镁、钙、铁、钠、锰和锌6种金属元素，其中钙含量高达到1758.21mg/kg（刘顺治，2015）；苯-醇抽提物、灰分、纤维素、半纤维素和木质素等化学成分含量依次为17.57%、0.17%~0.27%、40.98%~41.47%、18.65%和23.15%（刘喜明，2016）。木材心材中含有大量的类黄酮类（neoflavones）、黄烷酮类（flavanones）、异黄酮类（isoflavones）、查尔酮（chalcones）、黄酮类（flavones）、黄烷类（flavanes）、苯并呋喃（benzo-furanes）、酚类（phenols）、类黄酮醌类（isoflavonequinone）等化合物。此外，其枝叶还能分离出12α-hydroxyamorphiginin（Pornputtapitak，2008）。

（三）木材加工特征

交趾黄檀木材密度为1.02~1.20g/cm（刘能文，2012）。木材顺纹抗压强度为107.87Mpa，抗弯强度为259.9MPa（邓海秀，2009）；心、边材径向抗弯蠕变性能有显著的差异（朱益萍，2016）。木材径向、弦向、纵向气体渗透性依次为4.76×10^{-9}、$4.55\times10^{-9}cm^3$/（cm·Pa·s）和$10.8\times10^{-9}cm^3$/（cm·Pa·s）；干燥特性（百度试验法）为前期开裂4级，内裂为1级；干燥速度5级（黄塞北，2012）。交趾黄檀木材有微弱酸香（何拓，2016），会受到干燥方法的影响；对比通风干燥（CD），真空干燥（VD）和真空冷冻干燥（VFD）三种方法，发现VFD对香味的影响最小（Jiang，2016）。交趾黄檀木材色度空间值显示材色为34.70（L*）、19.16/12.07（a*）和14.38（b*），是红黄色调（陈居静，2013）；也受干燥条件和方法的直接影响，其中，100℃常压条件下石蜡油干燥法的影响最小（黄塞北，2012）。

（四）木材价值

交趾黄檀的枝、叶、心材中富含多种抗氧化、抗肿瘤、化血瘀等功效的黄酮类、查尔酮类等物质，具有极高的药用价值（Brewbaker，1990）。木材发热值高达5112cal/g，是非常好的薪材原料（何拓，2016）。材性稳定、材质优良、纹理美观，是高档红木家具、工艺品、乐器和名贵装饰等首选上等用材。现今，国际贸易市场流通的木材基本源于东南亚等原产地天然林。我国交趾黄檀木材全部依靠进口，随着原产地资源的枯竭，原料价格不断攀升，2021年达到了40万~45万元/t（直径30~35cm×长1.8~3m）。

五、展望

我国对交趾黄檀的加工利用历史久远，但直到2006年才开展相关研究工作；起步晚，进展缓，成果少但发展空间大是我国的研究现状。交趾黄檀资源分布区窄，资源严重枯竭，木材出口受到严格限制，国内尚无大量人工繁殖和栽培相关的成功经验，使得交趾黄檀的供需矛盾极为突出，严重制约着我国相关产业的健康发展。引种是引入外来树种发展本国林业的重要手段，能增加森林生态系统生物多样性并获取乡土树种不能提供的产品，是解决资源供应问题的有效途径。

交趾黄檀木材价值非常高，但轮伐期太长是限制人工种植的重要因素；因此，在鼓励、推广人工种植，扩大资源利用和分布区域的同时，要加强交趾黄檀速生丰产人工林高效栽培技术的开发，缩短轮伐期。同时，以市场需求为导向，考虑引种地生长发育情况，遵循环境与资源可持续利用原则，制定长短结合的育种目标并进行相关的良种选育研究，建立相应的栽培技术体系，为我国交趾黄檀的开发与应用带来新的契机。

（洪舟、徐大平、刘小金、张宁南、崔之益、张启雷）

第七节 格木

格木（*Erythrophleum fordii*），俗称“铁木”，苏木科（Caesalpiniaceae）格木属（*Erythrophleum*）高大常绿乔木，其高可达 30m，胸径达 1.5m。格木属仅此一种在中国有天然分布。格木天然分布范围主要在北纬 16°~24°，包括中国广西和广东中南部、福建南部和台湾等省（自治区）以及越南北部和老挝东北部（黄忠良等，1997；赵志刚等，2009），生长于沟谷及中下坡地带。格木群落是少数豆科植物占优势的植物群落，是由热带雨林向亚热带常绿阔叶林过渡的南亚热带常绿阔叶林植被类型，具有重要的研究价值（蚁为民等，1999）。格木材质优良，应用范围广，长期的过度利用以及天然林被经济作物、速生树种人工林逐步取代，天然林资源几近枯竭，已被列为国家二级重点保护野生植物，并被列入《世界自然保护联盟（IUCN）濒危物种红色名录》（赵志刚等，2009）。当前格木在中国热带、南亚热带地区得到了大面积推广种植，由于大多为纯林经营，产生了钻蛀类害虫严重为害的问题；生产上也出现由于苗木质量问题导致造林成活率低的现象。因此，本节系统阐述国内外关于格木种苗繁育、栽培模式、虫害营林控制、心材形成与利用以及药用价值和化学成分的研究现状，提出未来研究和发展的前景展望，为格木研究和推广实践提供参考，对于我国珍贵树种资源保护与利用、生态修复以及森林质量精准提升等均具有借鉴意义。

一、育苗技术

当前格木造林主要采用实生苗。格木种子成熟期一般在 10~11 月，全年可播种。格木种子硬实，且外部具可溶性胶质，其不透水性和抑制性物质（ABA）的存在导致其休眠期长、耐储藏（陈润正和傅家瑞，1984）。播种前先用3倍于种子体积的清水浸泡24h，待胶质层溶解后将种子洗净；加入适量浓硫酸浸泡搅拌30min后洗净，加清水浸泡12~24h，或用4~5倍沸水浸泡处理，自然冷却；待种子吸胀后播种。比较而言，浓硫酸处理的种子发芽率和发芽势高、出苗整齐（林榕庚，1992；易观路等，2004），考虑到安全性，建议采取沸水浸泡处理。

格木可采取两段式育苗或直播育苗方法。首先将吸胀的种子均匀撒播或条播于沙床上，种子间距以约2cm为宜，其上均匀覆盖厚度约0.5cm的细河沙，待其子叶发出后即可移苗上袋，移植容器苗按照常规生产管理；也可直接将吸胀种子点播于营养袋（李国新等，2003）。采用规格12cm×15cm的无纺布容器，30%左右黄心土和树皮、锯末或其他农林废弃物等轻基质育苗，可显著提高苗木生长和造林成活率（黎明等，2015）。格木属二回羽状复叶，苗期冠幅相对较大，要及时进行分级和调整营养空间（陈强等，2017）。

格木苗期可采取施加氮肥（温小莹等，2018）、2.0%桐麸液（彭玉华等，2015）、生长调节剂（刘昆成等，2013）等措施，可以有效促进根系发育、提高根冠比以及根瘤发育；叶面喷施甜菜碱（BT）、水杨酸（SA）、茉莉酸甲酯（MeJA）和氯化钙（$CaCl_2$）等外源调节物质，可明显提高格木幼苗的抗旱能力（孙明升等，2020）。

格木适应性强、造林成活率高。采用地径0.4cm以上、高20cm以上的1年生格木轻基质网袋苗，造林成活率可达90%以上（贾宏炎等，2009）；采用1.5年生高50cm以上、地径1cm以上苗木造林，成活率95%以上（黎明等，2015）。考虑到造林效果、抚育难度等，建议根据苗木生长情况，采用1.5~2.5年生的格木苗造林，效果更佳。

二、栽培技术

格木喜温暖湿润气候，早期耐阴性强、较耐低温、不耐霜冻，适宜种植于热带和南亚热带地区；对土壤适应性较强，根系发达，具有根瘤可固氮，而且其树体优美，冬春季节萌发红色新叶，颇具观赏价值，广泛应用于珍贵树种用材林和生态公益林建设以及城市绿化和园林观赏等（赵志刚，2019）。

以往格木人工林培育模式多以纯林为主，早期（1~10年以上）虫害达到100%（黄忠良等，1997；赵志刚等，2013），主要是顶芽受钻蛀类害虫（蛀梢蛾）荔枝异形小卷蛾为害（赵志刚等，2013）。格木萌芽能力极强，而荔枝异形小卷蛾在华南地区1年可繁殖5代（赵志刚等，2018；2019a；2019b），从而使新生萌芽持续受到危害，导致成片种植的格木长成灌木状，生长表现差，难以成林。

纯林模式中格木幼林期（3~7年生）年均高生长平均约0.8~1.0m（蒙兰杨等，2019；明安刚等，2014；罗达等，2015）。在未发生荔枝异形小卷蛾严重为害的格木幼林中，其年均高生长可达 1.1m（徐玉梅等，2020）。有报道表明，2 年生林分树高仅 1.1m（黄志玲等，2016），甚至 3 年生年均树高增长量仅 0.22m（粟谋等，2015）。由于文献中均未表明是否有虫害影响，但从其立地可以推断出无荔枝异形小卷蛾为害或虫害影响较小时，幼林期格木生长速度中等，荔枝异形小卷蛾严重为害对高生长具有明显影响。

对于大面积格木人工林而言，荔枝异形小卷蛾为害对森林健康和林木质量影响极大，实施化学或生物防治难度大、成本高，且存在环境污染风险；而单纯依靠人工修枝人力需求过大，不适合大面积实施。赵志刚等（2013）经过多年调查研究和验证，发现适当荫庇有利于控制荔枝异形小卷蛾为害，以及受害后的格木主干形成。通过营林技术定向调控林分光环境，可以实现虫害发生和影响的可持续控制，实现虫害影响和林木生长的平衡（Mahroof et al.，2002；Opuni-Frimpong et al.，2008；Sakchoowong et al.，2008）。

同龄混交是常用造林模式，但该模式中格木早期虫害依然严重，与纯林近似，中后期受害情况和生长表现与伴生树种高度和树冠等生长发育特征有关。行状混交模式中，与红椎、米老排等速生阔叶树种混交，由于林分郁闭快，格木一直处于林冠下层，中期虫害极少，主干较明显，但长期处于林冠下层，格木生长受到严重抑制（赵志刚等，2013）。与马尾松混交则虫害较严重，由于种间竞争影响主干较明显，但随着格木密度增加，5 年生林分中马尾松即开始受到抑制（安宁等，2020），12 年生时格木开始占据林冠上层，马尾松开始自然淘汰。与桉树混交模式中，桉树一直处于林冠上层，由于其冠层透光率较高，因此对虫害和格木生长的综合调控效果最好（赵志刚等，2013）。格木与桉树混交林（1∶2）6 年生时格木平均胸径和树高分别为 6.3cm、6.3m（张培等，2021）。桉树与格木不同比例混交模式中，4 年生格木平均高约 4m，单行混交生长最差（周芳萍等，2022）。格木与桉树混交，早期能够正常生长，与桉树为格木适当荫蔽而致荔枝异形小卷蛾为害减少有关。因此，营建混交林需要重点考虑树种特性、种间关系和配置模式。

而与桉树块状模式中，由于树种间高度差异大、边缘效应等的影响，对格木虫害、生长、种间竞争关系等综合调控相对较好，但确定格木种植的块面积是重点，从中幼林阶段来看，200~300m^2 较为适宜（张培等，2021），7 年生平均胸径和树高分别为 10.2cm、9.4m，虫害率累计约 47%。综合来看，同龄混交模式对格木虫害具有较好的控制效果，但要从混交模式、混交比例、伴生树种、发育阶段等方面综合评价。当前研究结果多基于中幼林阶段，尚需继续观测，并结合目标树经营进行系统评价。

异龄混交对于格木虫害的控制优于同龄混交。在黧蒴萌芽林下套种的格木中，格木虫害发生率极低，且影响可以忽略，但 9 年生格木高生长仅为 3.5m，生长受严重抑制（许伟兵等，2019）。马尾松纯林间伐后套种格木，格木胸径和树高生长量总体上表现出随保留密度（225~450 株 /hm^2）的增加呈先上升后下降的趋势，其中保留密度为 375 株 /hm^2

生长最好，9 年生时平均胸径和树高分别为 6.3cm、6.9m，保留密度为 450 株 /hm^2 最差，分别为 4.9cm、5.5m（曾冀等，2018）。杉木纯林间伐后套种格木，格木的胸径和树高生长量随杉木保留密度（375~732 株 /hm^2）大致呈下降趋势，在保留木密度为 375 株 /hm^2 的林下格木生长最好，9 年生时格木胸径达到 7.5cm，树高 7.0m（曾冀等，2020）。在上述两个案例中，林下套种的格木均未发现蛀梢害虫为害格木的现象。

研究人员结合生产实践进一步优化异龄混交模式，在马尾松、火炬松、杉木等近熟林中采取块状或带状间伐构建正方形或长方形林窗，调控格木生长和虫害二者关系，初步发现格木虫害和早期生长与块面积关系密切。虫害率随林窗面积增大而增加，生长则表现为先上升后下降的趋势，在最优处理中 2 年生虫害发生率约 40%，但主干明显，树高达 3m 左右，即适度遮阴可以达到虫害与树种平衡，将林分郁闭度调整为 0.5~0.6 套种格木较适宜。

三、心材形成与利用

格木心边材区分明显，边材浅黄色或黄褐色，心材红褐色或栗褐色，具光泽，无特殊气味，生长轮略明显；其气干密度为 0.86g/cm^3，绝干密度 0.80g/cm^3，体积干缩系数为 0.62，顺纹抗压强度为 67.59MPa，抗弯强度为 141.82MPa，综合强度可达 209.41MPa，其端面硬度高，冲击韧性中等（方夏峰和方柏洲，2007）。格木木材是以心材利用为主，属高档珍贵木材，其心材呈红棕色至紫红色，花纹细腻，有鸡翅纹。尽管格木木材因名称争议等原因，尚未被列入我国《红木》国家标准，无红木之名，但有红木之实。格木心材极耐腐蚀（Nguyen et al.，2018；王军等，2019），格木木材硬度高，是日本山毛榉（*Fagus crenata*）的 6~7 倍（Nguyen et al.，2018）。

格木木材适合应用于造船、机械工业、桥梁和房屋建造、高档家具和乐器制作、工艺品雕刻以及室内装饰等（黄忠良等，1997；方夏峰和方柏洲，2007；朱鹏等，2013；Nguyen et al.，2018）。其应用历史可追溯到秦朝，尤其是用于家具生产在中国已有悠久历史，与降香黄檀（*Dalbergia odorifera*）、檀香紫檀（*Pterocarpus santalinus*）以及白花崖豆木（*Millettia leucantha*）并称为"中国古代四大名木"。格木是明清广式家具的主要用材，故宫博物院有大量收藏。格木古建筑的典型代表为建于明万历元年（1573 年）的广西容县真武阁，为全格木建筑，历经多次地震、特大台风等仍雄伟屹立。

关于格木心材形成方面的研究，目前少有报道。Zhao 等（2015）调查了格木天然林内 28~57 年生的 52 个伐桩的心材特性，发现其心材宽度和面积与年龄和木质部宽度呈正相关，与年径向生长无关；心材和边材面积的比例在约 40 年生时相等。基于 32~35 年生的格木人工林内各林木等级（优势木、中等木和被压木）的心材解析，Zhao 等（2021）发现林木等级对胸高处心材和边材的年轮数、直径和面积及其直径和面积比值均有显著影响。木质部直径达到 5~10cm 时开始发育出心材，随着木质部直径的增加，心材直径和面积逐渐增大；圆盘心材年龄数、直径、面积及其比值随其位置高度的增加而减小，边材年龄数和直径在心材所在截面内相对稳定；优势木、中等木和被压木的心材和边材直径分别在高度约 6m、5m 和 3m 处相等。优势木与中等木和被压木的心材体积差异较大，其心材体积比例均在 30% 以下，8m 以下的树段占比接近 90%；胸径是影响林木心材的最主要因素。两个研究案例均表明，格木是一个长轮伐期树种，宜采用目标树经营，培育大径材，在选定优势木作为目标树而伐除干扰树时，尽量多地保留中等木和被压木，以保障林分水平上生产更多的格木心材。

四、药用价值与化学成分

格木具有重要的药用价值，其树皮、种子、叶片中含有生物碱、三萜类、甾醇类等次生代谢物，具有诸如细胞毒性、抗氧化能力、抗炎、抗血管生成等功能（Du et al.，2011；Chen et al.，2020；Vo et al.，2020）。格木作为一种传统中药，具有促进血液循环（Li et al.，2004；Yu et al.，2005）、抗炎（Tsao et al.，2008）、抗病毒（Li et al.，2020）、抗肿瘤（Ha et al.，2017；Nguyen et al.，2020；Vo et al.，2020）等作用，可用于治疗癌症、心脏问题、头痛和偏头痛、病毒感染、白血病等（Huang et al.，2018；Nguyen et al.，2020；Vo et al.，2020），而且随着研究深入，可能应用到更多疾病治疗中。

植物化学研究表明，二萜类化合物具有广泛的药理作用，格木是一种卡萨因二萜酯胺和酰胺（cassaine diterpenoid amides and amines）的丰富来源（Ngo et al.，2019；Du et al.，2010；Qu et al.，2006），同时含有三萜葡萄糖苷（triterpene glycosides）（Du et al.，2011）和二萜葡萄糖苷（diterpenoid glucoside）（Yu et al.，2005）等。格木各个器官均含有不同种类的二萜类化合物，如从叶（Tsao et al.，2008；Vo et al.，2020）、根（Li et al.，2020）、树皮（Qu et al.，2006；Hung et al.，2014；Ha et al.，2017；Nguyen et al.，2020）、种子（Huang et al.，2018；Huang et al.，2019；Chen et al.，2020）中已经发现超过 40 余种。

五、研究展望

由于格木种植业经营周期长，投资回收慢，而且纯林模式以及不合理的混交模式经营导致其蛀梢蛾为害难以成林成材，严重制约了格木在中国热带、南亚热带地区的推广应用。而作为有红木之实的格木，其木材价值已为市场普遍认可，解决制约格木发展的关键技术问题是推动格木种植业发展上新台阶的首要课题。

开展荔枝异形小卷蛾的生物学特性研究。学者们已研究了格木纯林内蛀梢蛾——荔枝异形小卷蛾的生活史以及温度对荔枝异形小卷蛾发育和繁殖的影响，而对于最为重要的光照等环境因子尚缺乏研究，而且混交林内荔枝异形小卷蛾的生活史以及发育特征亦有待研究。这些研究将增进对于荔枝异形小卷蛾的生物学特性的了解，将有助于深入研究其营林控制的机理，研发更有针对性的营林调控技术。

加强伴生树种选择以及混交比例和配置研究，实现格木虫害控制和生长的协调统一。对于同龄混交模式而言，筛选适宜伴生树种，确定适宜的混交比例和配置方式对于其造林成败至关重要。考虑到格木经营的长周期性，而且通过目标树经营培育大径材，格木宜低密度种植，选择速生的短轮伐期树种混交，充实格木植株间的生长空间，有助于控制荔枝异形小卷蛾为害，也更好地培育格木的干形，而且能够收获短期收益。对于异龄混交模式而言，确定上层保留木密度或者林窗大小，并开展种间关系的合理调控，是保障格木套种效果的关键所在。

开展格木混交林经营制度研究。格木是一个长轮伐期的珍贵树种，营建其混交林并开展目标树经营是必然选择。开展格木混交林全周期培育研究，揭示格木与伴生树种的种间关系动态，并探讨其调控技术措施，形成格木混交林经营制度，为格木混交林可持续经营提供科学依据和技术支撑。

开展格木林下赤芝栽培研究。赤芝为担子菌类多孔菌科灵芝属的一种，作为药物已被《中国药典》收载，亦是国家批准的新资源食品，无毒副作用，为药食同源。赤芝在格木林下多有发现，尤其在格木伐桩周围较多。调查格木林下赤芝的分布、数量、繁殖特性等，揭示及其与微生境间的关系，开展格木林下赤芝的栽培试验，研发赤芝高效栽培技术并大力推广应用，实现以短养长，提升格木人工林经营的短期收益，有助于加快格木的推广种植。

开发格木天然药物。尽管国内外学者对于格木的树皮、叶片和种子等的药用成分及功效已有诸多研究，然而除了一些地方将其作为中药材有初步应用之外，对于其天然药物开发尚鲜有报道。加强其有效成分提取研究，提高提取效率，并研制出新药，提升其产业化水平，是充分发挥格木资源的作用，使之服务于人民日益增长的对于健康的需求的保障；也有助于提升格木的利用价值和经营效益，推动格木种植业可持续发展。

（赵志刚、曾杰）

第八节　母生

母生（*Homalium ceylanicum*），又名红花天料木、红花母生、高根、子母树及山红罗等，是大风子科（Flacourtiaceae）天料木属（*Homalium*）的一种常绿大乔木（《中国植物志》编辑委员会，1999）。母生喜温暖湿润环境，不耐干旱和瘠薄，不耐霜冻和低温，为典型的热带强喜光树种，适生于年平均温度 22~24℃，极端低温在 5℃以上，年降水量在 1200~2400mm，相对湿度为 75%~85% 的地区（Yang，2007）。

母生叶片为长圆形或椭圆状长圆形，革质，单叶互生，叶先端渐尖，基部楔形或宽楔形，叶片全缘或有极疏的不明显钝齿，叶片上下面均无毛，中脉在叶片上表面平坦而不突出，在叶片背面呈突起状。花瓣外面为淡红色，里面为白色，排列成总状花序，因而又被称为红花天料木；花期较长，从6月到翌年2月。果实为蒴果，呈倒圆锥形或纺锤形，果期10~12月（徐大平，2013）。

母生天然分布于中国海南全省的山地沟谷密林中，越南也有少量分布。由于其优良的生态适应性、良好的观赏特性以及较高的木材价值，目前已在广东、广西、云南、福建等热带亚热带无霜冻地区引种。栽培引种实践表明，母生不适合在云南德宏等地的干热河谷地区种植，但在广西崇左、广东湛江、福建闽南等热带季风气候地区表现良好（钟日妹，2020；卢靖，2016；蒋桂雄，2014；潘伟华，2005；周铁烽，2001）。

一、良种选育

（一）天然资源分布

近年来，母生生境多遭人为破坏，并且有大量的乱砍滥伐，导致母生种群数量急剧减少，其生存已经受到了严重的威胁，已被列入《中国植物红皮书》二级重点保护的珍稀濒危植物名录（傅立国，1992）。为了更好地保护利用母生资源，海南省林木种子（苗）总站、海南省农业科学院热带园艺研究所和海南省特种经济植物种质资源创新利用重点实验室于2019年开展了资源调查、评价与保护工作。调查发现，母生主要在海南岛南部及西南部分布，且较为密集，特别是低海拔的沿海区域；乐东县的母生储量为全岛最高，达45680棵；母生古树以在昌江县霸王岭保存为最好，古树树高主要分布在21~30m，胸径集中在20~60cm的范围，但存在人为砍伐的现象。在优势种群中，母生平均树高为21.76m，胸径为34.76cm，冠幅为4.36m×4.42m（陈伟文，2021）。通过对海南岛进行母生种质资源的调查研究，掌握了母生种质资源的分布、数量、种群结构特征，种源状况及天然更新情况等，为母生种质资源的保护及防护林更新改造的替代树种的选择、利用及发展提供参考（窦志浩，1994）。

（二）优良种源和家系选择

为了更好地研究不同种源地母生幼苗的生长特性及其规律，海南省林业科学研究所对海南海口、乐东、临高、屯昌以及五指山5个地区种子进行采集并育苗，连续监测幼苗生长情况。结果表明，不同种源间苗期生长量差异显著，乐东种源的幼苗生长较好，不同种源间的地径变化幅度大于苗高（钱军，2016）。母生不同家系间的生长性状存在着显著差异，根据6年生长量测定数据进行母生早期选优，选出其优良家系1个，平均树高6.3m，平均胸径12.5cm，平均单株材积0.0382m^3，材积的增益为66.81%，选择优良单株10株（周保彪，2019）。

（三）分子生物学研究

利用Illumina HiSeq X-ten测序平台对母生的叶绿体基因组进行了测序、组装和评估。母生叶绿体基因组的大小为157852bp，包括一个85888bp的大单拷贝区域，一个16592bp的小单拷贝区和一对27686bp的反向重复区。母生叶绿体基因组的总GC含量为36.6%，包含112个独特基因，包括78个蛋白质编码基因、30个tRNA基因和4个rRNA基因。系统发育关系表明，母生与狭叶天料木、广南天料木和多花天料木的进化关系较近（Liu，2020）。

二、育苗技术

（一）种子育苗

每年6、7月母生果穗由青色转为暗褐色，即可选择15年生的优良单株或者5年生以上，第3次结实母树上有果穗的小枝进行采种。母生采种后需立即在阴凉处干燥，以免种子失去发芽力。干燥后去除果柄、枝、叶等杂物，再用手揉搓，除去宿存花萼，可得纯度较高的种子（热带林业科学研究站，1974）。

母生种子较小且含有油质，易丧失发芽率，宜随采随播，播种前用1%高锰酸钾进行苗床消毒。母生种子在播种前应进行催芽处理，用布袋装种子，放进冷水里浸泡12h，然后将种子摊开晾干即可播种。播种采用撒播，用细土覆盖，以不见种子为度（约0.5cm厚）。播后在床面覆盖75%的遮阳网，每天浇水1~2次，以保持土壤的湿度，待种子大部分发芽时将遮阳网除去，并加强水肥管理，水分控制以土壤保持湿润为宜，根据芽苗长势可喷施0.5%的复合肥溶液。当芽苗4~5cm或者4~5片真叶时，将芽苗移植到以黄心土：沙土：火烧土（2：2：1）加2%~3%腐熟的过磷酸钙混匀的基质，（7cm+8cm）×15cm的育苗杯中。移苗前淋透水，保持基质湿润，如苗根系过多宜适当修剪且必要时用黄泥水浆根；宜在阴天或晴天的早、晚进行，移后略为压实并淋定根水（陈荷美，1979）。

移苗后宜用遮阳网遮盖，防止猛烈阳光直射，1周后揭盖，淋水保持基质湿润，并及时拔除杂草。移苗2周后，每约7天用0.2%~0.5%复合肥溶液追肥1次，施肥后及时喷洒清水，冲洗叶面残留的肥料。苗稍大时直接撒入复合肥颗粒少许，后淋水。出圃前进行调查和分级，顶梢完好，生长健壮，主侧根发达，无病虫害，无机械损伤为可以出圃的合格苗。常规造林苗高40~60cm，特殊立地造林苗高60~100cm（吴菊英，1980）。造林前1个月要开始炼苗（即停止施肥，移动营养袋，切断穿出营养带的根系，并减少浇水次数，停止施肥），促使苗木木质化加快，从而提高造林成活率。苗木出圃前2周移动苗木，按苗木质量分级重新排放。出圃时喷洒杀菌剂，以防苗木带病上山（陈圣贤，2005）。

（二）扦插育苗

当年生枝条不同部位均可进行扦插繁殖（薛杨，2009；卢乃会，2016），用150ppm IAA处理4h可提高生根效果，生根率可达80.6%，较对照提高了47.3%，宜在夏季进行扦插繁殖，出根时间可较冬季提前 13 天，且生根率较冬季提高 46.7%（陈彧，2014）。

（三）嫁接育苗

母生嫁接育苗方法有高位劈接法、芽接和皮下接法。在同一嫁接时期，高位劈接法效果最好，皮下接法效果最差。接穗应采自树冠中上部的Ⅰ~Ⅱ级半年生左右带叶粗壮而光照充足的侧枝。选用 3 年生以上的Ⅰ级苗，约经 2 个月左右就对萌条进行去弱留强疏条，且在嫁接前 4~6 个月在离地 1.3m 处截干，尽可能保留离切面最近的 3~4 条粗壮萌条作接砧，以利切面愈合。嫁接后 20~30 天内用叶片遮护缘接部位使接穗避免日晒雨淋，嫁接成活后才截去接位上方的主干和所有砧木侧枝（吴坤明，1979）。

三、栽培技术

母生在长期的系统发育和进化过程中，适应了高温、湿润的环境，而且不耐干旱瘠薄，因此，造林地宜选择立地条件中等以上，无霜冻，并且土层深厚且湿润的缓坡地、沟谷地带。母生造林地的整地方式多采用挖穴回土的方法，种植穴规格为 50cm × 50cm × 40cm，每穴可放有机肥 2~3kg，另添加 250g 的磷肥。造林后，当年需除草追肥抚育 1~2 次，每次追肥宜采用沟施的方式添加复合肥 100g；第 2~3 年每年需抚育 2 次，每次追肥施 200~300g；5 年以后还需视林分生长情况继续抚育。母生主干明显，但是早期若发现顶梢有 2 条以上的萌芽条，应及时修除，保持顶端生长优势，同时修除主干 1/3~1/2 高度下多余的萌芽条，以培育优良干形。一般采用带状或块状的抚育方式，保留带间或树周围的杂草和灌木，为幼林的生长提供遮阴条件，以保持一定的温湿度（陈圣贤，2005）。

母生是一种阳性树种，早期生长快，郁闭早，天然整枝良好，树冠易疏开（李善淇，1979）。造林密度、间伐强度与经营目标有关。过晚进行间伐，会使树冠过分变小，形成残缺树冠，生长不易恢复（陈彧，2015）。若以培育短周期的园林绿化移栽用苗为目标，初植密度以 2.0m × 2.5m 为宜；若以培育大径级板材为目标，初植密度控制在 3.0m × 3.0m，第 3~4 年进行第 1 次间伐，强度为 50%，第 8~10 年进行第 2 次间伐，最终培育目标为每亩 20 株左右；若道路绿化、房前屋后种植或是风水林为目标，可选用 5m ×（5~6）m 甚至更大株行距（潘伟华，2005）。母生除了可以营造纯林外，还可以与马尾松、杉木、台湾相思、降香黄檀、柚木、土沉香等树种混交，如此可以加快母生的生长速度，减少病虫害。混交方式有条状或块状，连片种植面积宜小于 10hm^2（中国林业科学研究院热带林业研究所，1978）。

母生的病害主要发生在幼苗期，成林后较少发生。主要的病害为立枯病，发现病害时宜第一时间将病株清除，减少传染，然后用波尔多液 500 倍液、代森锌 1000 倍液或青枯立克 600 倍液交替施用，除出苗期间和移植期间外，每隔 7~10 天喷药 1 次预防。一旦发病，应及时清除病苗及周围土壤，填入含 1% 多菌灵或百菌清新土。

母生的虫害较多，常见的有母生蛱蝶（珐蛱蝶）、满月扇舟蛾、母生木虱、天社蛾等（陈芝卿，1973）。母生蛱蝶可用10%除虫精乳油或者90%晶体敌百虫稀释3000倍喷洒叶面防治（陈泽坦，2002）；满月扇舟蛾可用10%除虫精乳油或者75%辛硫磷乳油稀释2000倍叶面喷雾防治；母生木虱可用500倍90%晶体敌百虫叶片喷雾防治；天社蛾可用800~1200倍敌敌畏乳油进行叶面防治。此外，对幼林加强抚育、营造混交林、引进天敌等也是防治母生虫害的重要技术措施（颐茂彬，1981）。

四、木材及其他产品利用

母生是海南岛的珍贵用材树种，在海南省农村，母生树曾是一种广为种植的树种，这是因为母生材质优良、萌芽力又很强的缘故。其木材红褐色，结构坚硬而具韧性，切面光滑，干燥时不翘不裂。母生被列为海南五大特类商品用材之一，传统上主要用于船舰、水工、桥梁、车辆等大型用材。由于其木材细腻，又是制作高档家具如椅、床、沙发、餐桌、书桌、画案（框）、高级工艺品和仿古家具等的优质用材，同时还是优质的建筑用材，除用作梁柱外还可用于制作门窗、楼梯扶手等，经济价值非常高，是海南省重点保护的重要树种之一（周铁烽，2001）。

母生是一种热带亚热带地区的独有药用植物资源，是海南地区的传统药用植物，其根叶均可入药、外涂（Ekabo，1993）。母生叶挥发油组分中主要为长链烃类、长链脂肪酮和醇类化合物，其中含量较高的成分有十八烷（23.96%）、16-三十一酮（16.67%）、γ-谷甾醇（13.13%）、N，N-二苯氨基脲（3.29%）、叶绿醇（2.69%）、丁基异丁基邻苯二甲酸酯（2.50%）、棕榈酸（2.11%），鉴定成分占总成分的72.31%（祁翠翠，2013）。此外，实验还对红花天料木叶挥发油抗菌、抗肿瘤活性做了初步研究，采用滤纸片法粗筛挥发油对大肠杆菌、金黄色葡萄球菌、枯草芽孢杆菌的抗菌活性，结果显示抑菌圈直径均小于10mm，抑菌效果不明显（Cao，2014）。红花天料木的粗提物乙醇提取物对四种肿瘤细胞[人肝癌细胞（BEL-7402）、人肺腺癌细胞（SPCA-1）、人白血病细胞（K562）、人胃癌细胞（SGC-7901）]的体外增殖具有较强的抑制作用（Liu，2013；Rabinarayan，2018）。

（洪舟、徐大平、刘小金、张宁南、崔之益、张启雷）

第九节　坡垒

坡垒（*Hopea hainanensis*）为龙脑香科（Dipterocarpaceae）坡垒属（*Hopea*）常绿乔木，高达20~30m，胸径达50cm，树干通直圆满，是中国海南五大特类木材树种之一。过去常用于特种工业、工艺，如枕木、机械器具、渔轮、码头、桥梁和其他建筑用材等，现多用于高档家具、装饰和雕刻等。坡垒是国家一级重点保护野生植物，亦是园林绿化的理想树种，提取物成分和树干分泌的芳香树脂可作药用、油漆原料和香料用。坡垒天然分布于中国海南岛，包括昌江县霸王岭及乐东县尖峰岭，在屯昌、琼中、保亭、儋州、陵水、东方、万宁和三亚市局部山区有零星分布（《中国植物志》编委会，1990；周铁烽，2001）。现天然林中仅存少量坡垒散生木，野生资源亟需保护，作为乡土珍贵阔叶用材树种，在云南、广东、广西和福建都有成功的引种，由于改善了生长条件，人工林比天然林生长快很多，且都能开花结实（黄桂华等，2011）（彩图 1–10）。坡垒耐瘠薄，抗风，尤其适合混交套种，在生态修复、国储林建设、低效林改造、森林质量精准提升中正发挥着良好的作用。本节综述了坡垒良种选育、育苗技术、纯林造林模式、近自然经营模式、主要用途及发展趋势等，以期促进其更好快速发展。

一、良种选育

热林所收集了坡垒 6 个种源 33 个家系，在海南定安以及广东阳东、肇庆、东莞开展了种源家系试验。6 年生选出海南霸王岭和尖峰岭 2 个速生优良种源，7 个速生优良家系，分别为 BW1、BW10–3、JF1、JF3、JF4、10–3 和 10–5，海南定安试验点年均树高生长量 1.3m，年均胸径生长量 1.1cm（周再知和黄桂华，2020）。

发展坡垒人工林，亦可选择 20 年生以上或胸径 30cm 以上、生长旺盛、树干通直、圆满、健壮的优良母株，收集繁殖材料，进行播种或无性繁殖育苗造林。在广东德庆推广坡垒实生苗混交化造林，7 年生实生苗年均树高生长量 1.1m，年均胸径生长量 0.8cm。

坡垒常见株系老叶和嫩叶均为绿色，研究发现，有单株及其子代的老叶呈绿色，而新生嫩叶呈红色，即发生了嫩叶“红色变异”，这为坡垒资源的园林绿化以及成分提取等开发利用提供了新机遇（彩图 1–11）。热林所珍贵树种培育团队研究揭示了坡垒叶色变异分子机制，发现花青素和类黄酮的积累是坡垒“红叶”的原因，其中天竺葵素与花青色素是呈色物质，并阐明了其生物合成途径。相比坡垒绿叶株系，调控花青素产生的 *MYB* 和 *bHLH* 基因在红叶株系中显著高表达，导致更多的红色素积累，尤其是 *HhMYB66*、*HhMYB91*、*HhMYB6* 和 *HhbHLH70*，这四种转录因子是导致坡垒红叶的主要调控基因。该研究为坡垒种质资源评价和良种选育提供了理论基础，同时，有助于理解色素生物合成的进化以及花青素在植物代谢和进化中的作用（Huang et al.，2022）。

二、育苗技术

（一）坡垒播种育苗

1. 种实特性及采收处理

目前坡垒人工林发展以实生苗为主。坡垒果实卵形或近球形，具黄色胶质，长

1.5~1.8cm，直径 0.5~1.3cm，先端具短尖，果内有种子 1 粒（彩图 1–12）。去翅果实千粒重 820~860g。属于顽拗型种子，寿命很短，成熟后的坡垒果实可随风飘落于林下，若环境条件许可，落地 5~6 天后发芽，否则在 1 周后便逐渐失去发芽力。坡垒带翅坚果每年 3~4 月成熟，各地或不同年份开花结实期早晚会有所差异。当果实或果翅呈赭红色时采收，采回后去除果翅，切勿摊晒，失水后即失去发芽力。除去果翅后尽快播种。若不能立即播种，可控制其含水率在 36%~38%，温度 18℃左右，密封保湿储藏，1 年后仍保存发芽率 80% 以上。

2. 播种方法

坡垒种子需随采随播，播种宜在温室内或是搭建的荫棚下，要求遮阴度 60%~90%。用干净的河沙作播种基质，可做成播种床，床面高出约 10cm，也可用长 60cm、宽 30cm、高 10cm 的播种盘。把基质浇透水，将种子均匀地撒播于河沙上，播种密度可为 600~700 粒 /m^2，然后用河沙覆盖，以不见种子为度，再浇适量水，之后保持苗床湿润（彩图 1–13）。

3. 苗期管理

播种后 6~7 天发芽，10~12 天出苗结束，新鲜饱满的坡垒种子发芽率可达 95% 以上。坡垒 5 天的芽苗移入营养杯培育较好。李雁等（2019）研究筛选出适合坡垒幼苗生长的基质配方为黄壤土：泥炭土：椰糠 =3：2：2。幼苗怕强光，需适度遮阴。1 个月后可用 2‰ ~5‰的尿素水施肥，每个月 2 次，按常规育苗方法进行浇水等管理。目前苗期和人工林均无明显病虫害，幼苗期有少量蚜虫取食嫩叶，可用 90% 的敌百虫液喷洒。坡垒 1.5~2 年生苗平均高达 40~60cm，即可出圃造林。

（二）坡垒嫁接繁殖技术

1. 砧木和接穗的准备

用 2 年生种子苗做砧木，地径为 0.5~1.5cm，在离基部约 10cm 高的地方截枝。在采种调查的基础上，从天然林里选择坡垒优树作为采条母树，剪取半木质化或木质化的向阳的直立枝，或营建坡垒采穗圃生产穗条，剪成 5~10cm 长的接穗。

2. 嫁接操作

嫁接宜在温室内进行，要求遮阴度 80%~100%、湿度 80% 左右和温度 24~28℃。选择粗细较为一致的砧木和接穗，在接穗一侧略带木质部纵切去 2~2.5cm，接穗另一侧纵切去约 3cm，使接穗下部成楔形；在砧木一侧略带木质部纵切开约 3cm；所有切面都要平滑，然后将接穗和砧木较长的切面互相对应插入，使各自的形成层靠紧对齐，拇指和食指捏紧砧木与接穗的接口处，用绑带缠紧接口处紧固包扎，并将整个接穗缠一层绑带，防止接穗水分蒸发而干枯。

3. 嫁接后管理及生长情况

嫁接后保持基质湿润，前 10 天淋水注意不能淋到嫁接口和接穗，防止水渗入造成切口感染腐烂，不利于接口愈合。海南嫁接的时间最优选坡垒每年休眠的末期 3~4 月，一般嫁接后 10~15 天后接口开始愈合，25~30 天接穗可萌出新芽，新芽可穿破绑带，此时可以定为嫁接成活。其他季节也可嫁接，但接口愈合时间要晚一周到半个月，而接穗长出新芽的时间则要晚半个月到一个半月，且成活率要低些。用本方法嫁接后，养分消耗少，接口愈合快，萌发新芽所需时间短，嫁接成活率都高达 80% 以上。

（三）坡垒扦插育苗技术

1. 采穗圃营建

采集坡垒优树的种子，进行播种育苗；然后选择优良幼苗，营建采穗圃。次年开始，从采穗圃中的苗木中选取半木质化嫩枝作为插穗材料。

2. 混合基质的准备

将泥炭土、蛭石、珍珠岩、椰糠按体积比 5：2：（1~2）：1 充分混合均匀，得到混合基质，装于长 540mm、宽 280mm、深 110mm 规格的 50 穴苗盘，扦插前一天用质量百分比为 0.3% 的高锰酸钾溶液对基质进行淋灌消毒，以淋透混合基质为准。

3. 插穗的制备与扦插

优选在 4 月和 9 月，在上午 7：00~9：00、光照小于 10000lx 时，剪取半木质化嫩枝，剪成 10~15cm 长的插穗，插穗保留靠近顶部的 2 个叶片，每片保留 1/3 叶面积；插穗上切口为平口，以减少水分散失，下端斜切并靠近叶节处，利于插穗吸收水分；放入蒸馏水中浸泡 2~3h，使其吸足水分，以利于生根，同时对生根抑制物质的消除有一定作用；然后清洗插穗，并进行消毒；再将插穗下部放入配制好的 1500~2000mg/L 吲哚丁酸（IBA）溶液，速蘸 10~15s，然后再扦插于混合基质中。

4. 后期管护

扦插完毕后，浇 1 次透水，立即全面喷洒 50% 多菌灵可湿性粉剂 200 倍液进行消毒；之后盖上薄膜，扦插环境保持温度为 20~33℃、相对湿度不小于 80%；同时，每周进行消毒 1 次。

坡垒枝条内含乳胶状化合物抑制了细胞的再分化进程，使得其成为较难生根的热带珍贵树种。采用本方法进行坡垒扦插育苗，突破了坡垒难生根技术瓶颈，扦插后 30~35 天即开始生根，4~5 个月即可移栽，有效缩短了生根所需时间，扦插生根率达 48.6%，明显提高了坡垒扦插的生根率和移植成活率、插穗生根质量好；能够保持优良性状，稳定可靠，方便推广，具有广阔的发展前景（周再知等，2015）。

三、栽培技术

坡垒海南天然分布区年降水量 1500~2600mm，年平均气温 20~23℃，最热月平均气温 26℃，最冷月平均气温 15.5~17.5℃。垂直分布于海拔 300~800m 的山谷、沟旁或东南坡面上。土壤主要为花岗岩母质上发育的山地砖红壤和赤红壤。

常和青皮（*Vitica mangachapoi*）、野生荔枝（*Litchi chinensis* var. *euspontanea*）、蝴蝶树（*Heritiera parvifolia*）、白颜（*Gironniera subaequalis*）、白榄（*Canarium album*）、荔枝叶红豆（*Ormosia semicastrata*）和木荷（*Schima superba*）等混生。喜生于温暖、静风、湿润的环境中，幼苗、幼树耐阴，随后逐渐喜光。深根性树种，抗风性强，在土层浅薄、岩石裸露的地方亦能生长，树冠枝叶茂密，但萌芽能力弱（黄桂华等，2010；2011）。坡垒林分生长边缘效应明显，林分四周阳光充足处坡垒的生长速度远大于林内的林木。表明坡垒在生长过程中需较多的阳光，要培育大径材，需控制好林分密度，同时要加强抚育管理，保证林分有充分的光照，促进其快速生长（黄桂华等，2010；2011）。

（一）纯林造林模式

坡垒造林宜在温暖、湿润的地区，主要有海南、云南南部、广东中南部、福建和广西南部、无长期寒害的一些区域。选择土层深厚、肥沃、排水良好的立地，可营建集约纯林，株行距 2m × 3m。造林前 3~5 个月，砍倒、归垄或清除造林地的乔木、灌木和杂草。杂灌多的山腰地，以带状清理为主，沿山体等高线挖穴种植，挖穴规格 50cm × 50cm × 40cm，基肥为 1.0~1.5kg 有机肥或 150~200g 复合肥。雨季初期造林，造林后 3 年内每年抚育 2 次，包括割除杂灌、松土扩穴，适度保留草本层以保持土壤水分和温度，每年结合抚育追施 150g/ 株复合肥 2 次。坡垒适合培育大径材，且成林后要保证充足的光照，因此，根据郁闭度，需要适时进行坡垒人工林的间伐，应在林分郁闭后进行第 1 次间伐，每公顷保留 600~800 株。同时在这些保留的树木中，确定目标树 300~400 株 /hm^2，再次郁闭后进行第 2 次间伐。经 2~3 次的间伐后，保留株数不超过 200 株 /hm^2（周再知和黄桂华，2020）。

（二）近自然经营模式

坡垒苗期和幼林期耐阴，特别适宜结合残次林和次生林的改造，混交套种，选择林隙处种植，或条状清理出种植带后挖坑种植，形成混交林。在南方热带、南亚热带地区，桉树、松树、杉木林或低质林、次生林升级改造中，选择土层深厚、湿润、肥沃的立地造林，选择林窗（林隙）处穴状整地种植或条状清理后挖穴种植，可沿等高线或垂直等高线，种植密度 2m × 2m 或 2m × 3m 或视情况而定，坡垒与林缘间隔 2m 以上。穴规格 40cm × 40cm × 30cm，基肥为 1.0~1.5kg 有机肥或 150g 复合肥。造林后 3 年内每年抚育 2~3 次，每年 4~5 月追施复合肥 150~200g/ 株。根据坡垒和林缘生长情况，及时砍除影响坡垒生长的林缘木，确保坡垒不被压。按照目标树经营的方法培育大径材，在林分郁闭后进行间伐，去小留大，同时砍除与坡垒冠层接触的林缘木，间隔期 5~8 年，每公顷最终保留 150~300 株。在树高 15m 以上时，修去 10m 以下的枝。最终培育大径材胸径≥50cm，无节材长度≥10m（彩图 1-14）。

四、木材及其他产品利用

坡垒最大的特征和用途当属其木材，密度高、硬度大，特别耐水浸、日晒，不受虫蛀，极耐腐，干后少开裂、不变形，材色棕褐，油润美观，埋于地下40年不朽，为有名的高强度用材，最适宜作渔轮的外龙骨、内龙筋、轴套及尾轴筒、首尾柱等，也可作码头桩材、桥梁和其他建筑用材等。随着造船技术的发展和新材料的使用，现在坡垒多用于高档家具和雕刻等，具有天然香味，深受人们喜欢。坡垒木材因导管中含有丰富的侵填体，具有明显的抗菌活性，可作啤酒桶、葡萄酒桶、橡胶凝结桶、黄油搅拌桶等。

坡垒具有良好的药用价值，其提取物成分具有抗菌消炎、抗过敏作用，亦可用于烫伤灼伤、防辐射、皲裂冻疮的防治。坡垒树皮渗出淡黄色芳香树脂，也可作药用和油漆原料。坡垒的树脂中含丰富的古芸香脂，其主要成分为烯烃类化合物，其中以倍半萜居多，同时含有少量的醇、酸和芳香族化合物，是一种具有多种活性成分的天然香料，芳香四溢、香味经久，为名贵的香料，亦称龙脑香，与沉香、檀香、麝香并称为“四大香中圣品”（黄桂华，2020）。

五、坡垒发展趋势

坡垒是热带雨林典型代表性树种，国家一级重点保护野生植物，耐瘠薄，抗风，作为国家重点保护植物和名贵用材树种，被越来越多的人所认识。海南把坡垒等野生资源的保护提到了前所未有的高度，并列为生态修复造林的主要树种之一。云南、广东、广西、福建、贵州南部等省（自治区）积极成功引种坡垒，小片人工林较为多见。广东省树木园内的坡垒大树胸径达42cm，树高达24m，表明坡垒在广东树木公园引种获得成功，研究人员建议在南亚热带以南地区大力推广种植（温小莹等，2017）。2021年广东省林业局已把坡垒列入《广东省主要乡土树种名录》，在国储林建设、森林质量精准提升、低效林改造中推广种植。

张丽等（2019）研究表明，坡垒野生种群第Ⅰ龄级幼苗死亡率高达99.5%，生境对第Ⅰ龄级个体的环境筛选作用强，幼苗阶段数量仅0.53%能过渡到幼树阶段，而迁地保护形成的小种群第Ⅰ龄级幼苗死亡率为90.3%，但幼苗阶段数量的8.85%能过渡到幼树阶段，具有充足的幼树个体数量，能够维持坡垒种群的稳定性。坡垒迁地保护和人工栽培具有保护资源、扩大群体、缓解濒危的效果。坡垒适宜混交套种，研究表明（方发之等，2015），坡垒与南瓜、香蕉等农作物套种，显著提高了保存率和生长量，同时提高了林地收入。因此，大力发展坡垒人工林，不但可以扩大群体面积和数量，达到生态建设、保护天然林资源的要求，也可满足我国市场对珍贵用材的迫切需要，对实现产业提升、乡村振兴都具有重要意义。

坡垒人工林培育的总体质量有待提升，目前尚未出版可供参考的坡垒培育技术标准。为此，针对坡垒栽培材料使用参差不齐、种子采收储藏技术要求高、苗木蹲苗施肥、立地选择、密度和施肥、宜混交造林模式、人工林后期经营等技术问题，热林所在总结前期多坡垒研发成果的基础上，正在编制《坡垒培育技术规程》，供经营坡垒的林场、企业和广大林农参考，以便提高我国坡垒人工林发展的质量。

（黄桂华、周再知、梁坤南、王先棒、韩强、林明平）

第十节 闽楠

闽楠（*Phoebe bournei*）为樟科（Lauraceae）楠属（*Phoebe*）大乔木，树干多通直、木材纹理美观、不易翘裂、耐腐生菌，是中国传统珍贵木材——楠木来源树种之一，为国家重点保护野生植物，是优良的园林绿化树种和珍贵用材树种。闽楠苗期耐阴，生长缓慢。1~10 年生为树高、胸径和材积生长缓慢期。树高生长高峰期为 11~20 年生，胸径和材积生长高峰期分别为 11~30 年生和 15~25 年生。平地、下坡的闽楠植株其速生期高于中坡和上坡的闽楠植株（龚擎红等，2015；阙小黎，2019）。高峰期过后为生长衰退期，胸径 33 年生时达到数量成熟；材积生长衰退期尚不清楚，其寿命可达近千年（福建省林业局绿化工作办公室，2021）。闽楠喜温暖湿润气候，不耐积水；喜中下坡土层深厚、营养丰富、土质疏松的中性或微酸性壤土，不喜粘质土。闽楠叶片革质，较耐寒，可抗霜冻，但在当风口雪压也会断梢。闽楠不耐高温，一般半阴坡或阴坡生长较好。闽楠病虫害较少，近年来有幼龄纯林成片枯梢枯死。闽楠结实量大，种子失水易失活，具有休眠期，具有一定自然下种更新能力。闽楠天然分布于广东、广西、福建、江西、贵州、浙江、湖南和湖北等 8 个省（自治区）。近年来被引进安徽和四川等省栽培。

一、良种选育

福建西北部、江西东南部、浙江西南部等区域为闽楠中心产区，其胸径和树高生长量最高；福建东部和东南部、江西北部、浙江北部、广东、广西东北部、湖南南部、贵州西南部等地区为闽楠一般栽培区，胸径和树高生长量中等（国家林业局速生丰产用材林基地建设工程管理办公室，2013）。不同分布区闽楠胸径和树高生长量的差异既可能是环境差异造成的，也有可能是闽楠遗传品质差异造成的。为了选育遗传品质优良的闽楠良种，21 世纪以来福建、湖南、广东、广西、浙江、贵州等省（自治区）均开展闽楠种源、家系选育研究，但起步时间不一。这些研究因试验地点和测定时间不同筛选出的闽楠优良种源和家系不尽相同。李荣生等（2017）在广东乐昌开展 5 年的种源家系试验，筛选出福建永安、政和、尤溪等 3 个优良种源和 10 多个优良家系。黄秀美（2013）

和罗宁（2014）分别从福建永安9年种源试验林和福建明溪9年种源试验林中筛选出福建的明溪沙溪、永安、浦城和江西上饶等4个优良种源，而陈宇（2019）在福建永安15年生种源家系试验林筛选出的优良种源是福建的永安、明溪沙溪、尤溪和江西的泰和及宜丰等5个种源，其中只有福建的明溪沙溪和永安2个种源保持一致。叶丽芳（2016）从福建南平4年生种源家系林中筛选出福建光泽、浦城和江西九江等3个优良种源和SX3、GZ6、SX4、SX1、PC4、GZ7、GZ9、SX2等优良家系。虽然研究报道了多个生长表现优良的种源和家系，但经审定的国家级闽楠良种还是空缺。目前获得良种证的省级闽楠良种类别有母树林种子和家系2个类别（福建省林业局，2021），具体信息如下：

①政和东平闽楠母树林种子，其良种证编号为“闽S–SS–PB–015–2017”，其选育人为陆明、朱祥锦。该母树林为天然林，平均树高28m，平均胸径80cm，平均冠幅10m×10m，亩均25株。该良种适宜于福建全省闽楠分布区推广种植。

②闽楠NP609家系，其良种证编号为“闽S–SF–PB–003–2018”，其选育人为陈世品、吴炜、陈孝丑、黄秀美、刘宝、陈存及、江瑞荣。该良种生长速度快，适应性强，10年生平均胸径可达11.5cm，平均树高可达8.3m，平均单株材积达0.0416m^3，平均遗传增益达20.66%；适宜于福建全省闽楠分布区推广种植，最适于闽西北地区。

③闽楠NP608家系，其良种证编号为“闽S–SF–PB–005–2018”，其选育人为刘宝、黄秀美、吴炜、严强、范辉华、陈存及、林成立。该良种生长速度快，适应性强，10年生平均胸径可达11.7cm，平均树高可达9.1m，平均单株材积达0.0499m^3，平均遗传增益达35.22%；适宜于福建全省闽楠分布区推广种植，最适于闽西北地区。

④闽楠MX606家系，其良种证编号为“闽S–SF–PB–006–2018”，其选育人为范辉华、刘宝、黄宇、汤行昊、吴炜、陈存及。该良种生长速度快，适应性强，10年生平均胸径可达11.7cm，平均树高可达9.0m，平均单株材积达0.0479m^3，平均遗传增益达33.2%；适宜于福建全省闽楠分布区推广种植，最适于闽西北地区。

⑤闽楠NP615家系，其良种证编号为“闽S–SF–PB–004–2018”，其选育人为刘宝、范辉华、吴晓生、吴炜、陈世品、陈存及、程习梅。该良种生长速度快，适应性强，10年生平均胸径可达12.3cm，平均树高可达8.6m，平均单株材积达0.0468m^3，平均遗传增益达28.14%；适宜于福建全省闽楠分布区推广种植，最适于闽西北地区。

⑥闽楠YX602家系，其良种证编号为“闽S–SF–PB–007–2018”，其选育人为“范辉华、汤行昊、黄宇、刘宝、黄秀美、陈存及”。该良种生长速度快，适应性强，10年生平均胸径可达11.8cm，平均树高可达8.7m，平均单株材积达0.0482m^3，试验点平均遗传增益达30.85%；适宜于福建全省闽楠分布区推广种植，最适于闽西北地区。

⑦闽楠YP602家系，其良种证编号为“闽S–SF–PB–002–2018”，其选育人为陈世品、陈孝丑、范辉华、吴炜、刘宝、陈存及、江瑞荣。该良种生长速度快，适应性强，

10年生平均胸径可达11.7cm，平均树高可达9.0m，平均单株材积达0.0494m^3，平均遗传增益达37.13%；适宜于福建全省闽楠分布区推广种植，最适于闽西北地区。

二、育苗技术

闽楠育苗技术随着时代发展和培育目标的变迁而改变，总体上经历着育苗材料从种子到营养器官、育苗场所从大田到温室、育苗基质从泥土到轻基质、育苗年限从1年到数年的变化。根据育苗所用的材料不同分为实生苗培育和无性繁殖苗培育。

（一）实生苗培育

对于农户房间屋后的零星种植，农民可以挖掘野生苗木种植，也可以选择人工培育的苗木种植；但对到规模化景观和造林的苗木需求，则需要规模化的苗木培育。目前生产上规模化的闽楠苗木培育方式仍以实生苗培育为主，根据出圃时苗木大小、苗木带土量和带袋与否细分为裸根实生苗、壤土容器苗、轻基质容器苗和大苗。这些苗木的起始培育材料均为种子，种子最好是经过科学试验证明具有速生、丰产、优质和高抗的采种母树林、种源、种子园或优树生产的良种。目前研究报道的闽楠优良种源和家系10多个，但经过审定和发证的闽楠良种个数不足10个，其种子生产能力和适宜推广区域还局限于省内。育苗生产上使用的种子多数还是采自未经科学试验证明具有速生、丰产、优质和高抗的母树；在此情况下建议采种应选择树干通直不分叉、生长势旺盛、结果量大的大树作为采种母树。

闽楠采种时间一般在10~11月，在天然分布区从南到北、从东到西、从低海拔到高海拔采种时间逐渐往后。采种时应注意观察果实是否成熟，成熟果实外果皮蓝黑色。目前闽楠还没有矮化的结实母树，结实大树普遍高大，可通过树上采集或地面收集方式收集果实。采集数量与计划育苗数、果实千粒重、果实出种率、种子发芽率、出圃率和苗木运输损耗率有关，可通过以下公式计算：

果实采集量（鲜重）= 计划育苗数 × 果实千粒重（鲜重）÷［果实出种率 × 种子发芽率 × 苗木出圃率 ×（1- 苗木运输损耗率）］

如果直接采购种子进行播种，则种子需求量的计算公式为：

种子采购量（鲜重）= 计划育苗数 × 种子千粒重（鲜重）÷［种子发芽率 × 苗木出圃率 ×（1- 苗木运输损耗率）］

上述公式中的果实千粒重、果实出种率、种子千粒重、种子发芽率、苗木出圃率和苗木运输损耗率因地、因批、因株而异，且变化幅度比较大。以福建政和东平同一片闽楠天然林为例，12株母树采集得到新鲜果实千粒重各不相同，其值在421.99~549.13g之间，其种子千粒重在215.2~325.3g之间（许佳胜，2020），据此计算的出种率在48.20%~54.25%之间。不同地点采集的闽楠种子千粒重也变化较大，以福建和江西2省13个种源而言，种源间种子千粒重在162.33~241.81g，而贵州、湖南、福建和广西4省

130 份种质的种子千粒重变化范围为 137.35~381.76g（王黄倚君等，2021），但它们都呈现出随种源经度升高而降低的变化趋势，即西部种源的闽楠种子千粒重大于东部种源（王黄倚君，2021；李娟等，2019）。种子发芽率可能与其遗传品质有关，但受保存影响较大，江西和福建 2 省 9 个种源的种子发芽率在 5%~82% 之间，与纬度、经度呈较强度的线性负相关，即东南部种源的发芽率高于西北部种源。苗木出圃率和运输损耗率一般分别以 95% 和 5% 计算。

闽楠果实为浆果，也有人认为是核果，果实尺寸中等。采集的果实一定要去掉果皮并洗净，经洗净果肉的种子发芽率可达 90% 以上，而未经擦除果肉的种子发芽率只有 5%~10%。果实采摘后通过 1~2 昼夜浸泡后捞出并搓擦即可破除果皮，然后用水淘洗干净，既获得干净闽楠种子。闽楠种子失水易失活，不能在阳光下曝晒，宜阴干。种子宜随采随播，可暂时湿藏，目前用种子播种有以下三种育苗方式。

1. 畦作育苗

在育苗地起畦，畦宽 1m 左右，畦长以适应地形和便于操作为宜，畦高 25cm 左右。播种时间为 3 月前，种子条播或点播，埋深 2cm 左右，纵横间距 10cm 左右，播种量约 15kg/ 亩。播种后可在畦面上盖层遮阳网或搭棚盖遮阳网以保水防鸟鼠。播种后至出芽前以水分管理为主，适时供水，保持畦面湿润，但不能长时间积水。经常查看畦面，如有闽楠芽苗冒出即可撤去畦面上的遮阳网，如为搭棚遮阳网则可以继续保留遮阳网 1 个月，遮阳网遮光度 50% 以下。5~9 月每月施氮肥和除草 1 次，晴天每天浇水 2 次，多云和阴天每天浇水 1 次，雨天不浇水。10 月后可施钾肥 1 次，晴天每天浇水 1 次，其他时间不浇水。第 2 年春季断根，重复上述管理，第 3 年的 3~5 月出圃造林。

2. 容器育苗

首先制作与畦类似的沙床，在沙床面上撒播种子，种子均匀铺开，互不挤压，然后盖上 2cm 厚的沙子，可盖上遮阳网。播后以水分管理为主，保持沙床湿润但不能长期积水。在种子发芽之前在育苗地容器装土或轻基质并摆成长方形苗床，床宽 1m 左右，床长以适应地形和便于操作为宜。沙床上的芽苗高 4~5cm 时即可移植到容器中。移植后首先搭棚或高架遮阳网，遮光度 30%~50%，连续遮阴 1 个月。5~9 月每月施氮肥和除草 1 次，晴天每天浇水 2 次，多云和阴天每天浇水 1 次，雨天不浇水。10 月后可施磷钾肥 1 次，晴天每天浇水 1 次，其他时间不浇水。第 2 年春季通过搬动断根，重复上年度肥料、水分和杂草管理，第 3 年的 2~4 月出圃造林。

3. 大苗培育

闽楠 1 年生苗高约 30cm、地径 0.4~0.5cm；2 年生苗高可达 60cm。要培育更大的苗木即为大苗。畦作育苗可每年对畦上苗木进行双向隔行疏苗或移苗，容器育苗则每年对床上苗木进行双向隔行疏苗并更换更大一点容器和基质。移苗需在移苗后连续充足供水 7 天，连续 1 个月遮阴 50%。5~9 月管理与同时期容器育苗或畦作育苗相同。

（二）无性繁殖苗

无性繁殖育苗主要用于培育优树分株，目前研究报道研制成功的无性繁殖育苗方式有插条育苗、高空压条育苗和组培育苗等3种，但均为科研成果，尚没有转化为生产力。基于闽楠良种选育的兴起，本书也将闽楠无性繁殖育苗方式介绍如下。

1. 插条育苗

插条育苗是研究最多的闽楠无性繁殖育苗方式，插条生根率随着采穗母树年龄的增加而降低，但总体繁殖系数大、育苗工作效率较高，成本较低，每人每天可完成500多根插条扦插，有望应用于大规模育苗。个别优树插条的成活率最高可超过90%，但多个优树插条平均生根率在60%左右（陈明皋等，2014）。不论插条育苗的变异多大，其基本程序包含插条季节、采穗部位、插条制作、插条基质和插后管理。插条育苗的第一个关键技术环节是插条季节。闽楠属中亚热带树种，其插条季节与地域有关。王东光等（2013）在广东广州的插条育苗试验表明春季扦插效果最佳，其次是秋季和冬季，而夏季扦插效果最差。在福建建瓯上半年以3月的插条育苗生根率最高，可达89.6%；而陈明皋（2014）在湖南桃源县的插条育苗试验表明，在6~10月间，6、9、10月插条育苗生根率最高。李荣生在广东乐昌的插条育苗试验表明10~11月插条育苗生根率较高。综合分析可知，春秋季是闽楠插条育苗的适宜季节，但要避开植株抽梢期，因南亚热带温度比中亚热带高，所以插条育苗适宜月份从南往北间歇式地为当年10~11月、翌年3月和6月。

插条育苗的第二个关键技术环节是制条。选择枝条的芽龄痕作为插条制作的重要标记，以已无叶子着生的芽鳞痕作为插条基部，在芽鳞痕下部2~3cm处剪断枝条；以有叶子着生的相邻芽鳞痕或兼有叶和芽的顶端作为插条顶部，如是叶子着生的相邻芽鳞痕作为插条顶部，则在芽鳞痕上部2cm左右剪断。

插条育苗的第三个关键技术环节是插条基质。王东光等（2013）研究表明50%泥炭+50%蛭石的混合基质对闽楠插条生根率最高，可达82%；100%椰糠和100%河沙插条均很差，分别为17%和21%。而雷凌菁研究表明，砻糠灰作为插条育苗基质效果最好，细河沙次之，而黄心土最差。上述研究结果不尽相同，甚至相反，因此关于闽楠插条育苗基质还需要进一步研究。在生产实践上，成本是重要的因素，黄心土作为基质虽然生根率较低，但却是较为容易获得的材料，成本较低；而泥炭或砻糠灰虽然可以获得较高生根率，但获得成本较高，生根率和基质成本的性价比哪个高是生产实践中取舍哪种材料的重要因素，因此插条育苗的经济效益分析也是今后需要研究的内容。

插条育苗的第四个关键技术环节是插后管理。插条后必须搭棚覆盖薄膜和遮阳网，保持透光度60%，相对湿度为80%~90%，定根后可撤去薄膜和遮阳网，或是插后120天后可以分步揭膜，揭膜时先打开拱膜两端，让其自然通风3~5天后，再全部揭膜（陈明皋，2014）。插条插后培育2~3年可出圃。

2. 高空压条育苗

高空压条与插条育苗相比具有压后管理简单、适用优树年龄较大、育出的苗木早出圃的优点，不足之处在于工作效率较低、成本较高，每人每天可完成约 100 根枝条的高空压条。具体操作程序：3~7 月在早期选择的优树上选择基部直径 1cm 的枝条，选择在芽鳞痕下部约 2cm 处环剥约 2cm 的树皮，在环剥处涂抹 1000mg/L 的 NAA 或 ABT–1[#] 生根粉（郑雨盼等，2020），然后在环剥处用透明薄膜或容器包裹林地表土或轻基质。3 个月后将薄膜或容器壁有根出现的枝条在基部剪下，修剪枝叶后移植到容器里，按实生苗移植或插条插后方法管理，培养 1~2 年即可出圃。

3. 组培育苗

曲芬霞和陈存及（2010）报道了闽楠组培育苗的具体方法。春季采集闽楠优树基部萌条，取其茎干作为外植体，用洗洁精浸泡 40min，用软毛刷刷洗表面的柔毛，再用自来水冲洗 2h 左右，剪成 1.0~1.5cm、带 1~2 个腋芽的茎段。茎段用 75% 酒精浸 30s，用 0.1% 的升汞浸泡 6 min，在灭菌溶液中加入几滴吐温 –80，灭菌后用无菌水漂洗 5~6 次。将茎段接种在诱导 MS 培养基（含蔗糖为 30g/L、琼脂粉 3g/L、pH 值 5.8、6–BA 2.0mg/L、NAA 0.5mg/L）诱导；培养温度控制在 23 ± 2℃，光照强度 2000lx 左右，光照 14h/ 天，培养周期 40 天，诱导率和褐化率分别为 89.0% 和 6.5%。诱导出的愈伤组织分成 1cm 大小的小块转接到分化增殖 MS 培养基（含蔗糖为 30g/L、琼脂粉 3g/L、pH 值 5.8、BA2.0mg/L、NAA0.1mg/L），增殖系数 4.4。诱导芽用生根培养基（1/2MS+IBA 0.5mg/L）培养，10 天后可生根，生根率可达 98%。选取生长健壮、高 2.5cm 左右生根试管苗，在驯化室打开瓶盖炼苗 2~3 天，然后用清水清洗干净苗木上残留的培养基，把根系放入添加 200mg/L 的 ABT–1[#] 生根粉糊状的红心土中，移至 2 蛭石 +2 珍珠岩 +3 河沙的混和基质中，苗期管理与上述扦插苗插后管理相同，培养 2~3 年出圃。

三、栽培技术

闽楠栽培具有悠久的历史，封建时期的先人们将其零星引种四旁作为观赏遮阴之用，民国时期即有关于规模化营造楠木的呼吁和尝试。作为用材树种规模化培育则在新中国建立后才真正起步，20 世纪 60~90 年代缓慢发展，21 世纪以来作为珍贵用材树种得到高速发展。在 20 世纪 70 年代容器育苗技术在中国推广之前，闽楠造林采用裸根苗造林，1 年生裸根苗造林成活率比杉木低。随着容器育苗技术的推广，闽楠造林苗木逐渐以容器苗为主。闽楠栽培技术具体如下。

（一）立地选择

闽楠对立地要求严格。从大的区域尺度上讲，降水量大、气温适中的福建西北部、浙江西南部和江西东南部是闽楠的中心产区，闽楠胸径和树高生长量最高；福建东部和东南部、江西北部、浙江北部、广东、广西东北部、湖南南部、贵州西南部等地区为闽楠一般栽培区，胸径和树高生长量中等；河南东南部和安徽南部是闽楠边缘产区，胸径和树高生长量最低（国家林业局速生丰产用材林基地建设工程管理办公室，2013）。从海拔上说，分布区南部造林地海拔不宜超过1000m，中部不宜超过600m，北部不宜超过300m（林学系乡土优良树种研究小组，1977；廖高文，2021）。从地形上讲，宜选择中下坡、阴坡、沟谷和不易积水的林地作为造林地。从土壤上讲，宜选择土层深厚、土力肥沃、土质适中的壤土（周永玲，1979）。

（二）林地清理

林地清理是指砍除林地上影响目标树木生长和施工通行的杂灌并将其有序堆放的措施。目前多采用带状清理，根据杂灌滋生速度和通行需要，建议林地清理带宽为1.5m，带间距为造林行距减去带宽后的值。闽楠苗木早期生长慢，容易导致杂灌滋生，周永玲（1979）建议采用密植，山区株距1.3m、行距1.6m，平原丘陵株距0.9m、行距1.8m。罗良儿（2016）研究表明，株行距2.0m×2.5m（1995株/hm^2）的闽楠林分胸径、树高和单位蓄积量均比株行距2.0m×2.0m（2505株/hm^2）和1.6m×1.6m（3900株/hm^2）的林分高。随着大径材和目标树培育目标的提出，闽楠初植株行距也有2.0m×2.5m~6.0m×6.0m。综上所述，林地清理带间距因行距而异，行距范围为1.6~6.0m，则带间距在0.1~4.5m。

（三）整地和基肥

整地是将土壤翻松提质的措施。整地按株行距要求在种植带上按株距进行块状整地。目前没有整地规格对闽楠生长的相关研究报道。整地规格对其他树种的影响因地因种而异，整地对低降水量地方的造林成活率有显著影响，影响的正负方向与树种耐旱性有关；整地对高降水量地方的造林成活率和林木生长影响不显著，或是早期显著但随着时间延长而逐渐不显著。闽楠适生区属高降水量地区，可以推论整地规格对其生长影响不显著，参考南方常见造林实践、经验、成本和可操作性，闽楠块状整地规格为（40~50）cm×（40~50）cm×（30~40）cm。

结合整地可施用基肥，基肥可选氮磷钾总含量超过45%且氮含量较高的复合肥，也可施用有机肥。复合肥施肥量以150g/坑为宜，有机肥施肥量宜1.0~1.5kg/坑（汤行昊等，2021）。

（四）造林模式

造林模式与造林地造林状况或前茬林木采伐方式有关，目前以闽楠为培育目标的造林模式如下。

1. 全光纯林栽培模式

全光纯林栽培模式是在无上层林木下全部采用闽楠苗木造林的模式。这种模式也可以成功完成闽楠的培育过程，但中幼龄时容易出现可致立木死亡的溃疡病（郭朦朦等，2018）、枯梢病（刘志昆，2018）或枝枯病（岳阳等，2019）。

2. 全光混交栽培模式

全光闽楠混交林研究较多，目前筛选出的适合树种有杉木、马毛松等针叶树，也有檫木、木荷、火力楠、香樟、大花序桉、红花香椿等阔叶树。与杉木混交宜采用楠 7 杉 3 的株间混交方式，与马尾松宜采用楠 5 马 5 的株间混交方式（刘国昌等，2017）；与檫木、香樟等阔叶树宜采用 1：1 的混交比例（陈来德，2013；肖文海，2021）。

3. 择伐更新造林模式

择伐更新造林模式适用于当下多个地方针叶林阔叶化改造需求。以杉木为例，在杉木林速生阶段或干材阶段均可套种闽楠，郭滨（2020）研究认为杉木间伐至密度为 1500 株 $/hm^2$ 可以套种闽楠，肖书富（2014）研究认为杉木宜间伐至密度为 800~1200 株 $/hm^2$ 为宜，范辉华（2020）研究认为杉木间伐至密度为 180 株 $/hm^2$ 对闽楠促进作用更高。

4. 中幼林抚育

闽楠早期生长缓慢，幼龄期可达 10 年，全光纯林需要连续抚育 5 年，每年 1~2 次；择伐更新造林模式的闽楠幼树可 1~2 年抚育 1 次。抚育措施中，割灌除草可促进闽楠幼林生长，以春夏割灌除草为宜。施肥对闽楠幼林的促进作用可能显著（欧建德，2015；詹仁荣，2016），也可能不显著（刘图强等，2011；金苏蓉等，2013；李荣生等，2017）。如欧建德（2015）推荐的闽楠人工幼林培育的优化施肥量为氮（N）16.81~21.61g/ 株、磷（P_2O_5）5.76~9.64g/ 株、钾（K_2O）3.31~6.44g/ 株，合理的配方为氮（N）：磷（P_2O_5）：钾（K_2O）=3.94：1.57：1.0；詹仁荣（2016）推荐在 4 月施鸡粪肥 0.5kg/ 株。闽楠中龄林可选择优良单株（优势木和亚优势木），每 3~5 年进行 1 次深翻，稻草覆盖 9~16m^2/ 株和施复合肥 1~2kg/ 株的综合抚育能促进闽楠持续生长，有助于大径材培育（陈圆媛，2018）。

5. 密度管理

全光闽楠纯林的密度管理与其经营理念、培育目标相关。闽楠传统培育理念与杉木类似，以数量成熟龄为主伐年龄，以培育中大径材楠为目标，在 8~10 年时开展间伐，选择值得保留的目标树，保留密度为 600~800 株 $/hm^2$；培育目标为大径材的目标树保留密度为 450~600 株 $/hm^2$（国家林业局速生丰产用材林基地建设工程管理办公室，2013）。

近年来随着近自然林业和目标树培育技术的影响，闽楠经营也开始近自然经营和目标树研究，闽楠林的发展阶段分为林分建群阶段（<5 年）、竞争生长阶段（5~20 年）、目标树质量选择阶段（20~40 年）、目标树生长阶段（40~60 年）和林分蓄积生长阶段（>60 年），前两个阶段尚未达到目标树选择阶段，但密度分别为 2500 株 $/hm^2$ 和 1580~1680 株 $/hm^2$，后三个阶段目标树保留密度分别为 360~720 株 $/hm^2$、165~330 株 $/hm^2$，林分蓄积生长阶段 65~130 株 $/hm^2$（王雪等，2021）。以生产力为主要目标的多功能经营，闽楠人工林前四个阶段的密度为 920~960 株 $/hm^2$、570~630 株 $/hm^2$（王雪，2021）。根据立地条件，半阴坡（东坡、东北坡和西北坡）质量选择阶段 245~270 株 /hm^2，目标树生长阶段 131~144 株 /hm^2，林分蓄积生长阶段 115~127 株 /hm^2，半阳坡（西坡、西南坡和东南坡）质量选择阶段 318~350 株 /hm^2，目标树生长阶段 159~175 株 /hm^2，林分蓄积生长阶段 136~149 株 /hm^2，阴坡（北坡）质量选择阶段 298~328 株 /hm^2，目标树生长阶段 156~172 株 /hm^2，林分蓄积生长阶段 136~150 株 /hm^2（颜佳睿，2020）。

对杉木与闽楠混交林，李琪媛（2019）认为林分建群阶段与竞争生长阶段以杉木为目标树，目标树密度分别为 281~458 株 /hm^2、197~247 株 /hm^2，竞争生长阶段、目标树生长阶段与林分蓄积生长阶段以闽楠为目标树，目标树密度区间分别为 90~196 株 /hm^2、64~77 株 /hm^2、1~58 株 /hm^2。

四、主要病虫害防治

闽楠天然林较少发生病虫害，而人工培育的闽楠在其苗期、幼林和中龄林则发现有以下病虫害。

（一）病害

1. 叶斑病

叶斑病已成为闽楠叶部的主要病害之一，在苗期及幼树阶段均可发生。染病初期受害部位出现红褐色圆形斑点，这些斑点向外扩展，与其他小病斑块融合成不规则的大斑，最后导致叶片退绿，严重致其死亡（姚英和于存，2021）。闽楠叶斑病病原为小孢拟盘多毛孢（*Pestalotiopsis microspora*）（陈全助等，2017）和胶孢炭疽菌（*Colletotrichum gloeosporioides*）（姚英等，2021），而后一种病原导致闽楠的病害，有研究又将其命名为炭疽病（张艳朋，2015）。本病与高温高湿条件有关，可通过避开强光照、遮阴、保持适宜密度、适度通风、适度喷灌、适度光照时长降低发病率（陈全助等，2017；姚英和于存，2021），也可通过喷施曹氏甲托（70% 甲基硫菌灵）、多锰锌（16% 多菌灵和 34% 代森锰锌）等化学药剂进行防治（陈全助等，2020）。

2. 枝枯病

近年来多片闽楠幼林出现枝条基部溃疡，继而枝条枯死，进而导致梢部枯死甚至全株死亡的现象，目前与该现象相似或相近的研究报道有 3 个，但对该现象的命名不同，分别有溃疡病（金亚杰，2017；郭朦朦等，2018）、枯梢病（刘志昆，2018）和枝枯病（岳阳等，2019）。本书暂且将 3 种名称不同的报道归为同种病且以枝枯病命名。据岳阳等（2019）调查，该病严重时可导致整片幼林死亡，多片林分平均发病率为 63.72%，平均病情指数为 29.17；该病一般 4 月初至 5 月中旬零星发生，6 月至 9 月底为高发期；半阳坡和半阴坡的林分发病率以及病情指数高于阳坡和阴坡林分；5 年以上树龄的植株发病率以及感病指数较高，其中 5~30 年的植株病情最为严重；林分密度越大的闽楠人工林发病率以及感病指数越高；树高 1m 以上的闽楠与树高 1m 以下的闽楠发病率以及病情指数差异性显著，其中树高 1~5m 的闽楠病情最为严重。楠属纯林和楠属种间混交的林地发病程度要比楠属与非楠属树种混交的林地严重。

该病病原可能为假可可毛色二孢（*Lasiodiplodia pseudotheobromae*）（岳阳等，2019）、淡色生赤壳菌（*Bionectria ochroleuca*）（金亚杰，2017）或粉红粘帚霉（*Clonostachys rosea*=*Gliocladium roseum*）（郭朦朦等，2018）。本病与高温高湿气候有关，可通过降光照、降温、增加通风等方式降低发生率，也可通过 10% 苯醚甲环硅、多菌灵、百菌清进行防治。

3. 褐斑病

本病为张艳朋（2015）报道，老叶、新叶均可发病。老叶病斑褐色，形状不规则，病健交界处明显，可引起叶片扭曲或内卷；新叶病斑多位于叶尖，形成褐色的枯叶尖。该病严重时发病率为 50%~70%，危害等级为 1~3 级。该病病原为细丽拟盘多毛孢（*Pestalotiopsis gracilis*）。

4. 根腐病

本病最早报道于 20 世纪 70 年代，病原不清，经验认为是菌核菌从苗木根颈侵入所致。这种病原菌生长最适宜的温度是 29~32℃。发病时间多为初夏，初夏圃地积水，削弱苗根抗菌能力，是发病的主要原因。在初夏雨季到来之前，做好清沟排水工作，可防止根腐病的发生。

（二）虫害

闽楠苗期和幼林地上部分易受樟巢蛾危害，地下部分易受地老虎危害。

1. 地老虎

地老虎可危害闽楠苗木根部，危害较大，可导致苗木死亡（郭晓萍和朱家富，2020）。可结合田间管理，人工捕杀幼虫；1~2 年龄幼虫喷雾或撒毒土，3 年龄以上幼虫可撒毒饵或灌根防治。

2. 蛀梢象鼻虫

最早报道于 20 世纪 70 年代（福建林学院莘口教学林场，1978）。象鼻虫具体种类不明。幼虫钻蛀嫩梢，使被害梢枯死，严重时达 69.1%、虫口密度 16.5 头 / 株，影响高生长及干形发育。成虫长圆柱形，漆黑色，前胸背板有鲨鱼皮状突起，鞘翅各有 10 行刻点，前足腿节上有一强大的刺。幼虫体乳白，老熟幼虫头部黄褐色，蛹体淡黄褐色，头部及前胸背板浅灰色，有许多褐色圆圈，腹部有许多小刺，腹末有刺状突起 2 个。该虫 1 年发生 1 代，以成虫越冬，3 月抽梢时成虫产卵其中，孵化后幼虫在新梢中蛀食，蛀道长达 10cm 左右，幼虫期 3 月底到 4 月中旬，老熟后在嫩梢基部的蛀道中化蛹，5 月中旬成虫开始羽化，直到次年 3 月产卵后死亡。

3. 鳞毛叶甲

最早报道于 20 世纪 70 年代（福建林学院莘口教学林场，1978）。鳞毛叶甲又称灰毛金花虫，具体种类不明。以成虫啃食嫩叶枝梢及小枝皮层，严重的可致嫩枝枯萎，严重时被害株率达80%以上，最多被害株有虫50多头。成虫体黑色，密被灰白色毛，外观呈灰白色，体长5~7mm，触角线状，鞘翅近肩处有1瘤状突起，翅面有许多不规则的颗粒状突起并有3条隆脊。3月底到6月下旬均有成虫出现，4月中、下旬为成虫盛发期。在4月中、下旬用621烟剂熏杀成虫，用药7.5kg/hm^2。

4. 樟巢螟

常见虫害。1~2龄幼虫取食叶片，3~5龄幼虫吐丝缀合小枝与叶片，形成鸟巢样的虫巢。有的整株叶片几乎吃光，严重影响树木生长，有的虽对生长影响不大，但树上虫巢多，影响绿化效果。树干用90%敌百虫4000~5000倍液进行喷射虫巢以及附近的叶片。虫巢不多时可人工剪除。

五、木材及其他产品利用

人类最早是利用闽楠天然资源，随着天然资源急剧锐减和依法保护，今后人类利用的闽楠木材来源将转向闽楠人工林。江香梅等研究表明采自天然林的闽楠木材密度显著大于采自人工林的闽楠木材，但人工林木材密度变异系数却小于天然林。闽楠人工林木材的尺寸稳定性稍差于天然林，但从木材的差异干缩来看，闽楠天然林和人工林相近。闽楠天然林木材端面、径面和弦面硬度稍大于人工林，但差异不显著。闽楠天然林与人工林木材制成的板材质量相近。总体上看，闽楠的物理力学性质和工艺性质优于杉木和福建柏，与突脉青冈、水曲柳、香椿、南方红豆杉等相似。

闽楠木材用途比较广泛，历史上被大量用于建筑、家具、装饰、陆运、海运、雕刻和殡葬，制成梁、柱、门、窗、桌、几、案、凳、椅、匾、珠、车厢板、船板、牌、匣、棺、椁等。随着建筑高度和材料的发展，闽楠在建筑上的应用逐渐缩小，多局限于古建筑的修复和仿制；在家具上则较多用于实木家具，在工艺品上多用于制作珠串。

（李荣生、邹文涛）

第十一节　大果紫檀

大果紫檀（*Pterocarpus macarocarpus*），别名缅甸花梨、草花梨，为蝶形花科（Papilionaceae）紫檀属（*Pterocarpus*）小至中等落叶乔木。作为中国南方重要的外引紫檀属树种之一，大果紫檀心材形成最早，植后7年可见心材，并且生长表现良好，已成为目前推广种植的紫檀属首选树种。大果紫檀天然分布于中南半岛泰国北部以及缅甸、老挝、柬埔寨，越南有少量分布（Dorthe Jaker，2000）。主要多散生在北纬11°～22.5°地带，海拔在100~800m的丘陵和季节性热带雨林和季雨林中，原产地为热带季风气候区，年平均温度22~27℃，年降水量1000~2000mm，有明显的雨季和干季，全年无霜（邹寿青和郭永杰，2008）。大果紫檀为半落叶树种，以落叶来度过干旱或低温期，温暖湿润条件下可缩短落叶期或不落叶，生长量明显提高；高温多雨的夏季是其生长高峰期；其树高一般可达20~30m（彩图1-15）。我国在20世纪60~70年代零星引进了大果紫檀，现在海南、云南、广东、广西、福建5个省（自治区）20多个县市均有种植。其心材红褐色，花纹明显，材质致密硬重，不裂不翘，且散发芳香经久不衰，是制作高级红木家具、工艺品、乐器和雕刻、美工装饰等上等材料。紫檀是红木中最高级别，以往为明清宫廷用材，这里的紫檀主要指檀香紫檀，而与檀香紫檀同属的大果紫檀则仅是稍次于它的一类珍贵红木。本书主要综述了国内外近年大果紫檀种质收集与评价、良种选育、苗木繁育、栽培技术及木材加工利用等方面的研究进展。

一、良种选育

我国在20世纪60~70年代零星引进了大果紫檀，在海南岛尖峰岭和云南西双版纳热带植物园等地种植，目前已开花结实，生长表现良好。由于引进的种质资源非常有限，遗传基础狭窄，制约了大果紫檀的规模发展。因此2003年以来，在国家林业局“948”项目及行业公益项目的资助下，热林所从泰国、越南、柬埔寨等先后引进了27个种源、122个家系（彩图1-16），在云南西双版纳、广东阳江（彩图1-17）、海南昌江和乐东、福建漳州等地开展了种源选择试验。综合多个试验点的生长性状及抗逆性等多个因子，来自2号（泰国Saraburi省Muak-Lek府Baan Muak Lek，东经101° 12′，北纬14° 35′，海拔200m）的种源（东经101° 12′，北纬14° 35′，海拔200m）早期较好（朱先成等，2007；张梅坤等，2017；洪舟等，2019）。

国外关于大果紫檀研究以泰国最为全面和深入。由于大果紫檀是泰国主要出口木材之一（曾杰等，2000），泰国政府十分重视大果紫檀的研究，开展了天然居群遗传变异（Chaiyasit et al.，1995）、交配系统（Chaiyasit et al.，1998）、繁殖生物学（Yupa Doungyot ha & John N. Owens，2002）以及实生苗培育、无性繁殖技术（James F. Coles & Timothy J. B. Boyle，1999）和造林试验研究（彩图1-18）。印度和加勒比海地区也已引种成功（Dorthe Jaker，2000）。

在中国热带地区适生，可推广至北回归线以南温暖地区，或温暖的其他沿海地带，低温是其主要限制因子（杨曾奖等，2008），低海拔、高热量地区生长较好、保存率高（沐小涵等，2015）。海拔500m以下的热带山地及南亚热带湿润气候区是大果紫檀的适生和丰产区。

二、育苗技术

（一）采种

果实为荚果，9~10月后开始成熟或更迟，成熟时间可能各地有所差别（周铁烽，

2001；邹寿青和郭永杰，2008）。荚果由金黄色变为黄褐色时即可采种。果实可在常温下贮藏1.5年以上而不丧失种子活力。荚果1800~2000个/kg，纯种子千粒重54~63g（图3），每个果含种子1~2粒（邹寿青和郭永杰，2008）。对于其种子的贮藏，最好用低温贮藏的方法，宜放置于冰箱5~7℃的条件下。

（二）种子处理

用浓硫酸浸泡1min，期间不断搅拌，以除去种子表皮的革质层，提高发芽率和杀灭病菌，然后用清水冲洗干净，用清水浸泡24h后播种，发芽率80%~95%。

（三）育苗培育

大果紫檀种子发芽需高温条件，高温季节最宜播种。早春温度低于20℃时需搭设温棚提高温度，否则发芽缓慢（邹寿青和郭永杰，2008）。南亚热带地区以初夏的4月播种较好。种子发芽后长出2片子叶至1片真叶的幼苗可移入营养袋培育。40cm高以上的苗木越冬能力明显增强，遇0℃以上短暂低温一般不会出现寒害。在海南岛尖峰岭，苗木移植2个月后，苗高即可达40cm以上；在广州要达到40cm，需要3~4个月（陈青度等，2004）。在云南西双版纳的育苗试验则表明，大果紫檀各种源均在2~5月缓慢加快，6月则生长迅速加快，说明大果紫檀是个典型热带树种，适合在气温较高的生境中生长，在月最低气温超过20℃时才能生长迅速（朱先成等，2007）。

（四）无性快繁

可以扦插快繁，插穗长约12cm，但尚未取得完全成功的经验，扦插成活率时好时坏，仍然有待进一步探索。组培快繁也尚未见报道，仅停留在胚芽诱导成功的阶段（李湘阳等，2010），未能提供组培苗供生产所需。

三、栽培技术

（一）造林技术

1. 立地选择

大果紫檀喜高温多雨的热带气候，耐季节性干旱，喜光，对土壤要求不苛刻，造林地宜选择在年平均温度20℃以上，年降水量1200mm以上的热带和南亚热带山地。在土壤肥沃的土地上生长快，在肥力中等的土地上也可正常生长（邹寿青和郭永杰，2008）。要求当地最低温度大于2.5℃，以保证幼树安全越冬不受寒害。

2. 清山整地

采用传统炼山或带砍免炼山的方法均是可行的，免炼山种植前必须使用除草剂杀除杂草减少竞争，同时更加注重虫害的发生，炼山在一定程度上减少了病虫害的发生。整地可使用机械整地或人工整地，穴规格长×宽×深为60cm×50cm×40cm以上，亦可使用反坡梯带带垦种植的方式，沟宽×深为50cm×40cm以上。

3. 种植密度

紫檀属树种大都有分枝低的特性，而大果紫檀则不然，其幼林所需空间不多，可适当提高栽植密度。建议初植密度采用株行距 2m × 3m 或 1.5m × 4m 或 3m × 3m，适当的密植可以减少杂草的竞争，同时可视情况和可能将不理想的植株移除，3 年后可移除一半，变为 3m × 4m，保证株数 55~60 株 / 亩，最终成林保存 40~50 株 / 亩为理想。不考虑移除或间伐的情况下，可直接使用株行距 3m × 3m 或 3m × 4m，因为大果紫檀是大乔木树种，成林后树冠较大。

4. 基肥施用

使用有机肥 1.5~2.5kg/ 穴，外加过磷酸钙（氮磷钾含量 32% 以上）0.5kg/ 穴，在平缓立地回土半穴后拌匀再覆土高于地面 5~10cm。回土一周至半个月种植最为理想，太长则可能造成肥料的损失。

5. 种植补植

造林较成活率较高，可用容器苗造林，也可用裸根苗截干造林。在广东造林宜于萌芽发叶之前的 2~3 月进行，在海南西南地区宜在雨季 7~9 月造林。选择理想规格苗木，适时种植是造林成功的第一步，塑料营养袋苗种植时必须完全去除塑料袋，种植深度适当，回土盖住根茎约 2cm，扶正压实。种植后 20 天内适时补苗，保证成活率 95% 以上。

（二）幼林抚育

1. 抚育管理

种植当年根据种植地杂草生长情况除草 2~3 次，如果杂草生长过盛可适当增加除草的次数，将杂草覆盖于幼树周围，起培土和保温作用。种植第 2 年抚育除草 2 次，第 1 次在 4 月，第 2 次在 7 月；种植后 3~5 年每年抚育 1~2 次；5 年以后视情况适时劈除杂草，只做轻度抚育，由其自然生长。

2. 追肥

追肥宜结合抚育进行。第 1 次在植后 2 个月，约 5 月进行，每株可追施尿素 40g + 氯化钾 20g；第 2 次在 8 月中旬至 9 月，每株可追肥含氮：磷：钾 =15：15：15 的复合肥 100g；施肥方法常采用穴施覆土的办法，亦可采用半月形沟施覆土，离幼树 40~50cm。第 2 年结合抚育追肥 2 次，各追施含氮：磷：钾 =15：15：15 的复合肥 100g 或专用复合肥 150g；3~5 年后每年追肥 2 次，第 1 次在 4 月，第 2 次在 7 月，各追肥氮：磷：钾 =15：15：15 的复合肥 150g 或专用肥 250g，结合除草，施肥覆土。

（三）修枝间伐和密度控制

1. 修枝间伐

大果紫檀 1 年生的幼树有时会歪斜生长，第 2 年后才逐渐长直，部分幼树过早出现分枝，需要及时进行修剪和扶持。第 1 次修枝可在种植当年，结合追肥对部分分枝较多的幼树进行修剪，对非保留主枝可全部减除或只是折断抑制其发展，抑从保主，促进顶端优势以使主干更加明显。个别主干很差的甚至可以从基部全部剪除，让其重新发芽。

2. 密度控制

早期若初植密度较大，在 3 年生时，可移除或砍去部分弱小植株，林分控制在大约 60 株 / 亩，使林分更加整齐并有更加合理的空间。当然，可随经营目的和地力水平来适当增减种植密度。

（四）收获与更新

1. 收获

大果紫檀的轮伐期至少为 25 年，种植时间越久对心材的形成和品质越有利，其木材越有价值。2002 年，对遭偷伐的 38 株大果紫檀的伐桩进行调查发现，其平均直径为 24.9cm，去皮直径 24cm，心材部分直径 16.5cm；粗略地以地径计算，20 年生大果紫檀的心材比例高达 70%（杨曾奖，2013）。

2. 更新

本树种萌芽更新能力强，但国内尚未有大面积成熟林进行萌芽更新试验，国外则主要为天然林，更新的理想方式有待进一步探讨。

四、材性、用途及综合利用

（一）材性

紫檀属树种大多具分枝低的习性，影响干形。大果紫檀则干形圆满通直，分叉少，优势木枝下高可达 8~10m，是一个理想的珍贵用材树种。此外，紫檀属树种的木材价值在于其心材，但大多数树种的心材形成较晚，如印度紫檀和檀香紫檀需要 20 年左右才开始形成心材，因此非洲的一些国家规定紫檀林的主伐年龄需在 50 年以上。大果紫檀则早得多，一般造林后 7 年即开始形成心材，25 年即可砍伐（朱先成等，2007），并且心材比例也大。海南尖峰岭 47 年生大果紫檀心材形成情况、心材比例、心材精油含量及成分组成测定结果表明，所有标准木均已自然形成了心材，30cm 高度处心材比例范围为 58.77%~69.14%，精油含量范围为 1.51%~1.85%；从心材精油中共分离出 42 种成分，鉴定 30 种（刘小金等，2017）。

大果紫檀木材品质、硬度和稳定性堪称木材中的佼佼者，属正宗红木，在国际木材市场上颇具知名度（曾杰等，2000；朱先成等，2007）。在我国《红木》国家标准的 5 属 8 类 29 种中，归属于紫檀属花梨木类，边材近白色，心材橘红、砖红或红褐色，花纹明显，材质致密硬重，不裂不翘，且散发芳香经久不衰，结构细，纹理交错，气干密度 0.80~0.86g/cm^3。

（二）用途

大果紫檀是制作高级红木家具、工艺品、乐器和雕刻、美工装饰等上等材料，其木材是泰国第二大（仅次于柚木）出口林产品。据文献记载，1990 年泰国出口大果紫檀锯材的平均价格为 1.78 美元 /kg（折合人民币 14.6 元 /kg），最近市场报价为 3 万 ~5 万元 /t 左右。

（三）综合利用

大果紫檀树冠广伞形，树叶稠密，是一个优良的绿化树种，可应用于城镇园林美化和道路绿化。大果紫檀具有固氮能力，无论其纯林或是混交林，其林下植被丰富，其丰富的凋落物层对保持水土、培肥地力具有理想的作用。大果紫檀是珍贵的用材树种，同时也是理想的生态公益林和风景林树种。

（张宁南、徐大平、洪舟、刘小金、杨曾奖）

第十二节 檀香紫檀

檀香紫檀（*Pterocarpus santanilus*），又名小叶紫檀，为蝶形花科（Papilionaceae）紫檀属（*Pterocarpus*）小至中等落叶乔木，是极为珍贵的一个红木树种。其高可达 10~15m，胸高围长 90~160cm，天然分布于印度南部 Andhra 邦的 Cuddapah、Chittoor 和 Nellore 地区以及 Tamil Nadu 邦的 Chengalput 和北 Arcot 地区（Arun Kumar，2011），其分布范围为北纬 13° 30′ ~15° 0′，东经 78° 45′ ~79° 30′（Arun Kumar & Joshi，2014）。檀香紫檀林为印度南部的一种顶极森林（Singh & Singh，2011），天然生长于干旱多岩石的丘陵山地，海拔为 150~1000m，极端最低和最高气温分别为 11℃和 46℃，年降水量 100~1000mm，土壤大多为页岩、石英岩、砂岩发育而成（Arun Kumar & Joshi，2014）。斯里兰卡、尼泊尔以及中国进行了檀香紫檀小规模试种，多处于植物园、树木园引种或小试阶段。檀香紫檀在中国海南岛能够正常开花结实，在海南儋州、尖峰岭等地生长良好（陈青度等，2004a），在中国海南各地以及云南、广西、广东和福建等省（自治区）的南部地区小规模试种，表现出较强的适应性。加快发展檀香紫檀人工林，是保障我国高档木材安全以及传统红木家具产业可持续发展的必然举措。本节系统阐述国内外檀香紫檀苗木繁殖、引种栽培、心材形成与利用、化学成分与药用价值等的研究现状，分析我国目前檀香紫檀种植业发展的存在问题，并提出今后研究与发展思路，旨在为檀香紫檀研究与推广实践提供参考。

一、育苗技术

（一）实生苗培育

檀香紫檀种子易贮藏，其荚果剪除果翅后室温常规贮藏 14 个月，发芽率从 48.2% 降至 40.7%（陈青度等，2004b）；陈文宗等（2016）通过贮藏实验发现，未剪除果翅的荚果贮藏1年后发芽率未见明显变化，而剪除果翅贮藏1年后，发芽率从73%降至58%，然而其幼苗生长潜力未见明显变化。由此可见，檀香紫檀荚果较耐贮藏，贮藏时以不剪除果翅为宜，保持果荚密闭从而减弱其透水和透气性，其种子活力可保持1年以上。

印度学者们认为，应用清水浸泡檀香紫檀荚果的播种效果最好。如Vijayalakshmi等（2017）对比分析剪除果翅、清水浸泡荚果（1~3天）以及浓硫酸浸泡荚果（6~8min）等处理对檀香紫檀发芽特征和幼苗生长的影响亦发现，清水浸泡荚果3天发芽快、发芽率高，优于剪除果翅和浓硫酸浸泡处理。陈文宗等（2016）对比分析剪除果翅和浓硫酸浸泡荚果对檀香紫檀种子萌发和幼苗生长的影响发现，剪除果翅能显著提早发芽时间，提高荚果发芽率，而浓硫酸浸泡荚果效果不理想，且浸泡时间不宜超过10min。在我国生产上育苗时一般直接剪除果翅后播种。在海南岛约5天开始发芽，10~15天为发芽高峰期，约20天发芽渐趋停止（陈文宗等，2016）；而在广州地区8天才开始发芽（陈青度等，2004b）。无论在广州还是海南岛，移苗后2个月，其苗高可达35~40cm。值得注意的是，剪除果翅后不宜采用热水和清水长时间浸泡，以免降低发芽率，宜直接播种（陈青度等，2004b）。生产上即出现过剪除果翅后清水浸泡8天，尽管每天换水1次，最后全部丧失发芽力的案例。

Sankanur等（2010）比较农家肥、菌肥和化肥对檀香紫檀幼苗生长发育的影响发现，每株施33g家禽粪肥，其苗高、地径、叶片数和总干重最大，每株施5g磷细菌肥居其次，且根系长度最大。Karthikeyan和Arunprasad（2021）从檀香紫檀林地土壤分离出*Glomus fasciculatum*，*Glomus geosporum*和*Glomus aggregatum*土著丛枝菌根真菌，从檀香紫檀根瘤分离出*Rhizobium aegyptiacum*，为檀香紫檀幼苗单接种和混合接种至其根系，90天后苗木生长和生物量相对于未接种对照明显改善，丛枝菌根真菌和Rhizobium aegyptiacum联合接种显著增加茎高、根长、叶片数、茎围、根瘤数、生物量、养分吸收以及苗木质量指数。檀香紫檀苗期病害主要有叶枯病，其病原菌为*Sclerotium rolfsii*，开始发病时叶片上出现深褐色的小斑点，坏死的斑点相互联结覆盖叶片的大部分，是其典型症状。张少平等（2017）发现檀香紫檀苗木在冬春季的温室内感染叶部病害——一种非典型炭疽病，其病原菌为胶孢炭疽菌（*Colletotrichum gloeosporioides*）。本课题组在育苗过程中发现，檀香紫檀幼苗受介壳虫危害而逐渐死亡。

虽然檀香紫檀的耐寒性是中国引种的紫檀属树种中最强的（陈青度等，2004a），但在冬季最低温度接近0℃的地区宜尽早育苗，并采取防寒措施。尽管30~35℃气温对于其种子萌发和幼苗生长更为适宜，在广州地区宜于上半年气温为20~30℃时播种，从而使苗木进入冬季时已充分木质化，可提高其耐寒性，有助于其安全过冬。

檀香紫檀一般年龄达到15年以上时才开花结实，目前我国结实母树有限、种子少，是制约其规模发展的关键问题。陈仁利等（2014）研制一个促进檀香紫檀提早开花结实的专利技术，从已开花结实的檀香紫檀植株上采集枝条作为接穗，利用胸径15cm以上的印度紫檀（*Pterocarpus indicus*）作为砧木开展异砧嫁接试验，获得促进生长发育、提早开花结实的成效。其嫁接成活率可达 95% 以上，嫁接后 4 年檀香紫檀即开花结实，每株可年产 4500 个荚果，而且种子饱满，千粒重在 95g 以上，接穗直径年均生长量高达 3cm。该成果的应用有助于解决制约我国檀香紫檀种植业的种子匮乏问题。以印度紫檀和大果紫檀大树为砧木，檀香紫檀为接穗建立采种园，嫁接后约 3 年，部分无性系开始开花结实（陈仁利和曾杰，2018）。

（二）无性繁殖

热林所应用印度紫檀幼苗作砧木培育檀香紫檀嫁接苗，成活率达到 90% 以上，可实现嫁接苗的规模化生产。海南省林业科学研究所通过檀香紫檀高空压条育苗试验发现，海南岛全年均可进行高空压条，尤以 2~5 月最为适宜；采用环剥 3cm 宽，剥口曝晒 1~2 天并涂抹 800mg/L IBA 作为生根剂，包裹湿度适宜的椰糠、牛粪或塘泥之类混合基质等技术措施，20~30 天内陆续长出 3 次新根，即可将其截离母株成苗，其成活率可达 57%（杜丽敏等，2016）。

印度学者早期也尝试过扦插、嫁接和高空压条，但是成效不佳，难以满足规模发展之需要，因此着重研究其组培技术（Teixeira da Silva et al.，2019）。许多学者从种子萌发后的芽苗采集外植体研制组培配方。例如，Balaraju et al.（2011）从经 GA_3 处理的 20 天生幼苗上取茎尖作为外植体，采用 MS+2%（w/v）蔗糖 +1.0mg/L BA+0.1mg/L TDZ 培养基，其增殖率和丛芽数量分别高达 83.3% 和 11，采用 MS+0.1mg/L IBA 的培养基进行生根培养，其生根率可达 60%。Rajeswari & Paliwal（2008）从 30 天生檀香紫檀芽苗上采集 1.5cm 长具子叶节的茎段，采用 MS+3%（w/v）蔗糖 +0.8%（w/v）琼脂 +2.5μmol/L BA+2μmol/L 2-iP 培养基，芽诱导和增殖率均在 85% 以上，增殖系数 4.0 以上；采用 5μmol/L 的 IAA 溶液进行瓶外生根，其生根率高达 82.5%。Vipranarayana 等（2012）将檀香紫檀种子置于 MS+2.0μmol/L GA_3 培养基上，其发芽率可达 90%；从 21 天芽苗上取具节茎段作为外植体，采用 MS+1.0mg/L BA 培养基诱导成功率达 85%，最佳增殖培养基为 MS+1.0mg/L BA+0.5mg/L NAA+0.8% 琼脂，增殖率 85% 以上，生根培养基为 1/2MS+1500ppm IBA，生根率达 85%。

上述研究从种子萌发形成的芽苗取外植体，而最有应用前景的是 Prakash 等（2006）的研究成果。他们从 10 年生檀香紫檀优树上采集 7~8cm 长的新鲜嫩枝，切成 2~3cm 长的具节茎段作为外植体，应用 70%（v/v）酒精处理 2min，0.1% 升汞 +0.1%（v/v）吐温 20 处理 7min，消毒成功率达 80%。芽诱导采用液体 MS 加入维生素和 3% 蔗糖作为基本培养基，添加 250mg/L 抗坏血酸和 50mg/L 柠檬酸，芽诱导时直接将外植体置于滤纸桥上培养，每隔 1 天换 1 次培养基，可减轻褐化，提高外植体成活率。在基本培养基中加入 4.4μmol/L 的 BA，约 70% 外植体可成功诱导。采用上述基本培养基添加 4.4μmol/L 的 BA 和 2.2μmol/L 的 TDZ，增殖效果最好，增殖系数从初次继代的 5.4 增至第6次的8.3；采用1/2MS添加4.9μmol/L的IBA生根效果最好，其生根率从初次继代的47.2%逐渐增至第6次的66.6%。未来必须加强檀香紫檀优异种质的组培扩繁研发，其微扦插成活是组培成功的主要限制性子，其方案优化十分重要，如提高CO_2浓度，应用可最大限度通风且不影响相对湿度的培养容器（Teixeira da Silva et al.，2019）。

二、栽培技术

檀香紫檀木材是印度出口创汇的重要商品，16世纪即出口欧洲国家（Raj Mahammadh，2014）。檀香紫檀在印度亦作为重要芳香植物和药用植物栽培，用于提取芳香精油和生产药材（Rajeswara Rao et al.，2012；Kumar & Jnanesha，2017）。其精油称为檀香油，用于印度韦达养生学、中药和藏药系统，疗效显著（Raj Mahammadh，2014）。由于非法采伐和走私猖獗，印度政府加强其天然林的保护，并大力开展人工驯化研究，推动其人工种植。斯里兰卡、尼泊尔以及中国进行了檀香紫檀小规模试种，多处于植物园、树木园引种或小试阶段。

檀香紫檀在印度南部种植范围广，天然分布区之外的Karnataka、Maharashtra、Odisha和West Bengal等邦亦有种植（Arun Kumar，2011；Azamthulla et al.，2015）。檀香紫檀为强喜光树种，极不耐阴，也不耐水涝（Vedavathy，2004；Arun Kumar & Joshi，2014）。因此檀香紫檀在印度人工造林通常采用纯林、农林复合经营系统以及观赏绿化种植模式，采用0.5~1年生苗造林，株距和行距为3.5~4.5m（Vedavathy，2004）。在印度Kerala，种植于湿润区退化地以及干旱区的退化地和椰子（*Cocos nucifera*）农林业复合系统三种立地上的檀香紫檀，其成活率均在90%以上，而且生长无显著差异；在退化立地，檀香紫檀分配更多的生物量至根部（Chandrashekara et al.，2001）。

印度在檀香紫檀天然林经营方面的研究较多，针对热带干旱区多发火灾的现象，Kukrety等（2013）在Andhra邦热带干旱区开展促进檀香紫檀天然更新的研究，比较了计划火烧（PB）、植株周围50 cm范围内翻挖土15cm深再计划火烧（DPB）、除萌定株后再计划火烧（SPB）、翻挖土定株后再计划火烧（DSPB）以及对照5个处理间2年的更新效果发现，DPB和DSPB处理的幼苗保存率以及苗高、地径显著大于其他处理，说明改善微立地能促进檀香紫檀更新苗的生长。檀香紫檀萌芽更新良好，天然林采伐后可采取萌芽更新，然而其生长相对缓慢，萌芽林的轮伐期为40年（Vedavathy，2004）。檀香紫檀还具有根蘖现象，往往火灾干扰过后根蘖较多（Ankalaiah et al.，2017）。

檀香紫檀具波状纹理和直纹理两种类型，具波状纹理的檀香紫檀木材价格是直纹理的数倍甚至更高，印度对波状纹理檀香紫檀进行重点研究。具波状纹理和直纹理的林木生长于同一区域，具波状纹理的林木数量非常少；天然林中具波状纹理基因型的比例在1%以下，有人调查发现具波状纹理的檀香紫檀林木喜好疏松土壤，而在紧实土壤上未见到过，这些说明遗传因素及其与环境互作发挥着显著作用，控制此性状的基因频率低或者由多基因控制（Arun Kumar & Joshi，2014）。学者们尝试采用形态性状区分两种类型林木，然而似乎并未能揭示出任何差异（Mulliken & Crofton，2008；Senthilkumar et al.，2015）。Andhra 邦林业厅开展檀香紫檀林木改良和种质资源保护，主要关注具波状纹理和深红色心材两个性状，确定 25 株候选优树，建立采种园、无性系种子园（Arun Kumar & Joshi，2014）。

我国檀香紫檀引种始于 1957 年，是由华南热带作物科学研究院从印度引进的，在海南儋州小片试种。此后，热林所也在海南岛尖峰岭进行引种，其属于从印度直接引种还是国内二次引种已无从考证，然而根据结实物候观察以及种子形态和千粒重测定结果，尖峰岭的檀香紫檀结实比儋州略晚，而且种子比儋州大且重，两地种源似乎并不相同。

我国也采用纯林种植模式，在儋州和尖峰岭种植了小片纯林（陈青度等，2004a）。儋州 36 年生的檀香紫檀平均胸径和树高为 27.5cm 和 18.5m，优势木胸径和高为 42.8cm 和 22.6m；尖峰岭 15 年生檀香紫檀平均胸径和树高为 17.6cm 和 14.9m，优势木胸径和高为 27.4cm 和 16.0m（Xu et al.，2016）。通过调查研究初步掌握檀香紫檀在中国的适生区，檀香紫檀与我国引种的印度紫檀、马拉巴紫檀等紫檀属树种相比，对于低温具有较强的适应性，在中国北回归线以南极端最低温度在 0℃以上地区均能种植，且适生于红壤、砖红壤、沿海沙土、冲积土等各种类型土壤（陈青度等，2004a）。

三、心材形成与利用

檀香紫檀作为珍贵用材，主要利用其心材部分。檀香紫檀心材量和木材密度的变异主要受树龄与树体大小的影响（Suresh et al.，2017）。Arun Kumar 等（2017）从印度 Karnataka 邦 Bengalulu 20 年生人工林内随机选取 130 株檀香紫檀，应用生长锥钻取胸高部位的木芯，测定其心材形成情况，75.38% 林木有心材，其心材量株间变异非常大，心材厚度比例为 3.36%~65.71%，变异系数为 35.16%。而在 Karnataka 邦 Mandya 区 Hulikere，45 年生的 98 株檀香紫檀中，96.94% 林木有心材，其心材厚度比例为 6.18%~81.95%，变异系数为 18.49%（Arun Kumar，2011）。Suresh 等（2017）对印度南部 9 个林区 27 片 15~94 年生人工林 449 株檀香紫檀的调查测定发现，其心材形成起始年龄小于 15 年，心材率（面积比）的变化幅度为 15 年生的 1.52% 至 94 年生的 57.68%；心材率与年龄呈极显著正相关，而边材和树皮率与年龄呈显著负相关；对于已形成心材的林木而言，无论年龄多大，心材率与胸径呈极显著正相关。

由上述研究可知，檀香紫檀人工林中个体间生长表现以及树皮、边材和心材量极富变异性，其生长和心材量颇具选择和遗传改良潜力；而地点间心材量和生长变异不明显，表明气候因子对其心材形成和心材量可能影响较小。这与檀香紫檀对气候的适应性强有关（Suresh et al.，2017）。

檀香紫檀心材紫红黑色或紫红色，气干密度在紫檀属中最大，为 1.109g/cm³，抗白蚁或其他虫蛀，主要用于生产高级家具、高档乐器、细木工及雕刻，在化妆品以及染料制作方面亦具有重要价值（曾杰等，2000）。中国利用檀香紫檀木材制作高档红木家具和工艺品至少始自公元 10 世纪，到明末清初为皇家广泛应用（Huang & Sun，2013）；日本进口檀香紫檀木材，主要用于乐器制作，尤其是波状纹理的木材需求旺盛，用于制作三弦琴（Arun Kumar，2011）；檀香紫檀心材亦用于生产红色颜料（如 santalin），作为家具和工艺品行业的染料以及化妆品和食品的着色剂（Azamthulla et al.，2015），尤其在欧美国家，檀香紫檀木材主要用作食品染料（Arun Kumar，2011）。

由于檀香紫檀木材极为珍贵，市场上其真伪鉴别尤为重要。杨柳等（2013）应用顶空-GC/MS 测定檀香紫檀以及疑似檀香紫檀木材中的可挥发性物质并比较其种类及相对含量，鉴定其木材及木屑。王增等（2015）基于 GC/MS 比较檀香紫檀和 6 种常见仿檀香紫檀木材的乙酸乙酯抽提物的化学成分种类及含量差异，探索了鉴别真伪檀香紫檀木材的一种简便高效的化学分类方法。Selvam 和 Bandyopadhyay（2008）探明了檀香紫檀心材的荧光特性，可作为标准用于其原木鉴定以防假冒。MacLachlan 和 Gasson（2010）基于紫檀属木材 17 个解剖性状和 1 个物理性状数据集，通过主成分分析构建主成分轴得分图，檀香紫檀样本明显聚为一类，该技术有助于鉴定檀香紫檀木材样品的真伪。Zhang 等（2019）利用 DART-FTICR-MS 谱，通过正交偏最小二乘判别分析（OPLS-DA）能够完全分开檀香紫檀和形态相似的染料紫檀（*Pterocarpus tinctorius*）。

檀香紫檀木材利用在中国具有悠久历史，主要应用于高档红木家具和工艺品制作。檀香紫檀在《红木》国家标准（GB/T 18107—2000）中列为紫檀木类唯一种，属极珍贵红木（翟东群等，2014；颜志成和陈潆，2018）。北京紫檀博物馆收藏着许多价值连城的明清家具及物件。多年来由于印度限制出口，中国市场上檀香紫檀木材价格日渐高涨，2012 年高达 15 万美元 /m³（Huang & Sun，2013）。

四、药用价值和化学成分

檀香紫檀以其民族医学价值，在传统药物中颇具重要性（Prasad et al.，2007；Reddy et al.，2009；Haque et al.，2011）。主要用于治疗皮肤病、口腔疾病、咳嗽、发热、腹泻、痢疾、神经过敏，亦可用作止血、消炎、抗菌、抗癌、护肝药物（Navada & Vittal，2014；Azamthulla et al.，2016；Bulle et al.，2016）。例如，其心材用水、蜂蜜、酥油和油摩擦后形成糊状物，可作洗眼药减轻视力缺陷，可用于处理皮肤病、骨折、麻风病、蜘蛛毒、蝎子蛰伤、打嗝、溃疡、身体虚弱、心理失常，亦可用于治疗烫伤及其他皮疹、感染和发炎，将其敷于前额可缓解头痛；其果实煎熬的汤剂可用于治疗慢性痢疾，Kani 部落用其治疗诸如牛皮癣之类的皮肤病；其木材和树皮泡茶喝，可减轻慢性痢疾、寄生虫、吐血、弱视、幻觉；其木粉用于控制出血、出血型痔疮、发炎

（Arunakumara et al.，2011；Kumar，2011）。

檀香紫檀具有极高的药用价值，其药理活性也得到广泛研究。檀香紫檀具有抗菌、抗氧化、细胞毒性、护肝作用。其种子的乙醇提取物能降低血糖，具有抗糖尿病的特性（Prakash et al.，2015）；具有抗肿瘤作用，对 DMBA 诱导的大鼠乳腺癌有治疗效果，在研发乳腺癌化疗制剂方面颇具潜力（Akhouri et al.，2020）。其心材的乙醇提取物能够抑制胃酸、抗氧化、维持细胞膜整体功能，对于胃溃疡颇有疗效（Narayan et al.，2005），而且可作为胃保护剂，有助于修护因服用高血压药物利血平所引起的胃损伤（Narayan et al.，2007）；其心材甲醇提取物具护肝作用，在临床上可作为治疗肝损伤的辅助药物（Dhanabal et al.，2006）。其树皮的酒精或水提取物亦具有护肝作用（Manjunatha，2006）。Yadav 等（2016）发现檀香紫檀心材的水提取物可作为肾脏保护剂，用于治疗急性肾损伤。檀香紫檀心材磨粉入药，具有消除肿痛、治疗疮毒之功效。陈丽华等（2013；2014）将檀香紫檀水或乙醇提取物用于非内皮依赖的血管舒张剂制备，并开发相关药品或保健品予以应用。

檀香紫檀在朝鲜和韩国被用于消炎、抗溃疡和抗癌偏方，Kwon 等（2006）研究檀香紫檀甲醇提取液（MEPS）对于子宫颈腺癌细胞（HeLa）毒性及细胞死亡机制，各种浓度的 MEPS 可抑制 HeLa 细胞生长并诱导细胞凋亡，MEPS 显示出抗恶性细胞增生的作用，具有抗癌药物开发潜力。Wu 等（2011a）从檀香紫檀心材提取物中分离出 5 种新的苯并呋喃（pterolinus A–E）、6 种新的新黄酮类化合物（pterolinus F–J）以及 dehydromelanoxin、melanoxin、melanoxoin、S-3′- 羟基 -4，4′- 二甲氧基黄檀醌和 melannein 等 5 种化合物；Pterolinus B 对于人类中性粒细胞中超氧阴离子产生具有最强抑制作用，Melanoxoin 对于牙龈癌细胞（Ca9–22）的毒性最强。Wu 等（2011b）从檀香紫檀心材抽提液中分离出一种新的菲二酮（pterolinus K）和一种新的查尔酮（pterolinus L），两种物质对人类中性粒细胞释放弹性蛋白酶具有抑制作用，前者还能抑制超氧阴离子产生，对肝癌细胞（Hep3B）具有选择性毒性。

Manjunatha（2006）研究檀香紫檀树皮和叶片的抗菌活性发现，树皮提取物具有广谱抗菌活性，对于产气肠杆菌（*Enterobacter aerogenes*）、粪产碱杆菌（*Alcaligenes faecalis*）、大肠杆菌（*Escherichia coli*）、绿脓杆菌（*Pseudomonas aeruginosa*）、普通变形杆菌（*Proteus vulgaris*）、蜡样芽孢杆菌（*Bacillus cereus*）、枯草芽孢杆菌（*Bacillus subtilis*）以及金黄色葡萄球菌（*Staphylococcus aureus*）均抗性强；树叶提取物对大肠杆菌、粪产碱杆菌、产气肠杆菌和绿脓杆菌抗性强。Zamare 等（2013）亦发现檀香紫檀树皮提取物对金黄色葡萄球菌、枯草芽孢杆菌、大肠杆菌、绿脓杆菌等广谱细菌具有显著抑制作用，而且还发现嘉兰百合（*Gloriosa superba*）与檀香紫檀提取物混合使用，对绿脓杆菌的抑制效果最佳。檀香紫檀树皮的热水提取物能够有效抑制蜡样芽孢杆菌的黑色素生产，具有抗黑素原 / 抗酪氨酸酶活性，可作为一种安全的脱色剂（Prasad et al.，2016）。檀香紫檀树皮、叶片的水或乙醇提取液对金黄色葡萄球菌、不动杆菌（*Acinetobacter*）、青紫色素杆菌（*Chromobacterium violaceum*）、弗氏柠檬酸杆菌（*Citrobacter freundii*）、大肠杆菌、克雷伯氏杆菌（*Klebsiella*）、变形杆菌（*Proteus*）、绿脓杆菌、伤寒沙门氏菌（*Salmonella typhi*）和霍乱弧菌（*Vibrio cholera*）等 10 种多重耐药细菌具有抑制作用（Dubey et al., 2012）。Balaraju 等（2008）亦发现檀香紫檀叶片的乙酸乙酯和甲醇提取物对耐药微生物菌株均具有抑制作用，檀香紫檀叶提取物作为耐药细菌和真菌的抗菌剂颇具潜力。

植化分析研究表明，檀香紫檀含有三萜、黄酮、香豆素、单宁、酚酸、聚甾醇类（polysterols）以及精油；其活性成分包括，α-檀香醇、β-檀香醇、柏木醇（cedrol）、紫檀醇（pterocarpol）、异紫檀醇（isopterocarpol）、santalin A、santalin B、紫檀素（pterocarpin）以及柳杉二醇等（Navada & Vittal，2014）。檀香紫檀树皮含有 β-白檀酮、羽扇烯酮、表-羽扇醇、羽扇醇、谷甾醇以及一种新的羽扇烯二醇；Krishnaveni 和 Srinivasa Rao（2000a；2000b；2000c）从檀香紫檀心材中分离出新的异黄酮（6-羟基，7,2′,4′,5′-四甲氧基异黄酮）以及甘草素和异甘草素，从扦插诱导形成的愈伤组织中分析出五环三萜烯（3-ketooleanane），从檀香紫檀心材中发现一种新的酰基化异黄酮糖苷[4′,5-二羟基-7-*O*-甲基异黄酮 3′-*O*-β-*D*-（3-*E*-肉桂酰）糖苷]。檀香紫檀心材乙醇提取物种分离出两种新的橙酮糖苷（aurone glycosides）：6 羟基 5 甲基 3′,4′,5′-三甲氧基橙酮 4-*O*-α-L-吡喃鼠李糖苷和 6,4′ 二羟基橙酮 4-*O*-芸香糖苷（Kesari et al., 2004）；Li 等（2017）从檀香紫檀心材提取物中发现 3 种新的倍半萜烯：canusesnol K、canusesnol L、12，15-二羟基姜黄烯。Jung 等（2012）应用离心分配色谱从檀香紫檀心材中分离出 3 种黄酮类物质：花旗松素（taxifolin）、二氢山柰酚（dihydrokaempferol）和柚皮素（naringenin）。我国学者还通过用薄层色谱、红外光谱、紫外光谱分析发现，檀香紫檀心材可作为蒙药紫檀香（朱明等，2014）。在印度，人们利用檀香紫檀粉末敷面美容（Jamal et al.，2005）。

五、发展前景

尽管檀香紫檀是一个极为珍贵的用材树种，国际市场需求量大，但是经过几个世纪的过度采伐，原产国印度的天然林资源已近枯竭，檀香紫檀也被国际自然保护联盟（IUCN）列为濒危级物种（Reddy & Reddy，2008；Sarangi，2010；Arun Kumar & Joshi，2014）。然而由于檀香紫檀轮伐期至少需要 30~40 年，在印度很少人有兴趣大规模发展其人工林（Vedavathy，2004），以至于其南部各邦现有檀香紫檀人工林仅约 5000hm^2（Suresh et al.，2017）。斯里兰卡引种数十株檀香紫檀，主要种植于该国南部，尤其是 Matara 地区（Arun Kumar & Joshi，2014），一直未得到规模发展。我国自 20 世纪 50 年代末引种以来，由于其种质资源有限，而且在我国种植业尚欠知名度，加之经营周期长，其人工林发展亦非常缓慢，大多停留在植物园或引种园种植阶段（陈青度等，

2004a）。近 10 余年来，随着我国政府重视珍贵树种的发展，檀香紫檀的系统研究和规模发展迎来良好契机，其采种园营建关键技术的攻克也为其规模发展提供种质保障（陈仁利等，2014；陈仁利和曾杰，2018）。为了加快我国檀香紫檀资源培育，需要加强以下方面的研究：

（一）檀香紫檀种质资源收集评价与遗传改良研究

中国檀香紫檀种质资源非常有限，仅海南、云南的三个植物园或引种园早期引种成功。尽管如此，开展前期引进檀香紫檀种质资源的收集，同时通过合作研究和交流等途径尽可能多地新引进印度、斯里兰卡等国的种质资源，依据生长表现、干形、心材率以及木材纹理、密度、颜色等性状开展综合评价，通过区域化试验筛选适合中国各适生区的优良种质材料。研究表明，檀香紫檀心材率株间变异大，而且心材率与生长速度显著相关，因此其遗传改良应加强其生长和材性两方面性状的联合育种，着眼于心材量高、木材密度大、生长速度快，以缩短轮伐期以及提升产量和质量；鉴于具波状纹理木材更为珍贵，未来需特别加大研究规模，重点关注具波状纹理木材的优树或无性系选择。

（二）檀香紫檀良种繁育研究

目前研究历史较早的印度，尽管其在繁殖技术研究方面取得长足进展，然而对于檀香紫檀优良种质的繁育研究才开始起步，需要加强工厂化育苗试验与推广应用。由于我国目前檀香紫檀种子生产量少，苗木价格高，限制其规模发展。利用以印度紫檀大树为砧木的檀香紫檀嫁接技术成果（陈仁利等，2014），加大采种园的建设规模。同时，利用前期筛选出的优树材料大力开展组织培养研究，是降低其苗木价格、促进快速推广的有效途径。

（三）檀香紫檀定向培育研究

檀香紫檀的适生范围较广，在热带、南亚热带地区各种土壤上均能种植，然而其立地适应性以及立地差异尚未可知，其养分需求与施肥技术以及基于种植密度与修枝的干形培育等研究在国内外亦属空白，未来需要开展系统研究，尤其是波状纹理木材形成的相关机理、适宜立地及培育技术研究需要着力加强。

（四）檀香紫檀药物开发及产业化

尽管有关檀香紫檀有效化学成分与药用价值研究取得丰硕成果，然而其药物开发以及产业化尚未取得应有进展，需要加强其药品研制并逐步推向市场，完善整个产业链，将有助于檀香紫檀种植的大规模推广应用。

（陈仁利、曾杰）

第十三节　檀香

檀香（*Santalum album*），又名印度檀香、真檀、白旃檀等，是檀香科（Santalaceae）檀香属（*Santalum*）的一种集药用、香精香料、精细雕刻及宗教用品于一体的重要珍贵用材树种（李应兰，2003）。天然分布于印度尼西亚的帝汶岛和澳大利亚北领地的局部海滨沙地（Harbaugh & Baldwin，2007），后被引种到印度并得到大面积的天然繁殖。目前被广泛引种到孟加拉国、西澳大利亚、南太平洋诸岛屿、斯里兰卡以及中国等地开展驯化和人工栽培（李应兰，1997b；Brand et al.，2006；刘小金等，2012b；Subasinghe et al.，2013）。中国自南北朝梁代以来就开始利用檀香，至今已有 1500 多年的历史（夏纬瑛，1990）。中医认为檀香有理气温中、和胃止痛的功效；檀香油具清凉、收敛、强心等作用，能治疗多种疑难杂症，并被载入《中国药典》（国家药典委员会，2010）；檀香精油香味独特且持久，是一种优良的定香剂，广泛应用于香精香料行业，经济价值非常高（George A & Ioana G，2008）。此外，檀香还是重要的宗教仪式用品，用于雕刻或制作各种宗教用品等（Kumar et al.，2012）。

中国大陆最早于 1962 年从印度尼西亚引入檀香，经过多年的引种、选育、驯化以及高效栽培等试验研究，目前已成功地在我国规模化种植，研制了相应的高效栽培技术，并制定了《檀香栽培技术规程》（LY/T 2121—2013）。同时还针对檀香资源的各种特性，开发了多种相关产品，进一步扩展了檀香的应用范围，增加种植者经济收益。本节从良种选育、高效育苗技术、人工林栽培技术、木材及其他产品利用等方面系统综述了近 10 余年来檀香培育的研究进展，并针对当前的研究现状提出了展望，旨在为实现我国檀香人工林的高效规模化发展提供理论和技术支持。

一、良种选育

热林所自 21 世纪初开始，陆续从澳大利亚、印度、瓦努阿图、斐济等地多批次引进檀香种子，并在广东、广西、海南、云南等多个地区营建了数片良种选育测定试验林。根据早期生长性状、生长差异等指标，初步筛选出适合各种小气候条件种植的檀香种源及优良单株（梁称利等，2011），并对优良单株开展了组培扩繁技术体系研究（刘英，2022），突破了组培苗瓶外微扦插技术。鉴于檀香的经营周期长达 30 年甚至更长，设置的试验林目前正处于心材形成的关键阶段，而且边材和心材在成分组成（刘小金等，2016a）、养分分布（刘小金等，2021）以及资源利用等（刘小金等，2015）方面差异较大，最终檀香木材质量的测定及评估仍需要一段时间，因而目前尚没有经省级以上林业主管部门审定的檀香良种。

二、育苗技术

（一）实生苗繁育

檀香种子含油量较高，在常温条件下贮存时间过长很容易丧失活性，并最终影响发芽率，但将种子置于4℃冰箱内保存则可以将活力保存较长时间（刘小金等，2012a）。此外，檀香种子存在明显的生理休眠，播种后发芽持续时间特别长，为了打破其生理休眠，提升种子发芽的整齐性，生产上常使用800~1200mg/L GA_3进行浸种处理6~12h，以缩短其发芽时间，提升发芽整齐性（刘小金等，2010a；崔永忠等，2011）。檀香种子结构特殊，胚乳丰富，胚非常小，而且包含在胚乳内部，因而常规的靛蓝染色法、碘化钾反应法等很难对檀香种子的活力进行准确测定，需采用四唑染色法（TTC）才能获得准确的效果，其最佳的测定条件（刘小金等，2012a）为：质量分数为0.1%，温度为40℃，染色时间为3h。

半寄生是檀香的重要特性之一，檀香通过根系的吸盘（器）从寄主植物中获取部分养分和氨基酸，因此，檀香的正常生长和发育必须配置好寄主（Radomiljac，1998a）。根据寄主对檀香生长影响的利弊，可将植物寄主分为优良寄主、一般寄主和非寄主（李应兰，2003），而根据檀香生长阶段的不同，又可将寄主分为苗期寄主、中期寄主和长期寄主（Radomiljac et al.，1999）。一般而言，绝大多数的豆科植物是檀香的优良寄主，而非豆科植物多为一般寄主甚至非寄主。如降香黄檀（*Dalbergia odorifera*）、台湾相思（*Acacia confusa*）、山毛豆（*Tephrosia candida*）等豆科植物为优良寄主，而重阳木（*Bischofia polycarpa*）、人面子（*Dracontomelon duperreanum*）等非豆科植物为一般寄主甚至非寄主（Lu et al.，2014）。但这个规律并不总是正确，有时甚至同一属的两个种可以分别为优良寄主和非寄主植物，如合欢属的黄豆树（*Albizia procera*）是优良寄主，但山合欢（*A. kalkora*）则为非寄主，樟属的阴香（*Cinnamomum burmannii*）可作寄主，但肉桂（*C. cassia*）则为非寄主。研究发现，檀香在种子萌发阶段并不需要寄主的参与（马国华等，2005），仅在幼苗移栽后需配置好寄主，而且寄主的种类、配置数量以及配置时间等均对檀香幼苗的生长有显著影响（Radomiljac et al.，1998a；Radomiljac et al.，1998b；刘小金等，2010b；Lu et al.，2014）。种子内所含淀粉可以为没有寄主的檀香幼苗提供能量，并参与檀香吸盘发育以及从寄主吸收和运输水分的生理过程（Zhou et al.，2021）。

水分、养分和寄主是影响檀香幼苗生长的重要因素。李双喜等（2015）采用盆栽法系统研究了水分、养分和寄主对檀香幼苗生长发育的影响，发现保持较高的基质含水量（50%相对含水量）和单株施肥量（300mg/株施氮量）以及种植寄主［假蒿（*Kuhnia rosmarnifolia*）］均可以促进檀香幼苗根系生长和营养吸收及其地上部的生长（李双喜等，2015b），300mg/株是檀香幼苗的适宜施氮量（李双喜等，2015a）。研究还发现，即使在高水且高氮（70%相对含水量，300mg/株施氮量）的栽培条件下，檀香仍然需要寄主才能正常生长发育，即对檀香而言，高水高肥仍不能代替寄主的作用。Meng S 等（2021）发现施氮量和寄生状态对檀香幼苗生物量和吸盘形成等有显著的交互作用，并提出檀香-降香黄檀共生体会根据寄主和养分的可用量来改变或调节寄生系统中自养和异养的比例，最终达到一个资源相对平衡的状态。

此外，育苗基质配方、育苗容器大小和类型、外源生长调节剂应用等均显著影响檀香幼苗的生长。檀香的根系不耐积水，因而添加疏水的基质有助于檀香根系的发育和幼苗的生长。在印度，600ml 的穴盘最有利于檀香幼苗的生长和根系的发育（Annapurna et al.，2004），育苗基质以 60% 以上有机质与细沙和壤土混合后最佳（Annapurna et al.，2005）；而在中国南方地区，等体积的泥炭土、椰糠和火烧土再配上 2% 的过磷酸钙最适合檀香幼苗的生长（Liu et al.，2009），半年生苗木质量指数可达 0.647，比纯黄心土的对照处理提升 15 倍；叶片喷洒 1mg/L 6-BA（Liu et al.，2018）和 ABA（刘小金等，2016b）均能显著促进檀香幼苗的生长，提升苗木质量和抗逆性。

（二）组织培养

印度学者早在 20 世纪 60 年代就开始了檀香组培繁育技术的研究。培养基配方、生长调节剂种类、配比以及应用浓度是影响檀香组培繁殖的重要因素（Rao & Rangaswamy，1971；Das et al.，2001；Muthan et al.，2006）。Rao 和 Rangaswamy（1971）最先通过胚乳培养获得愈伤组织，但无进一步的分化，随后再用离体胚培养，获得愈伤组织，并进一步分化出胚状体，最终获得小植株。Mujib 首次从檀香叶片诱导出不定芽，并发现 BA 是檀香叶片组培的最重要生长调节剂（Mujib，2005）。

生根培养是影响檀香组培快繁成败的重要技术关键，而且不同无性系间组培生根诱导差异显著，生根难度大。Sanjaya 等（2006）通过对各个培育环节进行不断优化，以 50~60 年生的成年檀香优树上的具节枝条作为外植体进行诱导，经过丛芽诱导、继代增殖和体外生根等过程，最终获得了无性植株，但最高生根率仅为 50%；马国华等（2008）以成年优质檀香的嫩芽为外植体，以 MS 为基本培养基，通过优化诱导培养基配方诱导出丛生芽后进行增殖，再置于优化的生根培养 1~3 个月，获得了再生植株，生根率达 87%，最后将生根的植株移栽到配置好优良寄主假蒿的混合基质中，2 个月后获得了优良的檀香组培植株，成活率达 95% 以上，但生根诱导时间长达 3 个月以上；陈伟玉等（2013）采用檀香种胚苗开展组培试验，通过优化培养条件诱导出根原基，但未能长出根系，且瓶苗随培养时间的延长而落叶甚至死亡；刘英（2022）提出了通过组培生产预生根瓶苗，再进行瓶外微扦插的檀香无性系苗木培育方法，并对影响微扦插生根的预生根基质、微扦插基质以及瓶苗高度进行了优化，最后在不同无性系上进行了验证，生根率高达 87.12%，为实现檀香优良无性系的高效扩繁提供了全新的解决方案。

此外，为了提升檀香优良无性系的繁殖效率，很多科学家还开展了檀香体胚发生技术的研究。Bapat 等（1979）报道了一种以檀香下胚轴愈伤组织为外植体诱导体胚发生的方法，并获得了完整的植株；Rugkhla 和 Jones（1998）报道了一种基于檀香体细胞发生的高效繁殖系统，该系统以多年生优树上具节的茎段和种子为外植体，通过在培养基内添加适量深度的 TDZ、2,4–D 等生长调节剂诱导体胚，并最终形成了完整的植株；贺红（2002）以檀香实生苗的下胚轴为材料，MT 为基本培养基，并附加不同种类的植物生长调节剂开展了体胚发生研究，发现基本培养基以 MT 或 MS 为好，IAA 与 BA 结合有利于檀香胚性愈伤组织的形成，诱导率达 36.7%，体胚发生以 MT+0.2mg/L IAA（NAA）+1mg/L BA 培养基较好，BA 浓度为 0.5~1.0mg/L 时，即利于体胚发生，又能保证一定的增殖速度，最终成功诱导出檀香胚性愈伤组织，并通过体细胞胚胎发生长出了正常的茎叶；莫小路等（2008）分别以檀香幼嫩叶片、茎尖和近成熟胚为外植体诱导体胚的发生，发现 1.1 μmol/L 的 TDZ 能诱导檀香叶片和近成熟的种子胚外植体形成体胚，体胚在附加 1.4 μmol/L GA_3 的 MS 培养基上能萌发，但萌发的幼苗没有生长出正常的根系。Peeris 和 Senarath（2015）通过多次优化外植体类型、培养基配方和生长调节剂的运用等多种方法诱导体胚愈伤组织的形成，并最终获得了完整植株，同时还发现具节的茎段是诱导檀香体胚愈伤组织形成的最佳外植体，1cm^2 愈伤组织可以诱导出至少 76 个植株，具节的茎段一般长度为 3cm 左右，因此，8 个月后可获得至少 230 个植株，这一技术的应用，将进一步提升优良材料的繁育效率。

（三）嫁接繁殖

季节、嫁接方法以及接穗年龄是影响檀香嫁接成活率的重要因子。在广州地区，檀香适宜的嫁接季节为 6~10 月，期间日均温 25℃以上，适宜嫁接后形成层的愈合及穗条生长。嫁接方法以腹接法效果较好，成活率可达 80%。檀香嫁接成活率与采穗母树的年龄有明显的相关性，接穗年龄越小，其成活率越高（李应兰，1997a），因而一般采用 1~5 年生幼树为宜，年龄较大的母树建议采用截干后萌出的穗条进行嫁接；Sanjaya 等（2006）从 50~60 年生成年檀香优树上采集穗条开展了容器内（in vivo）和容器外（in vitro）微型嫁接技术研究，并对影响微嫁接成活率的因素进行了总结分析，以探讨优良檀香资源的保存和更新方法。研究发现成年檀香枝条在容器内和容器外的微扦插均能成功，接穗大小、砧木年龄、嫁接季节等多种因素对微嫁接均有重要影响，容器外微嫁接成活率要比容器内高 60% 以上，但该方法对操作条件要求较高，在生产上很难规模化推广应用。

（四）扦插繁殖

檀香的“幼态因素”非常明显，插穗年龄越小，生根率越高。用发芽 3 个月后的幼苗茎干扦插，成活率最高可达 96%，而当苗龄达 11~12 个月时，其成活率接近零（李应兰，2003）。研究发现，采用母树截干 10cm 后萌生的枝条进行扦插，其生根率可达 70% 以上，扦插时间以 6~8 月为宜，扦插基质以河沙较好；研究还发现，不同的激素处理对檀香扦插生根有一定的促进作用，但其作用效果不稳定，规律性不强（陈福莲，1999），因而目前檀香的扦插繁殖仍处于试验阶段，需进一步优化。

三、栽培技术

（一）立地选择

檀香喜肥沃疏松、温暖湿润的环境，其根系浅，不耐积水和瘠薄，在印度、印度尼西亚、澳大利亚等地的各种土壤上都能生长，甚至可以在 pH 值高达 9.0 的碱性土壤上生长，中国海南和雷州半岛的种植实践表明，檀香在排水良好的沙壤土亦能正常生长（广东省湛江南药试验场，1983；刘小金等，2016a）。温度是制约檀香种植的重要生态限制因子，但在野外条件下檀香究竟能抵御多少度低温是科学家们最为关心的问题。中国华南地区的广东南部、广西南部、海南全省、四川南部、福建南部、云南南部等地均种植了一定面积的檀香人工林，2008 年南方地区突如其来的冰雪灾害，给檀香等珍贵树种的耐寒性提供了检验机会。通过寒害调查发现，当温度由 10℃快速降至 1~2℃的情况下，檀香幼树会出现枯梢，但后续会恢复生长，而且对后期生长的影响不大，在极端最低温度 –1℃以上，终年无雪无严重霜冻的地方均可生长良好，因此推断出檀香的大面积推广宜在北回归线以南或北纬 24° 以南的沿海地区，海拔 300m 以下，极端低温在 1℃以上（徐大平等，2008）。此外，檀香根系不耐涝，很容易因积水而造成植株的死亡，因此，原则上避免在低洼地种植檀香，确需种植的一定要做好起垄和开挖等排水工作，土壤积水很快就会导致檀香死亡，造林初期积水树木一般在当年或次年死亡。

（二）寄主配置

檀香寄主的配置贯穿了除种子萌发阶段以外的所有培育环节，不同寄主在不同阶段对檀香幼苗或幼林生长的影响差异较大。因此，在檀香人工林的营建中，除了常规的除草、施肥抚育外，还需定期配置好寄主，以保持人工林的高效生长。研究表明，筛选优良的寄主种类，合理配置优化檀香人工林结构，是檀香林分正常生长的关键（黄滨等，1989）。而檀香最适合的寄主种类常因地区气候条件、所处的生长阶段而异。在澳大利亚，苗期适宜的寄主为一种莲子草（*Alternanthera nana*）（Radomiljac，1998a）；在印度，木麻黄（*Casuarina equisetifolia*）是优良寄主（Rocha et al.，2014）；在中国的云南地区，旱冬瓜（*Alnus nepalensis*）、飞机草（*Eupatorium odoratum*）为优良寄主（周庆年等，1981；李孙玲等，2021），而在中国的华南地区，假蒿、山毛豆、降香黄檀等为檀香的优良寄主（刘小金等，2010b）。周庆年等（1981）在云南的西双版纳地区的种植试验中发现飞机草作为檀香寄主能够促进檀香根系的生长，增加其根系的吸盘数量，在一定程度上促进了檀香幼苗的定植后苗木的生长（周庆年等，1981）；而徐永荣等（2011）在广东云浮的檀香寄主配置试验结果表明，飞机草株高与檀香株高和胸径呈极显著的负相关，同时吸盘数量也最少，是檀香 8 个寄主中最差的寄主；研究还发现在一定配置距离范围内，假蒿、山毛豆、台湾相思（*Acacia confusa*）的配置距离与檀香幼树生长呈显著的正相关。海南地区的试验结果表明，假蒿为最优寄主，其次为柱花草（*Stylosanthes nensias*）、山毛豆、洋金凤（*Caesalpinia pulcherrima*）和降香黄檀，白木香（*Aquilaria sinensis*）表现最差（盛小彬等，2018）。在广州的盆栽试验发现，美洲合欢（*Calliandra haematocephala*）、苏木（*Caesalpinia sappan*）、台湾相思、龙牙花（*Erythrina corallodendron*）为优良寄主，马占相思（*Acacia mangium*）、黄槐（*Cassia surattensis*）为一般的寄主，凤凰木（*Delonix regia*）、海南红豆（*Ormosia pinnata*）、银合欢（*Leucaena leucocephala*）、洋紫荆（*Bauhinia blakeana*）为不适宜的寄主植物（陈荣等，2014）。因此，需综合根据种植地的气候条件特点配置好寄主。

（三）混交与抚育管理

鉴于檀香为根系半寄主树种，因而其人工林也全部为混交林。不同的混交模式及抚育管理措施对檀香人工林生长的影响也较大。钟日妹等（2021）在广东湛江南药场的混交种植试验结果表明，1 行檀香紫檀 +2 行檀香 +1 行降香黄檀（降香黄檀种在 2 行檀香之间）的种植模式效果较好，与对照的 1 行降香黄檀 +1 行檀香相比，9 年生檀香材积增加达 168%，是一种值得深入研究、推广的檀香混交种植模式（钟日妹等，2021）。在施肥等抚育管理方面，以 8 年生檀香 + 降香黄檀混交林为例，铲草、施肥、铲草 + 施肥等抚育措施在一定程度上抑制了土壤氮素硝化和铵化过程，减少了土壤氮素的矿化和淋溶损失量，有利于土壤肥力的保存和氮素的累积（李小飞等，2019）。研究发现，在不铲草条件下的根外追肥可显著增加檀香 – 降香黄檀混交林内凋落物养分归还量，还可增加混交林林下物种的多样性，有利于提升其生态稳定性（薛世玉等，2021b），而铲草则显著减少凋落物养分归还量和檀香吸盘数量（薛世玉等，2021a）。此外，除草和施肥减少了林下微生物的生物量，但增加土壤的呼吸，抑制土壤的矿质化，有助于改善养分状态（Zhang et al.，2021）。种植实践还发现，檀香根系对化学除草剂比较敏感，建议檀香人工林内采用人工除草，慎用化学除草剂进行除草。

（四）心材形成诱导

檀香的经济价值在很大程度上取决于心材的产量和质量。然而，檀香的轮伐期长达 30 年以上甚至更长，因而加速檀香心材的形成，探讨缩短种植周期的方法是檀香人工林提质增效的重要途径之一，然而檀香心材形成的机理至今没有定论，因此目前加速檀香心材的形成方法还主要以试验为主。印度学者最早于 1954 年即开始了尝试，早期主要采用剪枝、修根、环割等机械损伤处理来加速檀香心材的形成，随后采用树干注射硫酸盐、生长激素、生长抑制剂等措施进行诱导（Kadambi，1954）；李应兰等（1994）发现施用代号为 PGI–1 的植物生长抑制剂可使 2 年生的檀香幼树形成心材，而且其檀香油和檀香醇含量较对照高出 1~2 倍（李应兰等，1994）；澳大利亚 Radomiljac（1998）发现树干注射百草枯能诱导幼龄檀香形成心材（Radomiljac，1998b）；林奇艺等（2000）发现乙烯利、IBA 及 GA_3 三种生长调节剂均能促进檀香形成心材，其中以2% 乙烯利钻洞注药效果最显著（林奇艺等，2000）；风的损伤也能在一定程度上促进檀香心材的形成（林励等，2000；魏敏等，2000）；刘小金等（2013）发现树干注射3ml 6g/L 6–BA 能诱导 6 年生檀香形成较高比例的心材，而且从心材中提取的檀香精油达到了国际檀香木油的质量标准（刘小金等，2013）；最新的研究还发现，过氧化氢在诱导檀香心材和倍半萜合成中发挥着重要作用（Li et al.，2021），因而，当前仍需对檀香心材形成的相关机理开展系统深入研究。

四、木材及其他产品利用

（一）木材

檀香木一般是指檀香的心材部分，不包括没有香气的白色边材。檀香木质地坚实，结构细而匀，纹理致密均匀，可抗白蚁危害，木材坚硬，密度为 0.897~1.137g/cm^3，具特殊香气，风干缓慢，刨光性良好，光滑，并且持久耐用，防虫防腐，可抗白蚁危害，是制作精细工艺品和雕刻的优良材料，多用于雕刻佛像、人物和动物等造型和制作檀香扇、珠宝箱、首饰盒、相框、台灯、棋子、棋盘、拐杖等精细工艺品及各种纪念品（林明俊，2018）；其锯木屑可制成香囊佩戴或置于衣箱、橱柜中熏香衣物；檀香木粉末大量用于制作线香和盘香，除用于寺庙焚香、敬神等宗教仪式外，也用于日常家居生活，使室内空气馨香，清除异味等。尽管檀香边材不作药用（黄富远，2007），但其心材中仍含有檀香心材的主要特征成分，如檀香醇、檀香烯等，只是含量略低（刘小金等，2015）。

（二）叶片和种子

彭万喜等（2008）采用热解–气相色谱 / 质谱技术对檀香叶片进行抽提物提取，发现檀香叶片的苯 / 醇抽提物主要包含 16– 三十烷酮（8.69%）、11，14，17– 二十碳三烯酸甲酯（8.49%）、十六酸（5.38%）、吡嗪（4.01%）、环辛二十四烷（3.89%）、苯酚（3.19%）等 118 种化合物；檀香叶片丙酮抽提物主要包含 3– 羽扇酮（39.35%）、蒲公英甾醇（7.60%）、β – 谷甾醇（5.38%）、蒲公英萜醇（3.42%）、乙醛（2.37%）、5α – 雄甾 –6– 酮（2.36%）等 48 种化合物。张宁南等（2009）发现檀香新鲜叶片的苯 / 醇抽提物主要成分是 16– 三十烷酮（8.62%）、11，14，17– 二十碳三烯酸甲酯（8.56%）、十六酸（5.26%）、吡嗪（3.98%）、环辛二十四烷（3.21%）、苯酚（3.04%）、β – 甲基 – 苯丙醛（2.66%）等，表明檀香叶抽提物富含名贵生物医药成分和名贵香料，不仅可用于高档化妆品，还可用作生物能源，部分组成可作为日用品和药材的原料。在日粮中添加发酵处理的檀香树叶和种子不仅可以通过提升超氧化物歧化酶（SOD）和谷胱甘肽过氧化物酶（GSHPX）活性来增强文昌鸡的抗氧化机能，而且还能提高文昌鸡肌肉品质，显著改善肉质风味，且与添加量呈正相关（王永胜等，2012；刘晓军等，2013）。用檀香叶片制成的檀香红花茶，治疗冠心病心绞痛总有效率达 81.2%，檀香茶提取物具有镇静催眠作用，檀香茶叶水提醇沉液具有较好的抗疲劳作用（黄洁等，1998；李萍等，2010；秦明芳等，2010）。

（三）树皮和果实

檀香风干树皮粉末富含 urs–12en–3β –yl– 棕榈酸酯，这种化合物具有显著的昆虫生长抑制作用和化学杀菌活性，微剂量外用于某些森林昆虫的蛹，能诱导形态学缺陷的皱翅和短腹的成虫，在无公害杀虫剂中具广泛应用；此外，檀香树皮还含有 β – 谷甾醇和约 14% 鞣质，这些成分在制药领域亦有较广泛的应用（顾关云，1981）。檀香果皮含有 2.6%~5.0% 的精油，共检测到 66 种挥发性成分，主要成分是棕榈酸、油酸以及一些芳香成分（Zhang et al.，2012a），其根系精油中也含有 53 种化学成分，主要成分为倍半萜烯醇、倍半萜烯等（Zhang et al.，2012b）。这些成分在医药、香精香料等领域具有较大的开发潜力。

（四）医疗医药

檀香心材又是名贵的中药材，中医认为具有行心温中、行气散寒、开胃止痛的功效，临床可用于治疗脘腹疼痛、小儿腹胀（陈晓，1997）、胃痛（罗尊宁，1997）、胆汁病、膀胱炎等多种疾病（梁杨静等，2010），并作为药材载入多个国家的药典。民间采用以檀香为主的蒙药治疗类风湿性关节炎效果良好，对中风、各种血瘀、心肌损伤等也有较好的治疗效果。穴位外敷檀香治疗冠心病有较好的疗效，檀香与苏合香、青木香、乳香等混制成丸对于冠心病心绞痛有良好的效果。檀香油或木质心材的粉末作为复方药物的成分，有改善心肌、心血管功能和修复心肌细胞的作用。檀香的主要化学成分可分为倍半萜类、单萜类、木质素类和其他类（张薇等，2020）。据《中国药典》记载，檀香性辛、温，归脾、心、肺经，具有行气温中，开胃止痛的传统功效，现代药理学研究表明，檀香具有抗肿瘤、抗氧化、抗癌、抗菌、调节胃肠道等广泛的药理作用，其挥发油是主要活性成分。蒙药“三味檀香胶囊”对失眠症、冠心病、心绞痛、等具有较好的疗效（李策等，2014；王宏艳，2016）。食用后能明显促进入睡，改善睡眠质量的作用，无药物依赖性，患者依从性好。檀香醇主要通过干扰细菌蛋白质代谢过程，可明显降低菌体内的可溶性蛋白质含量，进而影响细菌的生命活动，而对细胞膜和细胞壁的影响甚微，因而在新型抗 MRSA 药物的开发过程中具有较大的潜力（谷可欣等，2020）。

五、研究展望

（一）加强种质资源的收集、保存与评价研究

当前中国檀香的种质资源还非常有限，早期引种的主要来自印度尼西亚，因而需系统地从印度、澳大利亚等檀香产地引进优良种质资源，在国内开展种源 / 家系筛选和区域性生长评价试验，并依据生长表现、干形、心材率以及木材纹理、密度、颜色等性状开展综合评价，通过区域化试验筛选适合中国各适生区的优良种质材料。已有研究表明，檀香心材率株间变异较大，而且心材率与生长速度显著相关（刘小金等，2016a），

因此其遗传改良应加强其生长和心材两方面性状的联合育种，着眼于心材量高、生长速度快，以缩短轮伐期以及提升产量和质量。

（二）加快檀香人工林定向培育

檀香的适生范围相对较广，在热带、南亚热带地区的各种土壤上均能种植，然而其对立地条件的适应性以及不同立地条件下的生长差异目前尚没有相关报道，需了解檀香在不同立地条件下的差异，然后根据经营目标，制定具体的培育措施，以实现定向培育。

（三）加快檀香全产业链开发

檀香的叶片、树皮、枝条、木材以及精油等各方面都有重要应用，然而目前檀香的相关产品还很零散，产品参差不齐，很难实现产业化。后续应结合定向培育目标，通过技术研发，开发全产业链产品，以实现檀香人工林种植、加工和利用的全产业化，提升资源培育和利用效率。

（刘小金、徐大平）

第二章
速生及乡土树种遗传改良与高效栽培

第一节　相思

相思，别名金合欢，为含羞草科（Mimosoideae）相思树属（*Acacia*）植物，全世界约有 1200 多种，分为 3 个亚属：金合欢亚属、棘皮金合欢亚属和异叶金合欢亚属。金合欢亚属和棘皮金合欢亚属分布于非洲、美洲、澳大利亚和亚欧大陆，而异叶金合欢亚属仅分布于澳大利亚。中国约 16 种（包括归并种）3 变种，仅台湾相思一种为高大乔木。本属许多树种具有较高的经济价值，其木材质地优良，可作为纤维材、纸浆材、建筑用材、胶合板用材；树皮可以提取单宁、栲胶；树叶用作饲料；此外，能够固氮，可用于改良土壤，森林绿化等。中国在 20 世纪 50 年代早期开始引进了一批相思树种，如黑荆、银荆等。20 世纪 60 年代，大量相思树种纷纷引入国内，包括大叶相思、马占相思、厚荚相思等。目前，中国金合欢属植物约有 100 种，多引自澳大利亚。本节综述了近年来相思在良种选育、育苗技术、木材及其他产品利用、花期物候及开花生物学特征、种子园产量低下的原因等相关方面的研究进展，为今后对相思开展深入研究提供重要参考作用。

一、良种选育

（一）种源、家系选择

我国自从引进相思类树种开始，就对相思类树种进行了一系列的种源、家系筛选试验，筛选获得了许多优良树种、种源和家系，并在华南地区推广种植，产生良好的社会、经济和生态效益。

在中国热带北缘的广东湛江、南亚热带的广东江门以及亚热带的广西博白进行大叶相思优良家系的区域化试验，参试家系在广东湛江具有较高的生长量，1.5 年生其材积生长量分别比南亚热带、亚热带增加了 5.30% 和 1.31%。筛选出优良大叶相思家系共 12 个：BVG2711、BVG2702、BVG2706、BVG2717、BVG2724、BVG2725，2913、2910、JSL1300、2925、MHL077、2928（陈祖旭等，2013）。

从澳大利亚昆士兰引进马占相思的8个种源，在阳江市林业科学研究所4个试点进行对比试验，13242（A5）和13229（A6）生长快、产量高，其树高、胸径生长量均比其余种源高，为大面积营造马占相思林提供了优良种源。引种的相思类树种也可与其他树种进行混种，提高空间利用率，既不影响相思类树种的生长，又可提高经济效益（陈瑞炳，2000）。

经系统研究，厚荚相思的抗旱能力比大叶相思、马占相思都强，筛选出耐旱材料有：马占相思种源15678中的BVG00667和BVG00669家系，种源16990中的MM000978家系；大叶相思种源18854中的2913、2900、2928、2921、2925家系和种源18924中的BVG2712、BVG2713家系；厚荚相思种源13681的63、24家系，16986中的16，15646中的73家系（张卫华等，2013）。

（二）无性系选育

从树高年生长量、材积的年平均生长量和经济效益来看，无性系造林明显优于实生苗，且无性系造林的通直率比实生苗造林高。

从厚荚相思从实生苗与无性系材积生长量的对比试验中得出，厚荚相思实生苗年平均单株材积生长量为0.0131m^3，无性系则为0.0159m^3，两者相差0.0028m^3（王凌晖等，2009）。

卷荚相思优株无性系比良种实生苗有在生长量上有明显的增产优势，造林当年的卷荚相思优良无性系At15树高、地径生长量均高于其良种实生林增益15%以上。2年生时，卷荚相思优良无性系的速生性更加显著，其平均树高、平均胸径、单株材积分别比良种实生林提高了18.4%、15.4%~17.2%和55.1%~59.2%（何木林等，2006）。

对32个马占相思无性系进行选择试验，发现生长最好的无性系为58号和74号，单株材积分别为0.0779m^{3}和0.0723m^3，材积生长量分别为32.4284m^3/（hm^2·a）和30.1020m^3/（hm^2·a），总平均值25.4296m^3/（hm^2·a）相比，年材积增益分别为27.52%、18.37%（陈祖旭等，2006）。

（三）种间杂种创制

相思类树种一般表现为，速生性较好的抗风性较差，抗风性较好的速生性较差；适宜相思类树种种植的区域，通常也是台风频发的区域，选育速生抗风杂交相思新品种对生产具有十分重要的意义。通过人工控制授粉进行相思种间杂种的创制，是选育优良抗风杂交相思新品种的重要前提和基础。

林木的杂交育种研究中，花期不遇是经常碰到的现象；根据育种目标需要，长距离运输花粉也是常有的事情。这些问题的存在，决定了进行相关树种杂交育种研究工作时，开展其花粉活力测定及贮藏等研究就显得非常重要。

开展控制授粉工作，需要大量收集花粉，而相思的花很小（直径<5mm），花粉更小（30~40μm），国内外研究者一直无法突破相思花粉大量收集这一技术，成为限制相

思杂交育种进程的重要技术瓶颈。

以前通常是采集当天开放的花穗，置于室内阴干，当日收集花粉（后来经研究发现，当日采集当天开放的花穗，置于室内阴干，花药几乎没有开裂，没有花粉散出），很难收集到大量的相思花粉。

热林所经过系统研究，突破了相思花粉大量收集技术难题。于开花盛期，9:00 露水干之前，采集当天开放的花穗，置于室内阴干，于次日 10:00 后（研究发现，放置 1 天后，此时的花药大量爆裂，花粉散出），用毛笔反复轻刷花穗 5~6 次，200 目花粉筛过筛并收集保存备用。经显微镜观察表明，该方法能够有效地大量采集马占相思、大叶相思、厚荚相思等花粉且纯度很高。经体外萌发法检测，采集当日新鲜花粉活力，马占相思为 94.28%（詹妮等，2016b），大叶相思为 98.26%（詹妮等，2016a；2016c），厚荚相思为 93.77%（詹妮等，2015）；-20℃保存 1 年的大叶相思花粉活力为 53.37%。研究结果为相思种间杂种的创制奠定了重要的基础，将极大地促进相思杂交育种的进程，是相思育种研究的重要转折点。

二、育苗技术

（一）采穗圃营建技术

营建采穗圃的目的是为了获得足够多的穗条以用于扦插苗木的生产，穗条的产量是我们追求的目标之一，获得更多的扦插苗木才是我们的最终目的。

不同株行距、不同修剪高度，平均每株萌条数与合格穗条数之间具有一定的相应比例，即 3 ∶ 1 左右，也就是说 3 个萌条中才有 1 个达到合格穗条质量。因此，要想获得更多的合格穗条，必须要通过获得更多的萌条才能得以实现。种植密度低的植株由于能够获得更多的光照及水肥，因此其萌条数及穗条量也更多；但可能由于萌芽时间的差异，或者是水肥不够，造成穗条量远远低于萌条数（黄烈健等，2013）。

不同株行距对马占相思扦插生根率、根数及根长的优劣排序为 20cm × 20cm > 30cm × 30cm > 50cm × 50cm，对大叶相思扦插生根率、根数及根长的优劣排序为 20cm × 20cm > 50cm × 50cm > 30cm × 30cm。可能的原因：株行距为 20cm × 20cm 时，植株之间的生长已经受到光照和水肥竞争的影响，由于株行距较密，植株能够获得的光照及水肥较少，其萌条相对较嫩，木质化程度较低。因此，其扦插生根率较高，这与扦插时采的穗条要求是半木质化的相一致（黄烈健等，2013）。

根据不同株行距、不同修剪高度下的合格穗条数、扦插生根率，计算平均每亩采穗圃能够获得的穗条数及扦插苗木数量。马占相思：种植密度 20cm × 20cm、修剪高度 10cm，获得的穗条总量为 6.72 万条，获得的扦插苗木数量为 5.82 万株，为采穗圃营建的最佳模式。大叶相思：种植密度 20cm × 20cm、修剪高度 30cm，获得的穗条总量为 97.20 万条，获得的扦插苗木数量为 73.44 万株，为采穗圃营建的最佳模式（黄烈健等，2013）。

（二）扦插生根技术

前期关于相思的扦插生根技术研究，存在着生根率低或生根效果不理想的现象，热林所经过系统研究，将相思扦插生根率高到 90% 以上，为相思的生产推广起到积极的作用。

1. 扦插生根随时间的变化趋势

马占相思 插后 5 天便出现了愈伤组织，10 天已有部分插条生根，扦插 15 天后，愈伤数提高到 22 条，且有 35.56% 的插穗已生根；扦插 30 天后，生根率迅速提高到 80%，与 15 天相比提高了近 1 倍；扦插 40 天后生根率达到 91.11%。穗条生根有 2 个生根高峰期，一个是插后 10~15 天，另一个是插后 25~30 天（易敏等，2010）。

大叶相思 插后 5 天皮部便开始萌动，形成白色凸起，到 10 天已经有部分插条生根，到扦插 15 天后，已有 7.5% 的插穗生根；插后 20 天，生根率则提高到 57.5%，与 15 天相比提高了 50%；插后 40 天的生根率达到了 80.8%。大叶相思在 10 天左右开始生根，生根高峰期为 15~20 天（易敏等，2011）。

2. 插穗部位及长度对扦插生根的影响

不同部位的插穗，其生根率由高到低依次为上部、中部、下部。马大杂种相思上部插穗的生根率 88.89%，显著高于中部的 60% 和下部的 32.22%；插穗长度（5~10cm、10~15cm、15~20cm）对生根率无显著差异影响，但 5~10cm 的插穗，生根效果最好（易敏等，2014）。

3. 不同激素种类、浓度及处理时间对扦插生根的影响

不同激素种类（IBA、NAA、ABT-1#）及浓度对相思的生根率、平均根数及最长根长均有一定差异。

马占相思 IBA 处理的生根率最高，其他 2 种激素处理的生根率相对较低。IBA 处理的根数多且较细，ABT-1# 处理的根较粗，但根数相对较少。从隶属函数值可以看出：IBA 400mg/L 处理 2h 最优，生根率为 90.00%，平均根数和最长根长都明显优于其他处理（易敏等，2010）。

大叶相思 IBA 处理与其他 2 种激素处理相比，平均根数更是达到显著差异水平，插后 40 天生根率最高达到 82.22%，最长根长也存在显著差异。IBA 200mg/L 处理的隶属函数值为 2.14，为最优处理（易敏等，2011）。

马大杂种相思 IBA 400mg/L 处理的生根率最高，达到 93.33%，显著优于 NAA 最优处理的 55.56% 和 ABT-1# 最优处理的 77.78%。平均根数则以 IBA 800mg/L 最多，最长根长同样以 IBA 400mg/L 处理最长，达到 2.55cm（易敏等，2014）。

（三）组培技术

林木无性系早期选择多以 1/3 主伐年龄为最小年龄，相思树种一般在 2~4 年进行早期选择，早期选择能加速育种进程，且早期选择出的优树树龄低，易于无性快繁。然

而，早期选择的淘汰比例较低（30%~40%），入选率较高，3年生的马占相思优树入选率为76%；由于林木生长特性以及遗传特性，不同树龄，性状变化较大，早期选择结果的可靠性远不及高龄优树选择。早期选择出的优良无性系在生产中无法满足对大径材树种的利用。通过对3年、6年、9年生马占相思制浆造纸性能进行研究，结果表明6年马占相思制浆性能最佳，3年生最差。结果提示我们，如针对马占相思的制浆造纸指标进行良种选育时，应在6年以后进行选择，才能保证选育效果。对7年、10年、20年生马占相思木材性能研究指出，随着树龄增加，木材密度逐渐增大，培育树龄较大的马占相思成熟材，更利于其实木利用。以16年生成年优树为材料，建立组培快繁体系，克服成熟效应，获得较高且稳定的增殖倍数（3.08），芽诱导率高达93.33%，能提供大量性状优良且稳定的苗木，对马占相思育种选育及其在生产中利用具有重大意义（王鸿等，2016）。

1. 升汞和酒精处理时间对马占相思芽诱导的影响

选择0.1%升汞和75%酒精对外植体进行消毒处理，污染率随着升汞和酒精的处理时间增加呈下降趋势，而褐化率则随消毒剂的处理时间增加而增加。其次，出芽率受消毒剂的影响较大，消毒剂处理时间延长，外植体的出芽率有所下降。消毒时间对污染率、褐化率、存活率、出芽率的影响均达到显著水平，其中受消毒剂的影响最为敏感，以升汞和酒精分别处理9min和15s效果为最佳，存活率和出芽率分别为66.67%、78.00%（王鸿等，2016）。

2. 材料部位对马占相思芽诱导的影响

以第1~2个腋芽茎段（上段）作为外植体，马占相思的污染率最低，为65.33%，褐化率最高，为19.33%，出芽率最高，为79.33%。第5~7个腋芽茎段（下段）为外植体时，污染率达到最高，褐化率和出芽率则最低；枝条中部半木质化的茎段（第3~5个腋芽）为外植体时，存活率最高为70.67%，而出芽率与第1~2个腋芽茎段的未达到显著水平，为78.67%；最佳外植体应当选择枝条的第3~5个腋芽茎段（中段）（王鸿等，2016）。

3. 采条季节对马占相思芽诱导的影响

马占相思在不同季节采集的材料通过同样的消毒处理后，其污染率、褐化率、存活率和出芽率均表现不同。其中，8月采集的外植体的污染率均较其他月份采集的低，为10.67%，褐化率则与其他月份采集的无太大区别；2~5月湿润多雨，是外植体污染最严重的采集季节，为28.67%。8月的出芽率最高，此时正是热带树种植物生长的最佳时间；而11月气温较低，干旱少雨，出芽率最低。因此，8月是进行外植体采集的最佳时间（王鸿等，2016）。

4. 外植体来源对马占相思芽诱导的影响

马占相思直接以母株枝条（Type Ⅰ）为材料进行芽诱导时，污染率高于来自采穗圃中的枝条（Type Ⅱ）；其次，Type Ⅰ的褐化率也高于 Type Ⅱ，存活率和出芽率均低于 Type Ⅱ。因此，母株枝条先通过扦插生根并建立采穗圃，通过选取采穗圃中的枝条（Type Ⅱ）进行芽诱导时，污染率和褐化率较低，且出芽率有所提高（王鸿等，2016）。

5. 6–BA、蔗糖、基本培养基对马占相思芽诱导的影响

将无菌茎段接入培养基中，10 天后腋芽开始萌发，30 天左右生长至 2~3cm。6–BA 对马占相思出芽率的影响达到了极显著水平，培养基类型对出芽率的影响达到了显著水平、而蔗糖浓度对其影响不大。6–BA 为 0.5mg/L 时，马占相思的出芽率极显著高于其他两组。不添加 6–BA 的培养基诱导的腋芽生长速度慢，出芽率较低，但腋芽生长正常，叶片舒展、茎段粗壮；当添加 0.5mg/L 的 6–BA 时，腋芽生长速度加快，芽的长势较为旺盛；6–BA 为 1.0mg/L 时，腋芽丛生生长且较弱小，出现玻璃化现象。培养基类型以改良 MS 为最佳，芽诱导率可达 84.66%，显著高于 MS 和 1/2MS。蔗糖浓度为 30g/L 时，芽诱导率最高。马占相思以改良 MS+6–BA 0.5mg/L + 蔗糖 30g/L 为最佳芽诱导培养基（王鸿等，2016）。

6. 增殖培养

6–BA、NAA 单因子对马占相思增殖的影响 经方差分析，不同浓度的细胞分裂素 6–BA 和生长素 NAA 对增殖倍数的影响均达到了显著差异水平。当 NAA 为 0.1mg/L 时，随着 6–BA 浓度的升高，腋芽分化现象逐渐明显，但增殖倍数呈下降趋势。当 6–BA 浓度为 0.5~1.0mg/L 时，增殖倍数显著高于其他浓度诱导的，但随着 6–BA 浓度的继续升高，增殖倍数呈下降趋势，同时，芽的长势逐渐变弱，出现玻璃化现象；当 6–BA 为 1.0mg/L 时，随着 NAA 浓度不断升高，平均增殖倍数呈现先上升后下降的趋势，但增殖苗的长势有明显改善。NAA 为 0.1mg/L 时，平均增殖倍数最高，为 3.85，在 NAA 为 1.0mg/L 时，增殖芽的长势达到最佳状态（王鸿等，2016）。

6–BA、NAA 不同浓度组合对马占相思增殖的影响 腋芽的诱导不只受 6–BA 和 NAA 的绝对值影响，还受二者的不同浓度组合及浓度比的影响。经方差分析，6–BA 与 NAA 的浓度比对马占相思增殖倍数的影响达到了显著水平，增殖倍数随着浓度比的降低总体呈先增加后下降的趋势。6–BA∶NAA ＞ 5∶1 时，增殖倍数随着比值的增加而下降，同时增殖芽长势变差，玻璃化现象加重，后续研究还发现此类培养基诱导的增殖芽不宜生根。此外，6–BA∶NAA ＜ 5∶1 时，增殖芽生长健壮，生长速度快，但增殖倍数都偏低。当 6–BA∶NAA 为 5∶1 时（6–BA 为 0.5mg/L，NAA 为 0.1mg/L），增殖倍数和芽长势均达到最优状态，增殖倍数为 3.96，增殖芽生长健壮、生长速度快（王鸿等，2016）。

基本培养基类型、活性炭、蔗糖浓度对马占相思增殖的影响 基本培养基类型对马占相思增殖倍数的影响没有达到显著差异水平，在实际观察中也没有出现植物生长不良的现象。因此，MS、1/2MS、改良 MS 这三种基本培养基均适合马占相思的增殖培养（王鸿等，2016）。

蔗糖浓度对增殖倍数的影响也未达到显著水平。但观察发现，含低浓度蔗糖的培养基诱导的增殖芽生长细长，长势较弱，当浓度高于 40g/L，增殖芽生长较慢，添加过多的蔗糖也会增加培养成本，选择 20g/L 时，芽的长势较好，是适合的蔗糖浓度（王鸿等，2016）。

活性炭浓度对增殖倍数的影响差异显著，随着活性炭浓度的增加，平均增殖倍数逐渐下降，当向培养基中添加活性炭 0.05g/L 时，增殖倍数下降至 3.22，但此时诱导的增殖芽长势较好，茎段健壮，苗高，叶片较绿；而当活性炭浓度继续上升时，增殖芽长势虽好，但增殖现象较少、增殖倍数太低（王鸿等，2016）。

多次继代培养对马占相思增殖的影响 经过增殖培养研究，获得了两种类型的增殖培养基：I 型（MS+6–BA 0.5mg/L+NAA 0.1mg/L+ 蔗糖 20g/L）和 II 型（MS+6–BA 0.5mg/L+NAA 0.1mg/L+Ac0.05g/L+ 蔗糖 20g/L），I 型为较高增殖倍数的增殖培养基，II 型为增殖芽长势较好的增殖培养基（王鸿等，2016）。

7 次继代培养结果表明：I 型培养基的增殖倍数随着继代次数的增加而呈现下降趋势，II 型培养基的增殖倍数则较为稳定。观察还发现，I 型培养基的增殖芽长势会随着继代次数的增加而逐渐变弱，II 型培养基的增殖芽长势则保持旺盛、生长速度快。以 I 型培养基进行增殖培养，第 1 代至第 7 代的平均增殖倍数下降了 9.59%（由 3.96 倍下降到 2.65），呈线性下降。同时，增殖芽的长势逐次变差，玻璃化逐次加重，有效芽数目减少。以 II 型培养基进行增殖培养的平均增殖倍数较为稳定，7 次继代的平均增殖倍数为 3.08，增殖芽的质量较好，芽健壮高大，叶片舒展（王鸿等，2016）。

马占相思经过多次继代之后的组培苗，其生根体系与外植体的树龄无关，最佳生根体系为 1/2MS+IBA 0.5mg/L+NAA 0.5mg/L+ 蔗糖 30g/L，生根率为 94.36%（王鸿等，2016）。

三、木材及其他产品利用

（一）单宁及栲胶

栲胶又称植物鞣料浸膏，是用含有单宁的树皮、木材、果实、果壳、根、茎、叶，经过粉碎、浸提、蒸发、干燥而成的固体物质。作为栲胶原料其单宁含量必须在 7% 以上，纯度 50% 以上，鞣革性能好。

相思类树种是含单宁植物中的一个特殊树种，大部分具有间苯二酚、临苯三酚型 A 环的黄烷醇和原花色素，均可从金合欢属树种中分离出来。马占相思树皮是一种优良的栲胶原料，单宁含量约 40%，其制得的栲胶颜色较浅、富有弹性、皮质较好。马占相思树皮单宁含量为栲胶原料树种第 2 位，其绝干树皮单宁含量为 32.8%~36.75%、纯度为 82.4%，属于凝缩类，2.34~3.5t 气干树皮可生产 1t 左右的栲胶（杨绍增等，1996）。

（二）树胶

相思树属大多含树胶。阿拉伯胶树（*A. arabica*），单株产胶 0.9kg，广泛用于胶水、乳化剂、墨水、印染、糖果以及制药等工业；有些树种的树胶也可代阿拉伯胶，如黑荆树（*A. meurnsii*），大树年株产胶 2.2kg；金合欢（*A. farnesiana*）、高金合欢（*A. elata*）、刺金合欢（*A. Senegal*）、柔毛金合欢（*A. mollissima*）等均产树胶，但胶的质量次于阿拉伯胶。

（三）芳香油

相思属植物花很香，可以提取香精，调作香料。金合欢花浸膏得率为 0. 5%~0. 8%，其主要成分为金合欢醇、香叶醇、芳樟醇、苄醇、松油醇、癸醛、苯甲醛、大茴香醛、香豆素、对甲酚以及硫酸甲醋等，香气浓郁持久，为名贵精油之一，可用于调制高级香水、化妆品等。

（四）木材及制浆

台湾相思（*A. confusa*）心材暗褐色至红褐色，儿茶（*A. catechu*）心材红褐色，均十分坚硬、耐腐，宜作家具、室内装饰材、车船、木梭、农具等。纹荚相思（*A. aulacocarpa*）、苏门答腊金合欢（*A. glauca*）、银荆为速生造纸材树种，可生产书写纸、印刷纸。

6 年生大叶相思纤维长 0.93mm，纸浆得率 52.1%，从纤维形态和制浆得率来看，大叶相思是适宜造纸的相思类树种。大叶相思和厚荚相思的综纤维素含量大于马占相思，同时木素的含量也低于马占相思，大叶相思和厚荚相思比马占相思更适于造纸。根据木材的浆张强度，大叶相思的耐破指数、撕裂指数均最大，属于优质造纸用材树种。因此，大叶相思更适宜作造纸纸浆材，最适于营造速生丰产造纸用材林（赵和金，2007）。

（五）其他成分

从相思类树种植物中，可分离出具有抑制环氧化酶和脂氧化酶双重作用的黄烷及黄烷混合物；与单用环氧化酶抑制剂相比，具减轻血管收缩作用，有较好的抑制花生四烯酸代谢物的作用，抗炎作用强，副作用小，无胃肠毒性。可以用于防治由环氧化酶和脂氧化酶引起的疾病，如类风湿性关节炎、骨关节炎、肠炎、接触性皮炎、局部创伤、擦伤引起的轻微炎症、痛经、牛皮癣、系统性红斑狼疮、慢性紧张性头痛、偏头痛、晒伤以及实体癌等。

美国研究者研究发现：从一种澳洲金合欢属树（*A. victoriae*）中提取的三萜皂苷化合物 avicine，可能具有抗癌作用；avicine 有抑制化学诱发的小鼠皮肤癌发生的能力，其药理作用是通过产生一种不利于肿瘤生长的组织微环境而减少细胞损伤（刘萍等，2002）。

四、花期物候及开花生物学特征

相思属植物的花期物候及开花生物学特征，不同树种表现不同，同一树种在不同地方表现也大不相同。热林所系统研究了大叶相思、马占相思的花期物候及开花生物学特征，为今后开展相思树种的杂交育种研究奠定了重要的基础。

（一）大叶相思

在无性系种子园内 8~12 月开花。群体花期具非持续性，由 5~13 天的开花期和 5~12 天的非开花期循环组成，整个花期有 5~6 个循环。花序上的花苞由绿变黄后 2~3 天开花，花序上的单花开放基本同步，花期为 3 天，第 4 天开始败花，如遇台风或降雨则第 3 天即开始凋谢。未授粉的单花脱落仅存花序梗，受精的单花则宿存，10~15 天便可肉眼观察到形成的荚果（李军等，2010）。

小花枝平均长 25.0 ± 7.4cm，具 20~30 个花序，花枝下部的花序发育成熟早于上部的花序，形成了大叶相思非持续性开花模式。穗状花序长 7.12cm，1~4 个簇生于叶腋，以 2 个最常见；每花序由 80~137 朵花聚集而成，略高于昆士兰大叶相思（43~118 朵）。花橙黄色，杂性，同一花序上通常具两性花和雄性花，但雄性花的比例很小，表现为缺少雌蕊或雌蕊短小无花柱。小花顺时针螺旋状排列于花序轴上，每螺旋 5~8 朵小花。小花长不及 5mm，花萼 5 裂，乳白色，长 1mm；花瓣 5 片，基部联合，黄色，长约 2mm；每朵花有 124.1 ± 16.5 枚雄蕊，花药垂直位于花丝顶端，背部与花丝连接，花药外壁有冠状疣突，两室，由 8 个花粉囊组成，每个花粉囊有 1 粒复合花粉，复合花粉由 16 颗单粒花粉牢固结合为一体，即为 16 合花粉粒。16 合花粉粒直径 30~40 μm，圆饼状，排列方式为中间 8 个，分上下两层，每层各 4 粒，形状规则，周围 8 个围绕中心排列，形状不规则。雌蕊 1 枚，偶见两枚；平均长 4.42mm；子房梭形，密被长绒毛，具 9~19 粒胚珠；花柱细长，具引导组织；柱头呈凹杯状，直径 65~70 μm，成熟时具分泌物，以便接受花粉（李军等，2010）。

（二）马占相思

群体始花时间为 9 月，10 月为盛花期，11 月下旬终花。群体花期呈现非持续性，由 3~5 天的小花期和 6~15 天的非开花期循环形成。整个林分共有 6~7 次小花期，在 2009 年主要有 7 次小花期，其中 3 次开花规模较大，开花植株约占林分的 80%，集中于 10 月，为群体开花高峰期。个体首花时间为 8 月下旬，有 3~4 次小花期，开花同步性很强，呈现“集中开花模式”。小花期内，所有成熟花序将在 3~4 天内由花枝低端向上顺次开放。每个花序开花持续时间为 3 天，第 4~5 天凋谢。凋谢后花序掉落成凸梗，随即凸梗也掉落。受精的花会宿留于花梗上，发育成果荚。一般 15 天左右肉眼可见，次年 6~7 月果荚成熟（黄烈健等，2014）。

马占相思花序穗状，1~8 个簇生于花枝的叶腋处，以 2~4 个为常见。小花枝长 17.3 ± 5.7cm，排列有 35 ± 14 个花序（n=51），花序的发育程度差异大，位于花枝下部的花序发育快，先开放，而顶部的花序发育慢，滞后 1~2 月开放。小花期内，单个花枝上有 30%~40% 的花序开放（平均 11 个花序），因此花枝上所有花序的开放需 3~4 次。这也解释了单株有 3~4 次的小花期（黄烈健等，2014）。

穗状花序长 8.33 ± 1.27cm，由 172.72 ± 27.06 个单花组成。小花以螺旋状排列于花序轴上，每轮排列 6~8 朵。花杂性，除了两性花外，花序上还有少量雄性花，表现为缺少雌蕊或者雌蕊萎缩。对 5 个单株的 50 个花序解剖后（共 6293 朵），发现每个花序上雄花所占比例变幅大，为 0.68%~42.98%，其均值为 10.35 ± 7.78%；而在 5 个单株间差异并不明显（黄烈健等，2014）。

花白色，小于 5mm，花冠五裂，基部联合，伸展后长约 0.2mm。雄蕊群数目庞大，多达 63~135 个，花药黄色，垂直位于白色花丝顶端，成熟时纵裂。花药壁由表皮和药室内壁组成，表皮具丰富的角质脊，内壁密布球形的颗粒。花药两室，每室由 4 个花粉囊组成，每个花粉囊产生一粒复合花粉，直径 29~35μm，由 16 粒单花粉结合为一体。雌蕊一枚，偶见两枚，长 4.55 ± 0.38cm；花柱细长，具实心引导组织；柱头小，凹陷呈杯状，能容纳一粒复合花粉；子房梭形，密被长绒毛，含 12~16 粒胚珠（黄烈健等，2014）。

花序大小、花大小、雄蕊长度等在林分内差异并不显著，但花数目、雌蕊长度及每朵花所含雄蕊数目在林分内却存在着显著性差异。

五、种子园产量低下的原因

马占相思平均每个花序有 172.7 ± 27.1 朵花，平均每朵花有 83.2 ± 10.3 个雄蕊，每个雄蕊花药两室，每室 4 个花粉囊，每个花粉囊产生 1 粒复合花粉粒，平均每个花序的花粉量为 114949 粒复合花粉粒，如此庞大的花粉量，其结荚率仍然很低。其主要是因为雌蕊先熟、雌蕊比雄蕊稍长，这些特征决定了马占相思在无任何外界影响下，柱头很难接受到花粉；而 16 合复合花粉粒的结构特点，又不利于风媒传粉，更降低了柱头接受花粉的概率。以上均为马占相思种子园结荚率低的重要因素（詹妮等，2016）。

尽管有中华蜜蜂等访花昆虫能有效地对马占相思进行传粉，且其携带的花粉纯度几乎达 100%，但是马占相思的结荚率仍然很低。观察统计马占相思的自然结荚率以及开展马占相思控制授粉研究，发现马占相思的 ISI 小于 0.002，为高度自交不亲和（詹妮等，2016）。

自然条件下，马占相思复合花粉粒的结构特征不利于风媒传粉，主要靠昆虫传粉；而访花昆虫造成柱头上是同株花粉的几率却很高，由于马占相思为高度自交不亲和，从而导致自交不孕。中华蜜蜂在单个植株上的停留时间较长（长达 20min 左右），采集多达 20 个以上的花穗，其访花行为虽然可以转移花粉，但却是同株内的传粉，这样反而提高了马占相思的自交几率，从而降低了结荚率（詹妮等，2016）。

据潘志刚报道，在海南万宁，马占相思母树林每公顷可产种 10kg，单株最高可产 1kg。种子千粒重 11.4g，出籽率 7%，发芽率 80%~85%；而在广州，马占相思种子千拉重为 9.0~9.5g，如在幼果期出现低温阴雨天气，则严重影响当年种子产量和品质，千粒重仅 5g；万宁和广州两地纬度相差 4° 左右，年均温相差 2.5℃。因此，有研究者认为，马占相思属热带树种，开花结实要求有较高的有效积温，在广东江门市新会区建马占相思种子园是其纬度偏高，有效积温不能满足要求，这造成该种子园低产的主要原因（詹妮等，2016）。

马占相思平均每个花序有 172.7 ± 27.1 朵花，每朵花有 1 个雌蕊，每个雌蕊平均有 14.11 ± 1.05 个胚珠。若不存在自交不亲和，授粉后平均每个花序可获得 2437 粒种子。潘志刚等研究表明，马占单株最高可产 1kg 种子，种子千粒重为 11.4g，则 1kg 的种子数应为 87719 粒。按此计算，约 36 个马占相思花序就可生产 1kg 种子的种子粒数。1 株马占相思树上的花序却多不胜数，按以上分析数据，1 株马占相思所能生产的种子粒数将是相当可观的，种子产量至少可达数百千克。但实际上，有效积温高的海南地区亦只能生产 1kg 的种子，即 8 万多粒（不足 9 万粒种子）。所以，有效积温不足，不是马占相思种子园结荚率低下的真正原因。自交不亲和的存在，以及传粉昆虫的特性造成自花授粉的几率极高，在自交不亲和特性的作用下，最终导致结荚率低下。种子产量与结荚率、出籽率、种子千粒重有关，种子千粒重与有效积温的关系更为密切，结荚率则受自交不亲和的影响非常大（詹妮等，2016）。

观察发现，马占相思存在有自交亲和的变异现象，变异的单株开花较早，结荚率非常高，为 7.22%；马占相思一般情况下的平均结荚率很低，为 0.09%，变异单株的结荚率比自交不亲和的结荚率提高了 80.22 倍。通过研究，选育自交亲和的马占相思无性系，将是提高种子园种子产量的最佳策略，这还需要相思工作者开展进一步的研究（詹妮等，2016）。

（黄烈健）

第二节 南洋杉

南洋杉（*Araucaria cunninghamii*），俗称肯氏南洋杉，为南洋杉科（Araucariaceae）南洋杉属（*Araucaria*）常绿乔木，高达 60m，胸径达 1.9m，树干通直，树冠塔形。木材硬度适中、易加工，广泛应用于制作单板、胶合板、室内装修材和各类家具及造纸等。树干通直、粗壮，树形美观，是热带、南亚热带地区庭园绿化、美化树种，适应性好，抗风能力强，在商品林建设、生态修复、景观构造工程中发挥作用。南洋杉原产澳大利亚昆士兰、新南威尔士，巴布亚新几内亚和印度尼西亚伊里安查亚省的商品材树种，南纬 8°~32°，海拔 0~1300m。现在非洲的肯尼亚、尼日利亚、津巴布韦、乌干达、厄立特里亚和毛里求斯，大洋洲的所罗门群岛和新西兰，南太平洋岛国斐济，亚洲的马来西亚、印度等国广泛栽培。中国海南、广西、广东、云南、福建、台湾等省（自治区）相继成功引种，适生区年降水量 1000~2000mm，年平均气温 16~26℃，最热月平均气温 23~30℃，最冷月平均气温 1~7℃，极端最低气温不低于 −3℃。本节综述了南洋杉良种选育、育苗技术、栽培技术、价值用途等情况，以期促进该树种的研究和发展。

一、良种选育

澳大利亚昆士兰州的南洋杉遗传改良始于20世纪30年代，历时70年。开展了优树、种源、家系选择和控制授粉等多项技术的研究。2001年热林所从澳大利亚昆士兰林业研究所引进29个优良家系，2003年在广东建立了家系筛选试验林，初步选出10余个优良家系。南洋杉12~15年生时产雌花，22~27年生时产雄花，通过嫁接建立种子园，可使雌花和雄花开花时间分别缩短为2~3年和5年。南洋杉优良材料生长迅速，广东省开平市种植的人工林，14年生平均树高9.7m，平均胸径14.1cm。海南尖峰岭热带树木园内29年生平均树高18m，平均胸径23cm，优势木树高20m，胸径28.7cm。

二、育苗技术

选择3~5月或9~11月播种为宜。播种前用清水浸种，种子与水的容积比约为1∶3。每隔4~5h搅拌1次，并压住漂浮的种子，确保种子吸水均匀。浸种24小时后，用0.3%的高锰酸钾溶液消毒5~10min（彩图2–1）。

采用平盘容器播种时，选用干净的河沙装盘。采用圃地播种时，选用疏松、肥沃、排水良好的沙质壤土作床。播种床宽度80cm，长度根据圃地情况确定，苗床高出步道10~20cm。在床面上铺2~3cm的细沙，增加土壤通透度，改善种子发芽条件。亦可用河沙直接作播种床。用0.3%的高锰酸钾溶液或代森锰锌可湿性粉剂500~600倍液，进行基质消毒，消毒后隔天播种。

将种子均匀撒在容器或苗床上，确保种子之间互不重叠。用木板将种子略压入沙土中，覆盖沙土，以刚刚盖住种子为宜。播种后，浇0.1%的高锰酸钾溶液，加盖30%~50%透光度的遮阳网。如遇上连续低温阴雨天气，需盖薄膜，以保持苗床干燥。播种2~3周后，种子陆续萌发，种壳脱落，子叶张开。当小苗脱掉种壳、针叶完全伸展时，可移苗上袋。未及时移出的苗木，易感染猝倒病，应每隔7天喷施1次0.5%波尔多液或500~800倍液多菌灵加以预防，或75%百菌清可湿性粉剂600倍液喷雾防治（周再知等，2018）（彩图2–2）。

移苗后需盖遮阳网。幼苗生长期间，进行常规水分管理。移植的小苗恢复生机即可施肥，宜少量多次。以复合肥（氮∶磷∶钾＝15∶15∶15）按0.1%~0.2%水溶液喷施，施后用水淋洗叶面以免烧苗。每隔10~15天施肥1次，适当单施尿素或磷肥，以促进植株及根系生长。在南洋杉养分需求方面研究表明（黄桂华等，2010），不同施肥水平对南洋杉苗高和地径生长作用明显，低水平的营养元素对促进南洋杉的生长好于高水平。各元素对南洋杉苗高生长的影响大小排序为氮＞磷＞钾，对南洋杉地径生长的影响为磷＞钾＞氮。张金浩等（2014）研究得出，南洋杉幼苗的最佳施氮范围为550~575mg/株。营养袋苗高 25~35cm 时可出圃。出圃前 2~3 个月，移除遮阳网炼苗。培育 2 年生苗（丁友芳等，2016），苗高为 35~45cm，其造林效果更优。

三、栽培技术

造林地宜选择土层深厚、肥沃、湿润、排水良好的山地或丘陵地。种植前清杂、挖穴，穴规格 50cm × 50cm × 45cm。穴施生物有机肥或农家肥 1.0kg，氮磷钾复合肥 500g 或钙镁磷肥 1.0kg，无机肥与有机肥配合使用有更好的效果（龙友深等，2015）。

春季透雨后造林。初始种植密度依据培育目的和集约经营程度而定。立地条件较差、集约程度低，株行距宜采用 3m × 3m 或 3.3m × 3.3m，以后通过 3~4 次间伐培育中、大径材；立地条件好、集约经营程度高，宜采用 3.6m × 3.6m、3m × 4m 或宽行窄株种植方式 2.5m × (5~8)m。

每年顶芽开始萌动后半个月至一个月进行追肥。追肥宜结合抚育，一般在 4~5 月进行。造林后 1~3 年，每年追肥 1 次，以氮肥（尿素）为主，每次 120~300g/ 株，造林后 4~7 年，以氮磷钾复合肥为主，每次 350~500g/ 株。在幼树两侧，距树干基部 30~40cm 处，挖一个深为 15cm 的环形小沟，施肥后覆土。

林分 7~8 年生时，进行第 1 次修枝，修枝高度为树高的 1/3 以下。13~15 年生时，再次修枝。修枝高度为 5.0~7.0m。可使用手锯或链锯，切口与树干平行、平整光滑，留桩不超过 1.0cm。根据培育目标、林分生长情况及初始密度，确定间伐年龄和强度。培育大径材，第 1 次间伐在 17 年生时，每公顷保留 865 株，第 2 次在 27 年生时，保留 400 株 /hm^2（周再知等，2018）。南洋杉树干常受象鼻虫、宝石甲虫和白蚁危害，及时修枝和间伐或用 90% 敌百虫 1000~1500 倍液喷杀。更新采用人工造林更新方式，按 GB/T 15776 的规定执行。

四、木材及其他用途

南洋杉木材纹理细腻、硬度适中、相对无节、不变形、弯曲性能好，易着色、加工，可用于制成锯材、单板及胶合板，制作模型、器具、家具、室内装饰、高级细木工制品等，还可作为纸浆类材。南洋杉根系发达，具有较强的抗风能力，试验证明，南洋杉在福建平潭岛岩质海岸带裸露山体植被恢复中受风害影响最小，保存率高达 94%，其次为台湾相思、木麻黄和夹竹桃（高伟等，2017）。在广东开平的种源和家系试验中，南洋杉适应性强、保存率高、生长较快、林相优美，是表现最好的树种（彩图 2–3），其次是贝壳杉，证明在中国华南热带地区推广应用前景十分良好（龙友深等，2015；胡启荣，2010）。

（周再知、梁坤南、黄桂华）

第三节 麻楝

麻楝（*Chukrasia tabularis*）是楝科（Meliaceae）麻楝属（*Chukrasia*）高大乔木，天然分布于亚洲的热带和南亚热带地区，在广东、广西、海南和福建等地区被广泛用于园林景观、四旁绿化树种，有美观、速生、干形优良等良好表现。其材质优良、纹理美观，可用于制作高档家具、门窗、乐器等。麻楝的遗传改良工作开展得较少，目前为止还仅限于种质资源收集、引种驯化和种源试验研究等。麻楝梢斑螟是制约麻楝生长的主要害虫，因此麻楝遗传改良的首要选育目标是抗虫，其次是速生、干形优良和材性等。麻楝通常以种子的方式进行苗木繁育，但采用无性繁殖方法可以更好保持品种的优良性状。采用 1000mg/L 浓度的 ABT-1# 号生根粉溶液浸泡处理后的嫩枝扦插方法可获得 81.8% 的生根率。本节还比较了麻楝在不同国家的生长速度，介绍了麻楝木材的材性和用途等。

一、分布与生物学特性

麻楝主要分布于西至印度东部和斯里兰卡，南至马来西亚，北至孟加拉国和缅甸，东至中国、泰国、老挝、柬埔寨和越南这些热带和南亚热带地区。其自然分布区位于北纬 1°~25°，东经 73°~120° 之间，垂直分布于海拔 20~1500m 的常绿热带雨林、湿润半常绿季雨林和落叶混交林中（Pinyopusarerk & Kalinganire，2003）。在中国，麻楝主要分布于广东、广西、海南、云南、贵州等省（自治区）。

麻楝在原产地热带地区是常绿大乔木，但引种到亚热带地区后常在冬天落叶。麻楝树干通直，树高达 35m，胸径可达 170cm，枝下高可达 25m。成年树皮呈灰褐色，具粗大皮孔，内皮红褐色或桃红色，边材淡黄色，心材黄色到红褐色。小树树皮光滑，随着年龄增加而产生纵向裂纹。小叶 10~18 片，互生，卵形，羽状或偶数羽状复叶，嫩叶被细茸毛但成熟后变光滑。花期 5~6 月，圆锥花序，长 2.5~3cm，顶生，花黄色带紫，雄蕊花丝合生成筒状，花药 10 枚，胚珠多数，子房长于花柱。蒴果卵形或近球形，黄灰色至褐色，表面粗糙，未成熟时带茸毛，长约 4.5cm，宽 3.5~4cm，干燥后 3~5 瓣开裂。种子具扁平带膜质的翅，椭圆形，连翅长 1.2~2cm，不带翅直径约 5mm，厚约 1.5mm，无胚乳，子叶叶状，圆形，胚根突出（Pinyopusarerk & Kalinganire，2003）。

根据形态和分子标记技术，最新研究已把麻楝属的原变种毛麻楝（*C. tabularis* var. *velutina*）划分为单独一个种（*C. velutina*）（Wu et al.，2014）。毛麻楝个体通常小于麻楝，高达 25m，叶表面密被柔软的白色茸毛（彩图 2-4a），以二回羽状复叶为主，树皮有深的纵裂纹，粗糙（彩图 2-4c）。花序长 2~2.5cm，花柄具茸毛，子房短于花柱，蒴果稍小于麻楝，球状，直径约 3cm，暗褐色或亮黑色。毛麻楝的其他特征和麻楝相似。

两个种麻楝的初次开花年龄均为5~6年，蜜蜂和蛾类等昆虫为其主要的授粉媒介。从开花到种子成熟时间约为6个月，果实成熟后蒴果会开裂，带翅的种子通过气流自由散播。

麻楝和毛麻楝通常天然散生于半落叶或常绿季雨林中的山谷、山脊或山腰的缓坡上。喜光，但小苗时耐阴，幼树常被覆庇于林冠下层。自然分布区的年平均气温为18~27℃，年降水量1100~3800mm。可抗 −3℃的极端低温和42℃的极端高温，但嫩叶和嫩芽易受冻害或灼伤（Nguyen，1996）。适生土壤为花岗岩、玄武岩、石灰岩、片板岩等发育的红壤、棕壤、棕黄壤、砖红壤等，土壤需较湿润、疏松、肥沃、土层厚、排水良好，在板结的红土或贫瘠的山坡上生长不良。

麻楝和毛麻楝均生长较快，小苗生长1年可达2m高。树干解析表明，高生长在3~6年时较快，径生长在3~7年时较快，在速生期间年高生长可达1m，年径生长可达1cm，速生期后高生长和径生长减慢。在人工经营，立地条件较好的情况下，20年生麻楝平均树高可达13m，胸径可达20cm。

二、种源试验与遗传改良

到目前为止，麻楝的遗传改良工作还仅限于种质资源收集、引种驯化和种源试验研究。2009年开始，热林所从泰国、老挝、印度、马来西亚、缅甸、斯里兰卡、越南、中国等国家引进和收集了麻楝和毛麻楝国际种源共30个（表2–1）。在广东、海南的多个试验点进行了种源试验，发现来自泰国和老挝的2个种源为速生性种源，而收集于中国海南的3个种源为中速生种源，其他种源的生长速度较慢。这5个优良种源3年生的平均树高3.6m，平均胸径4.8cm。除了中国外，泰国、越南、马来西亚、澳大利亚等一些国家也开展了麻楝的种源试验（彩图2–5、彩图2–6）。试验结果表明麻楝在不同国家地区表现出遗传与环境间明显的交互作用。如泰国种源试验发现大部分来自缅甸、泰国和澳大利亚（次生种源）的种源都生长迅速，来自中国、印度的种源生长较慢。相同的种源试验建立在越南时，其生长表现和泰国相比差异很大。除了澳大利亚次生种源生长仍然表现较好之外，缅甸和泰国的种源表现不再优于其他种源，甚至一些种源表现为慢生种源，而老挝、马来西亚和越南种源生长表现相当好。

表2–1 热林所引进和收集的麻楝种源信息

编号	树种	国家	地区	纬度	经度	海拔（m）	降水量（mm）
1	麻楝	澳大利亚	Atherton	17°18′S	143°43′E	850	1200
2	麻楝	中国	海南三亚市	18°25′N	109°50′E	50	2010
3	麻楝	中国	海南尖峰岭	19°09′N	108°64′E	45	1980
4	麻楝	中国	海南尖峰岭	18°42′N	108°49′E	65	1980
5	麻楝	中国	海南昌江县	19°25′N	109°03′E	65	1680
6	麻楝	老挝	Luang Prabang	20°00′N	102°00′E	450	1800

（续）

编号	树种	国家	地区	纬度	经度	海拔（m）	降水量（mm）
7	麻楝	老挝	Luang Prabang	20° 00′ N	101° 00′ E	500	1700
8	麻楝	老挝	Xayaboury	20° 35′ N	109° 30′ E	800	1800
9	麻楝	老挝	Pak Baeng Oudomxay	20° 45′ N	101° 53′ E	750	1800
10	麻楝	马来西亚	Ulu Tranan	03° 44′ N	101° 49′ E	360	3000
11	麻楝	缅甸	Mosewe Pyinmana	19° 57′ N	95° 58′ E	209	1200
12	麻楝	缅甸	Ledagyi Leway	19° 50′ N	95° 57′ E	220	1200
13	麻楝	缅甸	Popa Kyaukpadaung	20° 53′ N	95° 10′ E	180	660
14	麻楝	缅甸	Khin Aye Pale	21° 56′ N	94° 53′ E	155	710
15	麻楝	斯里兰卡	Pandenigala	07° 19′ N	80° 02′ E	600	1400
16	麻楝	斯里兰卡	Walapane	07° 00′ N	80° 00′ E	1000	1300
17	麻楝	斯里兰卡	Higurukaduwa	06° 57′ N	81° 09′ E	750	1400
18	麻楝	泰国	Kamphaengphet	16° 20′ N	99° 16′ E	180	1100
19	麻楝	泰国	Chiang Mai	18° 13′ N	98° 30′ E	300	900
20	麻楝	泰国	Prachyuap Khiri Khan	12° 05′ N	99° 36′ E	250	1600
21	麻楝	泰国	Khon Kaen	16° 44′ N	102° 20′ E	230	850
22	麻楝	泰国	Uttaradit	17° 36′ N	100° 03′ E	500	1000
23	麻楝	泰国	Uthai Thani	15° 38′ N	99° 13′ E	350	1600
24	毛麻楝	泰国	Khao Bin Ratchaburi	13° 35′ N	99° 13′ E	230	700
25	毛麻楝	泰国	Mae Phrik Lampang	17° 29′ N	99° 17′ E	180	900
26	麻楝	越南	Gia Lai	14° 14′ N	108° 35′ E	750	1900
27	麻楝	越南	Hoa Binh	20° 25′ N	105° 28′ E	100	2200
28	麻楝	越南	Son La	20° 50′ N	104° 45′ E	900	2000
29	麻楝	越南	Thanh Hoa	20° 21′ N	105° 108′ E	50	1800
30	麻楝	越南	Tuyen Quang	22° 00′ N	105° 10′ E	75	1900

麻楝梢斑螟是制约麻楝生长的主要害虫，其幼虫蛀食嫩梢，造成麻楝过早分叉，严重影响树木的生长（顾茂彬等，1980；郭本森，1985）。因此，良种选育过程中，要把抗虫性定为麻楝的重要选育目标。在种源试验中发现，一些麻楝单株不会受到麻楝梢斑螟的侵害。因此，通过种源、家系和单株的多层次选育，有望选育出抗虫的麻楝品种用于造林生产。

目前麻楝的主要选育目标应该是速生、干形优良和抗虫（麻楝梢斑螟）等性状。主要选育手段是通过种源家系选择，选出优良单株后，利用无性繁殖技术把这些优良性状固定下来用于造林生产。

三、种源变异及其遗传多样性

利用表 2-1 中 8 个国家 30 个麻楝国际种源的种子，开展了种子形态、苗期生长、根系形态、叶片特征、遗传多样性评价等研究，探讨麻楝种源的遗传变异规律（武冲，2013）。研究结果发现，澳大利亚和马来西亚种源的特点是种子形态较大、千粒重较重、养分含量较高；结合聚类分析和种子形态与地理气候因子的相关分析表明，麻楝种子形态变异具有一定的地理区域特征，即分布南部的种子较大而北部种子较小，这可能因为分布区北部积温较低，植物为适应这种不利于繁殖后代的环境变化而产生大量的小种子，在数量上增加其子代成活的机会。不同种源间苗期的苗高、地径及生长量差异显著，其中泰国和老挝一些种源的苗期速度较快，中国种源的生长速度处于平均值，而其余国家种源的生长速度较慢。相关性分析和主成分分析表明，影响幼苗生长速度的主要因子是叶片气孔密度和根系总长。使用 ISSR-PCR 分子标记技术对麻楝种子开展的遗传多样性分析表明，麻楝种源群体的 AMOVA 分子方差分析表明种源内的变异（54.32%）大于种源间的变异（45.68%），说明麻楝种源群体的遗传变异以种源内的家系间或个体间为主，但种源间也存在较大的变异范围（武冲，2013）。

四、苗木繁殖与培育

（一）种子苗培育

种子于 10 月至次年 2 月成熟，要选择长势旺盛、干形较通直、分叉高、无病虫害的壮龄母树采种。采回后晾晒 3~4 天，蒴果即可开裂，种子脱出。种子千粒重 8.1~15.8g，室内发芽率 60%~90%，苗圃发芽率为 40%~80%，成苗率 70%~90%。种子如需要较长时间贮存，必须充分晒干后用封口袋或其他容器密封好，放于 4℃冰箱中保存。试验表明，麻楝种子在 4℃冰箱保存下，在 25 个月后有 83%~87% 的发芽率，在 8 年后仍有 12% 的发芽率（武冲等，2011）。

种子的播种时间一般是在气温回升的 3~4 月，海南地区可提前至 1 月。最好在温室内播种育苗，没条件的也可以在苗圃地进行育苗。种子播种前，用 0.1% 的高锰酸钾浸泡种子 3~5min 进行消毒，用清水冲洗数次。在温室育苗时，育苗基质用泥炭土、蛭石和珍珠岩按 2∶1∶1 的比例配制。在苗圃育苗时，育苗基质用黄心土、沙土和火烧土按 2∶2∶1 的比例配制。将平整好的苗床淋透水后，将处理好的种子均匀撒播于苗床上，播种量为 20g/m^2 左右。然后在种子上薄覆基质或细沙（以不见种子为度）。在苗圃育苗时苗床要薄盖草。在雨水过多，特别在阴雨时间长的季节，盖草要薄，揭草要及时，严格控制水分，淋水不能过猛，以免把种子冲走。

按正常管理，苗木约 1 年生时，高可达 80~100cm，可用于次年春天的造林。如计划在 7~9 月的雨季造林，则应采用往年收集贮存的种子，在 9~10 月进行育苗，次年

7~9 月可进行造林。

（二）扦插苗繁殖

无性化繁殖方式的优点是可以让选育出的单株的优良性状在生产造林中得到保持和充分利用，缺点是生产成本较高。已有的研究表明，麻楝可以通过嫩枝扦插的方式进行繁殖，具体的方法是采集麻楝幼嫩枝条，剪成 12~15cm，用湿布包裹后带回。在苗圃将插条基部用 0.1% 高锰酸钾消毒后用清水冲洗数遍，然后将基部浸入生根激素溶液中，然后插入基质中 4~5cm。扦插完毕后，苗床上需要搭盖小拱棚，盖上塑料薄膜和遮阳网，保持扦插环境湿度和防止温度过高。张捷等（2019）开展了不同生长基质和激素对麻楝嫩枝扦插生根影响的研究，发现泥炭土 + 蛭石（1∶1 体积比）为扦插生根的最佳基质，扦插 4 个月后其生根率达到 81.8%，平均生根数量为 20.3 条，平均根长为 4.8cm；激素种类对麻楝嫩枝扦插生根的效果影响最大，激素浓度次之，处理时间影响最小，以 1000mg/L 浓度的 ABT-1# 号生根粉溶液浸泡插穗 10s 的生根效果最好（彩图 2–7）。生根后的插条可以移栽进营养袋进一步育苗，用于造林生产。

五、人工林培育

造林地应选择在土层深厚、土壤疏松、肥沃、湿润的林地上，忌选土壤板结的茅草地或石砾地造林。如果土层深厚且疏松肥沃，就算相对干旱也能造林成功。

一般采用 8 个月或 1 年生的营养袋苗造林。海南岛一般在秋雨季节造林，广东、广西、福建等地区则在春雨或 7~9 月的雨季均可造林，最好在连续阴雨天种植。因麻楝嫩梢受梢斑螟的危害严重，苗木出圃前最好喷药 1 次，起苗时淘汰有病虫害的苗木及劣苗，选出壮苗进行造林。

麻楝的生长速度较快，国外通常把它归类为速生珍贵用材树种（Kalinganire & Pinyopusarerk，2000）。在越南，3~12 年生的年平均树高生长量为 1.19~1.63m；在印度，5~20 年生的年平均树高生长量为 1.19m，25~35 年生的年平均树高生长量为 0.87~1.05m，年平均胸径生长量为 0.90~1.16cm，年平均材积生长量为 5.56~6.73m^3/hm^2；在马来西亚，69 年生麻楝的年平均树高生长量为 0.75m，年平均胸径生长量为 1.48cm；在中国华南（海南、广东和福建南部），9~35 年生的年平均树高生长量为 0.45~0.89m，年平均胸径生长量为 1.21~1.89cm（仲崇禄等，2001）。

六、材性及用途

麻楝为散孔材，心材栗褐色或红褐色，边材灰红褐色，与心材区别明显；木材具光泽，无特殊气味；心材耐腐，纹理交错，结构细而均；木材重量中至重，干缩小；强度中至重，冲击韧性中至高；干燥性能好，表面有开裂现象，干后尺寸稳定；锯困难，刨容易，刨面光亮；旋切性能中等；胶黏性良好，握钉力佳，不劈裂。麻楝木材的主要物理和力学特性见表 2-2。

表 2-2 麻楝木材主要物理和力学特性

指标	测定结果	指标	测定结果
含水率（%）	12~15	冲击弯曲	
密度（g/cm^3）	625~880	抗弯强度（kg/cm^2）	1243~1527
干缩系数（%）		弹性模量（kg/cm^2）	131000~181900
径向	0.17	抗槌程度（cm）	94
弦向	0.24	顺纹压力极度强度（kg/cm^2）	416~544
体积	0.44	垂纹压力极度强度（kg/cm^2）	110~122
静态弯曲（kg/cm^2）		抗剪切强度（kg/cm^2）	110~180
极度强度	475~890	抗劈裂强度（kg/cm^2）	600~710
破裂模量	820~1010		
弹性模量	108000~143000		

注：引自仲崇禄等（2001）。

麻楝是名贵家具用材，在海南商品材中属于一类材，其径向刨切单板，花纹鲜艳夺目，是作贴面板的优良材料。其木材可制作上等家具、钢琴琴壳、仪器箱盒等，还可用于建筑、室内装修等。

（张勇、仲崇禄、魏永成、孟景祥）

第四节 桉树

桉树（Eucalyptus robusta）为桃金娘科（Myrtaceae）桉属（*Eucalyptus*）树种，主要分布在澳大利亚、巴布亚新几内亚、印度尼西亚等国家。中国桉树种植面积已达 546 万 hm^2，占全国森林面积 2.48%，占全国商品林木材产量的 30%，是保障国家木材安全当之无愧的压舱石，发展桉树人工林具有重要战略意义。自 20 世纪 80 年代热林所引进了桉属树种 74 个，种源 388 个，家系 1301 个，选出尾叶桉、巨桉、细叶桉等适宜在华南地区栽培的优良树种。在此基础上，近十年重点开展了尾叶桉（*E. urophylla*）种内，尾叶桉与巨桉（*E. grandis*）、赤桉（*E. camaldulensis*）等杂交育种及其杂种性状遗传变异规律的解析，筛选出多个优良无性系，并进行推广种植。同时开展了桉树纸浆林定向培育技术研究，构建了滇南中山区、桂粤低山丘陵区和琼雷台地区桉树人工林立地类型划分及其质量评价技术体系，确定了尾巨桉（*E. urophylla* × *E.grandis*）、尾细桉（*E. urophylla*×*E. tereticornis*）人工林主伐年龄，编制了 3 个立地区域的尾巨桉和尾细桉人工林立地指数表，提出桉树人工林分立地区域按地位级分类营林和提质增效新模式。同时，开展了桉树分子标记与检测技术和重要性状 QTL 解析和基因组选择研究，构建尾叶桉和细叶桉高密度遗传图谱，组装基因组等。启动了华南地区桉树主要栽培品种的遗传转化技术研究，为桉树分子育种奠定了基础。

一、良种选育

中国引种桉树有130多年的历史，其中尾叶桉、巨桉、细叶桉、赤桉、直干蓝桉（*E. globulus* subsp.*maidenii*）、史密斯桉（*E. smithii*）、邓恩桉（*E. dunnii*）、粗皮桉（*E. pellita*）、大花序桉（*E. cloeziana*）和斑皮柠檬桉（*E. variegata*）等是引种成功且具潜力、适宜中国南方引种栽培的主要树种。

热林所林木遗传改良团队自20世纪80年代，开展中澳国际合作ACIAR/CAF 8457项目——澳大利亚阔叶树种的引种与栽培试验研究至今，一直从事桉树引种和良种选育研究，包括种质资源引种与保存、种子园营建和杂交育种等。将中国桉树育种区划分为四大区域，即Ⅰ热带、南亚热带沿海多风区（两广、海南和福建漳州沿海），Ⅱ桂粤中部丘陵区，Ⅲ冷凉耐寒区（闽西北、湘南、赣南、桂北和粤北）和Ⅳ冬雨型耐旱区（云贵高原和四川盆缘区），提出了“精准差异化”育种策略，以杂交育种为主线，选育强优超亲杂种及其无性系，提高良种选择精准度，加快良种转化效率；对冷凉耐寒区和冬雨型区的亚热带桉树，加快种子园的升级换代，精选亲本，优化建园配置，强化促花稳产结实技术，提高良种遗传增益。划分育种区和制定育种策略，对提高桉树人工林产量与材质，促进南方桉树产业可持续发展，具有战略指导意义。

经30多年引种改良及种间杂交育种，选育出了尾巨桉、尾细桉和尾赤桉（*E.urophylla*×*E.camaldulensis*）等杂种无性系，已成为中国南方林板、林纸一体化产业发展的主栽品种。近年来主要开展了尾叶桉、巨桉、细叶桉（*E.tereticornis*）和邓恩桉等重要树种速生、优质、抗风和抗寒等优良种源/家系选择，重点关注纸浆材良种选育、抗桉树枝瘿姬小蜂（*Leptocybe invasa*）及其分子标记辅助育种研究，在此基础上选育优良种源/家系、优良杂种及其无性系，申请获得了5个良种10个新品种。

（一）桉树引种和种源家系试验

热林所所有计划、系统地从澳大利亚等5个国家引进桉属树种74个，种源388个，家系1301个。通过多年引种试验研究，选出尾叶桉、细叶桉、赤桉、巨桉、大花序桉、斑皮柠檬桉粗皮桉和邓恩桉等适宜在华南地区栽培的优良树种14个，优良种源49个。

近年来，开展了全分布区的巨桉种源/家系引种试验。在江西南康、广东连山、四川泸州和云南景谷布置4个试验点，4.5年时对巨桉11个种源173个家系开展了树高、胸径生长和干形、分枝和冠幅等形质指标的调查（吴世军等，2016），分析了各试验点生长与形质性状的相关性，发现除个别试验点的分枝、冠幅与树高相关性不显著外，其他各性状之间呈现出极显著正相关性。冠幅表型变异系数和遗传变异系数在各试验点均表现为最大，江西南康点的冠幅表型变异系数达到58.54%，遗传变异系数达54.13%；

江西南康和云南景谷试验点的冠幅遗传力较高分别为 0.62 和 0.95；江西南康点的胸径、树高、干形和分枝遗传力分别 0.24、0.44、0.61 和 0.57；广东连山的树高遗传力最大达 0.91，其余各性状遗传力在 0.56~0.76 之间。云南景谷试验点的除冠幅遗传力最高为 0.95，其余各性状遗传力为 0.9 左右。对云南景谷不同林龄种源 / 家系生长性状的方差分析，表明种源 / 家系的树高、胸径在不同林龄间均呈极显著差异，尽管区组间的 F 值逐年减小，但区组间的差异依然极显著，说明该试验点收到地形环境因素的影响（吴世军等，2017b）。胸径表型的遗传变异系数在 23%~46% 之间，树高表型的遗传变异系数在 19%~30% 之间，单株材积表型遗传变异系数在 60%~75% 之间，且胸径、树高和单株材积性状的遗传变异系数低于表型变异系数。综合各性状指标，筛选出 3 个优良种源 8 个优良家系，分别是 1 号（昆士兰州，N W Townsille）、2 号（昆士兰州，Copperlode）和 12 号四川乐山种源（国内次生种源）为优良种源；优良家系分别是 2 号（昆士兰州，Copperlode）、21 号（昆士兰州，Barron Gorge National Park）、40 号（昆士兰州，Koonbooloomba）、51 号（昆士兰州，Tinaroo）、125 号（昆士兰州，Bambaroo）、127 号（昆士兰州，Bambaroo）、137 号（昆士兰州，Bambaroo）、144 号（昆士兰州，Tully Gorge National Park）（吴世军等，2018b）。

（二）桉树杂交育种及子代测试

1. 杂交子代重要经济性状遗传变异规律

杂交育种是林木新品种创制的重要途径，针对前期桉树杂交育种缺乏科学交配设计，导致亲本及杂种主要经济性状的遗传分析薄弱，无法获得亲本及子代性状聚合后的配合力等遗传参数。课题组采用种间交配设计，开展了尾叶桉与巨桉、粗皮桉的种间析因交配设计（6×6 正向交配，共 108 个组合）和尾叶桉与赤桉正反析因交配（6×6 正向与 6×6 反向，共 72 个组合）杂交制种的遗传研究。通过多年跟踪调查，分析了全双列、半双列和多树种析因、正反析因交配的亲本与子代遗传效应，估算了生长性状、形质性状和木材材质等指标的配合力、杂交力、亲本效应和育种值等重要遗传参数。发现以尾叶桉为母本交配的子代生长性状由显性基因与加性效应共同影响，显性效应起主导作用。且发现 85% 的种内组合存在明显的自交衰退现象，15% 组合呈现出自交优势（陆钊华，2009；朱映安，2017），为桉树杂交育种亲本的选配提供理论依据。

桉树种间杂交具有明显的杂种生长优势，尾叶桉与赤桉正反交杂种 F1 代的生长性状存在显著的正反交效应，正交组合（U×C）均优于相应的反交组合（C×U），表明正交组合的杂交子代在生长性状有杂种优势，且生长性状呈现出极强的“母本效应”，具体表现为母本加性遗传方差（σ^2_{Af}）高于父本加性遗传方差（σ^2_{Am}），母本遗传变异系数（CV_{Af}）高于父本遗传变异系数（CV_{Am}），母本遗传力（h^2_f）高于父本遗传力（h^2_m），单株及家系遗传力（h^2）呈现 $h^2_m>h^2>h^2_f$ 的趋势。单株遗传力（h^2_S）为低度遗传控制，而家系遗传力（h^2_F）在 2 年生时为强至中度遗传控制，在 8.3 年生时为低度遗传控制，表明生长性状早期选择较晚期选择可靠，而杂种家系选择较单株选择可行（陆钊华，2009；朱映安，2017）。

尾叶桉与巨桉杂种F1中发现生长性状、形质性状等在1~2年生时父本效应大于母本效应，且加性效应大于显性效应，4.5年生时父、母本效应对杂种生长的贡献率相当，8.3~10.3年生时杂种的母本效应大于父本效应，且显性效应大于加性效应（沈乐等，2019；沈乐等，2020a）。而F1子代材质性状和木材化学组分的杂种家系遗传力呈高—中度遗传控制，而单株遗传力呈中—低度遗传控制；杂种的材质性状与木材化学组分的母本效应均大于父本效应，加性效应均大于显性效应。父母本的一般杂交力在不同材质性状和木材化学组分间表现不一致（沈乐等，2020b）。

上述研究表明，利用杂交育种手段提升桉树主要经济性状和改良其抗逆性具有极大潜力，种间杂种聚合性状的时空表达随亲本选配和组合方式不同，而呈现出不同的遗传规律。该研究结果为桉树杂交育种提供了理论依据，也为大规模制种提供了技术支撑。

2. 优良亲本及其杂种的选育

尾叶桉与巨桉6×6析因交配子代测定，结合生长性状、形质性状和材质性状对其抗风影响进行相关性分析，发现尾叶桉 × 巨桉杂种F1的抗风性优于母本对照；抗风值、生长性状和形质性状以及材质性状中的纤维宽在杂种组合间均呈显著差异，在区组间均差异不显著且杂种F1的抗风值与纤维长和宽呈现出显著遗传负相关。选出3个优良抗风的尾叶桉与巨桉杂交组合及7个速生、材优、形质好且抗风的优良杂种F1（沈乐等，2020a）。同时对杂种F1子代材质性状和木材化学组分，包括木材基本密度、纤维长、纤维宽、纤维素含量、木质素含量以及半纤维素含量等进行分析，发现杂种F1家系的材质性状和木材化学组分遗传力呈高—中度遗传控制，而单株遗传力呈中—低度遗传控制；杂种F1材质性状与木材化学组分的母本效应均大于父本效应，加性效应均大于显性效应。父母本的一般杂交力在不同材质性状和木材化学组分间表现不一致。最终从生长性状筛选出1个优良母本U21和2个优良父本（G5、G19），16株杂种优良单株（沈乐等，2019）；材质性状筛选出1个优良母本DU1和6个优良杂种（沈乐等，2020b）。

尾叶桉与赤桉6×6正反析因交配子代测定，材性、化学组分与抗风性能的分析研究结果表明，杂种F1的木材基本密度优于亲本对照，呈明显的杂种优势；尾叶桉 × 赤桉的杂种F1材质性状遗传差异因亲本和交配方式而异，通过种间杂交和正向选择进行材质性状的遗传改良具有潜力。抗风指数与木材基本密度及纤维长呈正显著相关性，而与纤维长宽比呈负显著相关性；但抗风指数与树高、胸径、材积、冠幅、纤维宽、木素含量及综纤素含量之间的相关性均不显著；木材基本密度及纤维长与抗风指数显著相关性，该研究结果为优质抗风的杂交桉的选育提供了参考依据。综合评价筛选出优良杂交组合77、81和82和抗风性能较强的5株优良杂种F1单株29-3、51-4、77-1、77-3及50-2（刘望舒等，2021）。

尾叶桉种内交配子代测定，在鹤山试验点对56个尾叶桉控制授粉家系子代的生长性状、抗风指标遗传分析，经杂交力、育种值和配合力综合评分，筛选出2号、15号、21号、22号、和64号为具有较高的一般配合力母本，而2号、21号、22号、29号和56号作为父本具有较高的一般配合力；最终确定了3个具有高特殊配合力的种内杂交组合及其杂种F1，同时筛选出173株F1优良单株（李光友等，2020）。

此外，还开展了尾叶桉与细叶桉、邓恩桉、边沁桉（*E. benthamii*）和蓝桉等种间杂种子代多地点测定，在江门都会试验点筛选出19个优良杂种F1，其中21号作为母本、2号作为父本更易产生优良子代（胡杨等，2020）。在粤东试验点筛选出了23、88、53、94、66、68、98和51号优良杂种家系适（王俊林等，2011）。粤北冷凉区的连山点97个杂交子代测定，通过亲本一般配合力分析，赤桉RT04、邓恩桉2号、尾叶桉U64共有3个优良母本，巨桉KX10、KX5、DX19、边沁桉2B和邓恩桉D17共5个父本为优良亲本；特殊配合力排名前3的邓赤桉（邓恩桉 × 赤桉）、尾尾细桉［尾叶桉 ×（尾叶桉 × 细叶桉）］和尾蓝桉（尾叶桉 × 蓝桉）（李光友等，2017）。同时，筛选出15个尾叶桉母本自由授粉家系和2个杂种无性系。目前，课题开发出多个高产、抗风优良杂种F1及其无性系，如尾细桉TH91-LH（*E. urophylla*×*E. tereticornis*）系列无性系和GR518，经中试测产其蓄积量达45~48m^3/hm^2，已在两广沿海和海南岛推广种植。

3. 桉树无性系区域测定

在前期杂种子代测定的基础上，经优选扩繁杂种F1无性系并进行不同区域的测试，目的是把握不同杂种F1无性系适应性，做到适地适品系推广应用。

桂粤丘陵低山区在广东西江郁南林场开展了21个品系的试验测定，3.5年林分平均树高12.14m，胸径10.03cm，单位面积材积达到75.77m^3/hm^2。早期筛选出表现稳定的3个无性系DH32-28、Lu1和JJ1406。广西东门林场19个无性系与立地匹配试验点，3.5年时平均树高12.71m，胸径10.08cm，单位面积材积达到77.76m^3/hm^2。19个无性系中平均单株材积生长排名前3位是EC245、L43、DH32-26，其中DH32-26在东门和西江林场两个地点均生长表现极好，［粗皮桉 × 韦塔桉（*E. wetarensis*）］与赤桉杂种无性系8、11、7和9号表现优良（李光友等，2011）。在江门市新会罗坑镇建立了24个杂种F1无性系测定林，开展不同无性系的木材密度、纤维长度和树皮厚度变异规律研究，木材密度范围0.42~0.52g/cm^3，纤维长度0.4~0.8mm，纤维宽度15~21μm，树皮厚度2~4cm。筛选出适宜胶合板材优良无性系10个，分别是DH32-29、DH32-28和DH32-26和KC29等（吴世军等，2018a）。

雷琼沿海台风区，在中林集团雷州林业局唐家林场、石岭林场、北坡林场对42个尾细桉无性系进行生长、抗风与稳定性测试，发现尾细桉杂种F1无性系生长性状的重复力较高，在0.8288~0.9458之间，受极强遗传控制且保持较高的杂种优势（彭仕尧等，2013），遗传增益可达13.0%~44.4%，筛选出A01、TH-L24、TH-L5和TH-L 246号为速生、稳定且抗风的优良无性系（彭仕尧等，2014）。在广西山口林场、钦廉林场天堂分场及钦州市犀牛脚镇等开展了20个以尾叶桉为主的无性系测定，5年生时参试的20个无性系生长性状均存在极显著差异，筛选出12、15、18号等3个尾叶桉无性系，其材积遗传增益可达35.3%~47.6%。此外，通过2013年遭受“威马逊”（15~17级）台风调查，在雷州半岛比较了多个无性系示范林的生长和抗风性，1代林表现优良的前3位是EC121、26F2和KC29，2代萌芽林表现优良的前3位是DH306-4、DH32-13和EC121，2代萌芽林保存率最高的3个无性系分别是GR518、SH53、TH-L14和TH-L22。2017年在雷州林业局下属三个林场营建的21个品系试验林，3.5年时的树高、胸径和保存率调查分析，发现TH-L44和CM1519具有较强的抗风性适宜雷琼地区发展。

对于滇南中山区，在普洱景谷营建了13个杂种F1无性系测定林，4.5年时平均树高16.69m，平均胸径14.31cm，平均单株材积0.1282m^3；材积生长量排名前5位的是尾巨桉DH33-27、DH32-13、DH32-22、尾柳桉XF32和巨尾桉GL-9。

4. *桉树抗枝瘿寄小蜂研究*

2008年桉树枝瘿姬小蜂在广西壮族自治区爆发为害并快速扩散蔓延，发生面积达2000hm^2，受害严重地区有虫率达100%。该虫害对华南地区的桉树产业发展构成重大威胁。广东省尾叶桉等及其杂种无性系也出现不同程度的枝瘿姬小蜂为害，因此有必要开展桉树抗枝瘿姬小蜂研究。

在野外枝瘿姬小蜂为害调查基础上，选择了具有不同抗性的24个桉树品系，对其叶片中的超氧化物歧化酶（SOD）、过氧化物酶（POD）和多酚氧化酶（PPO）活性变化进行测定。结果表明高抗尾叶桉叶片内SOD活性、POD活性和PPO活性较高，且单宁含量明显高于高感品系，而可溶性蛋白质和可溶性糖含量在不同抗性无性系间无显著差异。在遭受桉树枝瘿姬小蜂为害后，叶片内SOD活性、PPO活性、POD活性也呈现出不同程度的升高，且酶活性的变化与尾叶桉无性系抗性呈正相关（王伟等，2012a）。在此过程中高抗、中抗无性系叶片的可溶性蛋白质含量、可溶性糖含量和类黄酮含量均呈增长趋势，而单宁含量出现先下降后升高的趋势。与对照相比，高抗无性系内含物含量随桉树枝瘿姬小蜂为害加剧显著增加，而叶片中易感无性系类黄酮含量明显低于其他抗性类型的品系。表明桉树叶片内含物含量增加是桉树对枝瘿姬小蜂危害的重要防御机制，同时单宁和类黄酮含量与抗枝瘿姬小蜂有显著关系，可作为检测桉树对枝瘿姬小蜂抗性的指标（王伟等，2012b；2013b）。以高感品系巨细桉DH201-2和高抗品系尾叶桉A107进行转录组测序分析，筛选出971条差异表达基因，1244条特异表达基因；通过注释和差异表达分析筛选出目的基因G1、G3、G4、G5、G9、G10、G11、G18和G19可能参与桉树抗枝瘿姬小蜂（王伟等，2013a）。

对尾叶桉、巨桉和赤桉3个桉树树种进行了枝瘿姬小蜂自然侵害后的从枝状等级、虫瘿特征、虫瘿数等级的调查分析。尾叶桉评估为低抗品种，巨桉评估为中感品种，赤桉评估为高感品种（张照远等，2016a）。对 9 个不同种源的巨桉进行了桉树枝瘿姬小蜂自然侵害后的受害情况、生长性状和干形调查，发现不同种源的受害程度不同，其中，南非种源 1/SAG–TER1 受害最为严重，南非种源 6/SAG–URO 受害最轻，幼林树高与受桉树枝瘿姬小蜂侵害状况之间呈显著负相关。通过不同种源的巨桉进行综合分析评价，南非种源 6/SAG–URO 的抗性最优，可以作为后续抗性选育的优良种源（张照远等，2016b）。基于 SSR 标记的桉树枝瘿姬小蜂的关联分析，发现高感桉树品系独有的等位基因主要集中在 Embra77、eSSR410、eSSR0620、eSSR0845n 及 eSSR1145n2 这 5 个位点上，而高抗桉树品系特有的等位基因则集中在 Embra49、Embra53、Embra77、Embra87 及 eSSR1145n2 这 5 个位点上。获得的高感和高抗特有的微卫星标记位点，可为下一步确定标记所在连锁群位置，获取有效关联基因提供有力基础（张照远等，2017）。

二、育苗技术

桉树主要有播种育苗、扦插育苗和组培育苗 3 种方式。因组培苗具有苗木整齐、产量高、根系发达和成活率高等优点，同时桉树组培技术已成熟，因此桉树育苗主要是以组培育苗为主。具体组培育苗技术，可参考林业行业标准《桉树无性系组培快繁技术规程》（LY/T 1770—2008）。

选用外植体主要以选育的优良无性系原株为主，将母树环割或伐倒，采集萌芽条做外植体或使用嫁接的萌芽枝条做外植体。宜在生长旺盛的季节，选择连续晴天 3 天以上的天气，采集半木质化、生长旺盛和无病虫害的枝段做外植体。

采集当天消毒，常采用 0.1% 氯化汞配合 75% 乙醇和吐温 –20 进行消毒，对于少菌环境下的外植体，可采用 10% 的次氯酸钙消毒。消毒后的外植体切成含有 1~2 个腋芽的枝段放置到丛芽诱导培养基，待外植体腋芽长出，高度达到 2.5cm 以上，转移到增殖培养基进行增殖培养。选择粗壮的增殖芽苗，切分为高度 2.0~2.5cm 的单芽进行生根培养。不同无性系的培养基配方不同，主栽品种尾巨桉无性系常以 MS 培养基、WPM 培养基等为基本培养基，增殖培养基常用 6–BA 配合少量的 NAA 为主，生根培养基以 IBA 为主，同时为了防止褐变，常添加适量的维生素 C、PVP、活性炭等。同时根据不同的桉树品种适当进行铵态氮、硝态氮含量、激素等调整。从外植体开始，培养时间超过 4 年，继代培养超过 60 代，应重新采集外植体更新培养材料。

生根培养后期至田间移植前，选取苗高 2.5~4.5cm，生根 1 条以上，总根长大于 1.5cm，生长健壮的苗木置于温室炼苗，炼苗时间常在冬春季节，一般为 15~25 天。春季、初夏、晚秋和冬季适宜于移植组培苗。移苗时从培养容器中取出生根芽苗，用清水洗去粘附于苗上的培养基后移植到轻基质或者黄泥土的苗袋中。移植初期需要注意保湿和控制光照强度，长出新叶后，需喷施营养液。出圃前，宜通过搬动、减少水分供应、加强光照等措施进行炼苗。培养到苗高 30~40cm，地径大于 0.15cm，根系完整，已萌发新梢，植株挺拔且无分枝，无病虫害的苗木上山造林。

三、栽培技术

现今桉树人工造林良种使用率已达95%以上，但因缺乏适宜桉树人工林立地类型划分和立地质量评价的技术体系，对桉树生长与立地生产潜力间关系的认识知之甚少，在营林实践中出现品种与立地的错配，导致中后期林分蓄积量下降。尤其是在不受台风影响的内陆区，采用“种蔗式”的过度密植、多施肥及其营林模式，过早地使林分胸径生长进入“停滞”状态，且高径比失调，出现林木风倒、易折，产材多以小径材为主等现象。究其缘由是桉树人工林培育中，没能很好地解决“识地、用地”的科学问题以及经营中的关键技术，没能很好地贯彻落实“适地适树、科学营林”原则，进而影响了桉树人工林经济效益、生态效益和社会效益的发挥。

“十三五”期间，热林所承担国家重点研发计划课题“桉树高纤维纸浆材定向培育技术研究”（2016YFD0600503），在调查439个样地、土壤取样1317份和采集439株样木的圆盘及其制浆木段样材的基础上，经深入系统地分析研究，构建了滇南中山区、桂粤低山丘陵区和琼雷台地区桉树人工林立地类型划分及其质量评价技术体系，确定了尾巨桉、尾细桉人工林主伐年龄，编制了3个立地区的尾巨桉和尾细桉人工林立地指数表，提出按立地等级分类营林的新模式。该技术体系覆盖了全国桉树人工林面积的70%，为南方桉树人工林可持续经营提供了科学依据。

（一）桉树立地类型划分及其质量评价

借鉴中国森林立地分类系统（蒋有绪，1990；张万儒等，1992）和森林立地分类与评价的立地要素原理与方法（顾云春，1993），查阅华南亚热带热带区域的地貌、气候、森林植被类型及流域水系等资料基础上，结合中国南方桉树人工林集聚区栽培现状，遵循地域分异、分区分类和多级次制定立地因子类目及其指标分级尺度，在综合多因素分析的主导因素原则下，构建了桉树人工林以立地区域和分类单位构成的立地分类系统。该系统以尾叶桉、尾细桉为对象将南方桉树人工林作三级划分，其在中国森林立地分类系统中，属华南亚热带热带立地区域。

A. 滇南中山区

B. 桂粤丘陵低山区

C. 琼雷台地区

Ⅰ, Ⅱ，……，立地类型组

1，2，……，立地类型

滇南中山区，依据1~15年生尾巨桉优势木树高变异系数的变化趋势，确定尾巨桉人工林基准年龄为6年（Lu et al.，2020；陆海飞，2021），建立了优势木树高与海拔、坡度、坡位、土层厚度、坡向、土壤质地、土壤密度和腐殖质层厚度的数量化回归方程：

Y=27.669−1.513X_{12}−2.170X_{13}−2.827X_{14}−3.455X_{15}+1.421X_{21}+0.677X_{22}−0.971X_{24}−1.672X_{31}+0.856X_{33}+2.041X_{34}−1.189X_{41}+1.515X_{43}−1.179X_{51}+0.141X_{53}+0.550X_{54}−0.009X_{61}+0.608X_{62}−0.063X_{64}−2.231X_{71}−2.153X_{72}−2.084X_{73}−2.053X_{74}−1.135X_{81}+0.728X_{83}

影响滇南中山区尾巨桉人工林生产力的主导立地因子分别是坡位 > 海拔 > 土壤厚度，根据坡位、海拔和土层厚度将该区尾巨桉人工林立地划分为 13 个类型（Lu et al.，2020）。选择 R^2 最大，*AMR* 和 *RMSE* 最小的 Richards 方程为最优导向曲线的拟合方程。其 R^2=0.8074，*AMR*=0.1001，*RMSE* =2.6337，表达方程为：$H=35.887\times[1-\exp(-0.104t)]^{0.625}$，进而获得 16~28m 立地指数表。以 4m 为间距再划为 3 个地位级，分别是 24~28m 指数Ⅰ级、20~24m 指数Ⅱ级、16~20m 指数Ⅲ级。滇南中山区平均立地生产力 MAI 为 27.75m^3/（hm^2·a），最高可达 38.47m^3/（hm^2·a）（Lu et al.，2020）。冗余分析（RDA）表明，该区尾巨桉人工林树高和胸径生长与土壤全氮、有效磷、有效硼、有效锌、有机质含量、有效铜、全钾、水解性氮及全磷呈极显著正相关（P<0.01），其中全氮对尾巨桉生长的影响最大，比重达 18.1%（F=16.24，P<0.01）；而与土壤 pH 值呈极显著负相关（P<0.01）。

桂粤丘陵低山区，以 1~15 年生广西中南部丘陵区尾巨桉人工林为主，该区的尾巨桉人工林基准年龄为 6 年。构建的优势木树高与地貌、海拔、坡度、坡位、土层厚度、坡向、土壤类型、土壤密度和腐殖质层厚度数量化回归方程为：

Y=13.925+0.546X_{11}+0.974X_{12}+0.259X_{13}+0.463X_{21}+0.752X_{22}+0.361X_{23}+0.164X_{24}+2.124X_{31}+1.073X_{32}+0.198X_{33}+0.017X_{34}+0.735X_{42}+0.864X_{43}+1.091X_{51}+2.235X_{52}+2.884X_{53}−1.575X_{61}−1.136X_{62}−0.861X_{63}−0.832X_{64}+1.497X_{71}+0.6756X_{72}+0.214X_{73}−0.336X_{74}−0.448X_{81}+0.3642X_{82}+0.137X_{83}−0.531X_{84}+0.614X_{92}+0.752X_{93}

影响桂粤丘陵低山区尾巨桉人工林生产力的主导立地因子是坡度、土壤类型和土层厚度，依据坡度、土壤类型和土层厚度将该区尾巨桉人工林立地划分为 11 个类型（陆海飞等，2022）。选择 R^2 最大，*AMR* 和 *RMSE* 最小的 Richards 方程为最优导向曲线的拟合方程。其 R^2=0.719，*AMR*=0.1001，*RMSE*=2.6218，表达方程为：$H=30.857\times[1-\exp(-0.118t)]^{-0.635}$，进而获得 14~26m 立地指数表。以 4m 为间距再划为 3 个地位级，分别是 24m 以上指数的Ⅰ级、18~22m 指数的Ⅱ级和 16m 以下指数的Ⅲ级。桂粤丘陵低山区平均立地生产力 MAI 达到 23.78m^3/（hm^2·a），最高可达 31.03m^3/（hm^2·a）。冗余分析（RDA）表明，该区尾巨桉人工林树高和胸径与土壤全氮、全钾、水解性氮、有效磷、有效钾、有效硼及有机质含量呈极显著正相关（P<0.01），其中有效钾对尾巨桉生长的影响最大，比重达 17.3%（F=18.45，P<0.01）；而与 pH 值、土壤密度和有效铜呈极显著负相关（P<0.01）。

琼雷台地区，以雷州半岛和海南岛 1~18 年生尾细桉人工林为主，依据优势木树高变异系数的变化趋势，确定雷琼地区尾细桉人工林的基准年龄为 5 年。建立了优势木树高与海拔、坡度、土层厚度、成土母岩、土壤 pH 值、土壤质地和土壤密度的数量化回归模型：

$$Y=1.907-0.659X_{12}-0.685X_{13}+0.407X_{21}+0.16X_{22}+0.031X_{23}-0.136X_{31}-0.244X_{33}-0.384X_{41}-0.183X_{43}+0.123X_{44}-0.559X_{51}-0.091X_{53}+0.569X_{61}-1.339X_{63}+0.264X_{72}+0.752X_{73}$$

影响琼雷台地区尾细桉人工林生产力的主导立地因子是土壤质地、成土母岩、土壤容重、pH 值等，前 3 项因子得分比达 74.79%，表明土壤性质对尾细桉人工林生长的影响大于地势和地形条件。依据土壤质地、成土母岩和土壤容重将该区尾细桉人工林立地划分 12 个类型（张沛健等，2021），以 2m 为间距再划为 4 个地位级，分别是 22~24m 指数的Ⅰ级、18~20m 指数的Ⅱ级、14~16m 的Ⅲ级和 12m 以下指数的Ⅳ级。琼雷台地区平均立地生产力 MAI 达 $17.82m^3/（hm^2·a）$，最高可达 $30.94m^3/（hm^2·a）$。冗余分析（RDA）表明，该区尾细桉人工林树高和胸径与土壤有效磷、全氮、有机质含量、全钾、有效钾、水解性氮、全磷含量呈显著正相关，其中有效磷对尾细桉生长的影响最大，比重达 12.9%（$F=5.2$，$P<0.01$）；而与土壤 pH 值、土壤密度呈极显著负相关（$P<0.01$）。

（二）林分生长、龄组和数量成熟龄的确定

林分生长进程是指林分生长发育随年龄增长的变化趋势，包含林分林木的平均胸径、平均树高、材积生长量和林下物种组成等。参考《主要树种龄级与龄组划分》（LY/T 2908—2017）行业标准，先确定主伐（或更新采伐）年龄即数量成熟龄，然后划分相应林分龄组。现以滇南中山立地区尾巨桉纸浆林为例，将主要分析结果简述如下。

利用滇南中山区尾巨桉解析木数据，分别对 3 个地位级的材积增长量作图和拟合回归分析（图 2-1），表明实测的数量成熟龄分别为 12.5 年、10.5 年以及 8.5 年。

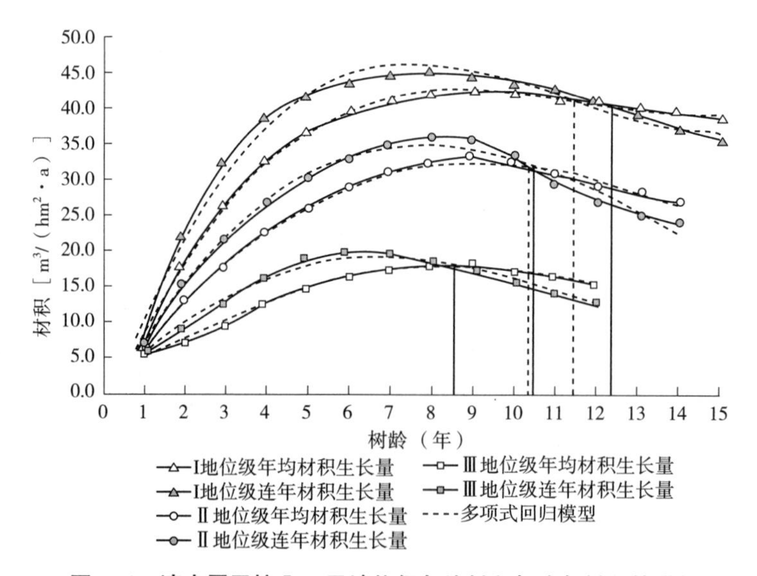

图 2-1　滇南尾巨桉Ⅰ~Ⅲ地位级年均材积与连年材积的增长

根据样地调查资料，Ⅰ地位级占 23% 调查样方，Ⅱ地位级占 59%，Ⅲ级立地占 18%。以Ⅱ地位级为主，综合其他两个地位级进行林组划分。由图 2-2 可知，将 1~3 年

生划为幼龄林 Ag1，4~5 年生为中龄林 Ag2，6 年生为近熟林 Ag3，7~8 年生为成熟林 Ag4，9 年生以上为过熟林 Ag5。

以具有代表性的Ⅱ地位级尾巨桉人工林为例，林分生长发育过程及其变化规律（图 2–2）。树高生长随林龄递增由生长启动进入速生高峰、速生后期再到缓慢或停滞生长（图 2–3），树高生长过程大致分为三个生长期四个阶段，0~1 年为生长初期，年均增量大于 6.0m，树高生长量占比 21.4%；1~3 年为速生高峰期，年均增量 4.0~6.0m，树高生长量占比 32.4%；3~5 年为速生后期，年均增量 2.5~4.0m，树高生长量占比 19.7%；超过 5 年为近成熟期，年均增量小于 2.5m，树高生长量占比 26.5%。胸径生长随林龄递增由生长启动进入速生高峰、速生后期再到缓慢或停滞生长，胸径生长过程大致分为三个生长期四个阶段，0~1 年为生长初期，年均增量大于 1.5cm，胸径生长量占比 8.5%；1~3 年为速生高峰期，年均增量 2.0~2.5cm，胸径生长量占比 22.6%；3~5 年为速生后期，年均增量 1.5~2.0cm，胸径生长量占比 17.8%；超过 5 年为近成熟期，年均增量小于 1.5cm，胸径生长量占比 56.1%。连年胸径增长量与年均胸径增长量交汇点为 3.7 年（陆海飞，2021）。

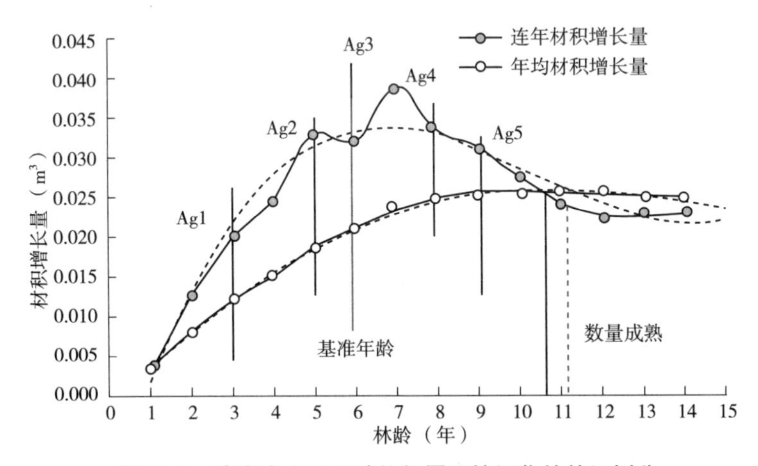

图 2–2 滇南中山区Ⅱ地位级尾巨桉纸浆林龄组划分

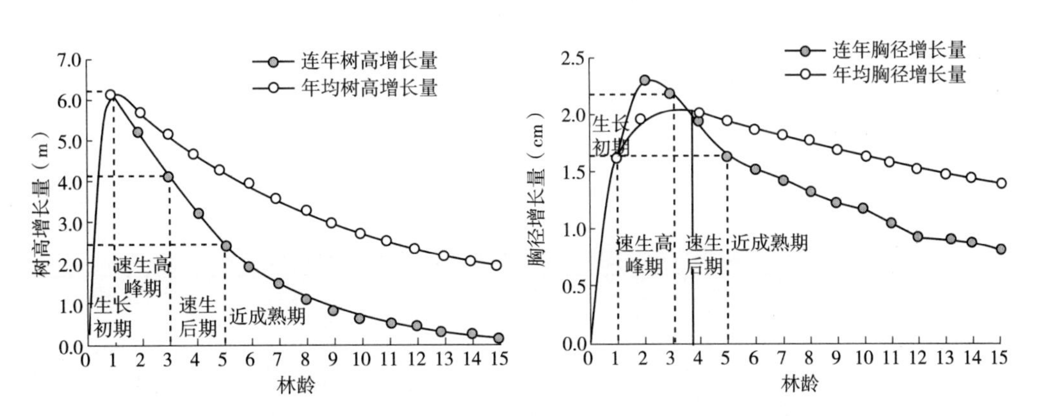

图 2–3 滇南中山区Ⅱ地位级尾巨桉树高、胸径生长过程曲

（三）林分生长进程中林木结构变化和林下植被多样性的分析

以滇南中山立地区尾巨桉人工林为例，达到近成熟林 6 年时（基准年龄），Ⅲ地位级的尾巨桉人工林树高、胸径的高径比变异系数均高于Ⅰ、Ⅱ地位级的，高径比值表现为Ⅰ>Ⅱ>Ⅲ地位级，分别为 1∶131.6、125.1 和 123.9（正常值 1∶100~110），地位级越高，高径比越大，表明Ⅰ地位级的尾巨桉人工林随龄组的递增，呈现出激烈的林木竞争生长。

林下植被多样性的演替及其变化，尾巨桉林下植物种类共计 93 种，隶属 42 科 85 属。其中，灌木层有 22 科 32 属 35 种；草本层有 30 科 59 属 61 种。

由图 2–4 可知，尾巨桉不同龄组林下灌木、草本的物种多样性和种群数量存在显著差异，随林分林龄的增长呈先上升后下降的变化趋势，当林分生长至近成熟林时，林下的总灌、草和灌木物种数达到最大值，进入近成熟林后林下植被发生了明显的变化，灌木的物种多样性和种群数大于草本物种多样性和种群数，揭示了近成熟期是桉树人工林生态系统转入自恢复演替的关键点（陆海飞，2021）。林下植物多样性与林地土壤理化性质的相关分析进一步阐明，植物多样性对土壤结构及其物理性质的影响大于化学性质的影响，林分生长、植被多样性与土壤密度呈显著负相关，土壤有机质含量与灌木多样性呈显著正相关。幼林期，林木与林下草本植物存在明显的竞争关系（张沛健等，2021）。

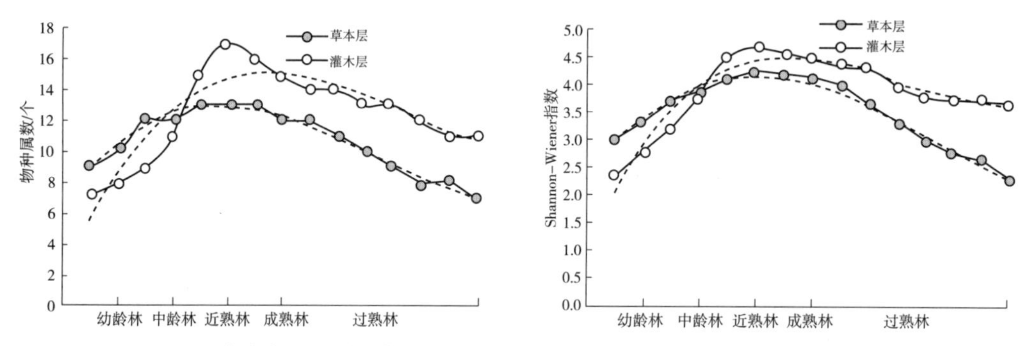

图 2–4 滇南中山区尾巨桉林下物种属数、Shannnon–Wiener 指数变化曲线

（四）尾巨桉制浆工艺成熟龄的确定

滇南中山区尾巨桉不同林龄、地位级人工林木材制浆分析表明（表 2–3），木材基本密度、纤维长度、纤维宽度和纤维长宽比，在林龄、地位级和地位级 × 林龄间的交互作用均存在显著差异；尾巨桉木材的综纤素、木质素等化学组分和纸浆得率，在林龄、地位级和地位级 × 林龄间的交互作用均存在显著差异（陆海飞，2021）。

表 2–3 滇南中山区尾巨桉木材制浆重要指标的测试分析结果

因素	基本密度（g/m^3）	$F_{0.05}$	纤维长宽比	$F_{0.05}$	综纤素含量（%）	$F_{0.05}$	木素含量（%）	$F_{0.05}$	纸浆得率（%）	$F_{0.05}$
10 年	0.527	a	36.55	a	84.49	a	26.39	a	53.69	a
9 年	0.515	a	35.72	b	84.37	b	26.10	b	52.35	b

（续）

因素	基本密度（g/m^3）	$F_{0.05}$	纤维长宽比	$F_{0.05}$	综纤素含量（%）	$F_{0.05}$	木素含量（%）	$F_{0.05}$	纸浆得率（%）	$F_{0.05}$
8年	0.486	b	35.44	c	84.19	c	25.80	c	51.47	c
7年	0.475	b	35.02	d	83.74	d	25.22	d	50.87	d
6年	0.470	b	34.57	e	83.32	e	24.88	e	49.74	e
5年	0.458	c	34.01	f	82.53	f	24.60	f	48.35	f
Ⅰ地位级	0.506	a	36.96	a	84.12	a	25.81	a	53.51	a
Ⅱ地位级	0.482	b	34.76	b	83.88	b	25.76	b	51.89	b
Ⅲ地位级	0.457	c	33.94	c	83.32	c	24.92	c	48.60	c

注：不同小写字母表示差异显著（$P<0.05$）。

5年生时，尾巨桉木材基本密度和纤维长宽比的均值分别为0.458g/cm^{3}和34.01，木素含量、综纤维素含量均值分别为22.60%和82.53%，纸浆得率为48.35%。而10年生时，尾巨桉木材基本密度和纤维长宽比的均值分别为0.527g/cm^{3}和36.55，木素含量、综纤维素含量均值分别为26.39%和84.49%，纸浆得率达53.69%。Ⅰ地位级的尾巨桉木材基本密度和纤维长宽比的均值分别为0.506g/cm^{3}和36.96，木素含量、综纤维素含量均值分别为25.81%和84.12%，纸浆得率为53.51%；Ⅱ地位级的尾巨桉木材基本密度和纤维长宽比的均值分别为0.482g/cm^{3}和34.76，木素含量、综纤维素含量均值分别为25.76%和83.88%，纸浆得率为51.89%；Ⅲ地位级的尾巨桉木材基本密度和纤维长宽比的均值分别为0.457g/cm^{3}和33.94，木素含量、综纤维素含量均值分别为24.92%和83.32%，纸浆得率为48.6%，表现为Ⅰ地位级>Ⅱ地位级>Ⅲ地位级。

以工艺用碱量为20%，兼顾制浆残碱、卡伯值在地位级、林龄和地位级×林龄间也存在极显著的交互作用。10年生时，残碱和卡伯值均值分别为2.97g/L和21.97g/L，且高于5、6、7、8和9年生的。尾巨桉纸浆得率，9年生时均值为52.35%，且高于5、6、7和8年生的且Ⅰ地位级的尾巨桉木材纸浆得率显著高于Ⅱ、Ⅲ地位级的。

（五）尾巨桉人工林主伐年龄的确定

综上所述，参照《主要树种龄级与龄组划分》（LY/T 2908—2017）行业标准，工业原料用材林以工艺成熟为主，经济成熟为辅的原则，同时兼顾人工林可持续经营原则，要考虑人工林生态系统自恢复演替的转折点，即近成熟林过后（图2-5）。因此，滇南地区尾巨桉人工林主伐年龄的确定，首先基于木材用途为工业纸浆的目的，其工艺成熟龄在Ⅰ、Ⅱ、Ⅲ地位级分别为9、8、7年生；其次考虑林分活立木蓄积量，在Ⅰ、Ⅱ、Ⅲ地位级其数量成熟龄分别为12.5、10.5、8.5年生；兼顾桉树人工林长期可持续经营，最终确定滇南中山区Ⅰ、Ⅱ、Ⅲ地位级尾巨桉适宜的主伐龄，分别为9、8、7年生。

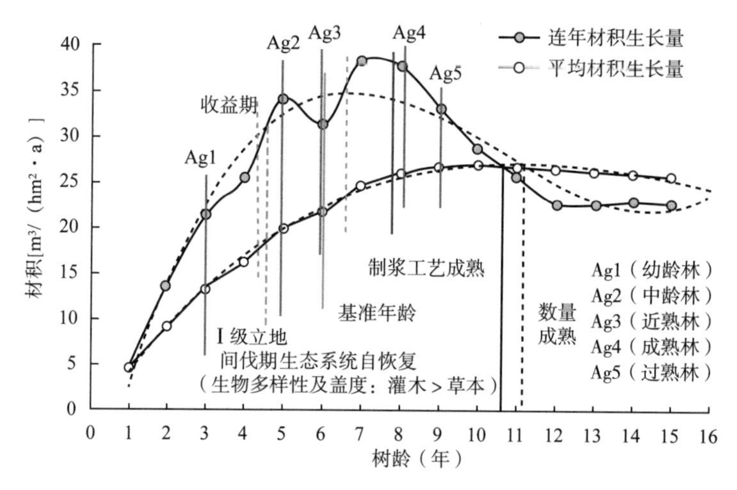

图 2-5 滇南中山区尾巨桉主伐林龄的确定

四、营林新模式研究

（一）基于地位级的营林新模式

基于立地分类及其质量评价，充分发挥立地生产潜力，按立地等级分类经营，集成了调整初植密度和改进施肥方案为主的优质高效培育技术及其新模式。

滇南中山和桂粤丘陵区，采用免炼山、人工挖穴（40cm×40cm×30cm）、行株距 3m×2m、3m×2.5m（1333~1667 株 /hm²），基肥每穴以 300g 钙镁磷或生物肥 +300g 专用肥，当年除草 1m×1m，穴抚 1~2 次，第 2~4 年实施抚育 500g/ 株专用肥；琼雷沿海台地区较平缓林地，采用免炼山、机耕开沟犁垦、行株距 4m×1.5m 或 3m×2m、3m×1.5m（1667~2222 株 /hm²）+300g 钙镁磷或生物肥 +300g/ 株专用肥，当年除草 1~2 次、穴抚 1m×1m，第 2~4 年实施中耕开沟犁 + 追肥 500g/ 株专用肥。以滇南中山区优质高产培育技术及新模式为例，3.5 年生的尾巨桉人工林新模式比旧模式提升单位面积蓄积量 6.41%，达 82.20m³/hm²。造林成本少支 4163.55 元 /hm²，营林效益提高 38.08%，降本增效极为显著（罗成学等，2021）。

基于立地质量评价的调整密度和改进施肥优质高产培育技术，结合 3 个立地区人工林立地类型，制定了以立地等级分类经营的造林及抚育管理新模式及其作业设计表（表 2-4）。

表 2-4 尾巨桉人工再造林及抚育营林新模型

立地	Ⅰ地位级	Ⅱ地位级	Ⅲ地位级	传统营林模式（对照）
造林	株行距 2.5m×3m，89 株 / 亩，免炼山，人工清杂	株行距：2m×3m，111 株 / 亩，免炼山，人工清杂	株行距 1.5m×3m，148 株 / 亩，免炼山，人工清杂	株行距 1.5m×3m~2m×2m，148~167 株 / 亩，炼山清杂
	人工挖穴：30cm×30cm×30cm	人工挖穴：30cm×30cm×30cm	人工挖穴：30cm×30cm×30cm	人工挖穴：30cm×30cm×30cm
	基肥 300g 氮钾磷 +300g 钙镁磷	基肥 300g 氮钾磷 +300g 钙镁磷	基肥 300g 氮钾磷 +300g 钙镁磷	基肥 300g 氮钾磷

（续）

立地	Ⅰ地位级	Ⅱ地位级	Ⅲ地位级	传统营林模式（对照）
抚育追肥	抚育：种植当年适时抚育；第 2 年，2 次抚育（中耕）；第 3~4 年结合追肥及林地植被实施抚育 追肥：连续 4 年追肥。第 2 年每株追肥 0.5kg；第 3~5 年每年每株追肥 0.6kg。施肥穴规格 30cm × 20cm × 20cm	抚育：种植当年适时抚育；第 2 年，2 次抚育（中耕）；第 3~4 年结合追肥及林地植被实施抚育 追肥：连续 4 年追肥。第 2 年每株追肥 0.5kg；第 3~4 年每年每株追肥 0.6kg。施肥穴规格 30cm × 20cm × 20cm	抚育：种植当年适时抚育；第 2 年，2 次抚育（中耕）；第 3~4 年结合追肥及林地植被实施抚育 追肥：连续 4 年追肥。第 2 年每株追肥 0.5kg；第 3~4 年每年每株追肥 0.6kg。施肥穴规格 30cm × 20cm × 20cm	抚育：种植当年适时抚育；第 2 年 2 次抚育（中耕）；第 3 年结合追肥及林地植被实施抚育 追肥：连续 3 年追肥，每株追肥 0.3kg，施肥穴规格 30cm × 20cm × 20cm
采伐年限	8~9 年	7~8 年	6 年	5 年

（二）Ⅰ地位级中龄林间伐抚育新模式

针对滇南中山区和桂粤丘陵低山区采用传统营林模式，即造林沿用高密植（1667~2220 株 /hm^2）的营林模式，在普洱市卫国林业局对Ⅰ地位级新造林、一次萌芽林和二次萌芽林，开展 1 万亩的 4.5 年生中龄林间伐抚育试验示范研究，强度 30%~50%，间伐方式（砍 1 留 1 和砍 3 留 3），连续 2 年砍杂除萌 +300g/ 株追肥抚育，8 年生时皆伐利用与对照不间伐相比，平均活立木蓄积量增产 20.99%，MAI 由 27.15m^3/（hm^2 · a）提升至 32.58m^3/（hm^2 · a），大径材（规格：2.60m 长，小头直径 26.0cm）、中径材的出材率从 0 和 59.8% 提高到 3.5% 和 76.4%，多产木材 38.01m^3/hm^2。在Ⅰ地位级林地，间伐 30% 与对照不间伐的投入产出比分别为 1∶2.35、1∶1.84；Ⅰ地位级间伐 50% 与对照不间伐的投入产出比分别是 1∶3.40 和 1∶1.84。Ⅰ地位级 2 次萌芽林，间伐 50% 和间伐 30% 的投入产出比分别 1∶3.51 和 1∶2.70（徐建民等，2020）。Ⅰ地位级中龄林间伐抚育营林新模式，对早期密植或留萌多的桉树人工林，经抚育间伐后林分质量提质增效十分显著。

（三）利用珍贵树种改造尾巨桉纯林的混交新模式

目前，华南地区社会和经济快速发展，人们对美好生活的追求日趋增强，桉树人工林经营面临一个严峻现实问题，即饮用水源的集水区、江河流域沿岸和已划定为生态公益林范围的桉纯林，如何转型为混交林是亟待解决的大问题。

鉴于此，以桂中南丘陵山地的广西国有东门林场尾巨桉人工林为对象，开展采伐桉树后套种珍贵树种的混交模式试验，探讨不同采伐强度下套种珍贵树种形成的复层混交林，其生长及林下植物多样性的差异，为桉树纯林改造的营林实践提供科学依据。试验研究采用裂区设计，对 9 年生尾巨桉人工纯林进行改造试验，以桉树（主区）和套种珍贵树种（副区，套种 6 个珍贵树种分别为：Ⅰ. 红锥，Ⅱ. 格木，Ⅲ. 球果木莲，Ⅳ. 交趾黄檀，Ⅴ. 黑木相思，Ⅵ. 土沉香）为小区，设置 4 个采伐处理：A. 隔 1 行采伐 1 行套种（1 桉 1 珍）；B. 隔 2 行采伐 2 行套种（2 桉 2 珍）；C. 隔 3 行采伐 2 行套种（3 桉 2

珍）；D. 隔 2 行采伐 3 行套种（2 桉 3 珍）；对照（CK）林分不做任何处理。于套种后 3.5 年对试验区内林木进行每木检尺，并按常规方法调查林下植被。结果表明：不同混交模式的尾巨桉平均树高、胸径、单株材积显著增加，最高分别为 27.63m、21.89cm 和 0.38m^3，较对照分别提高了 16.98%、19.75%、80.95%。6 个套种树种中，球果木莲的各项生长指标均表现最佳，其次为黑木相思和红锥。3 桉 2 珍套种黑木相思的林分蓄积量最优，达 244.87m^3/hm^2，较对照高出 3.65%。此外，2 桉 2 珍套种红锥的林分草本层 Simpson 指数和 3 桉 2 珍套种红锥的林分草本层 Shannon–Wiener 指数分别为 0.84、1.71，较对照分别高出 25.40%、30.50%；而 2 桉 2 珍套种交趾黄檀的林分灌木层 Simpson、Shannon–Wiener 指数分别为 0.80、1.61，比对照分别高出 42.9%、71.27%（周芳萍等，2022）。

该模式以采伐后套种珍贵树种改造尾巨桉纯林，形成桉–珍复层混交林，显著提高了尾巨桉的平均树高、胸径、单株材积，优化了林分结构，丰富了林分的物种多样性，改变了尾巨桉单一林相的景观，有助于提高尾巨桉人工林的生态效益和经济效益。研究结果可为桉树中大径材培育、国家储备林经营等提供科技支撑。

五、桉树分子育种与转基因技术研究

分子育种研究旨在发现与性状相关的 DNA 变异（分子标记）并用于育种改良，广义上也包括转基因育种研究和近年提出的基因组学（或序列）辅助育种研究（甘四明，2020）。自 20 世纪 90 年代中期桉属中首次发表巨桉和尾叶桉的遗传图谱（Grattapaglia & Sederoff，1994）并定位无性繁殖相关的数量性状位点（quantitative trait locus，QTL）以来（Grattapaglia et al.，1995），结合分子标记检测技术的飞速发展，桉树分子育种研究进展迅速，已发现大量与经济性状相关的标记位点和功能基因，积累了较丰富的分子育种与转基因研究资源。

（一）桉树分子标记与检测技术

Grodzicker 等（1975）创建了 DNA 限制片段长度多态性（Restriction fragment length polymorphism，RFLP）标记技术，标志着分子标记时代的到来。桉树中，RFLP 亦是最早开发的分子标记类型（Byrne et al.，1993），其后多种分子标记技术被用于桉树相关研究。一些研究在林木中具有开创性，如基于随机扩增多态性 DNA（Randomly amplified polymorphic DNA，RAPD）的遗传作图提出了拟测交作图策略（Grattapaglia & Sederoff，1994）、基于候选基因的性的单核苷酸多态性（Single nucleotide polymorphism，SNP）与木材微纤丝角率先开展的关联分析研究（Thumma et al.，2005）、首张林木多态性阵列技术（Diversity arrays technology，DArT）芯片（Sansaloni et al.，2010）和基于全基因组 SNP 率先开展的基因组选择（Resende et al.，2012）。

国内，桉树分子标记开发和应用研究主要是热林所开展。早期利用随机扩增多态性 DNA（Randomly amplified polymorphic DNA，RAPD）标记分析了尾叶桉和细叶桉无性系的多样性（甘四明等，1999），并基于 183 个 RAPD 标记构建了两树种的遗传图谱（Gan et al.，2003）。利用 GenBank 的桉树表达序列标签（Expressed sequence tag，EST），开发了切割扩增产物多态性序列（Cleaved amplified polymorphic sequences，CAPS）标记 91 个（Yu et al.，2012）、插入 / 缺失（Insert/Deletion，InDel）标记 144 个（Yu et al.，2016）、简单序列重复标记 466 个（周长品等，2010；He et al.，2012；Zhou et al.，2014）和一张包含 1536 个 SNP 位点的 GoldenGate 芯片（于晓丽，2015）。此外，基于新一代测序技术的简化基因组测序，在 10 株尾叶桉 ×10 株细叶桉的析因交配群体中检测了 15 万余个 SNP 标记（陈升侃，2018）。

标记检测技术上，热林所分子育种课题组也优化了基于荧光 dUTP 的 SSR 自动检测方法（Li et al.，2011），并获国家发明专利授权（甘四明等，2011）。建立了桉树 SNP 多重检测的 SNaPshot 技术以及基于 SSR 标记的桉树无性系鉴别的专利技术（周长品等，2020）。对于桉树的 PCR 产物直接测序，开发了二倍体测序中个体内 SNP 和 InDel 检测的软件 DiSNPindel（Deng et al.，2015），并获国家发明专利授权（邓继忠等，2016）。

（二）桉树影响重要性状 QTL 解析和基因组选择

QTL 解析主要通过两种途径：一是基于全同胞谱系群体的连锁分析，二是基于种质资源群体（包括育种群体）的关联研究。目前，桉属中已对生长、材性、抗生物胁迫和耐非生物逆境等重要经济性状进行了 QTL 的检测及其效应解析（表 2-5）。其中，热林所的研究集中在生长、材性和枝瘿姬小蜂抗性等性状（于晓丽等，2011；Li et al.，2015；宋志姣等，2016；Song et al.，2018；Zhou et al.，2020），例如，基于覆盖全基因组的 800 余个 SSR 标记，鉴定了与 9.5 年生大花序桉树高、胸径、木材基本密度和抗弯弹性模量分别显著关联的 2、3、7 和 3 个位点（$P < 0.05$），对表型变异的解释率为 5.3%~43.1%（Zhou et al.，2020）。

表 2-5 基于连锁作图和关联研究进行 QTL 解析的桉树主要性状

性状类型	性状	参考文献
生长	根长和不定根数量等	Grattapaglia et al.，1995；于晓丽等，2011
	树高、胸径和材积等	Kirst et al.，2004；Thamarus et al.，2004；Bundock et al.，2008；Gion et al.，2011；Thavamanikumar et al.，2011；于晓丽等，2011；Kullan et al.，2012；Mandrou et al.，2012；Bartholomé et al.，2013；Cappa et al.，2013；Denis et al.，2013；Freeman et al.，2013；Thavamanikumar et al.，2014；Bartholomé et al.，2015；Li et al.，2015；宋志姣等，2016；Klápště et al.，2017；Mizrachi et al.，2017；Resende et al.，2017；Muller et al.，2018；尚秀华等，2018；Ammitzboll et al.，2019；Kainer et al.，2019；Lima et al.，2019

（续）

性状类型	性状	参考文献
木材性质	基本密度、微纤丝角、木素S/G、纸浆得率和弹性模量及木素、纤维素、半纤维素、五碳糖和六碳糖的含量等	Thamarus et al.，2004；Kirst et al.，2005；Thumma et al.，2005；Bundock et al.，2008；Gion et al.，2011；Sexton et al.，2011；Thavamanikumar et al.，2011；Kullan et al.，2012；Mandrou et al.，2012；Cappa et al.，2013；Denis et al.，2013；Freeman et al.，2013；Mandrou et al.，2014；Thavamanikumar et al.，2014；Li et al.，2015；Klápště et al.，2017；Resende et al.，2017；Lima et al.，2019；Zhou et al.，2020；Dasgupta et al.，2021
抗病虫*	焦枯病菌	Zarpelon et al.，2015
	枝干枯萎病菌	Rosado et al.，2016
	枝瘿姬小蜂	Zhang et al.，2018；Mhoswa et al.，2020
	柄锈菌	Freeman et al.，2008；Mamani et al 2010；Alves et al.，2012；Butler et al.，2016；Resende et al.，2017
耐逆境	冻害	Byrne et al.，1997
	风害	尚秀华等，2018
	干旱	Ammitzboll et al.，2019
其他性状	水分利用效率	Bartholomé et al.，2015
	木块茎大小	Ammitzboll et al.，2019
	木块茎有无	Bortoloto et al.，2020
	叶面积	Kainer et al.，2019
	叶厚度	Ammitzboll et al.，2019
	叶萜类和丹宁等含量	Kulheim et al.，2011；Gosney et al.，2016；Padovan et al.，2017；Kainer et al.，2019

注：*病原和害虫的拉丁名为焦枯病菌（*Calonectria pteridis* Crous）、枝干枯萎病菌（*Ceratocystis fimbriata* Ellis et Halsted）、枝瘿姬小蜂（*Leptocybe invasa* Fisher & La Salle）、柄锈菌（*Puccinia psidii* Winter）。

桉树重要性状相关的QTL已开始用于分子育种。澳大利亚Gondwana Genomics公司（http：//www.gondwanagenomics.com.au/）将相关位点用于桉树生长、木材基本密度、纸浆得率和抗锈病等性状的标记辅助选择，遗传增益可达常规表型选择的4倍，如亲本选择为7%，子代选择为18%（Simon Southerton，私人交流）。

基因组选择（Genomic selection，GS），或基因组预测是解析表型相关的分子变异的另一有效途径。其基于大量标记（通常是覆盖全基因组）利用训练群体进行表型效应的预测模型的构建，建成的模型一般只含少部分标记；再在验证群体中检测模型的有效性，有效的预测模型才能用于优良基因型的选择。Grattapaglia等（2018）对包括桉树在内的林木进行了GS研究进展的综述，后续也有一些报道，如Suontama等（2019）和Ballesta（2022）。GS的遗传增益通常比常规选择更高，例如，对邓恩桉生长和材性等

11 个性状的 GS 研究（Suontama et al.，2019）表明，9 个性状比表型选择（最佳线性无偏预测）的遗传增益高 14.9%~84.2%，只有木材径向干缩率和树干通直度分别低 6.2% 和 17.0%。

（三）尾叶桉和细叶桉高密度遗传图谱构建及基因组组装

随着二代测序的发展，SNP 标记开始大量应用于遗传图谱构建中，其中简化基因组测序是通过二代测序技术进行 SNP 开发和基因分型的一种实用廉价的方法，当前主要的方法有限制性酶切位点关联 DNA 测序（Restriction-site associated DNA sequencing，RAD-seq；Miller et al.，2007）和基因分型测序（Genotyping by sequercing，GBS；Elshire et al.，2011）以及基于这些技术的改进建库方法，如 ddRAD（Double digest RADseq）、ddGBS（Double digest GBSseq）和 2b-RAD 等。课题组利用 GBS 技术，在尾叶桉和细叶桉 F1 子代群体材料中开发了 15185 个的高质量 SNP 位点。通过注释发现，SNP 位点主要分布于基因间区、内含子等区域。结合早期开发的 EST-SNP 和 SSR 标记，利用 Joinmap v4.1（Van Ooijen，2006）进行连锁作图，尾叶桉图谱共保留 2430 个标记，总长度为 1193.7cm，平均图距为 0.49cm；细叶桉图谱共保留 1534 个标记，总长度为 1180.7cm，平均间距为 0.77cm（表 2-6），搭建的尾叶桉和细叶桉高密度遗传图谱为这两个树种的基因组组装奠定了基础。

目前，桉属树种基因组研究主要集中在巨桉（Myburg et al.，2014）、野桉（*E. rudis*；Driguez et al.，2021）和赤桉（Driguez et al.，2021），在桉属其他树种中基因组资源相对缺乏，而比较基因组学的重要性在于它把不同物种联系在一起，架起了基础研究和应用研究之间的桥梁。课题组通过 Pacbio 三代测序技术搭建了尾叶桉和细叶桉基因组骨架，利用构建的尾叶桉和细叶桉高密度遗传图谱，分别将 288 和 300 个 Scaffold 定位到 11 条染色体上（表 2-6），定位到染色体的序列达到 94.1% 和 93.9%，约 609.8Mbp 和 593.1Mbp（图 2-6）。利用 Plantae BUSCO dataset 评估基因组组装的完整性，仅分别有约 5.4% 和 4.6% 的缺失率，基因组组装的完整性分别达到了 94.6% 和 95.4%。构建的高密度遗传和搭建的高质量基因组框架为后期尾叶桉和细叶桉基因组育种研究奠定坚实基础。

表 2-6 尾叶桉和细叶桉遗传图谱信息

图谱	连锁群	标记数量			唯一标记数量	连锁群长度（cm）	平均间距（cm）
		EST-SNP	EST-SNP	EST-SNP			
尾叶桉	1	5	0	194	199	95.7	0.48
	2	3	0	267	270	135.6	0.5
	3	4	0	275	279	105.6	0.38
	4	10	1	192	203	84.5	0.42
	5	25	0	50	75	111	1.48
	6	2	0	280	282	126.1	0.45
	7	5	0	168	173	107.8	0.62

（续）

图谱	连锁群	标记数量			唯一标记数量	连锁群长度（cm）	平均间距（cm）
		EST-SNP	EST-SNP	EST-SNP			
尾叶桉	8	4	0	303	307	145.8	0.47
	9	5	0	213	218	87.9	0.4
	10	4	1	197	202	83.9	0.42
	11	5	3	214	222	109.8	0.49
	总计	72	5	2353	2430	1193.7	0.49
细叶桉	1	8	1	136	145	103.1	0.71
	2	5	0	151	156	113.6	0.73
	3	2	0	121	123	101.2	0.82
	4	8	1	127	136	92.5	0.68
	5	5	0	115	120	104.9	0.87
	6	13	0	186	199	131.5	0.66
	7	0	0	158	158	87.3	0.55
	8	4	0	120	124	125.4	1.01
	9	6	0	59	65	100.5	1.55
	10	9	2	150	161	116.4	0.72
	11	11	0	136	147	104.3	0.71
	总计	71	4	1459	1534	1180.7	0.77

表 2-7　尾叶桉和细叶桉基因组染色体锚定分析结果

锚定结果	尾叶桉		细叶桉	
	长度（bp）	数量	长度（bp）	数量
最大长度	80832699		80722027	
N10	80832699	1	80722027	1
N20	63885171	2	64956785	2
N30	62889480	3	61723759	3
N40	61399517	4	54071326	4
N50	60748742	5	51116130	6
N60	50499146	7	50288651	7
N70	44197790	8	48269166	8
N80	43343667	9	45749987	9
N90	38277762	11	38268717	11
基因组大小	648025434		631927759	
序列平均长	3，323207		2859401	
中位序列长度	147994		109393	
序列总数	195		221	

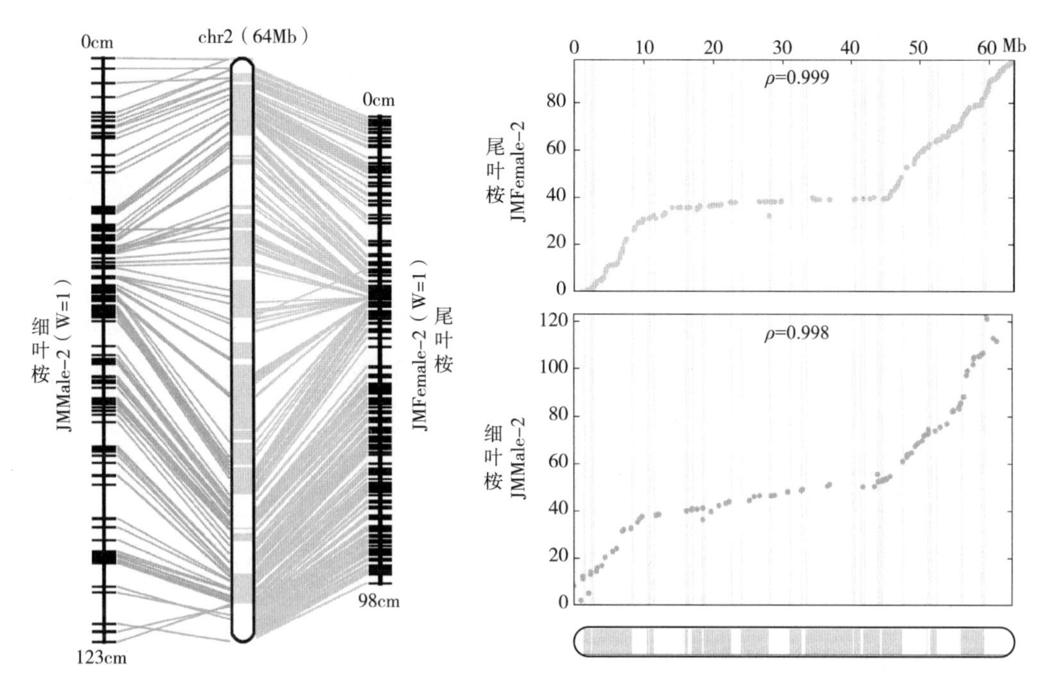

图 2-6 尾叶桉基因组染色体 2 锚定结果

（四）桉树转基因育种研究

目前，华南地区桉树栽培面临着尺蛾、青枯病和焦枯病等为害，桉树北移栽培引起的冻害等问题。此外，存在幼林期人工除草高成本等常规育种和营林难以解决的问题。树木基因工程育种研究可以克服上述问题，为桉树遗传改良展现出诱人的前景。巨桉基因组测序完成（Myburg et al.，2014）为开展桉树重要性状基因功能鉴定和桉树转基因育种提供了基础，而要实现基因功能鉴定和桉树转基因育种，还须构建一个稳定高效的遗传转化体系。

基于桉树遗传转化体系建立的重要性，从 20 世纪末研究者就开展了一系列桉树遗传转化体系的研究。早期主要集中在优化遗传转化方法，包括农杆菌介导法、PEG 介导法、基因枪等多种方法。如农杆菌介导法，在赤桉、蓝桉（*E. globulus*）、尾叶桉、巨尾桉等树种开展了再生体系和遗传转化体系的建立，大多以获得转化愈伤或少量小苗（范春节等，2008）。这些研究结果说明根癌农杆菌（*Agrobacterium tumefaciens*）介导的遗传转化法更适用于桉树，后期研究仍然是以根癌农杆菌介导法为主。但因桉树杂合度高、子代分化大，使用有性材料进行遗传转化，不同来源的株系自身分化大，难以开展表型分析，因此开展功能基因鉴定和转基因育种极为困难。

从 2005 年开始，热林所在国家林业局“948”引进项目、院所基金、“863”等项目支持下，开展了现有主栽桉树无性系的遗传转化体系建立，如尾赤桉 DH201-2、巨桉 Eg5、巨尾桉 GL9 和尾巨桉 DH32-29 等为材料开展了遗传转化体系建立和转基因技术研究。

对于尾赤桉 DH201-2，选择生根组培苗顶端起 1~4 片叶作外植体进行愈伤组织诱导与植株再生培养，剪除叶尖 1/3，TDZ 的适宜浓度为 0.03~0.04mg/L，NAA 浓度为 0.05~0.20mg/L 条件下对光照、大量元素、蔗糖浓度等进行优化诱导出大量丛生芽，再生率达到 85.3%（范春节等，2009；刘英等，2012）。经过 3 天预培养，使用菌液浓度 OD600 吸收值为 0.4~0.5 的 GV3101 菌株进行浸染 30min，转移到 pH 值为 5.4~5.8 并加入 100mg/L 乙酰丁香酮的培养基上共培养 3 天。转移带有 90.0mg/L 卡那霉素的再生诱导培养基上，每隔 2 个星期更换 1 次新的培养基，最终建立起根癌农杆菌诱导的遗传转化体系，转化率可达到 0.83%（范春节等，2009）。利用转抗青枯病基因 *AP1*、促进木材细胞壁加厚的 *Cell* 基因和促进纤维素单体聚合的 *CBD* 基因开展改良巨赤桉无性系的材性改良和提高粗生长的研究。分别获得 16、14、31 个转基因株植株。同时采集了田间桉树青枯病发病植株进行了分离和繁殖以及抗病性鉴定。采用 WFT 水培接种法对 AP1 转基因桉树苗木进行接种，40 天后观察发病与死亡率，结果显示有 3 个转 AP1 基因株系比对照下降 10%~20%。

对于巨桉优良无性系 EG5，发现以组培芽苗的叶片为外植体，TDZ 浓度为 0.10~0.14mg/L，NAA 浓度为 0.25~0.5mg/L 条件下愈伤组织诱导率大于 99%，再生率可达到 93%，且均为丛芽再生。硝酸铵浓度为 0.41~1.65g/L，经过 10 天暗培养有利于不定芽的分化（邓艺等，2012）。进一步优化了根癌农杆菌菌株类型、农杆菌侵染时间、共培养 pH 值和共培养时间对瞬时转化效率的影响，分析了不同筛选策略对遗传转化植株筛选效果的影响。同时开展了抗生素对 Eg5 的敏感性试验，完全抑制芽分化的卡那霉素浓度为 60.0mg/L，添加 100.0mg/L 的头孢塞污钠便可以完全抑制农杆菌 GV3101 的生长且不影响不定芽的分化（郭利军等，2012a）。发现外植体侵染 45min，共培养 pH 值为 5.8，共培养 3 天所得到的瞬时转化效率最高（郭利军等，2012）。通过采用逐步提高抗生素筛选浓度的方法，从不添加筛选抗生素恢复培养再转入低浓度筛选培养基，最后逐步增加到含 17.5mg/L 卡那霉素的再生培养基的方法，经过编码 β–葡萄糖苷酸酶（β–glucuronidase，GUS）染色分析和聚合酶链式反应（Polymerase chain reaction，PCR）检测获得转基因植株，初步建立起遗传转化体系，转化效率为 0.26%（郭利军等，2013）。

热林所对尾细桉 9 个无性系开展离体培养和植株再生技术研究，最终筛选出 YL02 适合进一步的研究，其 TDZ 浓度在 0.05mg/L 时获得高达 69.2% 的植株再生效率，且每个外植体平均芽数超过 10 个（范春节等，2015）。通过进一步调整优化再生培养基中 TDZ、NAA 和磷酸二氢钾浓度和外植体状态和部位进行诱导植株再生研究，最终发现在 0.025mg/L TDZ+0.05mg/L NAA 加入 170mg/L 的磷酸二氢钾的培养基中，以在生根培养基上生长 25 天生根苗顶端起向下 1~4 片叶为外植体，获得了最高 72.7% 的植株再生效率，诱导芽为丛芽（范春节等，2016）。同时以 YL02 茎段为外植体，系统开展了 YL02

不定芽再生诱导、伸长和生根诱导等，发现在改良的木本植物培养基（mWPM）培养基中添加 0.025mg/L TDZ 和 0.10mg/L IBA 获得 85.6% 的不定芽诱导率，经过小于 3 天的预培养，使用 GV3101 菌株浸染，在含有 50 μm 的乙酰丁香酮共培养基中共培养 2 天，然后转移到筛选培养基中，经过连续筛选培养，最终获得转基因株系，经过 GUS 染色分析和分子检测，最终转化效率达到 3.8%（Wang et al.，2021a），建立了尾细桉高效稳定的遗传转化体系，为下一步开展基因功能鉴定和转基因育种的研究提供了技术支撑。

近年，开展了主栽培品种巨尾桉 GL9 和尾巨桉 DH32-29 等无性系胚性愈伤组织诱导和植株再生技术研究，采用带有单芽茎段外植体诱导的愈伤组织质地紧密，TDZ 浓度为 0.02~0.05mg/L 时愈伤组织诱导可达 100%，在改良的 mMS 培养基的基础上，通过添加 0.02mg/L TDZ 和 0.125mg/L 氯化钴，愈伤组织可再生出单芽或丛芽，再生率达 22.2%（裘珍飞等，2009；2012）。

国内外研究者针对桉树无性系开展了再生体系建立和遗传转化体系建立的研究，主要集中在细叶桉（Aggarwal et al.，2011；Diwakar et al.，2010）、尾叶桉（de França Bettencourt et al.，2020；Huang et al.，2014；L M et al.，2015）、赤桉（Mendonça，2013；Yu et al.，2012）、蓝桉（Corredoira et al.，2015；de la Torre et al.，2014；Dobrowolska et al.，2016；Matsunaga et al.，2012）。同时也有研究者开始将目的基因转入桉树，如将杨树中的 *KORRIGAN*（*PdeKOR*）基因转入到细叶桉中提高纤维素含量（Aggarwal et al.，2011；2015）。将胆碱氧化酶基因转入到蓝桉和赤桉中，获得耐盐转基因株系提高其耐盐性（Yu et al.，2013；Yuji Fujii，2016），且将获得的转基因耐盐赤桉（Abdullah et al.，2017）和蓝桉（Oguchi et al.，2014；Yuji Fujii，2016）株系移栽至大田进行测试。不难看出，大多数成功的遗传转化体系建立在赤桉、蓝桉、细叶桉等容易再生的桉树种及其杂种，而这些桉树种由于生长和适应性等原因相对栽培面积较小。

国内外研究者已将目光聚焦于广泛栽培的巨桉、尾叶桉及其杂种无性系的遗传转化体系建立（de França Bettencourt et al.，2020；Ouyang & Li，2016；Sykes et al.，2015；赵艳玲等，2019）。部分研究开始将功能基因转入桉树，如将枯草杆菌（*Bacillus subtilis*）的 *AHL-lactonase*（*aiiA*）基因转入到尾巨桉中提高桉树青枯菌的耐性（Ouyang & Li，2016）。国外林业产业巨头，如美国 ArborGen 公司、巴西 Suzano 公司、日本 Oji 公司均开展了相关研究（Anonymous，2015；Girijashankar，2011）；也有研究者与公司合作建立了尾巨桉无性系的高效遗传转化体系并且将 *FLOWERING LOCUS T*（*FT*）、LEAFY（LFY）等基因转入尾巨桉，获得具有早花性状的转基因和基因编辑植株（Elorriaga et al.，2021；Klocko et al.，2016）。

此外，发根农杆菌（*Agrobacterium rhizogenes*）的建立对快速开展桉树功能基因的验证具有重要意义，以不同的发根农杆菌菌株侵染尾巨桉，使用发根农杆菌菌株 MSU440，以叶片为外植体可获得了 81.0% 的毛状根诱导率，毛状根平均根长达到 3.23cm。在发根农杆菌浓度为 OD600=0.3、侵染时间为 30min 时，共培养 48h 后经过 20.0mg/L 卡那霉素筛选培养，获得了转化率达 20.2% 的毛状根遗传转化体系，为桉树基因功能鉴定和进一步的转基因育种奠定基础。在巨桉中通过发根农杆菌诱导的毛状根中对木质素合成关键的基因 *cinnamoyl-CoA reductase1*（*EgCCR1*）进行功能分析，可以用来开展次生细胞壁合成和木材形成相关基因的解析（Plasencia et al.，2016）。为桉树基因功能解析研究提供了新的方法，在此基础上也开展了基于毛状根诱导的规律间隔成簇短回文重复序列相关蛋白系统（Clustered Regularly Interspaced Short Palindromic Repeats，CRISPR/Cas9）基因编辑技术体系，能够开展进一步的功能解析（Dai et al.，2020）。

这些新技术和新方法也为再生困难的桉树遗传转化体系的建立提供了新思路，如促进转化和不定芽诱导再生的关键基因 *Baby boom*（*BBM*）和 *Wuschel2*（*Wus2*）的构建到表达载体中诱导难以转化的材料产生不定芽并获得转化植株（Che et al.，2018；Lowe et al.，2016）。另一方面通过诱导发根农杆菌转化的毛根获得完整转化植株（Castellanos Ar é valo et al.，2020；Cui et al.，2020）。此外，近年快速发展的 CRISPR/Cas9 系统可以在植物包括木本植物杨树中进行精细的基因组序列编辑，将目标基因敲除（An et al.，2020；Fan et al.，2015；Liu et al.，2016；Wang et al.，2020；Zhou et al.，2015）。而在桉树中目前只有俄勒冈州立大学 Steve 实验室开展了 *FT*、*LFY* 基因编辑并获得植株，开展了开花相关性状的研究（Elorriaga et al.，2021；Klocko et al.，2016）。也有尝试相关的基因编辑技术体系建立研究，主要是以体系建立或者毛状根诱导的体系为主，尚未建立完整的基因编辑技术体系（Dai et al.，2020；Wang et al.，2021b）。目前热林所也正在开展以 *Phytoene Desaturase*（*PDS*）基因为标记的尾巨桉基因编辑技术体系的建立，已筛选到转基因芽苗，这些研究为桉树基因功能的鉴定和转基因新品系的获得提供新的契机。同时也可直接用于转基因桉树新品种的培育，解决桉树生产中面临的虫害、病害、冻害和除草等难题。

（徐建民、甘四明、范春节、李光友、李发根、周长品、李娟）

第五节 火力楠

火力楠（*Michelia macclurei*）又称醉香含笑，属木兰科（Magnoliaceae）含笑属（*Michelia*）常绿乔木，是中国南方重要的乡土阔叶珍贵用材和多功能高效益树种，是培育大径级乡土珍贵阔叶用材的优质速生树种，是极佳的家具和建筑等用材。假种皮和种子等器官富含的植物油，在香料、医药、日用化工等方面有着重要用途。此外，火力楠也适宜作为风景园林绿化及防火、改土、水源涵养树种（姜清彬等，2017）。火力楠树高可达35m，胸径可达1m以上；树皮呈灰褐色，表型上有粗皮和光皮两种，花期3~4月，果期9~12月。喜温暖湿润气候，要求年均温20℃以上，年雨量1500~1800mm，能耐-7℃低温（广东省林业局等，2002）（彩图2-8、彩图2-9）。火力楠引种到长江流域一带适应性强，生长表现良好（姜清彬等，2017）。火力楠天然分布于广东西北部和广西东南部的两广交界处，自20世纪七八十年代以来，广泛引种至湖南、福建、江西、浙江、云南、贵州、四川等省，目前在长江流域以及长江以南各省（自治区、直辖市）均有广泛种植（Jiang et al.，2017），越南北部也有种植分布。生长于海拔600m以下的山谷至低山地带，呈小片纯林或散生。火力楠对土壤的适应性较广，在干旱贫瘠的地块也可以生长，因此火力楠常作为伴生树种跟杉木、马尾松等针叶树种混交以改善林分结构（黄其城，2017）。

一、良种选育

目前火力楠生产用种大多来自采种母树林，这类母树林多为20世纪80年代营建的人工林，经去劣留优改造而成。广西壮族自治区玉林市林业科学研究所收集20个种源60个家系，于1978年营建种源家系试验林，并于2004年筛选出12个家系并进行推广示范，2个优良家系获得广西壮族自治区良种审定；2004年建立火力楠第一代种子园，已开始生产种子（陈剑成等，2011）。热林所自2011年以来广泛收集种质资源约150份，建立种源家系试验林，通过4年生时早期评价，获得10余个优良家系和186个优良单株，营建了火力楠初级采穗圃，并于2014年建成“南方乡土珍贵树种火力楠研究与示范基地”；2015年攻克了火力楠组织培养外植体消毒、继代培育和生根等难题，建立了火力楠完备的组培快繁体系（刘英等，2016），已于2016年10月选择15个优良火力楠无性系进行组培苗生产。

二、育苗技术

（一）种子采收及处理

选择干形通直圆满、生长旺盛、无病虫害的18~30年生母树采种。火力楠种子于10月下旬至12月上旬成熟，成熟时果皮呈淡黄色或红褐色。果实采收后置于阴凉干燥通风处摊开1~2天，果壳开裂后充分翻动，去除果壳，将种子用自来水浸泡12~24h，掺入沙搓去红色假种皮，用清水冲洗去除杂质，即获得纯净种子。将其置于室内通风处晾干表面水分，忌曝晒失水而影响发芽率。种子千粒重110~170g，种子即采即播发芽率高，可达80%，亦有将种子与干净湿润河沙以体积比1∶3分层贮藏至翌年播种，随着贮藏时间的延长，种子发芽率会逐渐降低（彩图2-10）。

（二）播种育苗

播种宜选在早春，以1月左右播种较为适宜。宜选择交通方便、阳光充足、排灌良好的地方作为苗圃地，忌选择低洼积水及前作病虫危害严重的地方。可选用透水性好的沙壤土作为播种基质，起畦筑床，畦宽1m左右，高20cm，畦与畦之间的宽度以30cm为宜。苗床整理好后，可用1%~3%硫酸亚铁水溶液进行土壤消毒和灭鼠工作。采用条播，条距20~25cm，种子间距12cm；也可采用撒播，将种子均匀播于畦上，播种量100g/m^{2}左右为宜，播种后覆土1.0~1.5cm，以不见种子为度，淋透水，然后覆稻草或加盖遮阳网。天气晴朗时，每隔1~2天要洒1次水，保持土壤湿润（彩图2-11）。

（三）苗期管理及出圃

播种1个月后种子发芽出土，应注意揭开稻草、淋水、除草，防涝保湿，适当薄施1次经充分沤熟的有机肥。当幼苗长出须根，具3~5片叶，苗高4~5cm时，应及时移苗上袋，确保移植成活率。营养袋规格为14cm×16cm，营养土以60%黄泥心土、20%火烧土、15%塘泥和5%过磷酸钙充分配匀后碾碎配制而成，装袋后排成畦状，每畦宽不超1.2m，周围培土，移苗上袋时，需在1~2天前将营养袋淋透水，幼苗上袋后要淋足水，盖上遮阳网，遮光率为40%~50%，防止阳光灼伤幼苗。幼苗移植后应加强苗木的肥水管理，及时除草。施肥以有机肥或复合肥为佳，以勤施、薄施为原则，视苗木生长状况确定施肥种类和次数，做好病虫害防治。培育1年，苗高达40~50cm高，即可出圃，可用于造林或转而继续培育大苗。

（四）无性系育苗

扦插育苗 火力楠属扦插较难生根树种，生根速度较慢。选用约1年生半木质化的枝条作为插穗，粗细程度在0.15~0.35cm范围内为宜，用500~1000mg/L的IBA、IAA、NAA或ABT生根粉等激素溶液处理插穗基部15s至1min，扦插于泥炭土或含有泥炭土的混合基质中，保持适宜湿度和温度，春夏季扦插2~3个月后可生根。

嫁接育苗 12月至翌年3月中旬嫁接。选抗逆性强的1~2年生壮苗作砧木。从采穗圃或优良母树上选生长健壮的当年生枝条作为接穗，接穗在运输或短暂贮藏过程中需要保鲜。采用切接或舌接等方法可获得80%以上嫁接成活率。

组培快繁 火力楠嫩枝嫩芽被绒毛，外植体消毒比较困难，需使用多种清洁除菌措施方可成功。组培继代培养中褐化较为严重，在培养基中需添加抑制或消除褐化的物质，组培增殖倍数2.5倍以上，芽增殖培养至3~5cm时，转入生根培养，生根培养产生3~5条根，转入炼苗室进行炼苗2周后可移植到苗圃，田间移植成功率达85%。

（五）大苗的栽植与管理

移植时间 一年四季均可移植，以早春移植效果最佳。

树干处理 移栽前先对大树的主侧枝进行修剪，保留主干3.5~4.0m，锯除全部细枝，留大枝，保持树冠的基本形状。要求锯口平滑，树皮不撕裂，锯断面稍微倾斜，锯口用油漆、白乳胶或蜡封保护。

起树包装 春季移植，树干可不做包装处理。夏季移植要用草绳或稻草包干。秋冬季移植可用塑料薄膜或草绳对树干进行缠干。塑料薄膜包裹树干对秋冬干燥低温季节的保湿、保温防冻效果较好，且成本低、简便，但薄膜影响对树体的透气、呼吸，在树木萌芽前（2 月中旬）应及时撤掉。春、秋、冬季移植，土球要求距树干边缘 20cm 左右，夏季移植距主干边缘 20~30cm。移植时挖深沟断根，挖成陀螺型，深度 50cm 左右。粗根要用锯贴近土团锯平。土球用草绳包裹，如土壤较松散或运输较远，贴近土球处应加遮阳网包裹，然再用草绳绑紧，尽量减少接头。切断主根，使树侧倒，吊装运输。

栽植 挖运、栽植时要迅速、及时。栽植密度根据城镇绿化设计而定。移植前挖好土坑，如地下水位较高，坑部可铺厚 15~20cm 的粗沙，起到透气与渗水的作用。树坑可提前 1~3 天进行杀菌、除虫处理，可用 50% 多菌灵粉拌土（药剂拌土的比例为 0.1%）。将挖出的火力楠放置于已准备好的种植坑内，并保证定植深度适宜，无需撤销包裹在土球外的遮阳网或草绳从周围填土入穴。分层填土，分层夯实，让土球与填土充分贴实，围堰之后，浇透定根水。

栽植后管理 移栽后根据天气情况决定淋水次数，以保持土壤湿润为宜。在夏、秋高温或干旱季节，应早、晚向树体和地面喷水，增加环境湿度；应开排水沟，以免根部积水，导致烂根死亡。移植后第 1 年可不施肥，第 2 年早春和秋季可施 1~2 次复合肥，提高树体营养，促进树体生长。移植 30~45 天后，树干开始长出大量萌芽，为集中养分培养树冠，在距主干顶部 80~100cm 处留萌芽，其余萌芽全部抹掉。

三、栽培技术

（一）立地选择

造林地宜选土层深厚、腐殖质较多，通透性好，湿润的山坡下部或山谷的林地，不宜选山顶、山脊、干旱黏结的贫瘠土壤。

（二）整地

造林前清山挖穴，穴规格 50cm × 50cm × 35cm，株行距 2m × 2m 至 3m × 3m，即 1050~2250 株 /hm^2。造林前一个月回穴土、施基肥，每穴施用复合肥 130g。坡度较大时，可在坡的中部沿等高线保留一个天然植物保护带。

（三）造林

造林时间一般在 12 月至翌年 3 月，湖南、江西等地造林宜早，广东、广西等地可晚至 3 月。在早春透雨后的阴天或小雨天进行种植，可适当深植。植后一个月检查成活情况，发现死苗及时补植（彩图 2-12）。

（四）种植模式

火力楠可营造纯林，广东云浮、广西凭祥和福建等地约 500 亩 30 年生的纯林未发现明显病虫害。火力楠属浅根系树种，对光照要求中等，可与杉木、马尾松、红椎、楠木、灰木莲、桉类等混交，造林效果理想（姜清彬等，2017）。以火力楠为主要树种混交，比例为2∶1或1∶1；反之，比例可为（3~5）∶1。混交方式可采用行状、块状等。

（五）抚育管理

造林后约1年内有蹲苗现象，2年内应每年穴抚2~3次，即在植株1m范围内松土、除草。有条件的每年4~5月或9~10月适当追肥1~2次。造林第3~4年可采用常规抚育措施。林分郁闭和出现分化后，可进行间伐，或挖取一部分用于园林绿化。

（六）萌芽更新

火力楠萌芽能力强，萌条生长速度快，萌芽植株通常比实生植株在前10~20年生长快3~5倍，采取萌芽更新及相应抚育管理措施，即采伐后当年除草抚育1次，第2年7至8月抚育1次，同时通过伐除保留接近地面的1~2株生长旺盛健壮的萌芽植株，并加培土，让其发育成林。

（七）主要病虫害防治

1. 病害及其防治

主要病害为炭疽病，初发病时在叶片出现针头大小的病斑，周围有黄色晕环，后扩展成圆形或不规则形病斑，布满大半叶片。病菌多从叶尖或叶缘侵入，病斑中央淡褐色至灰白色，边缘黑褐色，稍隆起，上生许多黑色粗大的斑点，呈散生或轮状排列。其病原体以菌丝在感病叶片中越冬，翌春借风雨传播，在高温高湿、通风不良的条件下发病严重。叶斑病的病斑呈灰褐色或黑褐色，病斑位于叶缘，呈半圆形或近似半圆形，个别病斑位于叶主脉与叶缘之间的叶肉组织，形成类似马蹄形的病斑。防治方法：①苗期可喷洒波尔多液预防；②发病初期，及时摘去病叶烧毁，增施磷钾肥，增强植株抗病能力，或用80%的炭疽福美可湿性粉剂800倍液喷，或50%退菌特可湿性粉剂800倍液喷，或50%多菌灵可湿性粉剂600倍液喷雾，也可用10%的世高水分散颗粒剂2000倍液喷洒，每隔10天1次，连续2~3次。早春梅雨季节苗床幼苗较密，注意防治根腐病和茎腐病，要定期喷杀菌药，如50%多菌灵可湿性粉剂800倍液和根腐灵可湿性粉剂800倍液效果好。

2. 虫害及其防治

火力楠林鲜见有丽绵蚜虫害，一般在7~12月，发生时虫口数量激增，可见树枝、树干布满一层白色如棉絮状物，是丽绵蚜的分泌物，轻者影响树木生长，严重的布满整株树可致树木枯死。防治方法：①用40%氧化乐果稀释800倍液喷杀2~3次，每次间隔10天；②刮皮涂药：用40%氧化乐果刮皮涂干，用棉花浸药放到刮皮处，再用薄膜包扎。天牛：主要危害树干基部或树干主枝，造成整株死亡，防治方法可用注射器把80%敌敌畏乳油40~50倍液、40.7%毒死蜱乳油100~200倍液、2.5%敌杀死乳油400~500倍液注入天牛蛀食孔，然后用黄泥巴把虫口封死进行灭杀。大蟋蟀：诱杀防治：用100kg米糠炒香摊冷，加入2kg的90%晶体敌百虫稀释液，拌匀至能捏成团为度，在无风闷热的傍晚在火力楠林堆放，每堆 1~2 粒花生米大小。

四、木材及其他产品利用

木材具光泽，纹理直、结构细，干缩中等，易加工，干燥后不易变形，耐腐性较好，心材浅黄色，边材浅白色、切面光滑、硬度中等，可作为高档家具用材（彩图 2–13），也是优良建筑用材，可制作枪托、乐器和木材工艺品等。木材亦具有较好的造纸性能，可生产国家标准 B 等、A 等铜板原纸等。其木屑可作为食用菌栽培的优良原料，培育的香菇朵大、肉厚柄粗短、菌盖颜色深、产量高，富含粗蛋白、粗脂肪及氨基酸等营养成分。

叶、花、种子等器官含有丰富的植物油成分，可作为化妆品、香精香料、医药等工业原料（刘举等，2013）。植物精油中富含大量高生物活性化合物，如 β–榄香烯、石竹烯、β–谷甾醇、植物豆固醇等，在医药行业有着重要用途。富含异长叶烯、橙花叔醇、α–金合欢烯、桉叶醇等，是香料工业的重要原材料；其植物油中不饱和脂肪酸含量高；红色假种皮含有的色素，亦是很好的天然植物色素。

树形高大通直，树冠整齐宽广，树冠枝簇紧凑优美，枝繁叶茂，花色洁白，花期长，花多而密且清香，有较高的观赏价值（彩图 2–14）。火力楠既是良好的园林风景树，还能吸收空中的有毒气体，鲜叶水分含量高，对氟化物气体的抗性特别强，是公路街道和休闲观光区的优良绿化树种。火力楠鲜叶着火点温度高达 436℃，具有优良的防火、阻火性能，可用于营造永久性的生物防火林带，对树冠火和地表火均有良好的阻隔效果（卢启锦等，2004）。

火力楠除本身具有多方面的用途外，在南方针叶人工林分布区被广泛用来营建混交林或轮作树种，其与马尾松和杉木等针叶树混交造林，可以有效提高林分生产力，增强林分抗逆性，提高木材的产量和质量，改善林地生态环境，通过在马尾松和杉木林冠下造林，对改造低产林十分有益（广东省林业局等，2002；Jiang et al. 2017）。

（姜清彬、王涛、李素欣、郭朗）

第六节　米老排

米老排（*Mytilaria laosensis*）别名壳菜果、三角枫、山桐油，为金缕梅科（Hamamelidaceae）壳菜果属（*Mytilaria*）常绿大乔木，树高达 30m，胸径达 80cm。适生于肥沃、疏松、排水良好的偏酸性土壤，喜温暖湿润气候，有一定的耐寒能力，生长快，树龄长，抗逆性较强。自然分布于中国广东西部、广西西南部和云南东南部，在浙江、福建、江西等省份也有引种栽培。树干通直、枝叶稠密、冠形优美、材质优良，是集用材、绿化和水源涵养等用途于一身的优良树种。叶片宽大肥厚、营养成分丰富，还是一种具有潜力的饲料资源。本节从米老排的良种选育、育苗技术、栽培技术、木材及其他产品利用等方面进行综述，旨在为深入开展米老排资源的高效开发与利用提供参考。

一、良种选育

目前，米老排良种选育工作已逐步开展，并取得初步成效。福建省上杭白砂国有林场较早开展了米老排良种选育和种子园营建，并分别于 2016 年和 2020 年获得了米老排母树林和种子园省级良种的审定。同时，已开展的种源和地理变异研究表明米老排的种实和叶片形态、生长量、材质、树干通直度等性状在不同种源和家系间存在极为丰富的变异（袁洁等，2013；覃敏，2016）。因此，米老排的良种选育潜力很大。

在米老排遗传改良实践中，应根据不同选育目标和经营目的，科学筛选出相应种质类型。如在材用方面，需考虑其化学成分、物理力学等品质系数，且选择综合机械加工性能较好的种质（朱志鹏等，2019）；在饲料用方面，应选择生长迅速、营养成分含量高且易加工的种质（陈朝黎等，2021）；在观赏用方面，要选择生态适应性强、观赏价值高、适合园林建设应用的种质（李娟等，2012）。近年来米老排良种选育研究取得了一定进展。覃敏（2016）开展了米老排生长和材性性状的遗传变异研究，初步筛选了一批速生丰产型、材质优良型及丰产且材质优良型米老排优良种源 / 家系。热林所通过米老排优良种质选育研究，获得米老排速生型优良种源、家系和单株分别为 2 个、14 个和 33 个，材积遗传增益 29%~75%；获得米老排优质型种源、家系和单株分别为 1 个、7 个和 13 个，材积遗传增益 11%~54%（http：//ritf.caf.ac.cn/info/1112/2657.htm）。这些研究为米老排新种质创制和规模化生产奠定了良好的物质基础。

二、育苗技术

现阶段，米老排的造林用种一般以当地种源建立的母树林为主，并通过实生播种育苗方式进行繁殖。在林木育种中，种子繁殖子代很难维持亲本性状，良种无性系化已成为林木繁育过程的必然选择。已开展的米老排无性繁殖育苗方式包括萌芽更新、扦插、嫁接和组织培养等，为米老排无性系良种化和人工林高效培育提供了有力的技术支持。

（一）实生播种育苗

1. 采种与调制

采种母树宜选择 15~40 年生，生长快、分枝细、干形通直、无病虫害的优势木。采种期为 10 月中旬至 11 月上旬，当果实由绿色转为黄褐色，种子变成黑色坚硬而有光泽，种仁乳白色饱满而坚韧即标志着种子成熟。蒴果易开裂，采种要及时，以免种子散落。果实采收后，先摊晒几天，待种壳出现微裂后，收回室内阴干自然脱粒。为了获得饱满种子，可用清水选种，千粒重达 160~170g。米老排种子含油脂较多，易发生变质，因此若非随采随播，则需对种子进行及时适当贮存。张栋等（2016）研究表明在米老排种子含水率为10%~15%，温度为4~10℃条件下进行冷藏的效果较好。

2. 圃地选择与整地

米老排幼苗喜阴凉、怕干旱、忌水渍，因此圃地应选近水源、坡度平缓、排水良好、土层深厚、肥沃的沙质壤土或壤土，坡向以东南或东北，即半阴坡地为好，忌用重黏土和积水地。应在秋末冬初前对圃地进行全面翻土，深耕25cm以上，清除树根、石块等杂物，播种前需犁耙几次，使土壤疏松细碎，同时施足底肥并与土壤混拌均匀，苗床宽约1m，高约20cm，长度因林地而定。若培育容器苗，则对圃地的土壤要求不严格，选择较为平坦的地形为好。

3. 播种及苗期管理

种子经消毒和清洗后，在50℃温水中浸泡24h，取出后进行催芽。催芽期间每天早晚浇温水，种子露白时即可播种，播种期为1~3月。播种后盖遮阳网遮光、保湿，日常管理至苗木出圃。除裸根苗外，为适应不同天气造林和提高造林成活率，有条件地方可培育容器苗。容器苗播种期为5月，采用上述方法催芽后的种子先在细沙基质苗床上培育芽苗，待真叶完全展开、芽苗高度达5~6cm后移植至育苗容器中，而后注意遮阴及水肥管理。容器苗育苗基质可因地制宜，选取质优价廉的基质。黎少玮（2018）对米老排育苗基质的研究发现，用以黄心土：轻基质 =5：5 的配比培育的苗木生长最佳，可能该配比基质为其生长提供了适宜的水肥气热环境，有利于根系的发育。

（二）无性繁殖育苗

1. 萌芽更新

米老排萌蘖能力很强，利用萌芽更新进行造林可以充分发挥其速生优势，提高林地单位面积产量。已有研究发现20~25cm伐桩直径、贴近地面的伐桩高度产生的萌条数量最多且长势最好；伐桩萌条数仅保留1根时，林木胸径和树高生长状况最佳（张显强，2016）。

2. 扦插

米老排插穗生根率受插穗来源、留叶方式、植物生长调节物质种类与浓度等多种因素影响。1年生幼苗茎干和大树萌条均适合用作扦插材料；留叶方式以保留1片叶子扦插生根效果最好；2000mg/L 的 ABT−1# 号速蘸10s为最佳激素处理方式（白磊，2015）。

3. 嫁接

米老排嫁接成活率与嫁接方法和接穗种类有关，其中嫁接方法以腹接为最佳，环形芽接、方块芽接、贴接、劈接等次之，插皮接最差；接穗采用嫩枝或单芽嫁接成活率最高，变异系数最小，以1年生枝为穗条的嫁接效果最差，性状稳定性最低（林能庆，2015）。

4. 组织培养

该技术在无性系林业中具有良好的发展前景。裘珍飞等（2013；2017）以米老排人工林成年优树当年生枝条茎段为外植体，建立了“以芽繁芽”的组织培养快速繁殖体系，并探索了组培苗移植及其影响因素。

三、栽培技术

米老排人工林造林技术包括造林地选择与整地、造林施工、幼林与成林抚育等重要环节。除了自身生物学特性，米老排林木的生长还受到温度、立地、初植密度、混交树种之间的竞争等多种因素的制约。在保证造林操作流程规范的前提下，大幅降低外界环境因素的不利影响，不断完善米老排栽培技术体系，将为该树种的丰产优质提供极大助力。

（一）造林技术

1. 造林地选择与整地

米老排喜温，喜水肥，宜选择适生区内土壤疏松、深厚和比较肥沃的山腰以下的缓坡或谷地为造林地。造林前几个月进行带状清杂，以穴状整地为主，规格为50cm × 50cm × 35cm。立地质量一般的造林地，为加速幼林生长，整地后每穴可施基肥100~150g，基肥放在要回土的草皮和表土层上，要求肥土混匀，以免出现肥害。

2. 造林施工

造林密度视立地优劣和经营目的而定，株行距通常选择 2m × 2m 或 2m × 3m。造林时间以 1~4 月为佳，因 5 月以后光照强、气温高，影响造林成活率。造林多采用 1 年生苗木，一般选择阴天或小雨天进行作业。裸根苗要求当天起苗当天种完，起苗时注意保护苗根和顶芽，定植时要深挖穴、深栽植，一般培土深度超过原土痕 5cm 左右；根系要舒展，松土踏实，苗基端正，再覆细土。塑料容器袋苗的种植，先挖小穴后去袋，回土压实再覆细土。

3. 幼林与成林抚育

造林后定期除草和松土，一般连续进行 3~4 年。立地条件较差的造林地，为促进林分郁闭，在第 2、3 年春各追施复合肥 1 次，施肥量为 100~150g/ 株。米老排造林幼树基部易长萌条，每年秋季抚育时应及时修除。一般种植第 3 年后林分开始郁闭，第 5 年开始抚育采伐，疏伐强度为立木株数的 40%~50%，第 2 次间伐约在 10 年，强度为立木株数的 40%。采伐方法采取下层采伐法，原则是去弱留强，去密留稀，清除病虫木、被压木、弯曲木、低分叉木等。疏伐后林分郁闭度保持 0.5~0.6。

（二）林木生长影响因素

1. 温度

米老排早期生长速度快，树高和胸径的连年生长量高峰期均在 3~4 年生时出现。郭文福等（2006）发现米老排树高和胸径的月平均生长量与日照时数、月平均温度、活动积温、降水量、蒸发量呈显著或极显著正相关，而其中林木生长与温度因子的相关性最大。在温度较高的夏秋季节，降水量和蒸发量大，植物蒸腾作用强烈，有利于加强植物生长过程中对营养物质的吸收与代谢，林木生长速度加快。在生长高峰期来临之前，适当的施肥可以促进林分生长。

2. 立地

不同立地蕴含着不同的气候和土壤条件，也会对该环境下生长的林木产生重要影响。在南亚热带地区，米老排造林地应选择海拔 300~500m 的高丘或者中低山地带，该地带能够满足米老排喜欢温湿的生态特性；红壤是米老排人工林生长最适宜的土壤类型，因为此类土壤较疏松、肥沃、保水保肥能力极强；米老排造林地以山坡的中下部为最佳坡位，该坡位土壤优越的水肥条件有利于营造高产林分（郭文福，2009）。按照上述条件选择造林立地，米老排人工林树高年均生长量达 1.1m，胸径年均生长量达 1.3cm。

3. 造林密度

造林密度影响林木个体的生长及林分生产力的充分发挥。通过广东云浮造林密度试验发现，米老排林分的胸径和单株材积随着造林密度的增加而减小，且这种影响伴随着林龄的增大而增加；在一定的密度范围内，造林密度对林分高生长的影响比较小（张阳锋等，2018）。为了最大限度发挥人工林的功能，在立地条件好的林地可以适度提高初植密度。以米老排为例，立地质量优良的造林地，营造纯林或混交林的造林密度可以考虑 1370~1667 株 /hm^2，而后应根据林分生长情况进行及时的间伐和抚育。

4. 竞争

米老排可同时用于针阔混交林和阔叶混交林的营造（陈志云，2010）。在此过程中，与米老排搭配的树种选择非常重要，虽然米老排在造林的早期阶段表现出一定的耐阴性，但其本身仍属喜光树种，因此不适合与其他具有类似速生属性的树种进行混交。混交林复层结构能够充分利用生长空间和养分，有利于提高单位面积蓄积量。例如，米老排与福建柏（*Fokienia hodginsii*）混交林 10 年生时林分蓄积量达 89.59m^3/hm^2，分别比米老排和福建柏纯林提高了 19.98% 和 18.97%（林欣海，2015）。

四、木材及其他产品利用

米老排作为中国华南地区重点培育的乡土树种之一，兼具经济价值和生态价值。随着人工林和引种栽培面积的不断扩大，米老排在木材加工与利用、木本饲料资源开发、水源涵养、园林绿化等方面必然发挥着越来越大的作用。

（一）木材性质

为加强米老排实木木材的开发与利用，目前已开展了木材干燥特性、物理力学性能及加工性能等方面的研究。刁海林等（2011）对 28 年生米老排干燥特性的研究表明，米老排初期开裂等级为 4 等，内部开裂等级为 1 等，截面变形为 2 等，干燥速度为 2 等，综合特性等级为 4 等，属干燥质量较难控制的木材；梁善庆和罗建举（2007）分析了23年生米老排木材的物理力学性能，结果显示其品质系数较高，属国产阔叶材中的高等材；苏初旺等（2011）以红锥（*Castanopsis hystrix*）为对照，对18年生米老排的机械加工性能进行了全面检测与分析，结果发现米老排各项机械加工性能均优于红锥，是一种可用于制作高附加产品的优良实木制品用材。

（二）木材加工与利用

米老排早期速生，适合用于培育大径材，其木材纹理通直、结构细致、色泽美观、易加工、耐用而不受虫蛀，适用于制作家具、实木地板和胶合板等；木材纤维长度平均值远大于0.5mm，可作为纸浆和制作纤维板的优质原材料。依托广东省林业科技创新重点项目，热林所联合华南农业大学等多家科研单位，基于密度控制、人工修枝和养分管理等技术突破，提出了米老排大径材培育技术；通过采集7、14、21、28和35年生米老排人工林木材试样，开展了不同年龄木材理化性能、干燥特性和工艺以及机械加工性能的研究，阐明了米老排木材理化性能随年龄的变化规律，研制木材干燥工艺1项，建立了机械加工性能的综合评价体系，研发米老排高温热处理技术和表面化学改性技术，优化米老排高温低损热处理工艺参数，提高米老排户外用材的尺寸稳定性和耐候耐老化等防护能力，开发米老排防护处理剂及处理工艺，满足户外产品性能的要求，开发出实木家具和户外墙板共2项产品，为今后米老排人工林定向培育和木材实木化利用提供理论支撑与技术指导。

（三）其他产品利用

米老排叶片营养成分含量高，在木本饲料添加剂、保健功能产品和森林蔬菜等方面具有良好的开发利用潜力。陈朝黎等（2021）对不同年龄米老排叶片中的营养成分进行了测定，发现米老排鲜叶粗蛋白含量为8.51%~13.37%，总糖含量为15.04%~16.25%，膳食纤维含量为50.74%~52.82%；同时，其幼树叶片维生素C含量达1.65%，总黄酮含量达10.86%。米老排叶大肥厚、枯落物多，易腐烂，对林地肥力改善、水源涵养都有较大的促进作用，是南方松杉人工林地力恢复的优良换茬树种。米老排具有较强的防火性能，可用于生物防火林带的营造。米老排树形优美、树干通直、枝叶繁茂，能够很好地起到遮阴效果，且具有一定的观赏价值，可作为园林绿化树种以及行道树。李娟等（2012）研究表明米老排在园林价值评价方面属于II级，其观赏特性优良、抗逆性较强，具有良好的园林应用价值，可在中国南亚热带地区的广东、广西、云南等地大量发展，在中亚热带地区的湖南、江西、福建等地也可适当发展。

（董明亮、杨锦昌）

第七节　卡西亚松

卡西亚松（*Pinus kesiya*）属松科（Pinaceae）松属（*Pinus*）常绿乔木，主要分布于菲律宾、印度东部、缅甸、老挝、柬埔寨和越南北部，海拔300~2700m，年降水量在700~1800mm，年均气温17~25℃（Gardner et al.，2004）。在中国云南省哀牢山、无量山西坡的亚热带地区普洱、临沧、西双版纳、德宏等地州有卡西亚松的变种思茅松（*Pinus kesiya* var. *langbianensis*）分布。分布区主要森林类型有纯林、常绿或季节性落叶阔叶树与之组成混交林，土壤多为红壤、砖红壤和黄灰化土，pH值4.5~5.0，气候属季风性热带山地气候。卡西亚松喜光、喜潮湿，自然稀疏早，根系发达、适应性强，具有生长与月均温、空气相对湿度同步的生长特性。该树种是热带、南亚热带地区生长最快、适应性最强的材脂兼用树种。热林所承担国家林业局"948"专项"卡西亚松种质资源及无性繁殖技术引进"（项目编号2012-4-45）和中央公益性科研院所基金项目"南亚松和思茅松种质资源收集、保存及引种"（编号：RITFYWZX2011-10），开展了卡西亚松、思茅松等南亚热带松科植物种质资源的收集及保存、引种试验、生长节律、扦插快繁和高效栽培技术研究。

一、良种选育

（一）种质资源引进与保存

于2012—2015年分别从泰国、越南和澳大利亚，以及国内热带、南亚热带地区收集保存了卡西亚松、南亚松（*Pinus latteri*）、加勒比松（*P. caribaea*）、火炬松（*P. taeda*）、思茅松、马尾松（*P. massoniana*）、华山松（*P. armandii*）、辐射松（*P. radiata*）、湿地松（*P. elliottii*）和澳洲昆士兰的湿加松（*P. elliottii* × *P. caribaea*）F_1（Seedlot 12464）、F_2（Seedlot 20283）等10个树种，17个种源、568个家系，经扦插快繁分别开发了卡西亚松和湿加松F_1无性系80个和50个，所有种质资源保存在云南省普洱市卫国林业局，总面积42.67hm^2。

（二）引种试验及其生长节律研究

1. 早期引种结果及其生长表现

4.5年生各家系卡西亚松的保存率达92.9%以上，表明该树种在滇南地区具有良好的适应性。4.5年生的卡西亚松胸径、树高和材积方差分析和遗传参数估算结果表明，其胸径、树高和材积均值分别是10.73cm、6.16m、0.0344m^3，其生长表现优于对照思茅松良种，其中有120个家系的胸径均值、112个家系的树高均值、125个家系的材积大于对照思茅松良种，表明卡西亚松在普洱市具有巨大的发展潜力（杨雪艳，2018）。不同年龄的树高、胸径和材积生长量在家系间差异达到极显著水平（$P<0.01$），表明

家系间的生长性状遗传变异较为丰富。同时生长性状在区组间的差异也达到了显著（$P<0.05$）水平，说明山地环境对生长性状也有较大影响。

4.5年生卡西亚松胸径、树高和材积的家系遗传力（h^2_F）分别是0.604、0.620、0.653，表明生长性状受家系遗传控制程度较高，选择潜力较大，单株遗传力（h^2_N）分别是0.199、0.225、0.243，明显低于家系遗传力，性状单株遗传控制程度较低。4.5年生卡西亚松胸径、树高和材积生长量的遗传变异系数（CV_g）分别是7.24%、12.78%、0.8%，小于相应的表型变异系数（CV_p）（17.33%、13.41%和38.13%），表明环境对表型有一定的影响。

2~4.5年生卡西亚松胸径的家系遗传力（h^2_F）变化为0.657~0.604，逐年降低；而单株遗传力（h^2_N）为0.233~0.199，也是逐渐降低趋势。2年生、3.5年生、4.5年生卡西亚松树高的家系遗传力分别是0.609、0.573、0.620，而单株遗传力分别是0.214、0.193、0.225，两者变化幅度较小，处于波动期，且家系遗传力和单株遗传力的最小值均出现在3.5年生。2年生、3.5年生、4.5年生卡西亚松材积生长量的家系遗传力分别是0.656、0.633、0.653，家系遗传力分别是0.237、0.227、0.243，其变化趋势与胸径较为一致。2~4.5年生卡西亚松胸径的遗传变异（CV_g）系数变化为17.33%~31.10%，表型变异系数（CV_p）变化为13.41%~21.67%；树高遗传变异系数变化为12.78%~28.87%，表型变异系数变化为13.41%~21.67%；材积生长量遗传变异系数变化为0.8%~11.7%，表型变异系数变化为38.13%~68.30%。生长性状的遗传变异系数除2年生树高外，其余均小于表型变异系数，且遗传变异系数和表型变异系数逐年降低。

早期选择采用多性状指数选择法，当$I>$群体平均指数值时，4.5年生卡西亚松共有21个家系入选，分别来自泰国Chiang Mai T50240种子园和越南Lam Dong天然林，其胸径、树高、材积生长量、通直度和节间长均值分别是11.09cm、6.33m、0.0371m^3、2.13和0.77m，遗传增益分别是1.99%、1.62%、4.98%、1.01%、2.82%，以思茅松为对照，各性状的现实增益大于预期遗传增益，分别是7.74%、5.2%、24.76%、6.07%、9.1%。

2. 生长节律的研究

从图2-7可知，卡西亚松速生型Ⅰ和慢生型Ⅱ家系与对照思茅松CK的胸径、树高及抽梢生长趋势基本一致。卡西亚松的胸径和树高生长趋势相对独立，但树高与抽梢趋势较为一致，且抽梢高峰略落后于树高高峰。其胸径生长出现两次明显高峰，分别在2月和8月，3~6月及9~12月属于生长缓生期，1月是卡西亚松、思茅松一年之中胸径生长最慢的时期。根据图2-7A可将胸径生长期划分为5个阶段：滞生期、第1速生期、第1缓生期、第2速生期和第2缓生期。

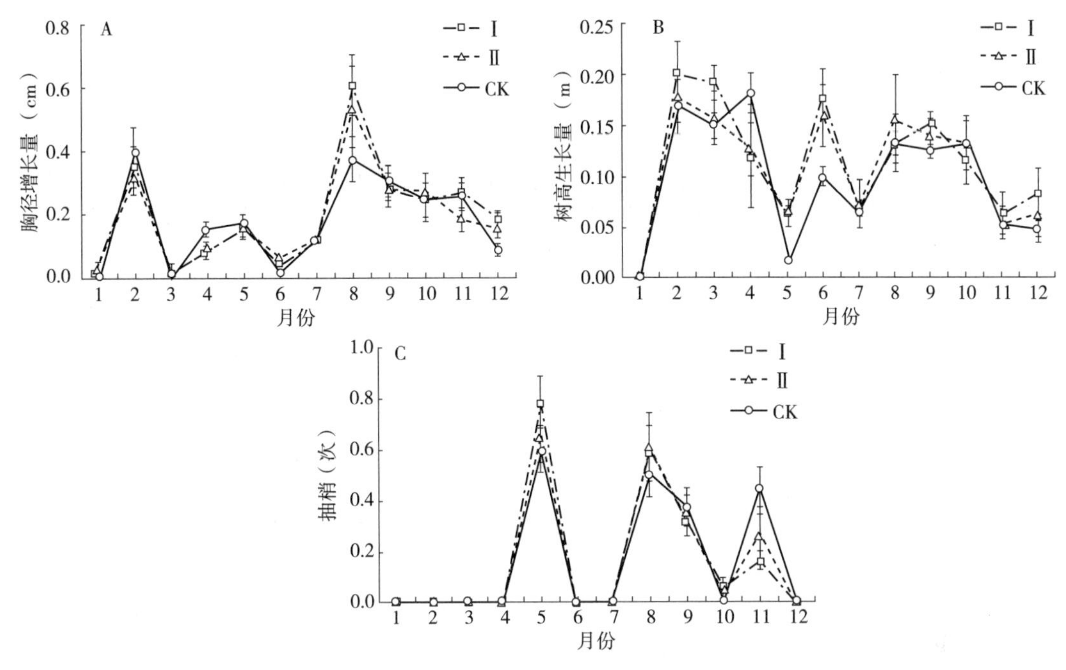

图 2–7　卡西亚松 2 种类型家系胸径、树高月生长和抽梢月动态

卡西亚松及对照思茅松全年均出现了 3 个树高生长高峰，卡西亚松生长高峰在 2~3 月，6 月和 8~10 月，思茅松生长高峰在 2~4 月，6 月和 8~10 月。根据图 2–7B 可将树高生长期划分为 7 个阶段：滞生期、第 1 速生期、第 1 缓生期、第 2 速生期、第 3 缓生期、第 3 速生期和第 3 缓生期。

卡西亚松及对照思茅松的年抽梢 1~3 次，卡西亚松以年抽梢 2 次居多，占总数的 47%，年抽梢 1 次占 27%，3 次占 22%，4 次只有 4%。年抽梢 1 次的植株多发生在春季；年抽梢 2 次的植株多数为春季和夏季各抽梢 1 次，未见只在春季抽梢 2 次的情况；年抽梢 3 次的植株大部分为春季抽梢 1 次，夏季抽梢 2 次，未见春季和秋季一年抽梢 3 次和夏季不抽梢的情况；年抽梢 4 次的植株绝大多数为春季抽梢 1 次，夏季抽梢 2 次，秋季抽梢 1 次，极少为春季抽梢 2 次，夏季抽梢 2 次，未见春季和秋季抽梢 4 次，而夏季不抽梢的情况（图 2–7C）。

为进一步探索气象因子对卡西亚松生长的影响程度，将生长性状和气象因子作为两组变量，进行典型相关分析，其相关分析见表 2–8。卡西亚松第一典型相关变量的相关系数是 0.9988，相关性达到显著水平，第二典型相关变量未达到显著水平。在第一典型变量中，月平均气温的载荷最大，为 0.429，其次是月极端最高气温，载荷为 –0.2324，空气相对湿度和平均大气压的载荷分别是 0.0802 和 0.0239。生长性状中，载荷最大的是树高，为 7.442，其次是胸径，载荷为 –3.617。表明卡西亚松生长过程中，月平均气温对卡西亚松树高的生长影响最大。思茅松第一典相关型变量的相关系数 0.9979，第二典型变量未达到显著水平。在第一典型变量中，月极端最低气温载荷最大，为 0.3747，其次是月平均气温和月极端最高气温，分别是 –0.2197 和 –0.0776。生长性状中，载荷最大的是树高，为 11.2985，其是胸径，载荷为 –5.8343。表明思茅松生长过程中，月极端最低气温对思茅松树高的生长影响最大。

表 2–8 卡西亚松和思茅松生长性状与气象因子典型相关分析

类别		卡西亚松		思茅松	
		第一典型变量	第二典型变量	第一典型变量	第二典型变量
		0.9988（F=0.0110*）	0.906560（F=0.2631）	0.9979（F=0.0019*）	0.8896（F=0.1942）
性状	胸径	–3.617	3.4190	–5.8343	2.1191
	树高	7.442	–3.7152	11.2985	–1.3228
气象因子	月平均气温	0.4296	0.6608	–0.2197	0.1075
	月极端最高气温	–0.2324	–0.1944	–0.0776	–0.1858
	月极端最低气温	0.0034	–0.2079	0.3747	0.2381
	月降水量	0.0014	–0.0002	0.0012	0.0028
	月日照时数	0.0154	–0.0035	0.0110	0.0032
	空气相对湿度	0.0802	0.0549	–0.0195	0.0055
	平均大气压	0.0239	0.4556	0.0093	0.5529

二、育苗技术

（一）实生苗培育

1. 采种

开花至球果成熟 2 年，每年 1~2 月球果成熟由青绿色转呈青褐色、果鳞微开裂时采种，采种和种子处理与思茅松及其他松树相同。种子在室温下用布袋盛装易失发芽力，可稍晒后用塑料袋抽真空 –4℃低温贮藏，能保存 2~3 年仍具较好的发芽率。

2. 苗木培育

接种菌根菌是培育壮苗的关键技术措施。因此，在沙地和荒山荒地作床或装袋育苗时，应选用松林表土作基质，或采用人工接菌方法，用马勃子实体混拌育苗基质。容器苗营养土的配制为火烧土、轻基质和松林表土各 1/3。轻基质以粉碎的松树皮、椰糠、蔗渣和泥炭土等，加 0.1% 过磷酸钙（体积比）经充分堆沤腐熟，过筛后充分拌匀即可装杯，装杯后应淋水保湿。

播种前为预防蚂蚁和地下害虫为害，先用 0.3% 的马拉硫磷溶液淋洒苗床及其四周，再用 1.5%~3.0% 高锰酸钾液喷洒淋透，盖上薄膜闷 5~7 天。用 40~50℃温水浸种 24h，自然冷却捞取稍晾干，再用 2% 福尔马林浸种 20min，把药水倒净晾干后，即可撒播或点播种子。覆土 0.4~0.5cm 或薄盖新鲜松针，用遮阳网覆盖苗床。晴天早晚各淋 1 次水，约 1 周后种子开始发芽。当发芽达 1/3 强时，上午及下午揭开遮阳网，正午时适当遮阴。当芽苗长至 3~4cm，种壳脱离子叶时移植上袋或及时间苗保留 1 株壮苗。常规育苗管理 4~5 个月后，当苗高 30~35cm 时可出圃造林。卡西亚松的播种发芽率、苗高、地径和高径比在种源和家系间存在显著差异（徐建民等，2014）。

（二）扦插苗培育

1. 采穗圃

选用苗高 20cm 的优良家系实生苗作母株，以错位排列方式定植苗床，株行距 45cm × 50cm。定植成活后即可对母株截顶修剪，高度控制在 10~15cm，当新梢抽出后主枝保留 3~5 个侧枝进行修剪，侧枝长度不超过 10cm，经 2~3 次修剪后母株表面成矮干平台式，修剪相隔期 45~60 天，母树高度不超过 40cm（徐建民等，2016）。

2. 插穗剪取及激素处理

插条采自母株平台表面的萌条，采穗前一周进行消毒处理，用 3wt‰高锰酸钾水溶液喷洒消毒。选取幼态顶芽饱满，整枝真叶呈深绿色，无病虫害，生长健壮半木质化的萌条作为穗条。剪为长 6~9cm、直径 0.12~0.17cm 的插穗；穗条平剪，以无破皮、不开裂为度，抹掉基部 3cm 以下真叶。用 100~200mg/L 浓度的 IBA 溶液浸泡穗条，1~2h 后可进行扦插（李光友等，2017）。

3. 轻基质、装袋与消毒

将过筛 12 目的黄心土、泥炭土和珍珠岩按体积比 5∶5∶2 混合均匀制成育苗轻基质，用 8cm × 11cm 规格的营养袋或无纺布装杯。在扦插前 1~2 天用高锰酸钾水溶液浇透消毒，育苗盘上支架，盖上薄膜备用。

4. 扦插及苗期管理

将浸泡过激素的穗条插入容器中，插时先用竹签在容器基质中插一小孔，将穗条插入孔内，再用手稍加压实，扦插后喷雾或浇水，盖上薄膜保湿。苗木管理，依据空气湿度每天喷水 2~3 次，分别为上午 9 点、下午 6 点，光照强，气温高于 35℃时，在薄膜上加盖遮阳网，当薄膜内温度高于 40℃时，打开两端通风降温。扦插生根 50~60 天后，喷施 1 次富含菌根菌的生物菌肥；扦插 60 天后，根据需要浇施低浓度复合肥水溶液。按照常规苗木管理，半年生时苗高达 18~25cm 可出圃造林。

三、栽培技术

卡西亚、思茅松在中国适宜发展栽培的区域是北回归线以南的热带、南亚热带地区，极端最低温大于 −2℃，造林地选低山丘陵，海拔低于 800m；亚高山滇南地区，海拔 1100~1800m，土层厚 60cm 以上为宜。近年课题组开展了卡西亚松、湿加松和思茅松不同密度与施肥试验，中幼林以目标树为架构的全林经营与示范，包括目标树的选择、干扰树的采伐、修枝与间伐、抚育和追肥等以小班为单位的营林处理。结合 3~4 年生的试验示范林调查分析与结果，将该树种高效栽培技术措施总结如下。

整地方式依据立地环境而定，如海滨台地或坡度 <10° 的，采取机耕带垦

整地，开沟犁耕深度 40cm；坡度 >15° 的丘陵、山地采用垦穴整地。穴的规格 40cm × 40cm × 30cm，沿等高线进行，以利水土保持。整地适宜造林前 3 个月进行，以利土壤中养分的矿化，增加土壤有效养分，促进幼林生长。

造林密度因培育目标而定，培育小中径材选立地指数 14 以上林地，初植密度为 110~148 株 / 亩。培育中大径材选立地指数 18 以上林地，初植密度为 89~111 株 / 亩，常用株行距为 2m × 3m 和 3m × 2.5m；培育无节大经材，选 Ⅰ 地位级林地，5~6 年时选目标树 5~10 株 / 亩，且清除目标树主干的杆枝，进行卫生伐 1 次；10 年时复选目标树 5~8 株 / 亩，人工修枝高度 3~4m，实施 1 次生长伐；15 年时对目标树再次进行人工修枝高度 6m，实施第 2 次生长伐；到 20~25 年时，保留 30~35 株 / 亩为宜。培育采脂林选立地指数 16 以上林地，初植密度为 56~75 株 / 亩，常用株行距为 3m × 3m（74 株 / 亩），3.3m × 3.3m（60 株 / 亩）或 4m × 3m（56 株 / 亩）。

施肥以施磷肥（P_2O_5）为主，基肥用 25~50kg/hm^2，相当 14%P_2O_5 钙镁磷肥或过磷酸钙 180~360kg，在贫瘠的粗骨土、沙质土和侵蚀严重的造林地，当土壤有效钾低于 60ppm 时，适当配施钾肥。培育中小径材，当幼林进入速生期约为第 5 年雨季前，砍杂、清除藤条和芒草，进行 1 次留优去劣的间伐抚育，强度低于 30%，同时扩穴松土 1m 范围，在上坡位挖施肥穴或施肥沟，深 15~20cm，施磷肥（P_2O_5）25~50kg/hm^2，相当 14%P_2O_5 钙镁磷肥或过磷酸钙 180~360kg，再加施 56% 的钾肥（k_2O）50~100kg/hm^2。

四、木材及其他产品利用

木材纹理通直、结构细致、材质稍软、加工容易；干燥后少开裂、少变形；适于作建筑上的梁柱、金字架、桁桷、门窗等，并可作桥梁、造船、枕木、矿柱等用材，也用于胶合板、纤维板和造纸材。

五、主要病虫害及其防治

苗期主要病虫害有猝倒病和叶枯病，防治方法，土壤消毒以撒生石灰 300kg/hm^2，或用 2%~3% 的硫酸亚铁溶液喷洒，用量为 9kg/m^2；苗期在苗木开始木质化，苗龄 60 天时，再用多菌灵 500~800 倍液喷施，或用百菌清 1000 倍液喷洒，天晴时可用草木灰和石灰按 4 : 1 的比例混合，撒施 1500kg/hm^2，也可用 0.05% 的高锰酸钾溶液喷洒苗木根茎。发现猝倒、立枯病病株时应及时剔除病苗并烧毁。

为害卡西亚松的食叶害虫有马尾松毛虫和思茅松毛虫，枝梢害虫有微红梢斑螟、思茅松梢斑螟、松实小卷蛾，蛀干害虫有松墨天牛。松毛虫的防治方法，人工防治在各世代幼虫期和蛹期，截除被害主梢、集中处理，压低虫口密度，保留截除被害主梢萌发的 1 枝生长最旺盛枝条，培养成主干，摘除其余萌芽条；化学防治，在成虫出现及孵化时，喷洒 2.5% 高效氯氟氰菊酯乳油 1500~2000 倍 1 次，间隔 10 天后再喷洒 40% 辛硫磷乳油

1000~1500 倍 1 次，连续 2 次可有效防止。松梢斑螟多危害 2~3 年生侧枝，受害后枝梢针叶逐渐变黄绿色，最后针叶全部枯黄，在受害部位具明显的侵入孔和虫粪。该虫 1 年发生 3 代，以蛹在被害树梢内越冬。第 1 代从 1 月上旬至 6 月下旬，第 2 代从 5 月上旬至 10 月下旬，第 3 代从 8 月下旬至翌年 2 月下旬。成虫羽化期长，羽化高峰不明显，导致成虫产卵、卵的孵化、幼虫、蛹呈现世代重叠，虫龄不整齐，无明显越冬现象。防治方法及措施可采取上述松毛虫的防治方法及措施。

（徐建民、李光友、范春节、李娟）

第三章
观赏及经济林树种遗传改良与高效栽培

第一节　岭南槭

粤港澳大湾区在建设成为世界级城市群的过程中，需要强有力的生态和林业支撑。近年来，珠三角国家城市森林群建设已经融入大湾区发展战略，成为生态文明和美丽湾区建设的重要载体（陈俊光，2020）。作为珠三角国家城市森林群建设的重要角色之一，广东省政府高度重视森林城市建设工作，从建设美丽广东的高度做好顶层设计，编制了《珠三角国家森林城市群建设规划（2016—2025）》，其中，森林景观质量提升是十大重点生态工程之一（广东省林业局，2019；2017）。同时，《广州市绿地系统规划（2020—2035）》中提到，通过引入开花植物和彩叶植物，并增加特色乡土植物树种，布置风格迥异的生态风景林景观，增强绿化的地方特色和可观赏性，打造具有岭南文化内蕴的森林景观（广州市林业和园林局，2018）。因此，景观树种选择、风景林营建技术研究以及森林美景度提升已成为林业和园林工作者所面临的重要课题。特别是色叶特征鲜明、色叶期长、色叶比高、季相变化特征明显的乡土彩叶树种非常稀缺，亟待开展相关研究，以满足珠三角地区城乡生态景观建设对优良乡土木本花卉和特色景观树种资源的需求（陈雷等，2014）。

岭南槭（*Acer tutcheri*）是槭树科（Aceraceae）槭属（*Acer*）的优良乡土落叶乔木树种，自然分布区主要在浙江南部、江西南部、湖南南部、福建、广东和广西东部。生于海拔 300~1000m 的疏林中（中国科学院中国植物志委员会，1981）。岭南槭有较强的抗风性和耐贫瘠能力，对其开发利用可提高以生态风景林和沿海防护林为主的城市森林质量，还可增加生物多样性；与多种景观树种混交，营建混交林以发挥森林保持水土、涵养水源等生态安全作用。具有较高美学价值，树形高大，春叶绯红，秋叶鲜红或橙红或金黄，冬叶彤红，其翅果未成熟时呈红色或紫红色，成熟后呈黄色，季相特征明显，是良好的特色景观树种资源，对其开发利用能大大丰富森林的季相色彩，提高城市森林美景观赏和休闲游憩的功能，满足人们对林业生态旅游的需要，对促进林业生态景观构建和“美丽中国”建设具有积极意义（陈勇等，2015）。目前，国内对于岭南槭的研究包括岭南槭所在天然群落特征分析（张珂等，2018）、种质资源的调查与收集（吴培培等，2017）、苗木培育（刘济祥等，2007）、幼苗生长（吴培培，2018）、叶色表现与特征观察、影响叶色特征的关键因子研究，最佳观赏期期研究、景观美景度模型构建（张珂，2017）、叶绿体全基因组测序（Shi et al.，2020）等方面。

本节从生物学特性、良种选育、苗木培育、林木栽培技术、主要病虫害防治和材性用途等方面进行了简述。以期为掌握乡土景观树种岭南槭的形态、生理和栽培提供基础材料，有助于扩展城乡绿化美化的树种来源。

一、生物学特性

落叶乔木，高 5~10m。树皮褐色或深褐色。小枝细瘦，无毛，当年生枝绿色或紫绿色，多年生枝灰褐色或黄褐色。冬芽卵圆形，叶纸质，基部圆形或近于截形，外貌阔卵形，长 6~7cm，宽 8~11cm，常 3 裂稀 5 裂；裂片三角状卵形，稀卵状长圆形，先端锐尖，稀尾状锐尖，边缘具稀疏而紧贴的锐尖锯齿，稀近基部全缘，仅近先端具少数锯齿，裂片间的凹缺锐尖，深达叶片全长的 1/3，上面深绿色，下面淡绿色，无毛，稀在脉腋被丛毛；叶柄长 2~3cm，细瘦，无毛。花杂性，雄花与两性花同株，常生成仅长 6~7cm 的短圆锥花序，总花梗长约 3cm，顶生于着叶的小枝上，叶长大后花始开放；萼片 4，黄绿色，卵状长圆形，先端钝形，长约 2.5mm；花瓣 4，淡黄白色，倒卵形，长约 2mm；雄蕊 8，花丝无毛；花盘微被长柔毛，微裂，位于雄蕊外侧；子房密被白色的疏柔毛，花柱无毛，2 裂，柱头反卷；花梗细瘦，长 5~8mm。翅果嫩时淡红色，成熟时淡黄色；小坚果凸起，脉纹显著，直径约 6mm；翅宽 8~10mm，连同小坚果长 2~2.5cm，张开成钝角。花期 4 月，果期 9~10 月。喜光、喜温、耐旱，对土壤肥力要求不高，在酸性土上生长较好。岭南槭多与其他树种形成混交林，常见伴生树种有阿丁枫、多花山竹子、少叶黄杞、山乌桕、黄樟、鸭脚木、变叶榕、黄栀子和密花树等。

二、良种选育

（一）岭南槭天然群落生境

岭南槭是中国南方地区特色乡土彩叶植物，但由于分布广泛、适应性强，以植株生存条件而论，对生境的要求并不严格；若从适生且观赏价值的角度分析，对立地环境有一定的要求。作为一种喜光树种，岭南槭的立地环境要求有温暖、湿润的气候条件。在对广东地区岭南槭天然分布地进行调查发现，野外岭南槭资源多数分布于海拔 322~1264m，与相关资料显示的海拔 300~1000m 的范围相符，且在海拔 1264m 处也发现了岭南槭资源，但是并未在低于海拔 300m 的位置发现岭南槭资源。调查还发现，岭南槭天然分布区多为次生林，鲜有胸径较大的岭南槭。岭南槭分布区内的年平均温度为

17~23℃，年均低温为19~20℃，年均高温为26~31℃，年均降水量1393~1926mm，降水分配不均。

（二）岭南槭观赏特性

岭南槭树形高大，春叶绯红，秋叶鲜红或橙红或金黄，冬叶彤红，其翅果未成熟时呈粉红色，果实成熟后呈黄色，季相特征明显（Eom et al.，2011）。在粤北南岭地区，岭南槭的新叶始期在4月上旬，表现出新叶期色差值大于绿叶期的规律性。红叶始期在9月上旬至10月上旬，其色差值整体上呈上升趋势；红叶盛期在11月上旬至12月上旬，在12月上半月达到峰值26.20NBS；11月上半月至12月上半月，南岭岭南槭叶色与环境本底色差值相对较大，超过了6NBS（大色差），视觉感受强烈；进入12月下半月岭南槭叶子基本落光，色差值存在回落现象，无叶期在12月上旬至翌年3月下旬，所以南岭岭南槭最佳观赏期为每年11月，观赏期持续一个月。南岭地区岭南槭生长较好且观赏效果较好的地区海拔为中海拔1055m（低海拔602m、高海拔1264m），在南岭高海拔地区观赏期效果相对不佳、观赏期短的原因可能是海拔较高温度较低，低温引起植物内源脱落酸含量增加，促使岭南槭叶子大量脱落，导致其红叶盛期维持时间较短。

在粤西黑石顶地区，岭南槭叶色变化时间序列和南岭地区相似。于4月相继展叶，10月上半月，色差值呈上升趋势，并在12月上半月达到峰值17.92NBS；10月下半月至12月上半月，黑石顶岭南槭叶色与环境本底色差值相对较大，超过6NBS（大色差），视觉感受强烈，进入12月下半月岭南槭落叶比例超过2/3，色差值存在回落现象；因此黑石顶岭南槭最佳观赏期为每年的11月上半月至12月上半月，观赏期持续一个半月。黑石顶地区是岭南槭生长较好且观赏效果较好的地区，海拔为中海拔526m（低海拔412m、高海拔630m），而位于山顶位置的海拔样点，受风的影响较大，红叶易被吹落，红叶盛期维持时间较短。

（三）岭南槭良种选育

1. 种子的采收

在对广东省岭南槭天然分布区的调查中发现，岭南槭资源较少且分散，树木结实率低。查阅资料得知，岭南槭主要生长于海拔300~1000m的疏林中，且根据岭南槭秋冬季节叶片变红的特征，走访调查了广东省岭南槭的天然分布及生长概况，野外调查结果如下：岭南槭天然分布于肇庆黑石顶自然保护区、深圳七娘山地质公园、惠州南昆山自然保护区、韶关南岭自然保护区和肇庆鼎湖山自然保护区。在后两者中，韶关南岭自然保护区内大多数岭南槭植株较小，多数还未达到结实条件；肇庆鼎湖山自然保护区内，岭南槭分布数量较少。调查中还发现，肇庆黑石顶自然保护区、深圳七娘山地质公园和惠州南昆山自然保护区内生长的岭南槭也有未达到结实条件的植株，而且成年岭南槭的结实率也不高，有些地方的岭南槭甚至不结实；所以，在调查过程中，岭南槭种质资源的收集受到一定的限制。

选择6~12年生、树冠匀称、生长健壮、无病虫害的植株为岭南槭采种母树。每年9月，翅果转为淡黄色时种子成熟，翅果成熟后宿存在树上，刮较大的风时树枝摇摆，翅果亦随风飘散。因此，采收种子时可在树下铺上塑料布，用人工摇晃树枝、用竹杆击打翅果或高枝剪刀来收集，收集到的翅果除去杂质即得到种子，种子晒干后于阴凉、干爽、通风处贮藏。

2. 良种选育

根据前期实地考察，在广东省寻找岭南槭典型集中分布区域，并采集种子，单株作为一个家系。其中，肇庆黑石顶（HSD）自然保护区4个家系，深圳七娘山（QNS）国家地质公园11个家系，惠州市南昆山（NKS）自然保护区3个家系。

对种子形态及种子发芽率进行测量 不同种源间的种厚、种长、种宽、翅长和翅宽均存在显著差异（$P<0.05$），但种源间的种子千粒质量差异不显著。在种源间，HSD种源的种厚、种宽、翅长和翅宽最大，QNS种源的种厚、种长、种宽、翅长和翅宽均最小，NKS种源的种长最大且千粒质量最高。HSD、QNS和NKS各种源内不同家系间的种子形态与千粒质量绝大多数差异显著（$P<0.05$），仅NKS种源内的种厚差异不显著。在家系间，HSD9的翅长和HSD20的翅宽最大，分别为25.92mm和9.36mm；QNS2的种宽（4.54mm）和种子千粒质量（66.410g）最大；QNS6的种厚最大，为3.49mm，QNS10的种长最大，为6.87mm。3个种源之间，NKS种源的发芽率与HSD、QNS种源的差异显著（$P<0.05$），但HSD与QNS种源间的种子发芽率差异不显著。NKS种源的平均发芽率最高，为41.0%，是QNS种源的4.93倍，是HSD种源的7.45倍。在温室环境下，不同家系种子发芽率为0%~45.0%。其中，NKS15家系的种子发芽率最高，为45.0%，HSD19、HSD22、QNS4、QNS12和NKS19家系的种子发芽率为0%。岭南槭种子平均发芽率大于10%的家系有NKS15、NKS14、QNS2、QNS3、QNS6和QNS10（表3-1）。

表3-1 岭南槭3个种源18个家系种子形态变异

编号	种厚（mm）	种长（mm）	种宽（mm）	翅长（mm）	翅宽（mm）	种子千粒质量（g）	发芽率（%）
HSD9	3.37 ± 0.02c	5.15 ± 0.03a	4.41 ± 0.02b	25.92 ± 0.15d	8.54 ± 0.07a	37.399 ± 0.135c	5.1
HSD19	3.25 ± 0.02b	5.26 ± 0.04b	4.08 ± 0.11a	25.33 ± 0.15c	8.13 ± 0.06a	35.737 ± 0.370b	–
HSD20	3.12 ± 0.02a	5.51 ± 0.04c	4.53 ± 0.03b	24.70 ± 0.20b	9.36 ± 0.28b	39.996 ± 0.265d	5.9
HSD22	3.12 ± 0.03a	5.63 ± 0.04d	4.23 ± 0.03a	21.66 ± 0.22a	8.20 ± 0.08a	34.713 ± 0.254a	–
均值	3.21 ± 0.01C	5.39 ± 0.02B	4.31 ± 0.03C	24.41 ± 0.10C	8.56 ± 0.08B	36.961 ± 0.381A	5.5 ± 0.22A
QNS1	2.67 ± 0.02b	4.30 ± 0.03b	3.36 ± 0.03a	16.96 ± 0.13b	6.34 ± 0.06b	28.044 ± 0.401b	7.8
QNS2	3.36 ± 0.04g	6.22 ± 0.09f	4.54 ± 0.08e	24.14 ± 0.33g	8.92 ± 0.13e	66.410 ± 1.759h	12.7

编号	种厚（mm）	种长（mm）	种宽（mm）	翅长（mm）	翅宽（mm）	种子千粒质量（g）	发芽率（%）
QNS3	3.25 ± 0.02f	5.03 ± 0.03d	3.62 ± 0.02b	23.09 ± 0.10f	9.30 ± 0.05e	45.578 ± 0.216f	11.6
QNS4	3.12 ± 0.02e	6.27 ± 0.06f	3.98 ± 0.04c	18.63 ± 0.20c	7.37 ± 0.38c	37.834 ± 0.335e	–
QNS6	3.49 ± 0.02h	5.74 ± 0.04e	4.10 ± 0.03c	18.35 ± 0.13c	6.34 ± 0.05b	53.900 ± 1.683g	15.6
QNS8	2.37 ± 0.01a	4.92 ± 0.02d	3.35 ± 0.02a	18.90 ± 0.06c	8.26 ± 0.03d	32.586 ± 0.259c	5.2
QNS9	2.92 ± 0.07d	4.51 ± 0.09c	3.32 ± 0.07a	20.91 ± 0.35e	7.64 ± 0.21c	32.123 ± 0.434c	5.8
QNS10	3.42 ± 0.02gh	6.87 ± 0.08g	4.25 ± 0.04d	21.43 ± 0.13e	7.89 ± 0.06cd	34.038 ± 0.619cd	17.5
QNS11	2.98 ± 0.02d	4.48 ± 0.03c	3.41 ± 0.03a	21.40 ± 0.36e	5.93 ± 0.05b	36.184 ± 0.657de	6
QNS12	2.82 ± 0.02c	4.52 ± 0.03c	3.59 ± 0.03b	14.24 ± 0.20a	5.25 ± 0.10a	22.539 ± 0.539a	–
QNS13	2.72 ± 0.03b	3.52 ± 0.03a	3.41 ± 0.03a	19.91 ± 0.18d	7.46 ± 0.08c	22.190 ± 0.202a	9.3
均值	3.00 ± 0.01A	5.13 ± 0.02A	3.69 ± 0.01A	19.26 ± 0.08A	7.12 ± 0.04A	37.403 ± 1.386A	8.32 ± 1.36A
NKS14	3.12 ± 0.02a	6.31 ± 0.04b	3.95 ± 0.02b	18.61 ± 0.16a	6.98 ± 0.07a	53.912 ± 0.850c	37
NKS15	3.15 ± 0.04a	6.83 ± 0.09c	4.50 ± 0.04c	23.37 ± 0.28b	8.78 ± 0.17b	37.694 ± 1.193b	45
NKS19	3.18 ± 0.35a	5.11 ± 0.04a	3.84 ± 0.03a	18.97 ± 0.23a	6.86 ± 0.08a	29.655 ± 0.672a	–
均值	3.08 ± 0.01B	5.97 ± 0.04C	4.02 ± 0.01B	19.67 ± 0.14B	7.28 ± 0.06A	40.420 ± 2.165A	41.0 ± 12.23B

注：表中字母为 Duncan 多重比较结果，同列不同大写字母表示种源之间差异显著（$P<0.05$），同列不同小写字母表示种源内家系间差异显著（$P<0.05$）；正负号后数值表示标准误；HSD19、HSD22、QNS4、QNS12、NKS19 家系发芽率为 0。

对不同家系幼苗的地径和苗高测定 近 3 年生时，11 个家系的岭南槭幼苗平均地径为 7.55mm，年平均增长量为 4.05mm；地径生长 4 号家系幼苗表现最佳，为 8.53mm，其地径增长量也最大，为 4.43mm；9 号家系幼苗地径生长表现最差，为 6.79mm，比平均水平低 10.07%。11 个家系的岭南槭幼苗平均苗高为 43.80cm，年平均增长量为 28.71cm；4 号家系幼苗的苗高生长最快，为 56.67cm，比平均水平高 29.38%，且其苗高生长量也最大，为 38.31cm，比平均水平高 33.44%；1 号家系幼苗的苗高生长最慢，为 31.02cm，比平均水平低 29.18%，且其苗高增长量最小，比平均水平低 31.31%（表 3–2）。不同家系的岭南槭幼苗的地径生长在 3 月缓慢增加，在 4 月开始迅速增加，经过 4 个月的快速生长，于 8 月增长趋势趋于平缓，生长速率下降，在 11 月和 12 月又有小幅度增长，并于之后地径生长趋于缓和，没有明显的生长量。不同家系岭南槭幼苗的苗高生长累计变化趋势（图 3–2）与地径（图 3–1）相似。如图 3–2 所示，亦是先增加后逐渐趋于平缓的过程，但是与地径生长过程不同的是，苗高的快速生长时间较地径快速生长持续时间短，且苗高的增长速率大于地径的增长速率。苗高的快速生长主要集中在 3~5 月，5 月之后，11 个家系的岭南槭幼苗的苗高生长趋于平缓状态，同地径生长情况相同，苗高生长也在 11 月至翌年 1 月亦有小幅度的增长。从图 3–1 和图 3–2 可知，4 号家系幼苗的地径生长情况和苗高生长情况均较好，1 号家系和 9 号家系的幼苗地径、苗高生长状况最差，其他家系生长状况的大致相同。

表 3-2 岭南槭不同家系的生长表现（近 3 年生）

家系	编号	地径（mm）	地径年增长量（mm）	苗高（cm）	苗高年增长量（cm）
HSD20	1	6.85 ± 0.31bc	3.50	31.02 ± 2.71g	19.72
QNS1	2	7.32 ± 0.26b	3.98	45.55 ± 1.88bcd	29.16
QNS3	3	7.70 ± 0.15ab	3.73	47.64 ± 1.20bc	33.31
QNS6	4	8.53 ± 0.22a	4.43	56.67 ± 1.21a	38.31
QNS8	5	7.41 ± 0.62b	3.42	44.74 ± 5.57cde	25.20
QNS9	6	8.17 ± 0.41ab	4.24	43.66 ± 4.27cde	25.44
QNS10	7	7.62 ± 0.25b	4.41	47.92 ± 1.77bc	31.67
QNS11	8	7.77 ± 0.34ab	4.32	52.49 ± 2.34ab	33.27
QNS13	9	6.79 ± 0.41c	3.97	36.82 ± 3.01efg	26.00
NKS14	10	7.90 ± 0.16ab	4.34	39.30 ± 1.37def	27.44
NKS15	11	7.03 ± 0.23b	4.22	35.94 ± 1.90fg	26.31
均值		7.55	4.05	43.80	28.71

注：小写字母表示 Duncan 多重比较的分析结果，家系间具相同字母表示差异不显著（$P \geqslant 0.05$），字母不同则表示差异显著（$P<0.05$）。

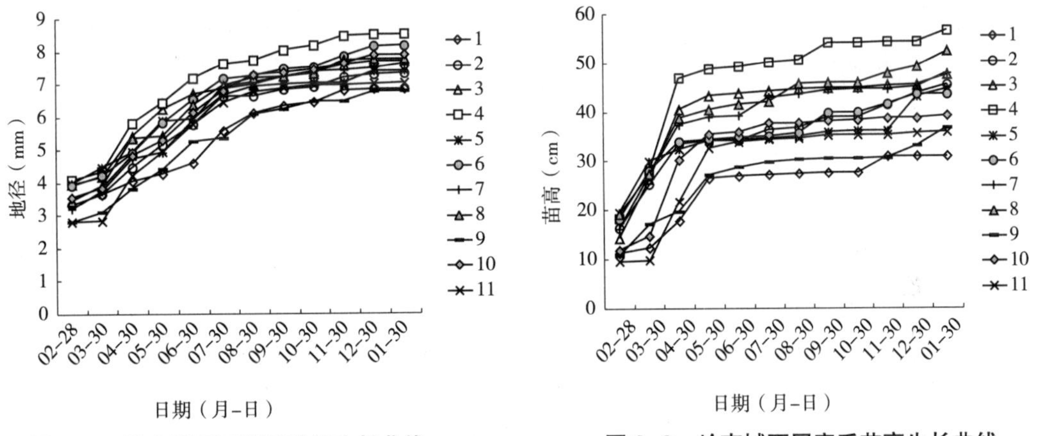

图 3-1 岭南槭不同家系地径生长曲线

图 3-2 岭南槭不同家系苗高生长曲线

对不同家系幼苗的彩叶表现评定 因 12 月末岭南槭叶片大致完全凋落，故没有 12 月末的彩叶表现数据，仅对其他月份叶片变色情况进行分析。基于自然光照条件下的彩叶生长表现结果如图 3-3 所示。由图可知，不同家系幼苗在不同月份的彩叶生长表现有相同的变化趋势，即彩叶生长表现的分值均是逐渐增大又减小，而后又增大又减小的过程。彩叶生长表现分值越大，说明彩叶现象越明显。图中有两个峰值，分别是在 5 月末至 6 月末和 10 月末至 11 月末，说明岭南槭的彩叶生长表现在这两个时间段最好，即红叶表现最明显。从图 3-5 中可以看出，不同家系间彩叶生长表现程度有差异。其中，1 号、10 号和 11 号家系幼苗在上半年的彩叶生长表现优于其他家系，4 号、7 号、8 号和 9 号家系幼苗在 10 月末至 11 月末的彩叶生长表现比其他家系更显著，红叶特征也更明显。

对不同家系幼苗的耐热表现评定 11 个家系岭南槭幼苗在自然光照下，叶片受日灼伤害的面积大小来判断幼苗在自然条件下的耐热生长表现，因 12 月末岭南槭叶片大致完全凋落，故没有 12 月末的耐热生长表现数据，仅对其他月份叶片生长表现进行分析。图 3–4 反映了不同家系间各个月份的耐热生长表现及其随时间的变化趋势。由图可知，11 个家系的岭南槭幼苗随时间变化的趋势大致相同。在年初和年末时，耐热生长表现值较小，说明叶片受日灼伤害最小；在 5 月末至 6 月末以及 9 月末至 10 月末时，耐热生长表现值增大，说明叶片均受到不同程度的日灼伤害；7 月末至 8 月末之间，耐热生长表现值相对较大，说明叶片受日灼伤害最大。从图 3–4 可以看出，不同家系间岭南槭幼苗的耐热生长表现也有差异。其中，11 号家系在 4 月末、6 月末和 11 月末的耐热生长表现最差；6 号家系和 10 号家系分别在 7 月末和 8 月末表现最差；1 号家系在 9 月末和 10 月末均表现最差，幼苗叶片受日灼伤害最严重。

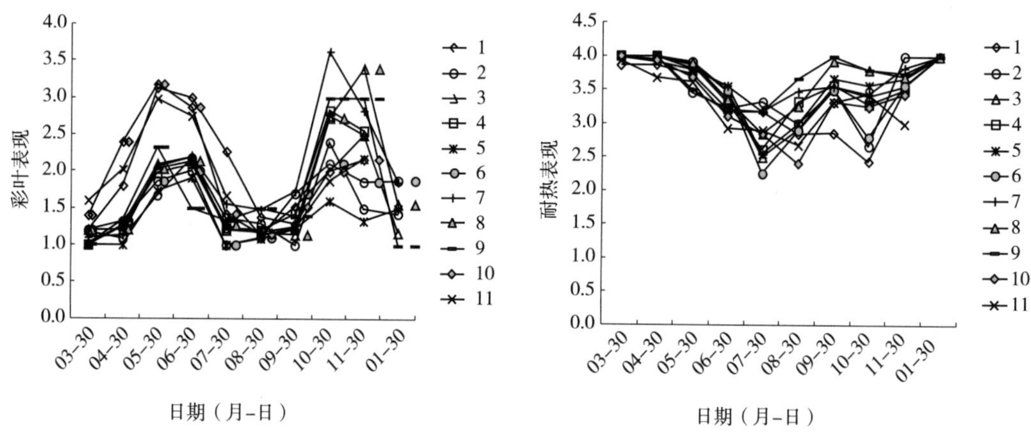

图 3–3 岭南槭各家系幼苗在不同月份的彩叶生长表现

图 3–4 岭南槭各家系幼苗在不同月份的耐热生长表现

对不同家系幼苗的叶色值变化测定 各家系明度 L* 和色相 b* 具有相同的变化趋势，即均是随着时间的推移，先上升后下降。一些在 1 月底已经长新叶的不同家系的岭南槭幼苗，其叶片的明度 L* 值和色相 b* 值均有上升的趋势。在 7 月底至 8 月底之间，不同家系岭南槭幼苗的叶色值 L* 和 b* 均高于其他时间段；说明在 7 月底至 8 月底之间，幼苗叶片的明亮度要高，叶片颜色偏浅，其他时间段的叶片颜色偏暗偏深。11 个家系的岭南槭幼苗叶片的色相 a* 值变化趋势有相同，但是不完全一致。如 11 个家系的幼苗叶片的色相 a* 值均会在 10 底之后有所增加，但是增加幅度不同。5 号和 6 号家系的色相 a* 值增加幅度较小，全年没有太大起伏。而其余 9 个家系的幼苗叶片的色相 a* 值在 10 月底之后会较大幅度的增加，显著高于 5 号和 6 号家系的 a* 值。其中，还有 3 个家系的幼苗叶片在 2 月底至 6 月底的色相 a* 值有较大幅度升高，是除了 10 月底至 12 月中旬的又一个高峰，其增长幅度不逊于 10 月底之后色相 a* 值的增长。

三、育苗技术

（一）整地播种

选择土壤肥沃、土层深厚、结构疏松、水源充足、排灌方便的沙壤土作为播种地。进行深翻晒土，浅耕细耙，清除草根与杂物，按畦宽100~120cm，畦高20~25cm，步道宽30~40cm作畦；播种在2月上旬进行，播种量为10~15g/m^2；播种前岭南槭种子用清水浸泡一夜，让其充分吸收水分。采用开浅沟条播，沟距约10~15cm，沟深约2~3cm，将种子均匀播于沟中，播后覆细土约1cm，盖一层禾草约2cm，淋透水，注意保持苗床湿润。播种后约20天种子开始露白，播种后约30天开始长真叶，播种后约60天长出4~6片真叶，此时可移苗上袋。

（二）基质装填与移栽

岭南槭对土壤肥力要求不高，用黄心土打碎即可作为岭南槭容器育苗的基质。容器采用规格（直径 × 高）为（6~8）cm×（10~12）cm的塑料薄膜袋，将基质装于容器袋内，抖动使基质装实，不要挤压以防容器破裂；摆放时相互靠紧，袋口平齐，横竖成行整齐排列成宽约1m，长度适宜的苗床。小苗移栽前一天将基质淋透水。幼苗长至4~6片真叶时即可移苗上袋，起苗后先用黄泥浆浆根，以提高移栽成活率，栽入容器后用手摁实基质，栽后淋透水。

（三）苗期管理

岭南槭苗期主要是水肥管理和清除杂草。注意保持育苗基质的湿润，基质干到一定程度时淋水，淋水宜在早晚进行。根据需要淋水1次或2次或不淋，如遇连续大雨，要注意排水，防止涝害。苗木长出6~8片真叶时开始追肥，每月1~2次，前期以尿素为主，浓度在0.3%左右，后期适当增加磷、钾肥，浓度在0.5%左右，随着苗木长大可适当增加肥料浓度；9月后不再追肥，并适当控制水分以促进苗木木质化以利过冬。除草采用人工的方式，及时、全面清除杂草。经精细管理岭南槭苗木当年苗高可达60~80cm，地径可达0.5~0.7cm，符合出圃要求。

四、栽培技术

（一）整地

备耕工作在冬季进行，春季到来前完成。根据不同造林方式进行杂草、杂灌的清理。对于全造林地采取全面清理的方式进行；对于补种或套种等的造林地清理，带状混交和行间混交采取带状清理的方式，点状混交或不规则混交则采取点状清理的方法，将范围内杂草、杂灌清理干净。全造林地按照（3~4）m×4m的株行距进行垦穴，对于其他造林方式选择合适的株距进行垦穴；穴规格为50cm×50cm×40cm，垦穴时将表土和心土分开堆放；结合覆土工作施基肥，每穴施放复合肥约150~250g；覆土时先将表土回填，并与肥料混合均匀，然后再回填心土至与穴面持平即可；覆土时注意打碎土块和清理杂草、树根等杂物。

（二）定植

造林方式：岭南槭多在景观林带营造人工林。根据目的不同可营造纯林或混交林，混交方式可采取带状混交、行间混交、点状混交或不规则混交等，混交树种可采用木荷、红锥、火力楠、阴香、樟树等，亦可在残次林、疏林地或针叶林中进行补种、套种等。种植造林：岭南槭从 12 月底苗木进入休眠期开始，到翌年春苗木萌芽前，均可选择阴雨天或多云天气进行种植造林。采用容器苗造林，种植时去除塑料容器袋，尽量保证基质完整；在靠近植穴的内侧栽植，可稍微栽种深一点，苗木扶正种直，踩实后覆一层松土，并修一个蓄水沟或反倾斜小平台。当年秋季抚育时检查成活情况，次年早春苗木萌芽前选择雨后及时对死株进行补植。

（三）抚育

栽后连续进行 3 年抚育，第 1 年秋季抚育 1 次，以后 2 年的春季、秋季各抚育 1 次。抚育的工作内容主要是通过修剪、施肥、人工辅助幼苗更新、除草除灌割藤等一系列林下抚育措施优化结构、调整密度、改善环境，从而改善岭南槭的长势、冠形及树叶疏密度等，形成合理的生长空间，产生疏密有度、明暗相间的景观变化，提高森林景观观赏性（时波，2018；王威等，2009）。具体措施为以苗木为中心周围 $1m^2$ 范围内穴铲清理，同时注意砍除周边影响苗木生长的杂灌和树枝；然后在苗木内侧离苗干约 20~30cm 处开挖半环形沟，沟深约 5~10cm，每株施放复合肥 150~250g，覆土的时候进行松土、培土等工作。

五、主要病虫害防治

岭南槭作为槭树科槭属优良的乡土彩叶苗木，在岭南地区引种后具有很强的适应性。目前，在岭南槭天然分布区及引种示范区还未发现毁灭性病虫害。近年来，岭南槭的相关研究工作主要集中在繁殖、培育和园林应用等方面，且相关技术也日臻完善，但对病虫害方面的系统性研究较少，而更多的是在报道其他方面的内容时记载了少数岭南槭的病虫害发生情况。实际上，在岭南槭的快繁和培育过程中，如果管理不当或苗圃环境不良，也会发生一些影响苗木成活和生长的病虫害。这不仅影响岭南槭的观赏价值、生态价值以及经济价值等，还成为病害的侵染源，破坏原有的景观设计效果，危及生态环境安全。

（一）病害

岭南槭苗期病害主要是茎腐病。主要危害茎基部或地下主侧根，病部开始为暗褐色，以后绕茎基部扩展一周，使皮层腐烂，地上部叶片变黄、萎蔫，后期整株枯死。防治方法：可用 50% 多菌灵可湿性粉剂 800~1000 倍液或 70% 甲基托布津可湿性粉剂 800~1000 倍液喷雾防治。

（二）虫害

岭南槭苗期虫害主要是小地老虎。1~2 龄幼虫昼夜均可群集于幼苗顶嫩叶处取食危害；3 龄后白天潜伏于表土的干湿层之间，夜晚出土从地面将幼苗植株咬断拖入土穴、或咬食未出土的种子，幼苗主茎硬化后改食嫩叶和叶片及生长点。防治方法：1~2 龄幼虫用 90% 晶体敌百虫 1000 倍液喷雾，3 龄后幼虫用 90% 晶体敌百虫 5~10 倍液喷在碾碎炒香的豆饼或麦麸上制成毒饵诱杀。

六、木材利用或生态效益

岭南槭材质优良，可供制家具等用途。树冠端庄秀美，枝叶青翠繁茂；在秋冬落叶之前叶色变为绯红，为秋冬增添了一道靓丽的风景，是理想的彩叶树种。岭南槭 4 月开花结果，果为翅果，4~8 月皆为红色，果形独特好看，9~10 月翅果成熟时转为淡黄色，为人们提供了不可多见的景观，有极高的观赏价值。是营造景观林带、城市园林绿化、廊道绿化、庭院绿化等不可多得的观叶和赏果树种（彩图 3–1、彩图 3–2）。

（孙冰、谢亚婷、裴男才、罗水兴、施招婉、廖绍波）

第二节 猴耳环

猴耳环（*Archidendron clypearia*）为含羞草科（Mimosaceae）猴耳环属（*Archidendron*）高大乔木，是我国重要的南药树种。入药部分为带叶枝条，中医药领域常用猴耳环直接命名其药材，其现代中成药单味制剂已在临床上得到推广应用，主治上呼吸道感染、急性咽喉炎和扁桃体炎及各类急性炎症和细菌性痢疾等症。主要分布在热带亚洲，中国海南、广东、广西、湖南、浙江、福建、贵州、云南、西藏、香港、台湾等地均有分布，喜光树种，苗期具有一定的耐阴性；野生资源常见于海拔 200~1800m、温暖湿润的溪边、密林内或灌丛中，但种群密度远低于“低密度种”的标准。花期 2~6 月，果期 4~8 月，种子千粒重 340~860g，撒播能力弱，野生种群难以扩张。近十年来的资源调查、收集与评价及栽培技术研究成效初显，表明人为干预的资源保育工作切实可行。

一、良种选育

（一）种质资源调查、收集与评价

国外未见有关猴耳环种质资源调查、收集与评价的报道。在国内，较为系统的相关研究始于 2010 年，在广州市和广东省有关部门的支持下，热林所科研人员先后对广西、海南、广东、福建和云南 5 省（自治区）的猴耳环主要分布区进行了资源普查，并对重点种源开展历时 8 年的种质资源收集工作。截至 2021 年，已累计收集除云南省外的猴耳环重点分布区种源 16 个、家系 120 余个，陆续在广东省惠州市惠阳区、广州市增城区和花都区、清远市佛冈县和江门市台山红岭种子园等地建立了种源 / 家系试验林 6 片，面积约 130 亩；在广州市增城区和花都区建成原地 / 迁地保存园 4 个。初步评价结果表明，来自广东省惠州市象头山国家级自然保护区、广州市流溪河国家森林公园、石门国家森林公园、增城白江湖森林公园、增城区二龙山生态园和从化区良口次生种源（早期人工林）以及广西昭平县的种源表现优良，它们的单株平均冠层生物量（药材产量）高于参试种源和家系平均值的 11%~16% 和 14.4%~29.8%。研究初步成果“林药猴耳环种质资源评价及其栽培技术”于 2016 年得到广东省林业局的认定（粤林科验字［2016］22 号），并自 2017 年起作为国家林业和草原的重点推广项目连续 5 年在广东省和贵州省予以推广。

在其他的引种试种中，康明敏等（2006）报道了在东莞大岭山林场用于生态公益林改造的 34 个阔叶树种中，猴耳环在地径和苗高生长方面均优于其他树种；吴永彬等（2002）发现，在广州帽峰山进行的 30 种阔叶树种造林试验中，与凤凰树等速生树种相较，猴耳环的生长表现属于中庸。

目前，有关猴耳环的良种选育研究仍在进行中。

（二）遗传多样性分析和核心种质资源构建

以多年调查收集的猴耳环野生种质资源为研究对象，利用重复性好、多态性高、稳定性强的 SSR 分子标记技术，对广东、广西、海南 3 个省（自治区）共 16 个野生群体 211 份猴耳环样品（表 3–3）开展群体遗传多样性和遗传结构分析，同时构建核心种质（闫晶晶，2021）。

表 3–3　猴耳环种质资源收集信息

群体代码	群体名称	经度（E）	纬度（N）	海拔（m）	采样数（份）
ZP	贺州市昭平县	24° 09′ 01″ ~09′ 05″	110° 44′ 31″ ~44′ 37″	130~180	11
YF	桂林市永福县	25° 11′ 30″ ~11′ 37″	109° 52′ 15″ ~52′ 32″	230~290	10
LD	三亚市乐东县	18° 43′ 14″ ~45′ 42″	108° 49′ 44″ ~50′ 46″	400~900	16
HDQ	广州市花都区	23° 31′ 01″ ~31′ 15″	113° 11′ 20″ ~12′ 21″	100~240	12
ZCQ	广州市增城区	23° 20′ 17″ ~21′ 26″	113° 43′ 20″ ~44′ 23″	130~400	15
RH	韶关市仁化县	24° 06′ 20″ ~07′ 27″	113° 17′ 25″ ~17′ 46″	180~350	9
XF	韶关市新丰县	24° 05′ 15″ ~05′ 19″	114° 09′ 39″ ~09′ 50″	350~500	11
CAQ	潮州市潮安区	23° 52′ 44″ ~53′ 06″	116° 35′ 43″ ~35′ 55″	500~600	8
QXQ	清远市清新区	23° 47′ 38″ ~48′ 11″	113° 02′ 38″ ~02′ 55″	200~300	11
TS	江门市台山市	22° 01′ 44″ ~02′ 48″	112° 28′ 42″ ~28′ 47″	100~250	5
LM	惠州市龙门县	23° 39′ 38″ ~39′ 59″	114° 03′ 06″ ~03′ 22″	100~300	11
HD	惠州市惠东县	23° 18′ 47″ ~40′ 10″	114° 23′ 26″ ~25′ 17″	150~250	11
BL	惠州市博罗县	23° 39′ 10″ ~41′ 20″	114° 23′ 59″ ~25′ 44″	20~270	30

（续）

群体代码	群体名称	经度（E）	纬度（N）	海拔（m）	采样数（份）
FK	肇庆市封开县	23° 28′ 16″ ~28′ 20″	111° 26′ 21″ ~26′ 26″	20~100	10
DHQ	肇庆市鼎湖区	23° 09′ 03″ ~10′ 08″	112° 30′ 49″ ~32′ 58″	20~150	27
LC	河源市龙川县	24° 11′ 24″ ~12′ 40″	115° 25′ 21″ ~26′ 27″	150~320	14

使用22对SSR引物对猴耳环种质材料进行分析，共检测到208个等位基因，平均每个位点共扩增出9.45个等位基因。三亚乐东群体与桂林永福群体中分别检测出1个特有等位基因。三亚乐东群体与肇庆鼎湖群体各有7个特有等位基因。引物的*PIC*在0.427~0.884之间，这些引物都为中高多态性的引物，其中ARCeSSR95表现出最高的多态性（闫晶晶等，2021）。

16个猴耳环天然群体的期望杂合度为0.652，表明野生猴耳环群体有着丰富的遗传多样性，含有较高的遗传多样性水平。不同猴耳环群体之间遗传多样性水平差异较大，分化系数在0.061~0.157之间，群体内的近交系数在–0.173~0.476之间，说明猴耳环群体间存在一定程度的遗传变异，群体内存在一定程度的近交，群体分化属于中等分化水平。猴耳环绝大部分的变异来自于群体内，遗传变异主要来源群体内个体之间的差异（闫晶晶，2021）。这些结果可能与猴耳环种子会随水流传播有关，同时猴耳环的种子作为黑叶猴和白头叶猴的主要食物来源，作为一种传播方式促进了群体之间的基因交流。这些因素可能导致野生猴耳环群体的遗传距离和地理距离没有显著相关性的主要原因。

群体间Nei′s遗传距离在0.061~0.620之间，最大遗传距离出现在韶关仁化群体与三亚乐东群体之间，最小遗传距离在肇庆鼎湖群体与惠州博罗群体之间，但群体间的遗传距离和地理距离之间无显著相关性（r=0.056，P>0.05）。基于STRUCTURE分析，耳环群体可分为3组（图3–5），三亚乐东群体、江门台山群体、潮州潮安区群体的基因谱系较单纯，其余群体存在一定程度的遗传混杂现象（闫晶晶，2021）。猴耳环野生幼苗会在1~2年内相继死亡，林内极少发现幼树（马星宇等，2017），使得其遗传关系并未发生改变，仍然保存了其较高的遗传多样性。

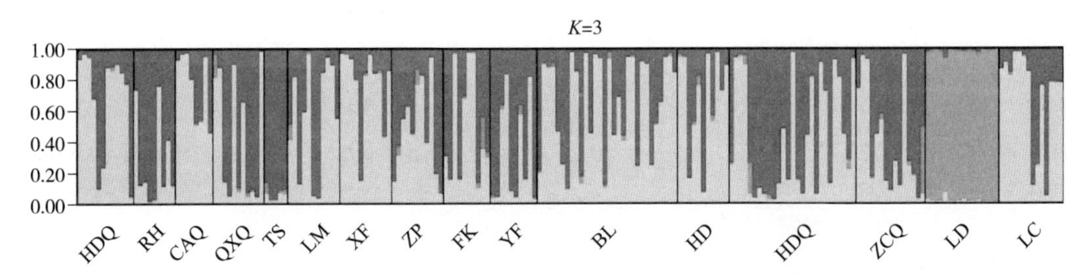

图3–5 基于STRUCTURE分析的猴耳环群体遗传结构

对所有的野生种质材料，基于逐步聚类取样法获得43份核心种质，删除了多余的冗余种质，样本材料大多包含在基于等位基因最大化选取的种质材料中，核心种质均匀地分布在原始种质中，构建的核心种质取样包含全部 16 个地理种源，这可能是猴耳环生境片段化和不同种源之间存在地理隔离造成的（闫晶晶，2021）。核心种质很好地代表原始种质，保留了猴耳环种质资源的遗传多样性水平，用于后续的实生苗培育。

二、育苗技术

（一）种子形态特征

猴耳环新鲜种子长 10.02~14.71mm，宽 7.83~12.37mm，厚 6.27~10.02mm；种子净度为 70.89%，千粒重 340~860g，不同地点的种子性状具有显著差异（胡文强，2014；张迪，2015）。

（二）种子脱水和温度敏感性

胡文强（2014）研究发现，猴耳环种子为顽拗型，新鲜种子从母体植株上散落时具有很高的含水率，且千粒重越大含水率越高，最高可达 90% 左右；适当脱水可提高种子发芽率，种子的“临界含水率”和“致死含水率”分别为 62%~84% 和为 52%~74%，且此二指标随含水率高低而增减。肖斌（2014）报道，猴耳环发芽率与含水量呈正相关。

猴耳环种子具有较强的温度敏感性，常温条件下易发霉、脱水，失去生命活力，宜于低温（5~8℃）下密封贮藏，贮藏时间不宜超过 3 个月（肖斌，2014；张迪，2015）。最好的做法就是采种后及时播种育苗。

（三）实生苗培育技术

陈章和等（2000）报道了 UV-B 辐射对猴耳环等 6 个热带南亚热带树种在“生长室”条件下的种子发芽率和幼苗生长的影响，刘欣等（2011）对 7 个月龄的猴耳环苗木开展了分级标准的研究，提出了以苗高和地径作为分级标准的质量指标。李浩等（2012）在不同遮阴处理下对猴耳环苗期生长的影响进行了研究，表明猴耳环苗木具有很强的避日性，其生长需要一定的遮阴度，但过高的遮阴度会导致较高的苗木死亡率和缓慢的生长，遮阴度以不超过 60% 为宜。

热林所科研人员历时 8 年先后就不同播种方式（苗床撒播、点播、条播和营养袋点播）、不同营养袋大小（直径 6~12cm）、不同育苗基质（河沙、黄心土、泥炭土、轻基质及其配比共 13 种）、芽苗移植与营养袋点播、苗期施肥（种类及其配比）（张迪等，2015）和根瘤菌接种等开展试验后，总结形成了广东省地方标准《猴耳环实生苗培育技术规程》（DB44/T 2217—2019），于 2020 年 3 月颁布实施（广东省市场监督管理局，2020）。

三、栽培技术

（一）造林地选择和整地

在过去十年里，猴耳环人工药材林栽培除依据《环境空气质量标准》（GB/T 3095—

2012)、《土壤环境质量标准》(GB 15618—1995)和《绿色食品环境产地质量标准》(NY/T 391—2000)的标准要求进行造林地选择外，在整地方面尝试了全面清杂后“穴垦”和“全垦 + 挖穴”三种方式，结果表明，在丘陵山地造林，“全垦 + 挖穴”整地除徒增 30% 以上的造林成本外，还容易导致水土流失，整地方式以“水平带状翻垦 + 挖穴”为最佳。

（二）栽培管理和矮林作业技术

猴耳环是速生且萌芽能力高强的短轮伐期药材树种，一次种植多次采收的矮林作业是其最主要的经营方式。多年来的种植试验和调查研究表明，纯林为最佳栽培模式，其次是在新建果园或残次果园以及母树株行距较宽（间隔 8m 以上）的针叶树种子园内间种猴耳环。由热林所研究人员申报、基于相关研究结果形成的广东省地方标准《猴耳环人工药用林培育与采收技术规程》(草案）已获得立项，进一步的调查验证和编写工作正在进行中。

四、木材利用或生态效益

（一）木材利用

猴耳环边材黄褐色微红，心材红褐色，纹理直，结构中，易干燥，不翘不裂，可供箱板、室内装修、家具、造纸、薪炭等用材（郑万钧，1985；蒋谦才等，2008；邹滨等，2013）；其药渣纤维可与高密度聚乙烯复合制备复合材料，实现药渣废弃物资源的高值化利用（Yang et al.，2014；董晓龙等，2014）。

（二）药用及其他利用潜力

猴耳环的药用研究主要集中在化学成分、药用成分及药用机理和临床应用及质量监控三个方面，李梅等（2018）已就相关研究结果进行了详细评述。越来越多的医学研究表明，猴耳环药物将来还很有可能是治疗各种肿瘤和癌症的首选药物（Yang et al.，2012；2013；Kang et al.，2014），其作为人类健康用药的地位越来越重要。

此外，猴耳环提取物具有较高的抑菌、杀虫活性，可用来提取植物源杀菌、杀虫剂，在农林渔复合用药方面具有较好的发展前景（覃旭，2010；邓志勇等，2007；贾春红等，2012）。

（黄世能、陈祖旭、李梅、范春节）

第三节　风铃木

风铃木是紫葳科（Bignoniaceae）风铃木类植物的统称，包含有紫葳科的粉铃木属（*Tabebuia*）、风铃木属（*Handroanthus*）和金铃木属（*Roseodendron*）共 99 种（Grose，

2007)。风铃木植物原产于中美洲及南美洲的热带地区，其天然分布区北起美国南部，南至智利和阿根廷中部，并广泛分布于高山、雨林、平原、沙漠等气候区域。风铃木类植物多为乔木或者大型灌木，树高4~12m。叶为掌状复叶，对生，常绿或于开花前落叶；圆锥花序，顶生，花两性，雄蕊4枚，雌蕊1枚；花漏斗形，萼筒管状，花冠5裂，多数先花后叶，少数花叶同放；果实为蓇葖果，深褐色的圆柱形结荚，成熟后的果荚多有反卷并向下开裂，种子为翅果能够随风散播。风铃木类植物以盛花期时密集的风铃状花而闻名，是美洲国家如委内瑞拉、巴西、哥伦比亚等国的国花国树，也被广泛引种于全球热带和亚热带地区（李蓉蓉，2021a）。

一、良种选育

风铃木类植物最早于20世纪60年代引入中国的台湾地区。1977年后，国内多家植物园和园林公司又陆续引进了不同品种并在国内推广种植，已成为中国南方地区春节前后较为常见的木本花卉植物（张静，2017）。中国引种的风铃木有黄花风铃木、紫花风铃木、金花风铃木、洋红风铃木和银鳞风铃木5~6个种和10余个变异类型。其中，广东、广西、福建、海南以及台湾地区的风铃木栽培较多，且品种较为丰富。而四川、云南等地因气候原因，可种植的品种较少。从目前的市场需求看，一些风铃木品种，特别是先花后叶、花团簇锦的紫花风铃木很受人们的喜爱，商品价格较高，具有很好的市场前景。

近年来，随着风铃木在国内越来越受欢迎，许多园林公司纷纷争先引种，并进行了一些新品种的选育。从苗木市场的反应看，风铃木类植物的选育主要以两个方向进行：一是以黄色系风铃木为材料，选育较长花期的品种；二是以红色系风铃木为材料，选育不同颜色和花量的品种。从目前的红色系风铃木市场需求来看，以较深的颜色和花球较大的品种较受市场欢迎，也因此选育出了众多以“绣球”而闻名的品种。

热林所对中国的风铃木在花色、花型、叶型、花期、遗传多样性等方面的变异进行了系统性的调查。收集并保存风铃木优良种质资源30余份。其中有6个紫花风铃木品种在花型、花色等方面表现出众，具有较好的推广价值和市场前景（彩图3-3）。研究团队和茂名市电白区林科所合作建立了以紫花风铃木为主的种质资源收集圃和生产示范基地共36亩，形成一套较为成熟的实践栽培技术体系。

二、育苗技术

风铃木植物最常用的繁殖方法是种子繁殖，种子繁殖较为方便，沙培、土培或水培均可出苗。然而，风铃木的种子不耐贮藏，一般来讲，刚成熟的种子出苗率很高可达90%以上，而贮藏3个月左右的发芽率会降至30%。此外风铃木经种子培育苗木的花期、花型等性状往往存在较大分化，不到预期的景观效果。因此，在商业苗木繁殖中，利用实生苗作为砧木，嫁接优良品种可以保证花期的一致性并提高观赏性，是目前商品苗木生产上常见的手段。风铃木的无性繁殖技术研究已有报道，尚秀华等（2016）也对 3 种风铃木的扦插繁殖技术进行过研究，但风铃木属植物扦插生根较为困难，且生根所需时间较长，并不适宜于规模化的材料繁育。此外，陈丽文等（2021）曾开展了黄花风铃木的组织快繁技术研究，以黄花风铃木的种子为外植体，通过诱导获得完整植株，总结了黄花风铃木的初始诱导培养、继代增殖培养、生根培养以及生根苗移栽和管护的方法。

风铃木的培育管理较为简单，且冬春季节移栽成活率较高。早期研究表明，风铃木类植物对于土壤铅胁迫具有一定的抗性，可作为土壤铅污染地区改善生态和美化环境的树种（李薇，2013）。丁释丰等（2019）研究了低温胁迫、干旱胁迫、盐胁迫对红果风铃木的幼苗的生理特性的影响，研究结果发现红果风铃木胚无法抵抗 0℃及以下低温产生的冻害，但对 0℃以上低温有一定的耐受力；干旱 8 天左右是红果风铃木干旱死亡的临界值；当盐分胁迫浓度低于 0.4% 时，红果风铃木幼苗受害特征不显著，其相关生物量指标下降幅度较小；当盐分胁迫浓度大于 0.6% 时，红果风铃木幼苗的受害特征开始加剧。风铃木栽培过程对于水肥需求较旺盛，在土壤相对含水量为 60% 时株高增量、地上部生物量及一些生物特征量较佳，最适宜黄花风铃木幼苗生长发育。此外，大量的生产实践表明，胸径 2cm 左右苗木每年可施加 1~2 次复合肥，每次 200g 左右，合理施肥能够显著促进风铃木的生长速度。但要注意的是，紫花风铃木、红花风铃木、洋红风铃木等种的风铃木在夏秋季节的纵向生长较快，容易倒伏和弯曲，胸径 8cm 以下的苗木需要竹竿支撑，并定期进行修枝。胸径 8cm 以上苗木生长速度趋缓，木材机械支撑性增加，具有一定的抗风能力。

三、栽培技术

风铃木植物是美洲地区的特有物种，其天然分布区横跨山地、高原、荒漠和雨林等多种气候区域，但不同属或种对于生境的适应性差异很大。例如，黄花风铃木可在海拔 400~1700m 山地形成纯林，而紫花风铃木则更适宜相对海拔较低且相对平缓的平原或丘陵。热林所研究人员以叶表型性状变异为指标探索不同栽培区域的气候对风铃木类植物生长适应性的影响（李蓉蓉，2021b）。研究结果表明，黄花风铃木、红花风铃木、洋红风铃木和金花风铃木的叶表型性状在不同纬度栽培区呈规律性变化，说明随纬度变化的不同气候可能对风铃木植物的生长发育产生了较为明显的影响。而进一步研究表明：黄花风铃木生长发育可能受积温的影响较大，而红花风铃木的叶表型性状可能受温湿比的影响较大。洋红风铃木的叶表型性状受温度和水分的综合影响，通过改进栽培条件提高适应性的潜力较大，而金花风铃木表现出更强的耐寒性，可作向北引种和抗寒选育的遗传材料。

中国风铃木的现有栽培区域多集中于广东、福建、海南、广西和云南部分地区，且不同地区的栽培种具有差异。热林所研究人员利用最大熵值模型模拟了黄花风铃木和紫花风铃木在中国的适生区，发现黄花风铃木在中国的适生区域可达 122.86 万 km^2，包括广东、广西、福建、海南、台湾、云南的大部分地区，以及浙江、湖南、江西、贵州的南部地区，四川和重庆的部分地区；紫花风铃木的预测可栽培面积约为 46.16 万 km^2，适生区主要集中在北纬 25° 以南，包括广东、广西、海南的大部分地区，以及云南、福建和台湾的部分地区。通过分析不同生境因子对两种风铃木适生分布的影响，发现冬季低温、降水以及土壤有机物含量的影响比重较大。因此，通过加强水分管理、控制落叶时间和萌芽期有可能打破影响两种风铃木栽培的气候限制，推动风铃木的推广种植，见表 3–4。

表 3–4 两种风铃木的适生概率与主要环境因子的回归建模结果

黄花风铃木			紫花风铃木		
环境因子	回归系数	重要性	环境因子	回归系数	重要性
截距	0.588		截距	–3.329	
土壤 pH 值	0.013	0.358	最冷月均温	–0.250	0.313
最冷月均温	0.038	0.221	降水频率	0.004	0.181
土壤有机碳含量	0.014	0.168	经度	0.043	0.164
年降水量	–0.03	0.094	最湿月降水量	–0.004	0.072
经度	–0.002	0.047	年均温	0.261	0.069
最湿月降水量	–0.002	0.044	最旱月降水量	–0.011	0.068
年均温	0.001	0.025	地表冻害频率	0.001	0.044
大气含水量	0.002	0.023	纬度	–0.13	0.029
降水频率	–0.008	0.011	土壤 pH 值	0.019	0.021
最热月均温	–0.002	0.005	大气含水量	0.01	0.017

四、木材利用和药用价值

风铃木以花闻名，同时也是一种优质的木材资源。风铃木属植物能够生产一种密度较高、质地坚硬，且耐腐蚀的木材原料，这种木材原料在巴西被称为“重蚁木”。“重蚁木”是世界上质地最密实的硬木之一，硬度是杉木的 3 倍，有些进口商也将其冠以“南美紫檀”的美称，价格昂贵。20 世纪 60 年代末，美国进口了大量的“重蚁木”用于纽约市政公园和公共娱乐设施的修缮，这其中就包括了科尼岛海滩长达 16km 的木板路（Riegelmann Boardwalk）。修缮后的步道使用期长达 25 年，直到 1994 年才被新的“重蚁木”材料所替换，如今已成为科尼岛著名的旅游打卡点。目前，国际上常用的“重蚁木”多产自巴西和巴拉圭，其防火等级与混凝土相似，品质优良，受到市场的追捧。此外，风铃木类植物的心材多呈黄褐色或黑色，纹理非常漂亮，在南美的传统文化里常被用于制造木制家具，手工艺品和传统乐器。当地土著民族常用风铃木制作狩猎用的弓，因此黄花风铃木在当地土语里和其他的风铃木植物一样被称为“弓箭树”。

部分风铃木类植物的树皮和芯材中含有多种药用成分，树皮经过加工可制作成一种褐色茶，具有清肺祛痰的作用。黄花风铃木在当地的民间偏方里有着近乎“包治百病”的神奇功效，这源于其芯材中高浓度的拉帕醇含量。拉帕醇具有抗细菌、抗真菌、抗病毒、抗原生动物、杀虫、抗炎的特性，已被开发成多种针剂或者酊剂，用于治疗感冒、消化性溃疡和糖尿病等（Reich，1982）。

五、风铃木植物的景观应用

风铃木植物多数是先花后叶，花量丰富，色彩多样，是世界著名的木本观赏花卉植物，有热带樱花的雅称。其树姿优美，花期较早呈现出优良的景观效果，在我国多用作行道树、庭院树，广泛栽植于街道、居住区、公园、景观林带、风景名胜区等地方，可以孤植、列植、片植、丛植等方式种植。风铃木植物的花冠以黄色和红色较为常见，但具体颜色又有深浅和色泽上的变化。我国所栽培的风铃木多数于春节前后开花，但开花时间和花期长短又因种或品种而异。张静（2016）对风铃木的开花性状进行相关研究，掌握了风铃木植物的花期与花形态特征，发现洋红风铃木花期最长，花量较小；黄花风铃木花序最小，花量较小，花色稳定；银鳞风铃木花量最多，花朵最小；紫花风铃木的花朵最大；红花风铃木花色变异较大；开花性状主要受植株生长性状和样点地理、气候因子的影响，并且建立了风铃木类植物的观赏价值体系。热林所研究人员调查发现，我国的紫花风铃木单株花期相对较长，最长可达 45 天。紫花风铃木的早花型品种可在 11 月初开花，而晚花型的洋红风铃木在 4 月中旬才开放。在园林应用中，尽管单一种风铃木的花期并不长，但在进行植物造景时可以利用花期不一致的特点，配置不同花期的风铃木，延长风铃木植物的观赏期。

六、系统分类研究

风铃木类植物的分类系统曾发生过多次修订。例如，早期植物学家将风铃木类植物划为同一个粉铃木属（Gentry，1970），但在 1970 年时又以胚珠数量为依据从粉铃木属中划分出了风铃木属。最近的分类学研究结合叶绿体 DNA 和表型性状将风铃木类植物划分为 3 个进化分支，并形成了粉铃木属、风铃木属和金铃木属的分类系统（Grose，2007）。

最新分类体系中，粉铃木属包含 67 个种，其花萼具有鳞片毛被和钥匙形的不规则的二或三叶形，木材比较轻，缺少拉帕醇，果实呈圆柱形，表面光滑。除银鳞风铃木（*Tabebuia aurea*）是黄色外，该属所有种的花冠颜色为白色到红色，且通常有 1 个黄色的花冠。风铃木属包含 30 个种，复叶具有 3~9 个小叶，果实多为长条形，具有较浅的中脉或中脉不明显，且常被密绒毛，花冠为黄色或红色，花萼显微结构中通常具有简单到星状或树状毛被，花萼钟状到杯状并具有 5 个齿，木材基本密度比大于 0.74，心材气干密度最高可达 1.3g/cm^3，是已知最重和最硬的木材之一。金铃木属仅包含 2 个种，即 *R. chryseum* 和 *R. donnell-smithii*，其表型特征为一个独特的与花冠质地相似的花萼（Gentry，1992），三个属的主要表型特征如彩图 3–4 所示。

我国风铃木市场需求较大，但新品种命名规范尚未制定，使得风铃木植物的商品命名并没有统一的标准，同种多名和多种同名现象较为普遍，仅常见的红色系风铃木就有以红花风铃木、紫花风铃木、洋红风铃木、蓝花风铃木、多花风铃木、少花风铃木、钟花风铃木、蔷薇钟花、红花绣球、紫花绣球、蓝花绣球等来命名，这对于风铃木的种质创制、新品种选育，以及苗木市场的健康发展都存在不利的影响。

七、遗传多样性

我国风铃木的引种栽培多以生产经营活动为主，缺少对引进树种数量和来源等资料的记录统计。例如，风铃木类植物中开黄花的品种有很多，而以“黄花风铃木”命名的商品苗木就可能包含多个不同的种。金海湘等（2019）曾对栽培于华南地区的 7 个风铃木植物的种质资源进行形态与分子鉴定，发现这 7 个风铃木商品类型（紫绣球、银鳞风铃木、紫花风铃木、洋红风铃木、粉红风铃木、大叶黄花风铃木、小叶黄花风铃木）来自于 2 个属（粉铃木属和风铃木属）的 4 个种［洋红风铃木（*T. rosea*）、银鳞风铃木、金花风铃木（*H. chrysanthus*）和紫花风铃木（*H. impetiginosa*）］，其中金花风铃木包括 2 个亚种（*H. chrysanthus* subsp. *chrysanthus* 和 *H. chrysanthus* subsp. *meridionalis*），这两个亚种尚未有相应的中文名称。

热林所对广东、福建、海南等 11 个省（自治区、直辖市）的 812 株风铃木栽培植株进行遗传分析，发现这些个体共有 10 个变异类型，如图 3–6 所示。其中，黄花风铃木与金花风铃木所在类群下包含多个变异类型，反映出中国现有的黄色花冠类型风铃木具有较为丰富的遗传变异水平。其中，黄花风铃木中具有较大的叶面积和明显的叶尖，其表现与黄花风铃木厄瓜多尔地区的亚种 *H. chrysanthus* subsp. *pluvioslus* 相似。因此我们推断花木市场中的大叶黄花风铃木和小叶黄花风铃木可能来自于不同的亚种（张捷，2021）。此外，热林所研究人员还利用 GBS 技术分析了我国 81 个典型变异个体的基因型，发现这些个体大致可分为红花风铃木、紫花风铃木、金花风铃木、洋红风铃木、银鳞风铃木和黄花风铃木 6 个种。其中，一些个体的表型性状和分子遗传结构处于红花风铃木和紫花风铃木之间，反映出这两种风铃木存在种间自然杂交的可能性（李蓉蓉，2021a）。此外，Cordeiro 等（2020）对紫葳科的染色体数与异染色质谱带进行研究，发现部分金花风铃木个体的染色体 2n=80，而大部分个体的染色体数 2n=40，说明风铃木类植物也可能存在多倍化个体的可能性，尽管这一现象在国内尚未见报道。

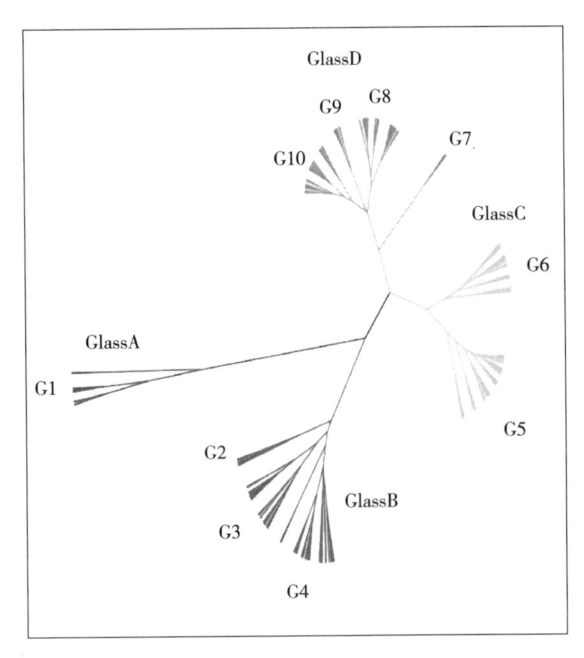

图 3–6 风铃木类植物叶表型性状聚类分析

注：G1 包含有参照群体中的全部银鳞风铃木个体，G3 包含了参照中的全部紫花风铃木和洋红风铃木，G4 包含参照中的全部红花风铃木，G5 包含参照中的全部金花风铃木，G10 包含了参照中的全部黄花风铃木。

（孟景祥、张勇、魏永成、仲崇禄）

第四节 棕榈藤

棕榈藤是英文“rattan”的中文对应词，狭义上是指槟榔科（或棕榈科）(Palmae) 省藤亚科（Calamoideae）省藤族（Calameae）中的攀缘植物，广义上则包括狭义棕榈藤及其同属非攀缘植物，全世界约有 600 多种，20 世纪 80 年代根据表型分类分成 13 个属（Uhl & Dransfield，1987），21 世纪初根据分子系统发生学研究结果分成 8 个属（Dransfield et al.，2008；Baker，2015；Vorontsova et al.，2016）。狭义棕榈藤中有部分种类茎干柔韧，可制作各类生活器具和工艺品，是原产地民生的重要组成部分，也是重要的创收资源，以其茎干为原料的棕榈藤工业为成千上万人带来经济收入。我国藤工业每年消耗藤材上万吨，出口创汇近亿美元，提供数以万计的工作机会。

棕榈藤多为耐阴物种，偶有部分喜光物种。棕榈藤种子为顽拗型种子，不耐脱水，多数藤种种子发芽缓慢；发芽后数年内生长缓慢，随着光照增加，生长速度加快，最高可达 2~3m/ 年。棕榈藤一般需要温暖湿润的气候，不耐低温，个别藤种可耐 -2~-1℃。棕榈藤一般在肥沃的中下坡生长较好，在山脊上坡等瘠薄立地生长较差。天然棕榈藤病虫害较少，人工栽培种则病虫害较多。

棕榈藤主要分布于亚洲、非洲和大洋洲的热带及其邻近亚热带地区。在中国主要分布于华南地区及其邻近省（自治区、直辖市）。美洲个别国家也有引进栽培。

一、良种选育

棕榈藤种类繁多，其藤茎工艺质量和生物学特性在属间和种间都有很大的变化，藤种选择是棕榈藤培育的关键环节。棕榈藤加工行业广泛以东南亚的西加省藤（*Calamus caesius*）和粗鞘省藤（*C. trachycoleus*）原藤为原料编织用的藤皮和藤芯，采用玛瑙省藤（*C. manan*）、杜尔治藤作为家具的骨架。国内原产海南的优质材用藤种是单叶省藤（*C. simplicifolius*），云南的有南巴省藤（*C. nambariensis*，又名宽刺藤）、红鳞省藤（*C. acanthospathus*，又名云南省藤）等。这些优良藤种的原藤可以劈成藤皮和藤芯使用。材质一般的黄藤和钩叶藤原藤则只能整条使用或只能利用藤皮。多数优良的藤种因天然林过度开发和自身的过度采收而濒临灭绝，国内外许多单位有意识地收集棕榈藤种类，以防优良棕榈藤种、藤种多样性和潜在优良性状的减少甚至灭绝，如印度尼西亚的茂物植物园，国内的热林所、热林中心、中国科学院西双版纳植物园、云南德宏州林业科学研究所、中国科学院华南植物园、广西植物研究所、厦门园林植物园等，它们都收集了较多的棕榈藤种类。

20 世纪 90 年代棕榈藤种内遗传和形态差异研究开始起步，Aminuddin（1990）对马来半岛几个种源玛瑙省藤的生长表现进行研究，马来西亚森林研究所还对玛瑙省藤做了对比研究，Lee（2019）对疏刺省藤种源家系联合试验结果表明，种源间、家系间和家系内存在很大的差异，部分性状的遗传力也很高，种源选择、家系选择和个体选择都有较大的潜力。杨锦昌等（2006）报道了单叶省藤 4 个组培家系的生长表现，其中有 3 个高于实生苗对照；宋绪忠等（2007）报道了版纳省藤不同家系苗木生长表现，筛选苗期生长快的家系 6 个；李荣生等（2009）开展 3 种重要商品藤种的早期评价，筛选出单叶省藤家系 6 个、版纳省藤家系 3 个和黄藤家系 8 个。目前，上述研究均为苗期或早期选择的结果，尚未符合良种审定要求。

二、育苗技术

棕榈藤的育苗根据初始材料的不同分为实生苗和营养繁殖苗。

（一）实生苗培育

实生苗培育是棕榈藤苗木培育的主要方式，具有简便易行、经济实用、节能环保等特点。

1. 果实采收

棕榈藤果实成熟时间因种因地而异，其采集时间需依种依地而定，如海南尖峰岭单叶省藤果实成熟时间为11~12月，白藤为4月至5月上旬，黄藤主要为10~12月，其他时段偶有少量成熟种子。广东省高州的白藤成熟时间比海南尖峰岭迟7~15天，成熟时间为4月下旬至5月下旬。

云南西双版纳的南巴省藤采种时间为3~4月，而盈江的南巴省藤采种时间为10~11月；红鳞省藤为12月至翌年1月；钩叶藤为1~2月。同一藤种果实从南到北、从东到西逐渐推迟，相差一般不超过1个月。果实成熟时多呈黄白色或黄色，而红鳞省藤果实成熟时其外表为橘红色。果实采集数量与计划育苗数、出种率、果实千粒重、种子发芽率、场圃发芽率和损耗有关，果实采集量可通过以下公式计算：

果实采集量（鲜重）= 计划育苗数 × 果实千粒重（鲜重）÷［果实出种率 × 种子发芽率 × 苗木出圃率 ×（1- 苗木运输损耗率）］

上述公式中的果实千粒重、果实出种率、种子千粒重、种子发芽率、苗木出圃率和苗木运输损耗率因地、因批、因株而异，且变化幅度比较大。以白藤为例，其果实千粒重为341~410g，出种率30%~32%，种子发芽率72%左右。

2. 净种

去除果皮和假种皮的棕榈藤种子具有更高的发芽率。去掉种子外面附生的果皮和假种皮是提高棕榈藤苗木培育成功率、效率和性价比的关键环节。目前主要通过搓擦和混沙水洗除去种子外表的果皮和假种皮。去皮后的种子宜阴干，不能曝晒；没有即时播种的种子可用椰糠湿藏，储藏温度为15℃，椰糠绝对含水量为55%~65%，储藏时间一般不超过3个月。

3. 种子用量

种子用量是播种需要考虑的重要量数。种子用量按下列公式计算：

种子用量（鲜重）= 计划育苗数 × 种子千粒重（鲜重）÷［种子发芽率 × 苗木出圃率 ×（1- 苗木运输损耗率）］

种子千粒重与藤种、种子大小有关，是个随机变量。已有研究报道的千粒重可作为参考，具体用量需要用到该种批检测数据。已有研究报道的白藤种子千粒重范围为90~120g，单叶省藤为1800g，黄藤为900g。棕榈藤种子一般播种后1~3个月开始陆续发芽，发芽延续时间为60~90天，发芽率在60%~90%。

4. 畦作育苗

在育苗地起畦，畦宽1m左右，畦长以适应地形和便于操作为宜，畦高25cm左右。播种时间因种而异，不同藤种果实成熟时间不一，播种时间也不一。白藤果实一般5~6月成熟，其播种时间为6~7月；而单叶省藤和黄藤果实成熟时间一般为10~12月，则其播种时间以11~12月为宜。播种量如表3-5所示。种子条播或点播，埋深2cm左右，纵横间距 10cm 左右。播种后可在畦上搭棚盖遮阳网。播种后至出芽前以水分管理为主，适时供水，保持畦面湿润，但不能长时间积水。

表 3–5 主要栽培藤种单位面积播种量及场圃发芽率

项目	藤种			
	白藤	黄藤	单叶省藤	异株藤
最大播种量（g/m^2）	1440	4690	4000	1370
场圃发芽率（%）	80~95	40~75	50~60	80~95

种子发芽时间因种而异，白藤发芽快，发芽整齐；而单叶省藤和黄藤发芽 2 个月后发芽基本结束。播种后经常查看畦面，绝大多数藤种的苗木在全光或过度荫蔽条件下生长不良，白藤、单叶省藤和黄藤苗木培育的最适相对光照分别为 50%~65%、20%~35% 和 80%。5~9 月每月施氮肥和除草 1 次，晴天每天浇水 2 次，多云和阴天每天浇水 1 次，雨天不浇水。10 月后可施钾肥 1 次，晴天每天浇水 1 次，其他时间不浇水。第 2 年春季断根，重复上述管理，第 3 年的 3~5 月出圃造林。

5. 二段容器育苗

本法与畦作育苗不同之处在于苗木拥有用容器隔离成独立的基质，出圃时可将基质与苗木一起出圃。制作与畦类似的沙床，在沙床面上撒播种子，种子均匀铺开，互不挤压，然后盖上 2cm 厚的沙子。播后以水分管理为主，保持沙床湿润但不能长期积水。在种子发芽之前在育苗地容器装土或轻基质并摆成长方形苗床，床宽 1m 左右，床长以适应地形和便于操作为宜。沙床上的芽苗高 4~5cm 时即可移植到容器中。移植后搭棚盖遮阳网，遮光度 30%~50%。5~9 月每月施氮肥和除草 1 次，晴天每天浇水 2 次，多云和阴天每天浇水 1 次，雨天不浇水。10 月后可施磷钾肥 1 次，晴天每天浇水 1 次，其他时间不浇水。第二年春季通过搬动断根，重复上年度肥料、水分和杂草管理，第 3 年的 2~4 月出圃造林。

6. 苗木出圃

苗木质量分级需考虑可靠性、经济性和简便性，早期研究以苗高作为苗木质量分级的指标，如白藤苗木最低出圃标准≥ 28cm，速生丰产林要选择苗高≥ 35cm 的苗木。李荣生等认为对于棕榈科植物苗木，苗木高度受叶子倾斜角度的影响而不真实，建议以苗木总叶长作为苗木质量分级的指标。作为具刺植物，兼考虑苗木运输情况，苗木高度也不宜太高，建议棕榈藤苗木高度小于 60cm。

（二）营养繁殖苗培育

丛生的棕榈藤种可在野外带根将萌条分离或对萌条及萌茎压条培育营养繁殖苗（张帅等，2013），甚至分株移植回苗圃培育成苗。上述繁殖方式育苗局限性大、繁殖系数低、成本高，适用于苗木用量较少的种质资源收集保存。目前公认最有潜力实现规模化生产营养繁殖苗的方式是以芽繁芽和体胚发生的组培育苗；迄今已研发了以种胚、根尖、茎尖、萌蘖芽为外植体的以芽繁芽和体胚发生的组培技术（Hemanthakumar et al.,

2019）；然而，因培育周期长和生长成本高等问题，以芽繁芽和体胚发生的组培繁殖方式尚未真正成为棕榈藤苗木培育的主流。

1. 以芽繁芽组培育苗

以芽繁芽是较为容易的棕榈藤无性繁殖方式，目前繁殖成功的藤种有马来西亚的玛瑙省藤，菲律宾的马尼拉省藤（*C. manillensis*），印度的省藤（*C. rotang*）、虎克省藤（*C. hookerianus*）、亦细省藤（*C. pseudotenuis*）、甘博省藤（*C. gablei*）以及中国的单叶省藤、黄藤、短叶省藤、云南省藤、杖藤、南巴省藤等。

以未成熟种胚、成熟种胚、种子或萌蘖芽作为外植体，经 75% 酒精 +0.1% 氯化汞消毒，0.1% 氯化汞消毒时间变化较大，因外植体而异，庄承纪和周建葵对种子消毒 10min 左右，而谷勇则认为对萌蘖芽宜消毒 18~20min 为宜（谷勇等，2010）；消毒后的外植体放置于配制的 RM_6（以 MS 为基本培养基，调节营养元素和维生素含量）培养基上，以 690lx、16h/ 天的光照条件培养 50 天得到苗高 20~40mm 的丛芽。将丛芽分开继代培养，其中黄藤继代增殖培养大量元素硝酸钾、硝酸铵、磷酸二氢钾、硫酸镁、氯化钙含量的适宜范围分别为 1.0~2.0MS、0.5~1.0MS、1.5~2.5MS、2.0~2.5MS、0.5~1.0MS；短叶省藤继代增殖培养时，硝酸钾、硝酸铵、氯化钙和硫酸镁含量的适宜范围分别为 1.0~2.0MS、0.33~1.0MS、1.0~1.5MS、1.0~1.5MS，磷酸二氢钾的含量仅对生根有影响，可选择生根率较低又利于降低成本的含量水平（0.5~1.0MS）；单叶省藤继代增殖培养硝酸铵和硝酸钾的适宜范围分别在 0~1000mg/L 和 3000~4000mg/L 之间，其他大量元素以 2.0MS 为佳。继代培养的高 20~40mm 丛芽数达到计划育苗量，可批量将丛芽移植到 RM_{8-2} 培养基培养 50 天左右或含 NAA1.0mg/L+ 大量元素 0.33MS+ 蔗糖 20.0g/L 的培养基进行生根诱导，3~6 月挑选苗高 > 4.0cm、根长 > 4.0cm 并有须根的组培瓶苗移植，移植前将瓶苗在自然光照下锻炼 10 天后，然后将其移植于容器培养，容器内的基质首选珍珠岩、次选泥炭土、细沙，也可选用黄心土和火烧土按混合基质。将容器苗摆放在能保持 80% 湿度和 50% 光照的环境下细心管护培育 20 天，随后便可将其按全光照育苗方式培育。

刘英等采用曾炳山等研制的 Sg2 生根诱导培养基解决了单芽难生根问题；与丛生芽相似，单芽高度在 2.1~4.0cm 时进行根诱导效果最佳，此前的芽伸长培养阶段可以省略，直接在根诱导培养基上培养 3 个月即可达到既促进芽高生长又促进新根产生和生长的效果。

南巴省藤萌蘖芽组培的丛芽增殖以添加 KT（激动素）的效果为好，在继代培养中须注意浓度的使用；增殖培养基以改良 MS 为基础，添加 0.5mg/L NAA、0.5mg/L KT 和 0.1mg/L BA，产生的有效苗最多；生根培养基以改良 MS 添加 1.5~2.0mg/L IBA 有利于组培苗生根。生根方式不同将得到不同的结果，在 1/4MS 无机盐 + 铁盐 +120mg/L IBA，培养 5 天之后转移至不加激素的 1/2MS 中继续培养的生根方式较好（谷勇等，2010）。

印度的以芽繁芽技术略有变化，首先种胚置于发芽和分化培养基培养 4 周，每 4 周移到新的发芽和分化培养基中培养会继续诱发胚芽和胚根，如果放在增殖培养基则前2周会长大后长成小植株。胚芽纵向分块后培养8周后会在根茎区形成芽分化。此阶段的芽移植到液体培养基培养芽发育会更快，继续在此培养基中培养分化的芽继续发育并形成芽丛。将芽丛分离成2~4个芽的芽组并在新鲜培养基继代培养，基部会形成新的芽分化，虎克省藤和思维特省藤在含3mg/L KT和0.5mg/L BAP（苯甲氨基嘌呤）的培养基上效果最好，而亦细省藤则在含3mg/L KT和3mg/L 6–BAP的培养基上效果最好。有些丛芽在增殖培养基中即可生根，但一般将丛芽移植到生根培养基中生根更快，1个周即可生根。

2. 体胚发生组培育苗

愈伤组织可从多个营养器官产生，不同藤种可诱导产生的器官不同，一般要经过多次继代培养方可诱导出体胚，迄今已有虎克省藤、玛瑙省藤、梅氏省藤、锦纹省藤、疏刺省藤等藤种成功实现体胚发生组培育苗，但成功率还有待于提高。体胚发生组培育苗的具体培养方法如下：

玛瑙省藤和疏刺省藤 取瓶内萌发的芽苗主根最末部1~2cm长的根段，将根段纵向切开后直接接种到MS培养基；而梅氏省藤（*C. merrillii*）应取未展叶的叶段，每升培养基除含有大量和微量元素外，还添加100mg肌醇、500mg酪蛋氨基酸、2mg甘氨酸、1mg维生素B1、1mg维生素B6、1mg烟碱酸、30g蔗糖、7.5mg毒莠定，用1mol/L氢氧化钾将培养基pH值调到5.6~5.8，最后每升加入7g高强度西格玛琼脂。培养试管为管径21mm×长度150mm，每管注入12.5mL配好的培养基，然后置于高压消毒锅内以120℃、95kPa条件消毒20min。接种后盖上聚丙烯盖，以完全黑暗、27±2℃、相对湿度约90%的条件培养。接种后3~6个月内即可观察到愈伤组织形成，形成部位在主根或侧根的根尖、根段的切开面或叶的，这些初始愈伤组织早期白而易碎，后期常呈奶白至淡黄色。愈伤组织分化11个月后即可分块进行继代培养，在低浓度生长素（1~5mg/L）培养基上继代培养1次，愈伤组织出现表面或光滑或粗糙的结节，还会出现结节和不规则形状并存的非易碎状的愈伤组织。随后这些结节进一步产生半透明、球状突出物，形成优先选择的潜在体胚。这些潜在体胚顶端变长变淡绿时，即可将其转接到没有生长调节剂的基本培养基在光下培养，培养温度26±2℃、相对湿度约70%，经过2~4个月会出现胚芽和胚根的形成和生长。

虎克省藤 在继代培养3次后出现体胚，将体胚移植到无激素培养基（发芽培养基）培养2周即可诱导出器官，但发生率低且不同步。将体胚发生培养中，放置于液体的增殖培养基中培养2~3周可实现体胚的转化。萌发的体胚移植到独立的试管中继续胚芽和胚根的发育，5周后可以移植到生长箱炼苗。

3. 体胚混芽组培育苗

本法扩繁的既有体胚也有芽体，融合体胚和以芽繁芽两个方法的部分内容，相关案例有思维特省藤（*Calamus thwaitesii*）扩繁方法（Hemanthakumar et al.，2019）：将未成熟种胚置于含 31.68 μmoL/L 2,4–D 的 MS 培养基中培养，用 2.22 μmoL/L 6–BAP 和 1.07 μmoL/L NAA 诱导，6 周后得到 12 个球状胚状体，用分离的胚状体在无激素的培养基上培养获得 65% 的芽苗。胚状体和同系芽在 0.45 μmoL/L TDZ 的培养基表现出最大的丛芽诱导。继代分化在添加 1.78 μmoL/L BAP 和 0.45 μmoL/L TDZ 芽增加后在基本培养基进行伸长生长。延长的芽在添加 16.11 μmoL/L NAA 的培养基中进行根诱导。通过这种方法培养，1 个胚状体在 40 周可以培育出 5940 株组培苗。采用 ISSR 分子标记分析这些小苗的遗传稳定性，发现只有 0.05% 的遗传多态性。组培小苗在雾化室锻炼 8 周，然后移到 50% 的荫棚培养 16 周，再移植到苗圃培育 6 个月后可出圃。

三、栽培技术

（一）造林

1. 造林地选择

种植区选择 北回归线以南地区被认为是我国可以栽培棕榈藤的区域，但也有部分国外藤种不适宜在此区域生长。对国内藤种而言，琼雷区和滇南区是最适宜栽培区，琼雷区包括除海南岛西南部干旱地以外的林区和广东雷州半岛直至高州、阳江及广西南部的东兴、防城、钦州、北海、合浦，适宜种植的藤种有黄藤、单叶省藤、白藤、短叶省藤、柳条省藤以及异株藤。滇南区包含云南省的麻栗坡、河口、金平、绿春、江城、勐腊、景洪、勐海、勐连、澜沧、西盟、沧源、陇川、瑞丽、畹町等地，适宜种植的藤种有长鞭藤、云南省藤、小省藤、宽刺藤、南巴省藤和滇南省藤。国内藤种适宜栽培区包括广东恩平、阳春、信宜，广西博白、上思凭祥以北，福建南靖、南安，广东梅县、河源、英德，广西昭平、柳州、巴马以南，广西凭祥、田阳、巴马以东直至福建东南沿海的广大地区和台湾，适宜种植的藤种有黄藤、单叶省藤、白藤和异株藤。国内棕榈藤次适宜栽培区包括海南岛的昌江、东方、乐东和白沙西部、三亚、崖城等海南西南部的低海拔地区，本区适宜在沟谷、四旁等水分条件较好的地段种植，适宜栽植的藤种有白藤、杖藤、大白藤。对部分藤种而言，在北回归线以北也有局部可植区，包括福建龙岩、漳平、三明、仙游，江西赣州地区南部，广东平远、和平、翁源、怀集以北，湖南郴州和零陵地区南部，广西桂林以南、柳州以北的丘陵低山。

海拔 棕榈藤为热带植物区系成员，不耐低温，因此大多不适应高海拔地区。根据各省份的气候带和地形，云南南部和西南部棕榈藤造林地海拔应小于 1800m，海南造林地海拔应小于 1200m，广东和广西海拔应小于 800m，福建、湖南、江西等地区海拔应小于 300m。

经营模式 棕榈藤种植不提倡纯林经营，可采用林藤复合经营模式，选择轮伐期长的用材林、可近自然或可持续经营的次生林和生态公益林与棕榈藤进行复合经营。林藤复合经营模式要求上层林冠郁闭度 0.5 左右，郁闭度过高的应适当疏伐或疏冠。

土壤要求 土壤为砖红壤、红壤或黄红壤，土层厚度40cm以上，pH值4.5~6.5。

2. 林地清理

林地清理一般采用沿等高线带状清理，栽植带带宽1.5m，清除栽植带内杂灌及非目的树种。

3. 整地

块状整地，整地规格一般为50cm×50cm×40cm。栽植前将穴周边表土回入穴内，同时每穴施放0.5~1.0kg有机肥、0.15~0.25kg磷肥、0.15~0.25kg复合肥作基肥。

4. 造林

初植密度 白藤类小径藤初植密度为1000穴/hm^2，中大径藤为800~1660穴/hm^2。

栽植方式 棕榈藤萌蘖能力因种而异，造林成活率高、萌蘖能力强的藤种一般每穴栽植1株，如黄藤；造林成活率低、萌蘖能力弱或小径藤的藤种一般每穴栽植2~3株，如单叶省藤（邹文涛等，2008）、南巴省藤、白藤；2~3株栽植时穴内株距≥30cm。

造林季节 选择雨季栽植。

5. 幼林抚育

栽植当年底调查成活率，成活率低于85%时第2年雨季应及时补植。连续3年抚育，种植当年抚育1次，8~9月进行；第2年和第3年各抚育2次，分别于3~4月和8~9月进行。抚育内容为除杂灌、松土、施肥，即沿种植带或围绕植株60~80cm范围内将杂草和灌木地上部分与根基部断离，锄松植株60~80cm范围内的表土，沿穴外围沟施或环施肥料，可每穴可单施75g过磷酸钙或75g复合肥（有效总含量28%，氮：磷：钾=11：8：6）（杨文君等，2017）。

6. 藤林采伐

基于棕榈藤的萌蘖特性，藤林采伐采用择伐方式。被采伐的藤茎一般要达到数量成熟龄和工艺成熟龄，即其高生长进入衰退期、其性能达到工艺要求时方可采伐。实践中一般以包裹藤茎的多数叶鞘生理干枯但又没有完全掉落作为可采藤茎的标准。

棕榈藤在藤茎长度超过6m以上才可以采收，但对林分而言，黄藤、单叶省藤和版纳省藤的初次采收年龄为种植后9~10年，白藤的初次采收年龄为种植后6~7年。采收宜于秋、冬两季作业，藤茎含水量低、易处理、不易霉变，利于垦复施肥后翌年藤林的正常生长。采收强度常用株数采收强度（采收株数占总株数的百分比）表示，白藤和黄藤株数采收强度一般为25%~35%，单叶省藤和版纳省藤株数采收强度一般为15%~25%。采用择采法，白藤起采茎长为4.0m，黄藤、单叶省藤和版纳省藤起采茎长为6.0m。采割时自基部割断钩出，边拖拽边砍削叶鞘，直至藤茎梢部，弃除嫩茎（黄藤、单叶省藤和版纳省藤嫩茎1.0~1.5m，白藤嫩茎0.6~1.0m），获新鲜原藤。单叶省藤、黄藤和南巴省藤藤材截成4m长度的规格；白藤不拘长度，可打捆或绕成线圈状。采收间隔期指连续两次采收之间的间隔时间，白藤采收间隔期为2~3年，黄藤采收间隔期为

3~5 年，单叶省藤和南巴省藤采收间隔期为 4~6 年。

（二）主要病虫害防治

1. 病害

国内棕榈藤栽培始于 20 世纪 60 年代初，虽然栽培历史不长，但发现的病害种类超过 10 种，且多集中于叶部，远高于天然棕榈藤，重点介绍以下重要病害：

叶枯病 病原菌为半知菌亚门叶点属（*Phyllosticta*）的菌种。发病初期叶尖开始干枯，并渐向叶基部发展。病斑浅褐色、边缘清晰，后期呈灰白色至浅褐色，其上可见有许多黑色小点。用 75% 的可湿性百菌清 800 倍稀释液喷雾防治，每周 1 次，连续 2~3 次。

环斑病 病原菌为半知菌亚门壳小圆孢属（*Coniothyrium*）的菌种。发病时在叶片上产生大小不等、形状不规则的褐色枯斑，枯斑边缘清晰，外围深褐色，中间浅褐色，其上可见若干环状斑纹，有时受叶脉限制而呈条状；初期病斑较少，后期较多并相互联接成大斑，严重时全叶枯死。用 75% 百菌清 800~1000 倍液防治，每周 1 次，连续 2~3 次。

枯斑病 病原菌为半知菌亚门刚毛壳孢菌属（*Pyrenochaeta*）的菌种。发病多为中上部叶子，发病叶片一般从叶尖或叶边缘处产生褐色斑点，逐渐扩大至 0.5~2.0cm，病斑近圆形或不规则；有时可相互连接成片，病斑边缘深褐色，不清晰，其外缘有时可出现淡白色晕圈，不规则，其外缘有一条深褐色、清晰可见的线条围绕，晕圈宽度约 0.5~1.0cm，病斑后期中央呈蛋壳色或浅灰白，其上有一些小黑点排列成轮纹状，病斑多破碎。防治可通过立地选择或遮阴降低藤苗等营林措施加以预防，也可用 1∶1∶100 波尔多液或 50% 甲基托布津 500 倍液进行防治。

白斑病 病原菌为半知菌亚门黑盘孢属（*Melaconium*）的菌种。病菌主要侵染中下部叶片，产生大小不等、形状各异的浅灰色病斑，边缘清晰，色深，中间蛋壳色或灰白色。可用 1 ∶ 1 ∶ 100 波尔多液、50% 可湿性多菌灵或 50% 甲基托布津 500 倍液喷雾防治。

2. 虫害

20 世纪 80 年代后期，通过较为系统的调查研究发现，危害棕榈藤的昆虫有 5 目 7 科 16 种，其中主要害虫为盾蚧、白藤坚蚜、独角仙和棉蝗等 4 种。盾蚧可用杀螟腈 1∶300~900 倍的浓度防治。白藤坚蚜用 40% 氧化乐果、40% 乙酰甲胺磷和 80% 敌敌畏乳油，各以 1∶1000 倍液喷雾防治。棉蝗可用 95% 敌百虫原药，50% 马拉硫磷乳油 500 倍液，或 40% 达嗪磷乳油、40% 乙酰甲胺磷乳油 1000 倍液防治。因年代久远，上述农药有可能停产，或需重新寻找替代物。

红棕象甲是外来入侵物种，早在 20 世纪 80 年代菲律宾就发现红棕象甲会对美丽省藤（*Calamus merillii*）产生危害（Braza，1988），但当时国内没有此类虫害而没有注意。李荣生等（Li et al.，2011）发现红棕象甲对单叶省藤产生危害，国内率先报道了红棕象甲对棕榈藤的危害。该虫危害早期难以发现，当藤林出现无折断外伤而枯梢的藤茎时需要对枯梢进行解剖观察，如果枯梢内部为蛀空或有虫，即可认定为红棕象甲危害。红棕象甲应进行综合防治，需将枯梢的藤茎砍下销毁其携带的幼虫，同时采用诱捕器诱杀红棕象甲成虫。

3. 鼠害

棕榈藤幼林易遭老鼠咬断，严重发生时可导致植株大量死亡。防治措施一般采取鼠药诱杀，同时结合清除林地杂草以减少鼠类栖息地。

四、木材利用或生态效益

棕榈藤茎干采收后可叫藤条，也有称为原藤，可整条利用，也可通过物理劈开或打磨为藤皮、藤芯、藤片等多种形态利用。原藤根据直径大小有两个分类系统，一个是分为大径藤和小径藤的 2 类系统，存在于印度尼西亚、马来西亚和菲律宾等国家；另一个是分为大径藤、中径藤和小径藤的 3 类系统，存在于中国、泰国。印度对原藤的分类早期文献报道是 3 类系统，但该国原藤分类标准又采用 2 类系统。

大径藤在 2 类分级系统是指直径≥ 18mm 的原藤，在中国则指直径≥ 15mm 的原藤。藤皮和藤心质量都好的优良大径藤可以带皮或去皮形式作为棍、棒类产品、家具骨架或建筑装饰的材料，也可加工成不同规格的藤皮、藤芯、藤片作为家具、建筑物装饰或工艺品的材料；可产优良大径藤的国外藤种有玛瑙省藤（*Calamus manan*）、疏刺省藤（*C. subinermis*）等，国内有南巴省藤（*C. nambariensis*）。藤皮质量好而藤心质量差的大径藤可以带皮或取其藤皮用于生产家具或器具。藤皮质量差而藤心质量好的大径藤可以去皮后或加工成藤。

中径藤在 2 类分级系统中为小径藤，在中国是指 10mm ≤直径＜ 15mm 的原藤，在泰国则为 10mm ≤直径＜ 17mm 的原藤。藤皮和藤心质量都好的优良中径藤可以带皮或去皮形式作为条状产品、家具辅助件或建筑装饰的材料，也可加工成不同规格的藤皮、藤芯、藤片作为家具、建筑物装饰或工艺品的材料。可产优良中径藤的藤种有单叶省藤（*Calamus simplicifolius*）、南巴省藤、红鳞省藤（*C. acanthospathus*）。

小径藤在印度尼西亚、马来西亚和菲律宾是指直径 <18mm 的原藤，在中国是指直径 <10mm 的原藤，在泰国则指直径≤ 9mm 的原藤。目前藤皮机和藤骨机加工的最小直径为 6mm，故小于 6mm 的原藤只能以带皮的形式用于编织篮、筐和工艺品，如白藤。

藤加工剩余物，可用作家具填充材料或镶饰材料；也可进一步开发制成水泥纤维板、水泥刨花板等多种板材（Olorunnisola & Adefisan，2002；Olorunnisola，2005a；Olorunnisola et al.，2005b），但由于藤基复合材强度低、抗水性不好，只适宜做低承载室内用材。

（李荣生、杨锦昌）

第五节 蛇皮果

广义蛇皮果泛指棕榈科（Palmae）蛇皮果属（*Salacca*）所有植物种类，狭义蛇皮果指果实可食的3个种，特别是印度尼西亚的蛇皮果（*Salacca zalacca* 或 *Salacca edulis*）。本属植物为小乔木或灌木，具有浓郁热带特点，其植株可作园林绿化植物或绿篱；部分种类果实是热带水果之一，果肉脆嫩、清香、汁多、营养丰富、甜酸适口，可鲜食，也可制糖果、果汁饮料和休闲小吃。

蛇皮果喜热带湿润气候，高温高湿是其生长发育的重要条件。生长最适宜条件是：年均降水量大于1500mm，年均气温高于22℃，最冷月平均气温18℃以上，相对湿度在85%以上；土壤要求湿润、肥沃、质地疏松、土层深厚、弱酸性至中性的沙壤土和冲积土，虽然在干旱贫瘠的酸性或微碱性土也能生长，但长势差且开花少，分蘖也较少，生长量低。泰国种源的蛇皮果具有一定的低温耐性，在西双版纳1999年末至2000年初遇到罕见的极端低温（2℃），未见任何受害症状。

原产马来半岛至爪哇岛一带，印度、泰国、马来西亚、印度尼西亚和菲律宾均有栽培，中国海南和云南均有引种且成功投产，但仅零星种植。

一、良种选育

蛇皮果在植物分类上是指棕榈科蛇皮果属（*Salacca*）植物。蛇皮果属有20个种左右，但作为果树栽培的种类只有3种，分别是苏门答腊蛇皮果（*Salacca sumatrana*）、蛇皮果（*S. zalacca*）和瓦里茨蛇皮果（*S. wallichiana*）。红皮蛇皮果（*S. affinis*）也有引种栽培，但一般作为种质资源保存。海南和云南早在20世纪下半叶就已引进蛇皮果（*S. zalacca*）和瓦里茨蛇皮果（*S. wallichiana*）（胡建湘和郑玲丽，2004），目前海南已有小片蛇皮果林投产，为农户带来不错的经济效益。泰国的瓦里茨蛇皮果比印度尼西亚的蛇皮果更耐寒，但其果实口感不如后者。印度尼西亚是蛇皮果品种最多的国家，也是蛇皮果鲜果主要生产和出口国，记载的品种有20个左右（李荣生等，2008），主要品种介绍如下：

Salacca zalacca‘Pondoh’系列品种

‘Pondoh’品种蛇皮果是原产于印度尼西亚果树，20世纪80年代在默拉皮山南麓发现，在整个印度尼西亚热带地区均可良好生长，在爪哇岛广泛栽培，是印度尼西亚栽培面积最大的品种，马来西亚和泰国也有栽培。‘Pondoh’系列品种有8个，均为雌雄异株，中国海南也有引进，可栽培。

1. *Salacca zalacca*‘Pondoh Hitam’

是‘Pondoh’系列品种中果皮最黑，果实形状最圆的品种。

2. *Salacca zalacca* ‘Pondoh Merah’

果皮棕红色，略带黑色。果实椭圆形，尺寸大于‘Pondoh Hitam’。植株形态与‘Pondoh Super’‘Pondoh Hitam’‘Madu Probo’‘Madu Soka’‘Madu Balerante’‘Nglumut’‘Gading’和‘Lokal’等品种均相差较远（Kurnianto，2020）。

3. *Salacca zalacca* ‘Pondoh Merah Hitam’

果皮黑红色，果实椭圆形至圆形，尺寸大于其他‘Pondoh’品种，但每果串果实个数更少，味道更甜。

4. *Salacca zalacca* ‘Pondoh Merah Kuning’

果皮黄红色，果实尺寸和果肉与其他‘Pondoh’品种类似，只是口感比其他‘Pondoh’品种更酸一点。

5. *Salacca zalacca* ‘Pondoh Gading’

产自日惹斯莱曼。果实形状与‘Pondoh Hitam’品种类似，但尺寸更大一点。果皮黄色，果肉味道和气味与‘Pondoh Merah’类似。

6. *Salacca zalacca* ‘Pondoh Madu’

产自印度尼西亚日惹地区斯莱曼县。植株丛生，茎干1条，植株高2~2.5m。叶交错轮生，灰绿色。刺披针形，棕色，长度在2~7cm。裂片线形或披针形，长43~46cm，宽3~4cm，顶端渐尖，上表面深绿色，下表面灰绿色；嫩叶具鳞秕，裂片着生部分的叶轴深绿色，裂片排列整齐。雄花黄红色，柔荑花序；雌花圆形、粉红色，花序圆柱形。每棵树产5~7个果串，每串含30~45个果。果实圆，蒂部尖，果肉黄白色，甜如蜂蜜，质地脆软，单果重47~80g，果皮黄褐色。种子椭圆形，未成熟时棕色，成熟时深棕色，每果种子1~3粒（Annisaurrohmah，2014）。

7. *Salacca zalacca* ‘Pondoh Lumut’或‘Pondoh Nglumut’

本品种也被称为‘Pondoh Super Lumut’或‘Pondoh Super’，产自印度尼西亚日惹区马格朗县斯拉姆邦新区鲁慕村，1993年被印度尼西亚农业部授予品种权（Lesmana，2005）。果实卵圆形，尺寸比其他‘Pondoh’品种大，形态上与‘Pondoh Hitam’和‘Pondoh Manggala’两个品种相似（Kurnianto，2020）。

植株丛生，株高4.5~6m，茎干2~3条，叶柄灰白色间深绿色。刺披针形，黑褐色，长1.5~7.5cm。裂片线形或披针形，裂片基部楔形，长39~58cm，宽3~5cm，叶子的布局用锥形叶子的尖端圈起来，裂片上表面深绿色、下表面灰绿色，裂片具鳞秕，裂片部分叶轴深绿色，嫩叶为浅绿色至深绿色。雄花序黄红色、柔荑花序；雌花呈圆形，呈粉红色，雌花序呈圆柱形。果实椭圆形，蒂部尖；果实不大，直径在3.05~3.70cm；每树产5~6个果串，每串35个果，单果重44.5~79.4g；果皮棕黄色，果肉黄白色，味道甜。种子球形，未成熟时浅棕色，成熟时褐色，直径在1.95~2.25cm，每个果实含2~3粒种子（Annisaurrohmah，2014）。

8. *Salacca zalacca*‘Pondoh Super’

‘Pondoh Super’品种与‘Pondoh Nglumut’相似，但果实尺寸比‘Pondoh Nglumut’大。植株丛生，高5~6m，茎干2~3条，深灰色。刺披针形，黑褐色，长2.5~10cm；裂片线形，基部楔形，长度在59~65cm，宽度3~4.5cm，羽状排列，裂片顶端渐尖，上表面深绿色，下表面灰绿色，裂片表面具鳞秕，叶轴深绿色，新叶浅绿色至深绿色。雄花序细长，黄红色；雌花序圆柱形、粉红色。每棵树产5~8个果串，每串35~45个果。果实长方形，果实蒂部尖，果肉黄白色，口感甜美，质地光滑，单果重60.0~84.0g，果皮黄褐色。种子球形，浅棕至深棕色，直径在2.2~3.0cm。每果含3粒种子（Annisaurrohmah，2014）。

9. *Salacca zalacca*‘Pondoh Manggala’或‘Manggala’

产自印度尼西亚的日惹，雌雄异株。亲缘上与‘Pondoh Hitam’、‘Nglumut’相近，与‘Pondoh Super’‘Madu Probo’‘Madu Soka’‘Madu Balerante’‘Gading’和‘Lokal’均较远（Kurnianto，2020）。

植株丛生，高4~6m，茎干2~3条，颜色深绿色至棕绿色；刺披针形，长度5~10cm，棕色；裂片下垂，基部楔形，长47~62cm，宽2~4cm，裂片的顶端渐尖，上表面深绿色，下表面灰绿色，与叶轴颜色一致。雄花、雌花特征与其他品种相同。果实椭圆形，蒂部尖。果肉黄白色，没有光泽。每棵树产3~6个果串，每串约45个果，果肉味道微甜到酸甜，单果重量约60.5g，果皮黄褐色。种子呈椭圆形、深褐色，直径1.9cm。每个果含1粒种子（Annisaurrohmah，2014）。

10. *Salacca zalacca*‘Madu Balerante’品种

产自印度尼西亚的日惹。

11. *Salacca zalacca*‘Madu Probo’品种

产自印度尼西亚的日惹，雌雄异株。本品种植株叶长3.5~4.5m，每叶有46~55张裂片，裂片短；叶轴上的刺较多；刺基部宽0.5~0.6 mm，刺长0.6~0.74 cm；果实大，果皮棕红色（Kurnianto，2020）。果肉酸甜，宜栽培。

12. *Salacca zalacca*‘Madu Soka’品种

产自印度尼西亚的日惹，本品种植株形态与‘Madu Probo’品种植株最接近（Kurnianto，2020）。果肉酸甜，宜栽培。

13. *Salacca zalacca*‘Bali’品种

本品种产自印度尼西亚巴厘岛。雌雄同株，果实略小，果肉黄褐色，酸甜，略涩，不建议栽培。

14. *Salacca zalacca*‘Gular Pasir’品种

本品种产自印度尼西亚巴厘岛。雌雄同株，果实略小，果肉白甜，品质佳，建议栽培。

15. *Salacca zalacca* ‘Pondoh Linting’

植物丛生，高 4~6m，茎干 2~3 条。叶交错轮生，颜色褐绿色；刺弯曲像克里斯短剑，黑褐色，长 2~7cm；裂片线形，长 47~65cm，宽 2~5.3cm，上表面深绿色，下表面灰绿色。裂片披针形，顶端渐尖，裂片排列不规则，表面具鳞秕；具裂片部分的叶轴深绿色。雄花序和雌花序特征与其他品种相同，即雄花序黄红色，柔荑花序；雌花序圆形，呈粉红色，花序呈圆形。果实球形，蒂部尖，果肉白色，直径为 3.35cm；一棵树可产 5 个果串，每果串约有 27 个果；果实甜，单果重 50~67.92g，果皮黑褐色。种子球形，直径 2.2~2.5cm，未成熟时浅棕色，成熟时深棕色，每果含种子 1~3 粒。（Annisaurrohmah，2014）。

二、育苗技术

根据育苗初始材料的不同分为实生苗和营生苗，实生苗是指以果实或种子为初始材料培育而成的苗木，营生苗是指以营养器官为初始材料培育而成的苗木，即营养繁殖苗。蛇皮果为不耐寒植物，气温为 5℃时即可能出现受寒症状甚至死亡，因此我国培育蛇皮果的苗圃需为最低气温 > 5℃的圃地，如果圃地最低气温 ≤ 5℃但可以通过增温设施保证最低气温 > 5℃也可以培育蛇皮果苗木。

（一）实生苗培育

实生苗培育是雌雄同株品种蛇皮果的主要育苗方式，也是雌雄异株品种蛇皮果的补充育苗方式，具有简便易行、经济实用、节能环保等优点，但对雌雄异株品种蛇皮果而言，苗木性别不清是其缺点。目前已有通过分子标记技术对雌雄异株品种蛇皮果实生苗性别进行鉴定的技术（Li et al.，2017），但步骤复杂、成本较高。

1. 果实采收

蛇皮果果实成熟时间因种因地而异，其采集时间需依种依地而定。蛇皮果在印度尼西亚一般一年两熟甚至四熟，6~7 月和 12 至翌年 1 月是两个高产期。国内蛇皮果一年只能一熟，在海南一般 1~2 月开花，6~9 月果实成熟。

蛇皮果果实成熟时的颜色因品种而异，另一重要特征就是表面无光泽、毛刺稀疏。‘Pondoh’系列品种蛇皮果种实用量按照 1000 株苗木需要 30kg 鲜果计算。

2. 净种

去除果皮和假种皮的蛇皮果种子具有更高的发芽率。去掉种子外面附生的果皮和假种皮是提高蛇皮果苗木培育成功率、效率和性价比的关键环节。目前主要通过搓擦和混沙水洗除去种子外表的果皮和假种皮，去皮后的种子宜阴干，不能曝晒。新鲜种子应尽快播种，避免室内无防护存放，否则一个月后会完全丧失活力（胡建湘和郑玲丽，2004）。与木炭混合存放可以维持种子活力，发芽后的生长也比室内堆放或与锯末存放的更快（Ashari，2002）。

3. 种子用量

种子用量是播种需要考虑的重要量数。种子用量按下列公式计算：

种子用量（鲜重）= 计划育苗数 × 种子千粒重（鲜重）÷［种子发芽率 × 苗木出圃率 ×（1− 苗木运输损耗率）］。

4. 畦作育苗

在育苗地起畦，畦宽 1m 左右，畦长以适应地形和便于操作为宜，畦高 25cm 左右。播种时间因品种而异，不同品种蛇皮果果实成熟时间不一，播种时间也不一。种子条播或点播，埋深 2cm 左右，纵横间距 10cm 左右。播种后可在畦上搭棚盖遮阳网。播种后至出芽前以水分管理为主，适时供水，保持畦面湿润，但不能长时间积水。

种子发芽时间因品种而异，Pondoh 品种蛇皮果种子发芽快，发芽整齐，一般 1 个月即可完成发芽。发芽后苗木生长给予 50%~75% 的遮阴（Ashari，2002）。5~9 月每月施氮肥和除草 1 次，晴天每天浇水 2 次，多云和阴天每天浇水 1 次，雨天不浇水。10 月后可施钾肥 1 次，晴天每天浇水 1 次，其他时间不浇水。第 2 年春季断根，重复上述管理，第 3 年的 3~5 月出圃造林。

5. 二段容器育苗

本法与畦作育苗不同之处在于苗木拥有用容器隔离成独立的基质，出圃时可将基质与苗木一起出圃。制作与畦类似的沙床，在沙床面上撒播种子，种子用量为 12kg/m^2，种子均匀铺开，互不挤压，然后盖上 2cm 厚的沙子。播后以水分管理为主，保持沙床湿润但不能长期积水。在种子发芽之前在育苗地容器装土或轻基质并摆成长方形苗床，床宽 1m 左右，床长以适应地形和便于操作为宜。沙床上的芽苗高 2~3cm 时即可移植到容器中。移植后搭棚盖遮阳网，遮光度 30%~50%。5~9 月每月施氮肥和除草 1 次，晴天每天浇水 2 次，多云和阴天每天浇水 1 次，雨天不浇水。10 月后可施磷钾肥 1 次，晴天每天浇水 1 次，其他时间不浇水。第 2 年春季通过搬动断根，重复上年度肥料、水分和杂草管理，第 3 年的 2~4 月出圃造林。

6. 苗木出圃

苗木需要符合以下条件方可出圃。规格要足，如对‘Bali’品种实生苗，当其年龄 6~8 个月大，具 4~5 张叶即可出圃（Sukewijaya et al.，2009），对‘Pondoh’品种，要求苗高在 80cm 左右。外观旺盛，目测植株生长势良好，植株匀称强壮，根系发达，无病虫害。

（二）营生苗培育

蛇皮果营养繁殖苗培育主要采用高空压条育苗方式，适用于雌雄异株品种蛇皮果。在已知性别的母株上进行压条，对雌雄异株品种的蛇皮果可定向培育雌苗或雄苗。此外，国内也开展了以芽繁芽的组培育苗（李湘阳等，2011），但都还停留在实验室、苗圃或造林测试阶段，还没有真正成为蛇皮果苗木培育的主流。

1. 高空压条育苗

在成熟母树上选择粗壮萌条，除去萌条基部和老化的叶柄，保留4片叶（张帅等，2013），在基部清理割擦干净后涂抹1000mg/L ABT生根粉（张帅等，2012），套上塑料容器，装上椰糠与砖红壤混合的基质，4个月后观察萌条是否生根，将生根的萌条与母树分离，修剪叶片后移植到容器中继续培育至出圃。

2. 以芽繁芽组培育苗

胚芽培养 以芽繁芽是较为容易的蛇皮果无性繁殖方式，取干净成熟种子，以0.1%氯化汞消毒40min，再用无菌水冲洗4次，用刀片轻轻打开种胚盖，接种到含6-BA 0.5mg/L、卡拉胶8g/L、蔗糖30g/L、pH值5.8的MS培养基上，以温度25±2℃、光照强度2400lx、光照时间12h/天的条件培养。15天后胚根先长出发芽孔，30天后胚芽长出发芽孔，50天长至2.0~3.0cm高，即可切下胚芽转入丛芽诱导培养基。

丛芽诱导 培养基含卡拉胶8g/L、蔗糖30g/L、2iP 8.0mg/L+NAA 0.25mg/L、pH值5.8，培养条件：温度25±2℃、光照强度2400lx、光照时间12h/天。待丛芽诱导出来后，将丛芽切分为3~5个一组，继代到新的培养基中，每30天转接1次，进行继代增殖培养。

继代增殖 培养基含卡拉胶8g/L、蔗糖30g/L、2iP 4.0mg/L+NAA 0.25mg/L、pH值5.8，培养条件：温度25±2℃、光照强度2400lx、光照时间12h/天。当丛芽长至3cm高时则切分为单芽，转至生根培养基上诱导生根。

根诱导 培养基含卡拉胶8g/L、蔗糖20g/L、1/2MS+IBA 1mg/L+ABT 1mg/L、pH值5.8，培养条件：温度25±2℃、光照强度2400lx、光照时间12h/天，60天左右开始生根，最高的生根率46.9%。

田间移植 将已生根且高度>5cm的组培苗移植于至50%黄心土+50%珍珠岩的基质中，每周喷1/1000的复合肥液，每10天喷1/1000的多菌灵或百菌清杀菌剂，前期20天相对湿度控制在75%左右，自然光80%强度遮阳，成活率可达到80%。

三、栽培技术

（一）造林

1. 造林地选择

造林地选择首先考虑气温和降水量。蛇皮果在日气温20~30℃、月降水量200~400mm的地方生长最好，这样的地方在我国比较难找。多年引种和区域栽培试验结果表明，蛇皮果在全年最低气温不低于6℃、降水量不低于1500mm的林地、园地和耕地也可栽培，因此在我国建议选择海南定安以南东部地区和云南西双版纳、临沧市、德宏州热带地区作为蛇皮果发展区域。

其次考虑造林地是否具有遮阴树，蛇皮果不耐全光照，故可选择上层已有

20%~30% 郁闭度疏林地块作为造林地，如椰子林、槟榔林、杂木林等。如为无乔木植被的空地，则需灌溉或搭盖遮阴材料。

最后考虑土壤，理想的造林地应有疏松的壤土，排水良好、不易积水（Redaksi AgroMedia，2007），质地不黏重，土层厚度 40cm 以上，pH 值 4.5~7.5。

2. 造林地清理

坡地一般采用沿等高线带状清理，根据株行距确定带宽、带间距，清除栽植带内杂灌，保留或调整现有林木，使其透光度在 50%~70% 左右。平地按东西走向带状清理，根据株行距确定带宽和带间距，栽植带内杂灌，保留或调整现有林木，使其透光度在 50%~70% 左右。

3. 整地

以 2.0~3.0m 的行距和 1.5~2.5m 株距挖种植坑。坑的规格一般为 40cm × 40cm × 40cm。先把表土挖出放置坑的一侧，再把挖出的心土放置坑的另一侧；在心土侧施放 2~3kg 有机肥并与心土混合后回填入坑内，再回填另一侧的表土。

4. 造林

苗木配置 每坑种植 1 株，雌雄同株品种蛇皮果无需分雌雄苗木，而雌雄异株品种的蛇皮果雌雄配置比例为 10~20（50）：1。

造林季节 造林季节根据灌溉条件而定。灌溉条件差的则在当地雨季期间造林，灌溉条件好的可以随时造林，但晴天需要从上午 9：00 至下午 4：00 期间间歇浇水。

5. 幼林抚育

补植 连年调查成活率，植株死亡的种植坑应及时补植。

除杂 连年除杂，1 年 2 次，分别于 3~4 月和 8~9 月，除掉林地的杂草、藤本和灌木。

施肥 施肥，围绕植株 60~80cm 范围内，锄松植株 60~80cm 范围内的表土，沿穴外围沟施或环施肥料，一般每年施肥 2 次，每次施复合肥 150g，有机肥 1kg，旱季和雨季各施 1 次。

疏萌疏叶 1 个月 2 次，开花或结果时减半。每棵植株仅留 1~2 根萌条，多余萌条除掉。对老叶、倒伏叶、挡住通行的叶从基部截断（Sukewijaya et al.，2009），'Pondoh' 品种的叶数一般控制在每株 7~8 片，'Bali' 品种的叶数一般控制在 14~16 片（李荣生等，2008），疏掉的叶子沿行放置植株中间，减少水土流失和增加营养。

灌溉 条件许可情况下，为蛇皮果果园建立灌溉设施，旱季和夏季每月灌溉 1 次。

6. 成林管理

成林管理与幼林抚育相比多一道授粉措施，但少一道除杂措施。成林后林地完全郁闭，林下杂灌难以生长，可以不除杂。成林进入结实阶段，人工授粉有助于提高果实产量，因此需要进行授粉。

授粉首先收集开花的雄花序，将花粉抖落纸上，放置授粉瓶中给雌花授粉，也可直接将雄花序置于雌花序上方抖落花粉。授粉后在雌花序上用叶子搭盖，防护降雨带走花粉。一般开花期授粉 2 次，两次相隔 3~4 天（李荣生等，2008）。

7. 果实采收

果实采收方式为择采，选择果实成熟的果串，成串采下，放于容器中，带回存放场所后对其进行清洁，除掉苞片、灰尘和果皮表面的毛刺，也可按果实大小进行分级。印度尼西亚国家标准将蛇皮果分为 A、B、C 等三级，A 级果实最大，单果质量 > 120g，B 级单果质量 101~120g，C 级单果质量 81~100g（Badan Standardisasi Nasional，2009）。

8. 更新

当蛇皮果植株老化，结实量下降，可进行更新。更新方式有萌条更新和植苗更新。萌条更新是将蛇皮果植株推倒压入土中，让其中一根萌条发育成新的植株，替代老植株即完成更新。植苗更新则是采用新的苗木种植形成新的林分。

（二）有害生物防治

国内蛇皮果栽培面积不大，目前尚未发现严重病虫害。据作者观察和调研，可能有动物会吃果实，印度尼西亚报道的有害生物有以下几种（Redaksi Agromedia，2007）。

1. 病害

果腐病 果腐病的症状为受侵的果实腐烂出水，果实外观不好且不能食用。病原为白菌，高湿环境易诱发。常通过去果来控制病的传播，以免感染给无病的果实。修剪植株的叶和遮阴树也有助于减轻这个病的侵害。

黑斑病 黑斑病标志性症状表现在蛇皮果叶上，嫩叶比老叶易发（嫩叶老叶均可发）。病原是盘多毛抱属（*Pestalotia*）菌种引起的。潮湿的环境条件易诱发该病发生。可通过常规修剪、控制株行距和杂草等方式加以预防。如果植株已受害，则除掉发病叶并销毁。如果病害已超过容忍限度，则可喷洒杀菌剂。

烂腐病 症状为果实和茎发生腐烂。因为在腐烂的植株部位常发现红色菌，这个病也常叫红烂病或粉红烂病。病原是鲑色伏革菌（*Corticium salmonicolor*），这个病的预防和控制与黑斑病的防治方法相同。

2. 虫害

蛴螬 蛴螬是鞘翅目金龟科昆虫的幼虫，是蛇皮果最常遇到的害虫，特别是幼株。成虫通常将卵产在畜肥中得以传播。新孵化的蛴螬只吃腐殖质和残余物，但更大一点后开始啃食植物的根颈，甚至吃土里的根，从而导致植株死亡（Pracaya，1999；Wardani & Sugiyarto，2009）。蛴螬危害常在季节变化即从雨季转为旱季时爆发。防治可采用呋喃丹类杀虫剂，可与化肥和（或）畜肥一起施用。为预防危害，也可以在栽植时施用呋喃丹。剂量遵循包装上标明的使用方法。

白蚁 白蚁可以危害植株的根、茎、叶和果等器官，但以根和茎为主。白蚁侵害早期难以察觉，一般从与植株周围相连的蚁巢、蚁路开始。可以通过在植株全部或生长地周围喷洒杀虫剂加以防治。

白粉虱 白粉虱常群居在叶背吸食液汁危害植株，引发叶色变黄，使叶子逐渐枯萎。可通过喷洒杀虫剂来防治，也可通过销毁以防止扩散。

3. 鼠害

老鼠常通过吃和啃食果实而攻击蛇皮果。最终蛇皮果果实将损坏而不能食用或销售。严重鼠害可导致果实锐减和绝收。蛇皮果种植者常在植株周围放置杀鼠剂或毒药来防治老鼠。也可以放置诱鼠笼来防治。

三、木材或果实利用

蛇皮果茎很短或几无茎，其茎、叶宜做薪柴火或堆放林地改良土壤。果实可以鲜食，也可加工成罐头、糖果、果片（Sukewijaya et al.，2009），或做成水果披萨。

（李荣生、杨锦昌）

第六节 油楠

油楠（*Sindora glabra*），又名蚌壳树、科楠等，为苏木科（Caesalpiniaceae）油楠属（*Sindora*）大乔木，分布于越南、泰国、马来西亚、菲律宾和中国海南省陵水、三亚、乐东、东方、昌江、白沙、五指山等地，垂直分布于海拔10~800m，是中国热带和南亚热带地区用途广泛、经济价值高的珍稀植物（吴忠锋等，2014）。油楠树干木质部受损后可分泌油树脂，稍加处理可作燃料油使用或开发护理产品和药物制剂；树形婆娑、叶片浓绿，是优良的庭园绿化树种；树干通直、材质优良，是家具、乐器、雕刻、美工装饰等上等用材。目前，云南、广西、广东和福建等省（自治区）均开展了油楠引种栽培，并在种质评价与良种选育、苗木繁育与造林技术、资源开发利用等方面取得了较好的进展。

一、良种选育

（一）种质评价

遗传多样性是物种多样性的基础，同时也是种质评价的重要组成部分。国内学者（Yang et al.，2016）利用ISSR标记，通过对海南岛11个居群的遗传多样性分析，发现油楠有效等位基因（*Ne*）1.574、遗传多样性指数（*H*）0.321、表型多样性指数（*I*）

0.482、遗传分化系数（*GST*）0.1944，油楠居群保持较高的遗传多样性，且遗传变异主要来源于居群内，其遗传变异占比为80.56%；基于Nei's遗传距离，采用非加权组平均聚类分析可将油楠居群划分为三类，且与地理来源有高度吻合性。不同地点的油楠生长差异较大，昌江和乐东的油楠结实率高且结实周期短，分别为3.3年和3.5年，陵水的结实率偏低且结实周期高达5年（吴忠锋，2014）。油楠6个天然居群的种子长、宽、厚度和千粒重等性状在种群间及种群内均存在显著差异，种子各性状平均表型分化系数为24.45%，群体内变异远大于群体间变异；种子萌发及幼苗发育特征在种群间也存在极显著差异，种子性状与种子萌发率无显著相关，而种子千粒重与幼苗生长呈显著正相关，表明种子千粒重是种质早期评价的重要指标（吴忠锋等，2017）。除种实特性外，油楠的年泌油量在不同居群间也存在显著差异，其变异趋势为陵水吊罗山 > 昌江霸王岭 > 乐东尖峰岭 > 五指山毛阳，且先随径级的增大呈先增加后减少的趋势，并在65~80cm径级达到峰值（Yu et al.，2020），不同生境、单株大小和采集方式可能对产油量产生重要影响。α-可巴烯、β-石竹烯和树脂酸三种化学组分是油楠树脂油的主要成分，各项研究表明不同分布区油楠化学组分的含量也有一定差异。总体上，油楠野生种质具有较高的遗传多样性水平，可为后续种质筛选与良种选育提供良好的潜力。

（二）种质筛选

目前，油楠良种选育研究主要涉及野生单株高泌油特性的筛选和半同胞子代测定林生长性状的评价。国内研究人员基于对海南4个主要分布区133棵野生植株泌油量的定期收集，分析了不同单株泌油量随月份、季度和年度的动态变化规律，发现油楠不同单株月、季和年泌油量的变化均极其悬殊，其变化幅度分别在0~840mL、0~1800mL、0~5500mL均有分布（李琼琼，2017）；根据不同单株年泌油量的变化，从133个单株筛选出泌油量最高的7个优良单株（表3-6）。另一方面，国内一些科研单位于2008—2009年在广东和广西营建了油楠种质保存林和半同胞子代测定林，保存了来自11个天然群体的材料，分析了子代叶片表型变异情况（何畅，2019），但尚未对胸径、树高和冠幅等生长指标以及泌油特性进行总结与评价，基于相关研究可筛选出生长快或泌油量高的优良材料。近年来，一些学者揭示了油楠树脂油形成的转录调控机制，并基于基因组染色体规模组装鉴定出与萜烯化合物有关的基因（Yu et al.，2020；2022），这有望借助分子手段加快油楠的良种选育进程。

表3-6　筛选出的高泌油油楠单株

序号	分布区域	单株编号	胸径（cm）	树高（m）	冠幅（m）	产油量（mL）
1	霸王岭	BWL03	71.0	24.5	17.0	4023.3
2	霸王岭	BWL06	57.1	23.0	12.0	2271.3
3	霸王岭	BWL12	71.1	18.0	16.3	1348.5
4	霸王岭	BWL19	55.6	20.0	11.2	1212.5

（续）

序号	分布区域	单株编号	胸径（cm）	树高（m）	冠幅（m）	产油量（mL）
5	吊罗山	DLS31	80.0	22.5	20.9	5505.8
6	尖峰岭	LD037	68.5	20.0	11.0	1695.5
7	尖峰岭	LD047	70.7	19.2	17.5	2217.2

二、育苗技术

目前，油楠苗木培育方式主有要扦插繁殖、高空压条和播种育苗三种方式。采用扦插繁殖，油楠插穗生根难、成活率低；采用高空压条可在较短的时间内获得健壮的苗木，其成功率可达到95%（李海滨等，2011），但繁殖效率偏低。生产上广泛采用的还是播种育苗。根据不同培育目标采用不同的油楠育苗方式，即培育高度30cm以上的苗木或培育周期较长的，可根据实际采用直播遮阴、移栽遮阴和移栽全光任一方式；培育高度30cm以下或培育周期短的，宜采用移栽全光育苗方式（杨锦昌等，2011a）。播种育种主要技术要点如下所述。

（一）采种与催芽

选择年龄25年以上生长良好的优良单株进行种子采集，采种期8~9月，采集饱满、棕色或黑褐色、未开裂的果荚。果荚干燥开裂收集进行质检，千粒重不低于2000g，容器盛装后放于5℃环境冷藏，两年后发芽率一般在60%以上（杨锦昌，2015）。对成熟油楠种子采用低温热水浸泡或弱腐蚀性的化学处理，发芽率较已有方法提高50%以上，过熟种子采用浓硫酸浸泡25min的处理发芽率可提高80%以上，发芽势提高7.0以上，缩短发芽时间6天以上（杨锦昌等，2017）。试验表明播种30~60天这一阶段是油楠种子突破坚硬的外壳发芽的集中时段，破壳温水浸泡对油楠发芽率确有显著提高，但在播种60~90天发芽率较直接播种低，因为此方法对种子破坏较大，会影响整体发芽情况（李海滨等，2011）。

（二）播种

优先考虑随采随播的方式，在冬季或早春进行。播种量为1.5~2.0kg/m^2。播种前2~3天，用0.2%的高锰酸钾消毒播种沙床，将处理过的种子均匀撒播于床面，用木板压入土中，再覆细沙约1cm厚，并浇透水。出芽期需拱起50%的遮阳网，每天喷水1~2次。若遇5℃以下低温，需加盖薄膜保温。播种后，注意防范老鼠和地下害虫危害芽苗。

（三）移苗和苗期管理

待第1片真叶完全展开并呈现绿色时，即可移苗。移苗时，宜保留根长5~6cm。移苗后1个月内，苗床仍需拱起50%的遮阳网。若遇返潮季节，应用50%可湿性多菌灵500~800倍液喷雾，每周1~2次，连续2~3周。移苗当月末，可淋施0.2%的复合肥，随后逐步提高肥料浓度至1%，并于生长后期停止追肥。有研究表明，对盆栽油楠进行浇灌施肥发现每株混合施用337mg氮、200mg磷、250mg钾对其生长最为有利，净光合速率和光合生理能得到有效促进和改善，施用中低浓度的GA_3亦可促进幼苗的生长（潘启龙，2012）。而油楠幼苗在盐分胁迫下生长会受到抑制，生长生理特性表明具有较低的耐盐性（雷利堂，2012）。

油楠苗主根明显而须根较少，主根穿袋后宜挪动容器袋以控制主根生长；之后每3个月挪动1次。当苗高超过35cm、地径超过0.4cm、充分木质化时，即可出圃造林。苗期较能耐干旱，鼠兽害虫危害较少。

三、栽培技术

油楠为热带雨林树种，喜光、喜湿润、肥沃、静风山地环境，对土壤适应性强，在砖红壤、赤红壤山地酸性土上，只要排水通气良好，即可生长良好。在海南，不同的生境中，以海拔高度、地形和土壤类型对其生长发育影响最为显著（顾龚平，2008）；在三亚荒坡地区，油楠早期生长适应性较好，适宜于三亚地区次生林改造、荒坡造林中应用（蔡开朗等，2021）。油楠既可用于人工林营造，也可作为观赏树木进行栽培。

（一）人工林营造

选择年均温高于21℃和极端低温0℃以上的区域，海拔500m以下的中下坡作造林地。以pH值5.0~6.5，厚度大于60cm，腐殖质含量高的砖红壤、红壤或黄壤为宜。沿等高线带状清理，清理带宽1.0~1.5m，种植带宽3.0m。按2.0m或2.5m的间距沿种植带进行穴状整地，植穴规格50cm×50cm×40cm，基肥每穴施复合肥0.25~0.50kg或有机肥0.5~1.0kg＋磷肥0.15~0.25kg。选择一年生以上且苗高大于30cm、地径大于0.4cm、根系发育完整、木质化程度较高的苗木，按2m×3m或2.5m×3m的株行距定植。种植后1个月检查成活率，低于90%应及时补植。连续抚育3年，造林当年8~9月抚育1次，第2年和第3年分别于3~4月和8~9月各抚育1次。抚育时，铲除植株周围60~80cm内的杂草，并松土扩穴。每次抚育均需追肥，造林当年的抚育每株施尿素0.1~0.15kg，以后每次抚育施复合肥0.15~0.25kg/株。定植成林后，少有发生病虫害，但有部分树木发生叶锈病，叶片干枯后脱落，但对生长没有太大影响（周铁烽，2001）。

（二）观赏树木栽培

油楠因叶色翠绿、树冠浓密、树形美观，可作观赏用，也可用作庭荫树、行道树。一些研究表明，油楠树干可感性低、树木形态普通，不适宜乔草、乔灌型种植，但因其长势较好、树冠饱满，适宜应用于乔灌草型群落结构的种植（李瑞聪等，2016）。园林绿化一般采用胸径2~4cm、高度2~3m的大苗栽植，于春季或秋季裸根起苗，保留40~50cm长的主根和尽量多的侧根，同时适当修枝和截干。栽植前，可用100mg/kg生根粉溶液浸泡根系12~24h。栽植穴直径应超过60cm，深度约为50cm。栽植后即时浇透定根水，随后需根据天气状况适时适量浇水，并做好除草松土和施肥等抚育管理。第 2 年夏季，可对植株进行整形修剪，适当控制强枝生长，促进弱枝生长，利于形成良好的冠形。

四、木材利用

（一）木材性质与利用

油楠树干通直圆满，木材质优，纹理结构细致通直，材色鲜明，材质稍软而重，耐腐蚀和海水浸渍，是建筑、造船、桥梁、家具的上等用材（郑万钧，1985），也是海南省的二类材。木材为散孔材，心、边材界线分明，心材比例占直径的 3/10、深黄色、纵切面金黄色，气干密度 0.682g/cm^3；边材为很淡的红褐色，纵切面淡红色带棕色，常局部有淡黄斑（郑万钧，1985；周铁烽，2001）。由于油楠木材具有特殊结构的木质，色泽呈褐色，能调节室温、湿度，减少风湿病的发生，因此更宜用作家具和地板（李海滨等，2011；顾龚平等，2008）。油楠属木材的心材和边材均是制作弦乐器（如提琴、吉他、古筝、古琴等）共鸣箱等的绝好材料，还可以制作耐腐蚀的水车等（Hamdan et al., 2018）。

（二）油树脂理化特性与利用

油楠油树脂的主要成分为萜类，其中倍半萜类占总组分的 70% 以上；但因区域和单株不同，树脂油的化学组分及含量有所差异。采自陵水吊罗山的油楠脂，含有 11 种倍半萜成分，其含量为 78%，含量最高的组分为 α－依兰烯（陆碧瑶等，1982）。来自乐东尖峰岭的油楠脂含有 19 种倍半萜类和 2 种二萜类，不同样品的倍半萜类含量均超过 70% 以上，二萜类含量均高于 14%；其中 α－可巴烯、β－石竹烯和 δ－杜松烯三者含量占倍半萜的 2/3 以上，是油楠脂的特征组分，在不同单株间比较稳定，而二萜类则在不同单株间的变化幅度为 14.52%~25.10%（杨锦昌，2016）。油楠脂被认为是一种较理想的合成香料的原料（陆碧瑶等，1982）。不同油楠单株油树脂的凝点、闭口闪点、馏程、总热值、净热值、碘值、硫含量和铜片腐蚀等理化指标比较稳定，前 7 个指标变化范围分别为 –36~–27℃、114~124℃、248~345℃、42~43MJ、40~41MJ、118~131g/100g、0.0005%~0.0093%；油树脂密度、运动黏度、冷滤点、水分、灰份、机械杂质、酸值、10% 蒸余物残炭和十六烷指数与不同单株紧密关联，其变化幅度为 812~957kg/m^3、24~48mm^2/s、12~28 ℃、0.03%~2.74%、0.008%~0.055%、0~0.060%、0.35~2.23mg KOH/g、0.42%~5.46% 和 25~64（杨锦昌等，2011b）。总体上，油楠脂中石竹烯、石竹烯氧化物和水芹烯类物质累计含量均超过 14%，这三类物质是合成食品用香料的成分之一，在开发香料香精方面具有良好的应用前景（陆碧瑶等，1982；杨锦昌等，2013）；另一方面，油树脂其低温流动性差、雾化蒸发性弱和氧化安定性较差，但具有动力性强、清洁性好、耐腐蚀和可再生等优点，是一种综合性能优良的和可供开发柴油利用的燃料（杨锦昌等，2011a）。

（三）其他成分及用途

油楠其他部位也具有较高的生物活性和药用价值。油楠种柄、叶、皮、干中均含有糖类、黄酮类等成分，具有较高的生物活性，对于开发天然抗氧化剂有重要意义（张安菊，2013；李治明等，2015）。此外，油楠种子中含有较高的总皂苷，具有抗肿瘤、抗炎、抑菌、调节免疫、心血管保护等方面的应用潜力（梁振益等，2016）。

（何栋、余纽）

第四章
生态树种遗传改良与高效栽培

第一节 桐花树

桐花树（*Aegiceras corniculatum*），别名蜡烛果，为紫金牛科（Myrsinaceae）桐花树属（*Parmentiera*）植物，主要分布于海南、广西、广东、福建及南海诸岛的海岸潮间带；世界范围分布于印度、中南半岛、菲律宾及澳大利亚南部等东半球热带亚热带海岸。常绿灌木或小乔木，伞形花序生于枝条顶端，花冠白色钟形，蒴果圆柱形，弯曲如新月，属隐胎生植物，花期 12 月至翌年 1~2 月，果期 7~9 月或 11 月。本节围绕桐花树的生态适应性、育苗技术、栽培技术、生态功能和经济效益等方面进行详细综述，旨在为今后开展深入开展桐花树相关研究提供依据。

一、生态适应性

桐花树是常绿灌木或小乔木，高 1.5~4.0m；伞形花序，生于枝条顶端，花冠白色，钟形；蒴果圆柱形，弯曲如新月形（中国科学院中国植物志委员会，1983）。花期 12 月至翌年 1~2 月，果期 7~9 月或 11 月（王文卿等，2013）。桐花树具有“隐胎生”现象，即种子在母体上发芽后仍留在果皮内。果实脱落吸水，种子胀破果皮后，胚轴伸出并插入泥中，很快生根固定（彩图 4–1）。桐花树大部分生于河口咸、淡水交界处以至离海边数千米的河岸滩涂，多单独组成群落，也常与其他树种混生。桐花树为慢生树种，在珠江口的深水裸滩上，3 年生桐花树的平均高度仅达 0.87m，而 3 年生无瓣海桑的平均高度达 3.11m。桐花树属于抗低温广布种，耐寒能力仅次于秋茄，半致死温度为 –9.0℃左右。耐水淹能力很强，对潮位适应性广。在平均海平面以上的前缘至后缘滩涂均可生长，而前缘滩涂或河口海岸交汇处的滩涂生长最好。桐花树是泌盐植物，最适的土壤盐度为 11.0~15.0mg/g（李信贤等，1991）。对土壤肥力需求不高，在表层软硬适中、土层深厚的泥滩上生长较好（彩图 4–2）。

二、育苗技术

（一）胚轴采集

桐花树在中国南方各地的胚轴成熟期有较大差别，海南为7月中旬至8月下旬，广东为8月初至9月上旬，广西为8月中旬至9月下旬，福建为8月下旬至10月初。胚轴的成熟特征：月牙形，长约4.5cm，粗0.5~0.7cm，绿色光滑，前端有一缢小处，鲜重1.1~1.3g；被皮包裹，种皮呈红黄色（廖宝文等，1998）。胚轴脱落的初期采集最佳，用自来水或低盐度的海水浸泡1~2天后，置于阴凉处保湿催芽5~6天。胚轴根端萌动伸长，胚轴总长度伸长12%~19%后即可播种（廖宝文等，1998）。

（二）育苗

适宜的育苗基质为30%细沙+70%潮滩淤泥，营养袋规格为10cm×16cm。将催好芽的胚轴点播于营养袋中，每袋播种2条（廖宝文等，1998）。胚根端应朝下，插入土的深度为1~2cm。播种后淋透水，使胚根与基质充分接触。1周后检查胚轴缺损情况，补插被水冲走的胚轴，以提高出圃率（张方秋等，2012）。

退潮后应用淡水浇灌苗圃地，浇灌量根据幼苗大小、潮水情况和气温而定。苗木越小，淡水补充量越大，刚播种后每天浇淡水3~5次。小潮和炎热干燥时，淡水浇灌量应加大（张方秋等，2012）。一般施肥2~3次，但出圃前1个月应停止施肥，以提高苗木的木质化程度。冬季应搭建薄膜温棚等保温，尤其要注意预防突然降温导致的冻害。同时，苗期还应注意防止螃蟹啃咬幼苗。

苗木高度达30~50cm时可出圃造林，要求枝叶青绿、基径粗壮、根系发达、顶芽完整、无病虫害、无机械损伤（张方秋等，2012）。

三、栽培技术

（一）种植地选择

适宜的造林地为淤泥深厚、海水盐度<1.5%、风浪小的中潮滩。对于潮滩面低于平均海面而又急需造林的潮滩，可采用条带状填挖的方式来提高滩面水平（廖宝文等，1998）。造林地若有大米草、薇甘菊等杂草，需要清除。

（二）种植密度

由于潮滩生境条件恶劣，应适当密植，株行距为0.5m×1m或1m×1m（廖宝文等，1998）。

（三）种植方法

苗木高度由可造林地潮位决定，如果是低潮滩，潮差较大，潮水浸淹时间长，应使用40~50cm高的2年生苗木造林；如果是中高潮滩，潮水浸淹时间短，可用30~35cm高的1年生苗造林（张方秋等，2012）。最好与秋茄、白骨壤、海桑、无瓣海桑等其他红树植物块状混交或带状混交，以形成稳定的复合林分结构。

（四）种植季节

适宜的造林时间为 4~8 月，采用营养袋苗种植。

（五）后期管护

幼林地外围需要围网，以减少人为干扰和垃圾危害。新造林地应派专人管护，封滩 3 年。定期清理造林地内及缠绕在幼苗幼树上的垃圾杂物和海藻，对造林地内出现的油污要进行及时有效的处理，对倒伏、根部暴露等受损的幼苗幼树进行扶正和培土，对缺损的幼苗幼树进行补植，确保成活率不低于 85%（廖宝文等，1998）。

（六）主要病虫害防治

桐花树在幼苗时期主要发生煤污病、毛鄂小卷蛾、柑橘长卷蛾等病虫害。

1. 煤污病防治

在叶面、枝梢上形成黑色小霉斑，后扩大连片，使整个叶面、嫩梢上布满黑霉层，导致桐花树大量叶片褪绿脱落。其病原菌有 4 种，即番荔枝煤炱菌（*Capnodium anona*）、杜茎山星盾炱（*Asterina maesae*）、撒播烟霉（*Fumago vagans*）、盾壳霉（*Coniothyrium*）。桐花煤污病有明显的发病中心，其病害分布地域很窄，仅出现在河口内缘个别林段。用等量式波尔多液、甲基拖布津（50%）等喷雾防治；通过对病害发生中心的林地疏枝间伐，增加通风和透光度，也可有效防止煤污菌的为害。

2. 毛鄂小卷蛾防治

毛鄂小卷蛾是危害桐花树的重要害虫之一，属鳞翅目卷蛾科小卷蛾亚科。该虫春季和秋季分别出现明显的危害高峰期，严重影响桐花树植株的生长。在桐花树毛鄂小卷蛾卵始盛期释放赤眼蜂对该虫有很好的防治效果；在幼虫发生盛期，用 90% 敌百虫或 90% 杀虫双 1000 倍液喷雾防治；成虫期采用采用黑光灯诱捕。

3. 柑橘长卷蛾防治

柑橘长卷蛾，属鳞翅目卷蛾科长卷蛾属。幼虫危害桐花树的嫩芽、叶片、花序和果实，多头不同虫龄的幼虫常吐丝将数片嫩叶缀合在一起，躲藏在其中危害，直至结茧化蛹。在虫卵始盛期、盛期各放 1 次松毛虫赤眼蜂，每树每次 1000~2000 头，防治效果良好；幼虫期选用 1mL/L 的青虫菌 6 号液、苏云金杆菌或青虫菌粉剂的 1.00~1.25g/L 溶液喷雾防治，每 15 天喷杀 1 次，连续 3 次；成虫期宜用糖醋液（糖：酒：醋的比例为 1：2：1）或黑灯光诱杀（张方秋等，2012）。

四、综合效益

（一）生态功能

桐花树具有慢生、泌盐、耐浸淹和耐寒等特点，对潮位、盐度、土壤适应性广。作为先锋树种，桐花树常见于中低潮滩，可抵御风浪冲刷和海水浸淹，在红树林消浪护岸功能中发挥重要作用。桐花树湿地还可以通过物理作用、化学作用及生物作用对水体中的氮、磷及重金属等加以吸收、积累而起到净化作用。

（二）经济价值

桐花树是我国分布面积最大的红树植物，也是中国南部沿海滩涂消浪红树林的主要造林树种之一（彩图 4–3）。桐花树根系发达、容易成活；花量大且花期长，为沿海地区的主要蜜源植物（彩图 4–4）；木材是良好的薪炭材；树皮富含单宁，可提制栲胶。

（李玫、廖宝文）

第二节　白骨壤

白骨壤（*Avicennia marina*），别名海榄雌，为马鞭草科（Verbenaceae）海榄雌属（*Avicennia*）植物，主要分布于广东、海南、广西、福建、香港和台湾的海岸潮间带；世界范围分布于非洲东部至印度、马来西亚、澳大利亚、新西兰等热带、亚热带沿海区域。小灌木或灌木，聚伞花序紧密成头状，花冠黄褐色，属于隐胎生植物，果近球形，花果期集中在每年 7~10 月。本节围绕白骨壤的生态适应性、育苗技术、栽培技术、生态功能和经济效益等方面进行详细综述，旨在为今后开展深入开展白骨壤相关研究提供依据。

一、生态适应性

白骨壤是中国海岸带红树林最常见的树种之一（张宏达，1997）。主干低矮，分枝低，主干和枝干呈灰白色，形状不规则弯曲，因此得名“白骨壤”。在长期的进化过程中，白骨壤形成了对沿海生境的一系列生理生态适应特征。首先，白骨壤具有极为发达的笋状呼吸根，当根部露出水面，数以万计的呼吸根可在短期内进行快速呼吸，提供植物生长所需物质和能量，有助于适应长期缺氧条件，因此对淹水环境适应性较强，特别适宜在低潮带和中潮带生长（林鹏等，1998）；同时发达的根系、不规则的树形和叶形小等特征，赋予了其极强的抗风浪能力，能够抵御长期的风浪冲刷，因此往往可以生长在红树林带最前沿，发挥红树林“海岸卫士”的防护功能（何斌源等，2007）；同样由于根系发达，对不同土壤条件适宜性强（廖宝文等，2010），可在淤泥、半泥沙质、沙质，甚至沙砾质海滩生长，是最耐贫瘠的红树植物；具有抗盐、泌盐功能，叶肉内有泌盐细胞，能把叶内的含盐水液排出叶面，叶背常可见到闪亮的白色的盐晶体，因此对盐度适宜范围广，在高盐（>3%）环境下亦可生长（郑海雷等，1997）。为适应不同的生境条件，白骨壤在树高、基径、树冠、树形等方面具有显著的形态分化，可形成差异显著的植株，在高盐、土壤贫瘠、风浪较大的恶劣环境下，可形成平均高度小于 50cm 的低矮单优群落，而在养分充足、风浪较小的环境，平均树高可达 6m 以上（彩图 4–5、彩图 4–6）。

二、育苗技术

（一）种子处理

白骨壤属隐胎生植物，在种子成熟期（每年7~10月）将种子采回（邱广龙，2005），挑选大粒、无虫害的种子，大粒种子其子叶大，所含营养丰富，有利于培育优质壮苗（彩图4-7）。先用清水把白骨壤种子浸泡1~2h，取出用箩筐或纱网袋，装好置于阴凉处。每隔8h泡水1次，每次浸泡1~2h，连续浸泡5天以上。每次泡水时，轻轻翻动种子，浸泡种子第2天，种皮开始脱落，将脱落的种皮挑出。连续浸泡白骨壤种子有催芽效果，待到种子胚根时进行播种，可缩短播种后种子发根时间，从而提高成活率（陈伟等，2006）。取出经过浸泡催芽的白骨壤种子，用500倍的百菌清溶液浸泡3~5min后取出置于阴凉处阴干即可播种。

（二）播种

育苗土通常采用海泥或营养土，营养土配方为红土∶沙土∶牛粪∶磷肥=2∶2∶1∶1。育苗容器尽量采用可降解材料，容器大小可根据育苗目标确定，半年生白骨壤分枝和叶都较小，可采用12cm×15cm的营养袋，如果培育大苗，可适当增加营养袋口径。将配好的营养土装入营养袋，播种时将种子长胚根端朝下约45°角斜插入袋中的营养土，种子插入深度为种子的2/3，每个营养袋中播种3粒种子。插好种子后及时淋水，使营养袋中的土下沉变实，固定种子，种子插入土壤深度要确保淋水固定后种子露出土面为种子的3/4~4/5。如在潮汐苗圃育苗，播种时间宜选在潮位较低时播种，最好是播种3~5天后再涨潮浸淹种子，此时经催芽的种子已发根并扎根于土中，种子基本定根完成，涨退潮对种子影响不大，潮水不易于把种子冲走（蔡仁飞等，2021）。

（三）育苗

播种第一周内，每天早晚用淡水浇淋种苗1次，如苗圃内放水浸泡则不能超过杯袋表面，需要留出充足的时间让水排出；播种1周后，每天可用低盐度海水（0.1%~1%）浇淋或浸泡种苗，需将种苗上的淤泥冲洗干净，避免淤泥附着，1个月后，可完全停止使用淡水。白骨壤育苗过程中，病虫害较少，可以每隔10天通过海水喷洒控制病虫害发生；白骨壤育苗重点需要防止真菌感染，播种前可用多菌灵溶液浸泡种子，起到杀菌作用（容卫冰等，2016）。

待白骨壤苗长到50cm，基径0.6cm左右时，或出圃造林前1个月，需进行炼苗出圃。将苗从苗床上连袋拔起，置于苗圃光照较强处接受强光照射，同时停浇淡水让海水自然浇灌，使苗木能适应滩涂的自然生长环境。炼苗时间大概需要15~20天。经过炼苗的苗木其木质化程度和对高盐环境的适应性明显提高，切断穿袋的根系后，苗木从基部重新长出新的根系于营养袋内，此时出圃造林是提高成活率的最佳时期（陈元献等，2012）。

三、栽培技术

（一）种植地选择

由于白骨壤具有耐盐、耐风浪、耐贫瘠的特点，在平均海平面以上至大潮平均高潮位之间的潮滩中下部均可种植，被认为是土壤贫瘠沙化的高盐度、低潮带首选树种（张宜辉，2003）。

（二）种植密度

我国自开始重视红树林修复以来，种植密度从最开始的高密度种植，逐渐趋于重视经济成本和成活率，从每亩 2000 株降至 600 株，大苗可适当降低种植密度（张春霞等，2021）。

（三）种植方法

白骨壤通常采用容器种植，首先需要挖种植穴，尺寸稍大于育苗袋。育苗袋放入种植穴后覆土至育苗袋表面与地表平齐或者略高于地表。

（四）种植季节

在热带区域，全年可进行白骨壤造林种植，亚热带地区尽量在 3~9 月完成，同时避开台风天气和鸟类迁徙。

（五）后期管护

白骨壤生长缓慢，因此需要实施至少 3 年的后期管护，热带地区可适当减少。

（六）主要病虫害防治

危害白骨壤的最主要的虫害为广州小斑螟，又名海榄雌瘤斑螟，幼虫历期 13~16 天，蛹历期 5~6 天，成虫历期 7~10 天，卵历期 3~5 天。该虫在广西红树林 1 年发生 6 代，每代生活周期 28~37 天（范航清等，2004）。3 月中旬越冬幼虫开始取食白骨壤嫩叶，4 月中旬至 6 月下旬第 2、3 代虫口密度较大，造成大面积危害，第 4、5 代的种群数量急剧下降。8 月幼虫开始蛀食白骨壤的果实和嫩芽，10 月低龄幼虫开始在嫩芽内越冬，虫害对白骨壤的叶、芽、嫩茎和果实造成破坏（刘文爱等，2011）。广州小斑螟具暴食性，大发生时能在较短时间内将白骨壤林的叶片吃光，严重影响白骨壤的正常生长。2004 年 5 月下旬，在广西山口红树林国家级保护区暴发了保护区有记录以来最严重的一次虫灾，导致白骨壤林中 95% 的叶子被吃掉，树木严重枯萎（彩图 4–8）。此后 2008 年、2016 年在广西山口红树林保护区，2011 年、2016 年在广西北仑河口国家级自然保护区，2012 年、2014 年在广东深圳市内伶仃洋国家级红树林保护区等地相继发生大规模虫害。

广州小斑螟的防治可采用物理和化学相结合的方式（刘文爱等，2018），在 5 月中旬成虫发生盛期用灯光诱杀成虫，诱虫灯最好设在岸上地势较高的平坦开阔地带。选用含昆虫多角体病毒、苦参碱、苏云金杆菌的生物农药，按稀释 1 倍的推荐浓度对白骨壤当年生幼虫进行喷药防治；也可在4~5月梅雨季节，在广州小斑螟发生严重地区人工释放虫霉菌（黄文雄，2019）。

四、综合效益

（一）生态功能

白骨壤是最耐淹的乡土红树植物树种之一，因此可以生长在红树林带最前沿，抵御风浪的冲刷和海水的浸淹，在红树林海防功能中发挥重要作用；同时白骨壤发达的根系也能通过截留养分、减小冲刷作用强度，发挥促淤造陆和"蓝碳"固持（辛琨等，2014）的功能（彩图4-9、彩图4-10）。作为重要的红树植物群落，营造的滨海湿地生境可为大量鸟类、鱼类、底栖类（陈国贵等，2021）提供食物资源和栖息地（彩图4-11、彩图4-12）。

（二）净化功能

大量研究显示，白骨壤对污水中的有机质和重金属污染物具有较强的净化能力。白骨壤模拟湿地系统对污水中污染物总净化效率平均大于80%，其中重金属有95%以上是被土壤所积累，说明土壤子系统是本模拟系统净化的主体（陈桂珠等，2000）。不同浓度污水通过对白骨壤幼苗叶片叶绿素含量、过氧化氢酶活性、游离脯氨酸含量对植株生物量、茎径和茎高生长量等生理生态指标产生影响，正常浓度和5倍浓度污水对植株无不良影响，并可促进植株生长；10倍浓度污水对植株各生理生态指标有显著影响，但植株最终可维持正常生长，进一步说明白骨壤对污水具有较强的适应性和耐受性（陈桂葵等，1999）。

（三）经济价值

白骨壤果实作为民间食物原料，粗淀粉、可溶性总糖、粗纤维含量较高，而粗蛋白、粗脂肪、果胶含量较低，同时具有一定含量的单宁成分（韩维栋等，2007）。关于如何提高白骨壤果实口感的研究也相继出现（吴文龙等，2020），以白砂糖、食盐、五香粉、辣椒粉、蛋清为辅料，探讨即食香脆白骨壤果实的加工工艺，研制出的即食白骨壤果实。杨锋（2021）等人对比了种植海水稻和白骨壤的经济效益，得到白骨壤种植的经济、社会、生态综合效益均远超海水稻。

（辛琨、廖宝文、生农）

第三节　木榄

木榄（*Bruguiera gymnorhiza*），别名五梨蛟、五脚里、鸡爪榄、大头榄、枷定、剪定、鸡爪浪、包罗剪定为红树科（Rhizophoraceae）木榄属（*Bruguiera*）植物。主要分布于中国广东、广西、福建、台湾及其沿海岛屿；世界分布于为非洲东南部、印度、斯里兰卡、马来西亚、泰国、越南、澳大利亚北部及波利尼西亚。木榄在中国常成小乔木，高2~6m，树皮黑褐色。叶椭圆形至矩圆状椭圆形，长7~15cm，顶端短尖或凸尖，基部阔楔形，中脉下面红色，侧脉干燥后在上面稍明显；叶柄粗壮，长2.5~4.5cm，托叶长3~4cm，淡红色，红树的总花梗着生已落叶的叶腋，比叶柄短，有花2朵（彩图4–13），果实倒梨形，略粗糙，胚轴圆柱形，略弯曲，绿紫色（彩图4–14），花果期几乎全年（彩图4–15）。

一、生态适应性

木榄生长于平均海面线以上的中滩上部至高潮下部，在每日双潮的海湾，生长潮滩浸淹频率为每月8~45次，淤泥深厚而略实。在天然红树林中，木榄常与海莲、木果楝、桐花树、秋茄、白骨壤等树种混交生长，也有单独生长的纯地林，木榄最大纯林分布区位于湛江高桥镇。

木榄种群个体空间关联的无标度区介于1.26~14.66m，相应的关联维数介于1.36~1.61m。这些维数值揭示了木榄种群个体空间关联的尺度变化规律，表明了种群个体的空间相关程度，实际反映木榄种群个体间竞争的强弱程度。集群型的木榄种群的关联维数比随机型的高（梁士楚等，2003）。

英罗港的红树林群落主要有木榄群落（彩图4–16）、红海榄群落、秋茄群落、桐花树群落和白骨壤群落。其中木榄优势种群平均单株生物量最高，达30.95kg/株，群落生物量仅次于红海榄，约为75.175t/hm^2（温远光，1999）。

二、育苗技术

（一）最佳采种期及成熟胚轴特征

根据在广东省康江市的英罗港和深圳市的深圳湾物候观测结果，胚轴最佳采收期为：两广交界的英罗港5月20日至6月15日，广东深圳湾5月25日至6月25日，选择发育良好的母树、采集其上胚轴，也可以从地上拣选新近掉落的胚轴，由于胚轴落地后极易长虫和受螃蟹咬食，应挑选成熟、粗壮、完好的胚轴造林。

成熟胚轴特征：胚轴呈纺锤形，墨绿色，种蒂易脱落，长14~20cm，粗1.4~1.8cm，胚轴稍有棱角，萼管长2~3cm，呈红褐色，光滑无棱，胚轴每条鲜重15~30g。

（二）育苗技术

胚轴采收后一般无需有苗，可直接用胚轴插植造林。但对于特殊环境造林，可先集约育苗，提高苗术的抵抗能力。育苗可采用营养塑料袋或海滩苗床直接育苗。由于木榄苗根系为海绵状根系，起苗造林时极易损伤，一般用营养袋育苗。营养袋填充基质多用较为肥沃的海泥，亦可用人工配制的营养土。营养袋装好基质后，搬至海滩苗圃、然后把胚轴粗大的一端插入袋中即可。海滩苗圃最好选择在稀疏天然林内或天然林附近的海滩中，因为这些地方的潮水状况比较适合幼苗生长。

三、造林技术

随着淹水时间的增加，木榄的相对生长率明显减小，排水处理的木榄相对生长率最大而淹水时间最长（12 周）的植株具有最低的生长率（叶勇等，2001），因此，木榄宜林滩涂一般位于平均海面以上的中滩中上部至高潮滩下部，这类滩质一般稍为硬实，可用胚轴直接插植或先用竹签挖洞，然后用胚轴插植造林，插植深度以插稳不至于被潮水漂走（为胚轴长度的 1/4~1/3）为宜，过深不利于胚根生长。由于新鲜胚轴有一些“甜味”（FAO，1994），插植海滩后常被螃蟹咬食致死，把新采摘胚轴放置室内自然干燥一个星期（适度干燥至无“甜味”）后再插植至海滩，效果甚佳。如果造林地土质比沙质硬实，且地势较高（尤其是一日单潮，潮差大的地方），小潮期间潮水未能淹浸地面，而地面保水能力差，容易造成相对“干旱”，此类造林地可采用挖穴促淤方法造林，即造林前 3~6 个月先挖 30cm × 30cm × 30cm 的穴洞，让其在涨潮淹浸期间自然沉积淤泥一段时间后再把胚轴插植。根据在廉江市高桥镇的试验结果，效果良好，1 年成活率 90% 以上，对于沙质贫瘠的造林地，还可采用埋施肥料的方法，促进幼林茁壮生长。造林半年后在幼树两侧（离树桩约 20cm）各挖 20cm 深小沟埋施肥料。根据用不同配方的氮、磷、钾肥料与黄黏土混成块状，深埋于幼树两侧的试验结果，每株施用 50~75g 氮、磷混合肥效果较佳，生长明显优于对照区。

造林密度一般以 1m × 1m 为宜，条件恶劣的滩涂可用 0.5m × 1m 的规格种植。

四、造林管护

（一）防护措施

红树林造林后防护措施主要有围网保护和插杆扶植。

1. 围网保护

滩涂是当地渔民捕捞和赶海的主要作业区之一，滩涂新植幼树常受到渔民捕捞和赶海作业踩踏破坏。海水涨潮时，海上垃圾、水葫芦等漂浮物随海水漂入林地挤压、覆盖幼树。因此，造林后需在造林地四周尤其是海水流速较快区域围网保护。围网高度要超过造林地的最高潮位，采用木桩或抗压力强的竹竿插入泥土后绑定网具，采用较大网孔渔网，着色较深，经济耐用，且不会对海洋生物和鸟类造成影响。

2. 插杆扶植

造林后，对达到高达 35cm 及以上的木榄苗需插杆扶植，以防风浪对苗木的冲击损害。可选用直径 1~1.5cm 比苗高 40~50cm 的竹竿插杆扶植。先将竹竿抵近苗木插入泥滩，下插时避免损害苗木根系。然后用绳子将苗木茎干抵近竹竿系好。竹竿距离苗木距离约 2~3cm。

（二）林分管护

1. 幼林管护

为确保红树林成活率，造红树林造林后需加强管护。木榄需要管护 2~3 年，当林分郁闭后可进行较为粗放的管理。造林管护内容包括：苗木补植、清理林内垃圾和青苔、防止藤壶或其他虫害、制止无关人员进入林内破坏等。

潮间带滩涂人为活动频繁，造林地常有渔民在其中挖取经济动物（螃蟹、泥丁、沙虫等），严重干扰幼林生长。因此新造林地应派人管护，封滩 3~5 年，3 年内对于成活率或保存率低于 80% 的还应进行补植，确保造林成功。

2. 清理林内垃圾和青苔

林地滩涂上的垃圾和攀附于围网上的垃圾要及时清理，确保林地卫生，减少病虫害发生。由于近海及海岸带存在大规模海产品养殖，养殖投放饵料增加海水的富营养化程度。冬、春两季林内滩涂常滋生大量浒苔，涨潮时，浒苔攀附在苗木或幼树上，造成其折干、倒伏甚至死亡。部分浒苔将苗木或幼树的叶片和嫩芽包裹后，影响其正常生长，需要及时清理。

3. 防治藤壶和其他虫害

在低潮带或高盐度滩涂上，藤壶附生在红树植物的茎干上，对苗木或幼树有较大危害。茎干上附满藤壶后，致使其负重过大而倒伏死亡。对潮位较低或盐度高的造林地，在造林时可适当填高滩涂，减少海水浸淹时间。同时，采用大苗、高密度种植，促进林内滩涂淤积，有利于林分提早郁闭，减少藤壶危害。

藤壶防治较为困难，普通农药喷杀对其影响不大。有研究表明：油漆与马拉硫磷混合后涂在树干上防治效果可达 100%（李云和郑德璋等，1998），但涂药会污染海水，影响当地的海洋生物。防治藤壶的方法通常采用人工刮除的办法进行防治。当发现藤壶附生于红树林树苗木或幼树时，及时清除。当其大量附生后再清除易导致树皮脱落受损，影响苗木或幼树生长。

五、林分改造

近年来对无瓣海桑人工林林分改造研究表明（姜仲茂等，2018；Peng et al.，2016），无瓣海桑林下套种木榄、秋茄、桐花树、红海榄、白骨壤等乡土红树树种，其中木榄的耐阴性最强，保存率和长势均为最佳，因此，木榄可作为无瓣海桑人工林林分改造的最优树种。

（姜仲茂、廖宝文、辛琨、熊燕梅、生农）

第四节 木麻黄

木麻黄科（Casuarinaceae）植物属于双子叶植物，为乔木或灌木，该科有 4 个属 106 个种（含 7 个亚种）。人们常说的木麻黄树种通常是指木麻黄科木麻黄属中被广泛引种栽培的几个高大乔木树种，主要包括短枝木麻黄（*Casuarina equisetifolia*）、粗枝木麻黄（*C. glauca*）、细枝木麻黄（*C. cunninghamiana*）、山地木麻黄（*C. junghuniana*）等。木麻黄天然分布于澳大利亚、东南亚和太平洋群岛，垂直分布在海平面潮线至海拔 3000 多米的高山，分布区内平均降水量在 100~2800mm 之间。木麻黄有良好的生态学和生物学特性，其生长迅速、抗风力强、不怕沙埋、能耐盐碱。木麻黄可固氮且兼有内生和外生菌根菌，常被作为退化地土壤改良的造林先锋树种，也用于行道树和庭园绿化树等。1897 年，中国台湾地区引进木麻黄（杨政川等，1995），广东、广西、福建和浙江等省（自治区）沿海各地亦先后营造木麻黄林（彩图 4–17）。经过长期系统性研究，引进和收集了大量木麻黄种质材料，包括种、种源、家系及无性系等不同层次的选育、驯化及高效栽培等试验研究，目前已成功地在中国华南沿海地区构建了大规模的木麻黄防护林。并集成了木麻黄多种技术体系，同时不断拓展木麻黄的应用范围，提高了木麻黄的经济价值，为木麻黄研究与应用提供了坚实的技术保障。

一、良种选育

木麻黄选育常以种源、家系选择为基础，结合杂交育种创制新种质，然后从中选育具有目标性状的新品种用于造林应用。在良种选育过程中遵循有性“有性育种、无性利用”的原则，把有性杂交与无性繁殖密切结合，依据种源试验、子代测定和无性系测定，获得一些优良种源、家系、优良单株和无性系，进一步开展优良无性系繁殖和生产利用。目前，我国主要开展了短枝木麻黄、细枝木麻黄、粗枝木麻黄和山地木麻黄的种源 / 家系选择试验，并开展了大量优树子代、杂种子代及其无性系的多地点测定试验。

（一）种源、家系、优树和无性系选择

20 世纪 70 年代末至 80 年代初，中国、泰国和印度等国家开始了短枝木麻黄的种源试验。1992 年，由 IUFRO 资助，澳大利亚科学与工业组织（CSIRO）主持，包括中国在内共有 29 个国家和地区开始了短枝木麻黄国际种源试验（Pinyopusarerk et al., 1996）。1996 年，热林所开始参加山地木麻黄国际种源试验（仲崇禄等，2002）。木麻黄的种源试验中调查的性状一般有生长速度（树高、胸径、单株材积）、主干通直度、主干分叉习性、保存率等，但在一些特殊立地条件或经历了特殊气候或环境条件下会对它的抗性进行测定，如抗风性（台风袭击后）、抗病性（青枯病爆发后）、抗虫性、耐盐碱性（在一些盐碱地）。种源试验中需要测量和评价的性状较多，根据育种目标的要求，

需要对种源开展多性状综合选择。综合选择的方法较多，如直接选择法、独立淘汰法、多目标决策法、指数选择法等。Smith–Hazel 指数选择法结合了性状按遗传力、经济价值和相互间的表型和遗传相关关系等因素，构成一个总的指数作为选择的唯一指标，是动植物育种中较为理想的多性状综合选择方法，近年来林木育种选择中得到广泛的应用。

种源选择试验中筛选出优良家系并获得优良单株后，或经过人工控制杂交或自由授粉杂交，从获得的杂交子代中选出优良单株后，经过无性繁殖把优良单株变成无性系苗木，再在田间进行无性系测定和选择，最终选育出优良无性系用于大规模推广应用，提高木麻黄人工林的生产力和防护效益。自 1986 年至今，我国引进木麻黄 23 个种 260 多个种源和 500 多个家系，开展了大量测试活动，选育出了一批优良种源、家系和无性系。这些工作的开展，为进一步的木麻黄分子设计育种、杂交种质创制和基因功能等研究奠定了遗传材料基础。

（二）杂交育种

木麻黄为风媒授粉，多数为雌雄异株，是纯粹的异交植物。我国木麻黄杂交育种及无性系选育工作始于 20 世纪 50~60 年代，70 年代初获得第一个杂交种，已获得以下几个主要杂交种组合 *C. equisetifolia* × *C. glauca*、*C. glauca* × *C. equisetfolia*、*C. cunninghamiana* × *C. equisetfolia* 及 *C. cunninghamiana* × *C. glauca*。木麻黄具有良好种间杂交亲和性，可以进行种间杂交，无论正交或反交均有较好的亲和力。但以粗枝木麻黄作母本比较好，坐果率达 45.1%，果实形状、颜色基本上显现出母本性状。杂交 F_1 代的千粒重在正交时介于双亲之间，反交是则小于双亲。同时，F_1 代苗木小枝长度、质地、色泽、粗度、节距及齿状叶数等多数表现出母本性状。近似父本的个体出现率很低，约占总数 6.3%，但这类苗木往往具有更大的杂种优势，是进一步选择和培育的重点对象。短枝木麻黄与粗枝木麻黄杂交，杂交 F_1 代苗木生长表现良好，但同一组合的不同亲本之间，其杂交后代表现有相当大的差异，可见优良亲本的选择在杂交育种是非常重要的（徐燕千等，1984）。2010 年以来，热林所通过开展种间和种内杂交获得 40 余个新的杂交组合并开展部分子代测定（张勇，2013）。

（三）抗性选育

木麻黄对抗风、抗青枯病、耐盐、耐寒等特性有广泛市场需求。20 世纪 80 年代以来，各国广泛开展了林木的抗逆性筛选研究，并不断获得优良无性系等种植材料用于各地林业生产实践。林木抗逆性育种工作中值得注意的问题是育种群体大小，建立育种群体时尽量包括较多的基因型，避免遗传基础过窄使后代的遗传多样性低、适应范围小，导致抗性过低。

1. 抗病育种

木麻黄青枯病是由青枯菌（*Ralstonia solanacearum*）引起的一种木麻黄严重病害。我国抗青枯病育种工作从 20 世纪 70 年代开始，2015 年以来热林所已选出一批优良抗病无性系并营造了大面积人工林（彩图 4–18），但目前木麻黄抗病无性系等新品种仍然缺乏，需要不断选育补充新的遗传材料，满足对沿海木麻黄防护林中不断变异青枯病菌的抗性的需求。

2. 抗风选育

沿海地区木麻黄种植材料首要特性必须能抗风，抗风性选育是木麻黄选育的重点工作之一，特别是广东、海南、福建等基干林带应用的无性系至少要能抗 10 级风。

3. 耐盐选育

在种源和无性系层次上开展了木麻黄耐盐选育，获得一些耐盐无性系和种源遗传材料，并用于华南沿海地区林业生产。

4. 耐寒选育

主要在浙江地区开展研究，培育出了一些短期耐 –5℃低温的无性系，耐寒无性系已经用于浙江省中南部沿海防护林建设。

二、育苗技术

木麻黄最早通过种子进行繁殖，但有些种（如短枝木麻黄、粗枝木麻黄、山地木麻黄）也可通过幼枝进行水培、沙培和或微器官组织培养等无性方式进行繁殖。无性繁殖方法为木麻黄植物的新品种选育和大规模无性化繁殖利用创造了良好的条件。目前，木麻黄主要采用种子繁殖和扦插繁殖来培育造林所需要的苗木。

（一）种子繁殖

利用种子生产苗木关键取决于种子的遗传品质和生命力。这些受母树种子成熟程度、母树质量及种子储存条件等因素影响。种子发芽与温度、湿度和光照等因素有关，其中温度是主要因素。正常条件，多数木麻黄种可在 3~10 天内发芽。木麻黄不同种都有自己的最佳发芽温度，多数集中在 20~30℃。种子繁殖优点是繁殖材料易获得，缺点是由于经过有性生殖过程中父母本的基因重组，种子的遗传分化较大，其遗传质量难保证。因而，利用经过选择的优良个体为亲本建立木麻黄种子园或采种基地是种子生产不可缺少的环节。

种子苗生产主要包括苗圃地选择、播种土准备、播种、苗期管理、育苗容器选择、移苗及造林前苗木管理等。宜选用生荒地，采用就地育苗的方法，能保证水源充足，排水好即可用作育苗地。土壤通常采用黄心土、沙土和火烧土各三分之一，或沙土和火烧土各二分之一，再加入 2%~3% 磷肥。充分混合并消毒后用于播种，此方法成苗率高，是育苗的主要方法之一。9 月到翌年 6 月且气温 20℃以上播种，一般 9~11 月播种育苗用于春夏种植或 2~6 月播种用于冬春种植，具体播种时期应根据各地气候条件、育苗和造林方法以及造林季节而定。通常采用撒播或条播。播种后，芽苗出土前保持苗床表面湿润，淋水用 1mm 左右细孔花洒或喷雾器。萌芽前适当遮阴和挡雨。苗木出齐后进行第1次追肥，每7~10天1次。待苗高达5~15cm时进行移苗。

（二）扦插繁殖

扦插繁殖是我国木麻黄苗无性繁殖的主要方法之一（梁子超和岑炳沾，1982），利用木麻黄幼树的嫩梢扦插成活率高，一般可达90%以上。采穗圃中母株采用地栽，床宽60~80cm，步道宽50cm，种植株行距为10cm×20cm。待苗木长至70~90cm时截顶，让侧芽萌发。种植当年沟施1次复合肥100g/m^2。采条后喷施1%的复合肥1次，每亩用量500~750g。母株采穗利用年限一般为为2~3年。采集3个月生内嫩枝作插条，插条长8~12cm。

用0.1%高锰酸钾溶液浸条3~5min进行插穗表面消毒，然后用清水冲洗插条数次。用50~200ppm IBA或10~200ppm NAA等生根激素溶液浸插条基部（长2~3cm）24h。然后用如下三种繁殖方式获得生根苗：①水培，将插条直立置于装有洁净水的容器中，水位为插条长度的1/3，容器放置平台上，用50%~70%遮阳网遮阴，生根后可采用全光照射。每24h换水1次，换水时挑除霉烂的插条（彩图4–19）；②沙培，建造水泥地面的沙培池，规格为宽80~100cm，深15~20cm，长度按生产需要设定。在沙池一侧布设可开关控制的PVC硬塑水管，管上每隔30~40cm钻一个细孔，使水分可均匀地流入沙池；沙池另一侧设置排水口，必要时能将水快速排除（彩图4–20）；③土培，需具备喷灌设施的育苗棚或温室，以黄心土：沙土：火烧土（或蛭石）=2：2：1为基质，将激素处理的插条插于育苗容器的基质中育苗。嫩枝培养15~30天生根。

移植，水培和沙培的插条基部长出2~3条根、根长2~6cm时，移植到育苗容器，进行正常管理。

（三）组培繁殖

木麻黄植物组培繁殖技术主要是利用组织培养技术来繁殖木麻黄。繁殖材料通常是木麻黄的幼嫩组织，如嫩枝、枝芽、根芽、花芽、未成熟雌花和种子等。该方法要求技术较高，一切培养都是无菌状态，培养介质及生长调节剂是成功与否的关键。扦插繁殖和组培繁殖技术优点是可以保持木麻黄植物基因型的遗传品质，而种子繁殖则有变异产生，但组培繁殖技术要求高且要有特定设备才能进行。

三、栽培技术

（一）种植技术

1. 造林地选择

适宜立地海拔1000m以下，坡度30°以下，土壤类型为滨海沙土、沙壤土、砖红壤和赤红壤，土层厚度大于60cm，土壤pH值4.5~8.8。适宜种植区域有沿海前缘和台地、低山丘陵区、行道树和农田林网的林地，甚至山区；其他可种植木麻黄的林地包含盐碱、面海荒山、病虫害多发区、采矿地和污染地等退化地。

2. 树种或品系选择与配置

树种，适于栽培的木麻黄树种主要有短枝木麻黄、细枝木麻黄、粗枝木麻黄、山地木麻黄和滨海木麻黄等，但山地木麻黄多数种源不宜种植在海岸前缘沙地。品系采用速生、干形通直、主干无分叉、侧枝小和抗逆性强的品系。配置宜用抗逆性强的树种或品系轮作，或与其他树种混交，可混交的主要树种有桉树类（*Eucalyptus*）、相思类（*Acacia*）、松树类（*Pine*）或一些乡土树种等。目前我国 90% 或以上木麻黄造林采用无性系水培苗。建议每个县（市、区），至少用 8~15 个无性系混合造林，避免采用单一无性系大面积种植，如大于 70hm^2，并每年至少种植总面积 5%~10% 比例的实生苗。混交方式有条状或块状，单一无性系连片种植面积宜小于 50hm^2。

3. 林地清理和整地

全面砍伐树木和较高灌木，清除，树桩高度不高于 15cm。整地方式如下：①山地或壤土立地，整地在种植前 1~3 个月完成，坡度 $< 15°$ 的林地全垦，穴规格长宽深为 40cm × 40cm × 30cm ；坡度 $\geq 15°$ 的山地，穴规格 50cm × 50cm × 40cm。②海边沙土地，固定沙地可全垦，而流动沙地多采用边挖边种植方式；低洼积水沙地，宜开深沟排水，起高垄后种植，穴规格为 30cm × 30cm × 30cm 或 30cm × 30cm × 40cm ；退化地宜大苗深埋种植。植穴周围 1.0~1.5m 范围，清除杂草灌木。

4. 肥料施用

用磷肥（过磷酸钙）或复合肥每穴 0.1~0.4kg，或施用土杂肥作基肥，肥料与土壤搅拌均匀，宜在造林前 7~10 天施肥；沙土地上，既可如上先挖穴与施肥再种植，也可边挖穴与施肥边种植。

5. 初植密度

初植密度为每公顷 1100~2800 株，其中纸浆材林每公顷 2500~2800 株，锯材和建筑材林每公顷 1100 株，生态公益林每公顷 1600~2800 株。

6. 苗木规格

因造林地而定，沿海地区多采用大苗造林，高 40~70cm ；内陆地区，苗高为 20~40cm，特殊困难立地宜采用 70~150cm 的大苗造林。

7. 种植

种植季节以春季或雨季且土壤湿透后造林为宜，但容器苗造林，只要土壤湿润，不论晴雨，均可进行。一般除低温天气外，雨水湿透土壤时即可种植，如造林后又有连续阴天或降水，造林成活率会更高。目前，华南地区多采用春季冷空气雨水造林或夏秋季台风雨水造林。按苗木分级造林，种植时除去育苗袋，保持营养土团完整，不损伤根系，苗木置于植穴中央，填土压紧。壤土或沙壤土，种植深度在苗木根颈位置下 10~15cm ；沙土可根据苗木大小，确定种植深度增加至根颈位置下 15~20cm 以上。植苗时，要求土壤与苗根系充分接触，水分条件要有保证，这是造林成活的关键因素。造林后3个月内及时查苗补植。而流动沙丘或风大处沙地，过于干旱时，种植深度宜加深或加倍，如40~50cm深。同时，有些难造林的立地，必要时采取设置防风障、先种草或小灌木植物固沙等措施后，再种植。

（二）抚育管理

木麻黄林抚育同其他人工林相似，主要包括以下几个环节：补植，除草，松土和施肥，修枝与间伐等。

种植后一般需要进行2~3次补植。在天气条件适合的季节，补植越早越好。除草松土因立地条件而异，每年1~2次为宜，造林当年夏秋，水平带状铲草抚育1次，抚育宽度1m；幼林连续抚育3~4年。第2~4年，于植株周围1m×1m穴状铲草抚育1~2次。通常林分在1~3年生时每年追肥1次，追肥施用量每次每株穴施复合肥100~250g，穴距离植株根茎为0.3~0.6m，穴深20cm，施后覆土，随着林龄的增加追肥量增加；大径级锯材培育，第4年还应追肥复合肥1次250g/株，穴距离植株0.8m，穴深20cm，施后覆土。追肥以春夏为宜，可结合除草、修枝等抚育措施进行。有些地方种植时不施肥，而在苗木成活后开始追肥，这种方法多在海边沙土上采用，其追肥种类主要分为两大类：海肥（如海泥、鱼肥、海藻等杂肥）和化肥（如复合肥，过磷酸钙，石灰粉，微量元素肥等）。种植木麻黄人工林时常需追施微量元素肥，1~2年生幼树，以0.1~5.0g有效元素/株为宜，一般不要超过5.0g/株。微量元素施肥方法以叶面喷施或土壤单独施用为主，有时混入其他肥料中一同施用。叶面喷施时，多采用少量多次的方法。

多数木麻黄天然整枝较慢，枯枝自然脱落也迟。除海边前缘防护林不需修枝外，人工修枝是木麻黄用材林抚育中的重要措施之一。林分郁闭度达0.7以上，下部枝条明显衰弱时对下部枝条进行修枝，修枝高度在树高的1/4~1/3或以下（彩图4–21）。修枝应自下而上紧靠树干处截去枝条，切忌剥裂树皮。截口要平滑，以利于伤口愈合。晚秋到早春树木生长较慢，是修枝的好季节，尤以早春为最佳。

根据经营目标的不同，通常在树木成林后进行间伐，以控制林分密度，提高林分品质和改善林分卫生状况。林分郁闭度达0.8以上，被压木占20%以上时可进行第1次间伐。林分生长较均匀的采用下层抚育间伐法，林分分化特别大的采用综合抚育间伐法（中国树木志编委会，1978）。如果是生态公益林，除必要的卫生伐外，一般不提倡间伐。

（三）木麻黄林更新

1. 采伐更新

主伐年龄，纸浆材主伐年龄10~15年；锯材、建筑材20~25年；生态公益林仅在重大自然灾害后林分防护效益低时更新。采伐方式，商品林主伐采用小面积块状皆伐。生态公益林，沿海最前缘10~100m林带禁止皆伐；青枯病危害严重的林分，采用皆伐方式并焚烧采伐残余物；受台风危害林分，依据危害程度，采用择伐补种或小块状皆伐方式。更新方法，采用人工造林更新，避免连续三代连栽同一树种或品系木麻黄苗。

2. 天然更新

立地条件较好的木麻黄林地，常有天然更新现象，如中国广东省惠东、陆丰和湛江，福建省的东山、惠安和平潭等地的沿海防护林带中，这种天然更新多出现在林缘背风面或人为干扰少的海湾沿岸。天然更新受种子成熟季节的风向和风速影响，但因苗木还需依靠母树林的侧方遮阴保护，故其有效更新范围一般不远，常仅为树高的3倍距离左右。在有效更新范围内，单位面积苗木数量与距母树远近有关，以林缘3~5m处较多，每公顷可达3000株左右，树高1~2倍地方已减少了1/3以上，即每公顷750~1050株左右，超过树高2倍以上则很稀疏。但是，人工林天然更新，由于受人为活动干扰，在数量上总是有限的，目前多采用人工造林更新方式。

四、木材及其他产品利用

（一）薪材

木麻黄是世界上优良的薪炭材之一。木材致密，比重为0.8~1.2g/cm^3，易劈，燃烧值高达5000kcal/kg，燃烧慢且烟和灰都很少。木麻黄的干、根、枝可制成优质木炭，且木炭得率高。木麻黄薪材不仅是重要的民用烧材，还常用于烧制建筑用砖、石灰、民用陶器等。

（二）木材

大多数木麻黄木材坚硬而重，干材烘干时易发生劈裂和扭曲。但木麻黄木材仍可作顶木、梁、屋顶盖板、工具柄、栅栏、桩木、建筑模板、手杖、地板、门窗框、包装箱、胶合板、镶板以及车削工艺品和家具等。在澳大利亚，费雷泽木麻黄（*Allocasuarina fraseriana*）制成的家具或工艺品价格昂贵，一个直径45cm左右的雕花工艺盘标价1650~2300澳元。木麻黄木材对海虫等软体动物的抗性强，因而在海南和广东等常用于制作鱼船的桅杆、船桨、船底板，甚至整艘小船等。

（三）工业用材

纸浆材和旋切板材也是我国木麻黄木材的主要用途之一。木麻黄特殊处理下可制成木浆，用于生产手纸、印刷纸或人造纤维，但工艺比较复杂。20世纪90年代初，海南率先生产木麻黄木片，出口韩国和日本，用于造纸。20世纪90年代中期，由于加工机械升级，开始生产木麻黄旋切材，厚度1.5~2.3mm，用于生产胶合板材。

（四）单宁和栲胶

木麻黄树皮的单宁含量为16%~19%，纯度75%~80%，主要成分为儿茶酚，含量为6%~18%。另外，还含有木麻黄酚，属二型茶酚，渗透快，常用于制革工业，能使皮革膨松、柔韧并呈淡红色；也可作为针织物的染料，还可软化鱼网。木麻黄树皮生产的栲胶可同著名的坚木（*Dysoxylum excelsum*）和荆树（*Acacia mearnsii*）栲胶相媲美，鞣革快，得革率高，成革色泽好，结实而富有弹性。

（五）其他用途

木麻黄是世界公认的多用途树种。木材和枝条可加工成活性炭。在干旱地区，木麻黄树种的鲜嫩枝叶可用作家畜饲料或作水田绿肥。Higa 等（1987）发现短枝木麻黄小枝叶和果实含甾醇和黄酮类物质，茎、果及心材含酚性成分及鞣质（亦称丹宁）成分；Aher 等（2009）从木麻黄树皮中提取出抗氧化物质五倍子酸、鞣花酸和右旋儿茶精，并从枝叶中分离出槲皮素等。这些物质可用于工业或制药业。

五、生态效益

由于木麻黄具有良好的生物学特性，在热带及亚热带地区有广泛的引种和栽培，起到了重要的生态保护作用。主要用于沿海防护林（彩图 4–22）、农林复合体系、农田防护林、造林先锋树、泛滥地造林树种、风景树和行道树等，不仅可防风固沙、保护农田、扩大耕地面积，提高作物产量，而且改善环境，也为其他树种的生长创造了条件。木麻黄植物能固氮，并有内生和外生菌根菌，常被作为改良土壤的优良树种，在贫脊地、干旱地和盐碱地等退化地区域发挥植被恢复的功能。

（张勇、魏永成、孟景祥、仲崇禄）

第五节　秋茄

秋茄（*Kandelia obovata*），别名水笔仔，红树科（Rhizophoraceae）秋茄树属（*Kandelia*）植物（Liu & Yong）。秋茄在中国向北可分布到浙江，主要分布在福建、海南、广西、广东、台湾、香港的海岸滩涂；世界范围分布于亚洲东南方至中国和日本南方及琉球群岛。属灌木或小乔木，高达 3~6m；树皮红褐色；枝粗壮，有膨大的节。叶片椭圆形、矩圆状椭圆形或近倒卵形，叶脉不明显；托叶早落，有花，花具短梗，花萼裂片革质，花后外反；花瓣白色，膜质，雄蕊无定数，长短不一，花柱丝状，与雄蕊等长。果实圆锥形，胚轴细长，几乎全年开花结果。

一、生态适应性

秋茄是中国境内天然分布最广且纬度最高的红树植物，也是最耐寒的红树植物（陈鹭真等，2010）。秋茄一般生长在热带和亚热带海岸潮间带的中高潮区，对土壤的要求表现为有机物质丰富的淤泥浅滩（成家隆，2016）。秋茄在结构和繁殖特征方面形成的特殊适应能力来源于其长期处于不断变化的特殊的栖息地中（马建华，2002），在潮汐高涨阶段，秋茄整个树干甚至是树冠被海水淹没，能够在高潮差地区良好生长（金川，2012）。秋茄特殊的根部特性使得秋茄能够生长在土质细腻且不透气的淤泥环境中，其根部为应对周期性潮汐海水的浸泡已经演变成适应环境的特殊形态（申智骅，2016），有助于其自身的呼吸、养分及水分的吸收以及获得较强的抗风浪能力（潘玉斌，2018）。秋茄的水平根、板根以及拱形根发达而且根系较浅，所以特别适合潮滩环境生长（田嘉琦等，2018）。秋茄是胎生植物，以胚轴繁殖。其胚轴内部有许多气道，整体密度小于海水，而且富含单宁，抗腐能力极高，这使得它可以在海水中漂浮 2~3 个月且保有生命力（金川，2012）。此外，秋茄繁殖体必须依附在母体上才能萌发，发芽后通过吸收附着的母体的养分以促进自身的发育（何诗雨，2017），并且能在母体中汲取所需的盐分，当幼苗成熟至其胚轴所含盐分与周边海洋环境相适应时，秋茄幼苗落入海水中便可自行生长（吴映明，2018）。秋茄的叶子拥有完整的边缘，多汁呈现肉质化；高渗透压；表层有角质层及厚膜（周涵韬，2008）；其毛孔位于叶片内部；储运水组织发达；具有明显的耐热结构（路露等，2018）。秋茄树皮富含单宁，具有生理和生态适应盐环境的能力（潘文等，2012）。秋茄既适于生长在盐度高的海滩，也能生长在盐度较低的河口地区（郑绍燕，2016），其支柱根特别发达，耐淹性强，能生长在海浪较大的地方，但生长速度较慢，15 年生树高仅 3.5m 左右（伍淑婕，2006）。

二、耐寒品系选育

秋茄在中国自然分布的北界为福建省福鼎县。2003 年从福建九龙江口红树林省级自然保护区引种到浙江苍南龙港滩涂种植，经过 2008 年自然极端低温，部分植株死亡，部分抗寒优株留存，存活率仅 35%。2009—2011 年选择抗寒优株的胚轴在浙江台州、永嘉、龙湾等地造林试种，表现生长旺盛，抗寒性强，可耐冬季 –4.5℃极端低温，种植存活率 82%，远高于福建九龙江口秋茄原种，可用作滩涂湿地景观绿化。2018 年 2 月获得浙江省林木品种审定委员会林木良种认定，并命名为“龙港”（陈秋夏等，2019）。

三、育苗技术

秋茄属显胎生植物，在胚轴成熟期（2~5 月）选取新鲜、成熟、无病虫害的胚轴，在 6~8℃的低温保湿条件下贮藏或采用沙埋的方式贮藏。

苗圃地宜选设在河口湾地区的近岸高潮滩，盐度低、风浪小、潮水能正常淹浸的地区。如天然红树林内缘的疏林地或林中空地。清除苗圃地中的杂物并平整苗圃地，周围用纱网围住，网高 1m 左右。用低毒、低残留的杀虫剂杀除其中的虫蟹等动物。

在苗圃地内设立苗床，苗床宽 1.0~1.2m，苗床间距宽 0.5m。将成熟胚轴直接插入育苗袋中。育苗袋中营养土的配方为壤土：有机质：细沙土 =4：2：1，每 $1m^3$ 营养土加磷肥 50kg。营养土完全腐熟后用高锰酸钾或福尔马林等消毒再装入育苗袋。

退潮后使用淡水浇灌苗圃地。淡水浇灌量根据幼苗大小、潮水情况和气温而定。结合苗木的生长情况可适当施肥，但在苗木出圃前 1 个月不宜施肥，以免因苗木生长过快木质化程度低而影响造林成活率。

四、栽培技术

秋茄适宜种植在中低潮滩，最适于在河口、内湾（湖）平缓的泥质滩涂上。

在封滩条件下进行红树林种植。采取块状混交及带状混交相结合的方式，造林区域保留适当的裸露泥滩，形成红树林、泥滩与水道潮沟交错分布的生态格局。

对于潮滩面位于平均海面线以下的造林地，可采取填挖的方式提高滩面水平，达到秋茄宜林地要求。

秋茄造林适宜的时间为 5~9 月。一般情况下利用实生苗种植，在胚轴成熟季节造林时也可利用胚轴直接在海滩上插植。

秋茄利用实生苗种植时，在淤泥深厚的中低潮滩宜适当深植；在土质较硬的中高潮滩，适当浅植以促进苗木生长。利用胚轴种植时，在淤泥深厚、风浪较大的潮滩，胚轴插植深度约为其长度的 2/3；在土质硬实、风浪较小的潮滩，胚轴插植的深度约为其长度的 1/3~1/2。

秋茄幼苗种植规格一般为 0.3m × 0.5m 至 0.5m × 1.0m，根据生境条件和种植材料的不同，种植密度可适当调整。淤泥深厚、风浪较小的潮滩适当降低造林密度，土壤贫脊、风浪较大的潮滩适当提高造林密度。用胚轴直接插植的情况下要密植（彩图 4–23、彩图 4–24）。

在风浪较大的造林地，对秋茄幼苗进行撑扶以减轻风浪的影响。利用竹杆撑扶以可有效防止秋茄幼苗受风浪冲击而发生倒伏。

秋茄病虫害主要有根基腐病、红树卷叶蛾、袋蛾和潜蛾科危害等。对于病虫害应积极预防，栽植前对胚轴进行杀菌、杀虫处理。若发现病株应及时清除，在海水退潮时撒上石灰消毒，以防传染。若发现卷叶蛾和袋蛾，可在幼虫期用生物农药苦参 0.1%~0.125% 溶液防治。虫口为害可用菊酯类农药，既能有效杀灭害虫，又对秋茄毒害不大，可以起到良好的生态保护作用。

五、综合效益

（一）生态效益

秋茄是一种能适应水淹、盐渍的木本植物群落，有许多特殊的生理、生态和形态适应机制，有促进岛屿形成和延长海岸线功能。此外，秋茄是海陆交界处的重要生产者。根据测算，秋茄树每年每公顷的凋落物达 9.21t，落叶占 70% 以上，大量凋落物和高分解速率提高了红树林区（包括海域）的肥力，为海生动物提供丰富的饵料，促进当地水产渔业和养殖业的发展。秋茄能给海鸟提供栖息和蔽护的环境，是海陆地区野生动物的天然保护伞。

秋茄是海堤的天然屏障，对沿海人民生命财产起着有效的保护作用。秋茄林相整齐，植株一般高 3~6m，最高达 10m 以上，庞大的根系（彩图 4–25）和树冠系统能有效削弱强风浪形成的冲击力，有利于防风、防浪、护堤（王德兴，1997），50m 宽的秋茄人工林可减低 1/10 波高和平均波高 45% 以上（陈玉军等，2011），减弱平均风速和极大风速 90% 以上（陈玉军等，2012）。

（二）经济价值

秋茄结实力强，适应性广，栽培容易，天然更新良好。秋茄是太平洋西岸最耐寒的红树植物（陈鹭真等，2010），是迄今为止浙江省唯一引种成功的红树植物（陈秋夏等，2019），也是我国亚热带海岸滩涂绿化应用最广的红树植物之一。胚轴富含淀粉，经处理可食用，树叶可作家畜饲料，树皮富含单宁，可作收敛剂。在海滩疏林内，秋茄容易下种繁殖。木材坚实，耐腐。树皮富含单宁，可提制栲胶。

秋茄化学成分主要包括黄酮类、萜类、酚酸类、有机酸、甾醇、含氮化合物、多糖等。现代药理研究表明秋茄具有抗肿瘤、抑菌、抗氧化、降血糖和血脂、抗炎等多种药理活性（吴秀彩等，2022）。事实上，我国沿海地区民众使用秋茄作为药物治疗疾病已有一定历史，其根、茎、叶、皮和果实均可入药，树皮具有收敛、止血和抗菌作用，树根的乙醇浸出液可用于治疗风湿性关节炎（林鹏等，1995）。

（陈玉军、梁炜深、李玫、廖宝文、管伟、郑松发、宋湘豫）

第六节　红海榄

红海榄（*Rhizophora stylosa*）别名鸡笼罩（海南）、长柱红树（广东）、五梨跤（台湾）等，红树科（Rhizophoraceae）植物，是中国海岸带红树林常见树种之一，常绿乔木或灌木，支柱根发达，属于显胎生植物，繁殖体为胚轴。红海榄耐盐、耐淹、不耐寒，在中国分布于广东、海南、广西、福建（引种）、香港（已灭绝）和台湾的海岸潮间带，世界范围分布于东南亚、太平洋群岛、澳大利亚及日本冲绳岛等热带、亚热带潮间带。本节围绕红海榄的生态适应性、育苗技术、栽培技术、综合效益等方面进行详细综述，旨在为今后开展深入开展红海榄相关研究提供依据。

一、生态适宜性

红海榄是我国海岸带红树林常见树种之一。在我国分布于广东、海南、广西、福建（引种）、香港（已灭绝）和台湾的海岸潮间带。世界范围分布于东南亚、太平洋群岛、澳大利亚及日本冲绳岛等热带、亚热带潮间带。

红海榄的生活型为常绿乔木或灌木，其生长高度主要受气候条件影响，比如在靠近赤道地区高度可达10m（Nasir & Yusmah，2007），在中国海南最高约7m，而在广东最高5m（韩维栋等，2002）。支柱根发达，从树干和枝条上长出，成拱状弯入土壤（彩图4-26）。单叶对生，革质，椭圆形或矩圆状椭圆形，长7~11cm，宽3~5cm，顶端凸尖或钝短尖，叶背有明显黑褐色腺点。总花梗从当年生的叶腋长出，与叶柄等长或稍长，有花2至多朵；花具短梗，基部有合生的小苞片（彩图4-27）。胚轴圆柱形，长30~40cm，表面有疣状突起（彩图4-28）。树皮棕黑色，含单宁17%~22%（郑德璋等，1999）。

红海榄属于嗜热广布种，生长于最冷月均温为14~16℃以上的滩涂。对土壤肥力要求不高，生长于平均海平面以上的潮滩中下部，是红树林演替中后期树种（唐秋霞和王友绍2021）。红海榄可适应的盐度范围为0%~3%，其最适盐度为1%~2%（吕晓波2019）。红海榄常单独组成密集的单优群落，在不少林段中也可与其他红树植物混生或伴生形成混交群落（彩图4-29）。在长期的进化过程中，红海榄形成了对潮间带淹水、高盐生境的一系列生理生态适应特征。为了防止海浪冲击以及盐水缺氧环境，红海榄进化出拱形支柱根，扎入泥滩里以保持植株的稳定，同时也有利于根系呼吸。胎萌是红海榄的另一适应现象：果实成熟后留在母树上，并迅速长出长达30~40cm的胚轴，然后由母体脱落，插入泥滩里，扎根并长成新个体。在适应盐环境方面，红海榄叶片细胞内渗透压很高，这有利于从海水中吸收水分，同时叶片的革质和较厚的叶肉组织有利于防止水分散失（王文卿和王瑁，2007）。

二、育苗技术

（一）胚轴采收

用于苗木培育的胚轴应该在胚轴集中成熟脱落期间采集。红海榄成熟胚轴特征如下：胚轴较粗长，呈棒棍状，全身长有疣突，呈墨绿色，长20~40cm，种蒂易落，萼管长2.0~2.5cm，胚轴下端最粗部分直径1.5~1.7cm，1条胚轴鲜重16~30g，平均约24g（廖宝文等，2010）。

在较小区域范围内（比如几个省范围），红海榄胚轴成熟期与纬度关系不大，但是在更大地理区域范围内则与纬度和气候相关。在海南东寨港国家级自然保护区和广东湛江红树林国家级自然保护区根据对红海榄的开花、结实、种子成熟等生长物候节律的观测结果表明，红海榄在海南和广东的花期全年，果期1~9月，但胚轴成熟脱落期集中在6~8月（廖宝文等，2010）。因此，在海南和广东红海榄胚轴的最佳采收期为6~8月。在南半球的澳大利亚东部海岸带，红海榄的开花、结实、种子成熟等生长物候节律与纬度也没有显著关系，胚轴的最佳采收期为4月（Wilson & Saintilan 2018）。

用于育苗的胚轴应选择成熟、健康的母树采集胚轴，也可从新近脱落的胚轴中挑选成熟、粗壮、完好的胚轴造林，有虫蛀的、已出芽萌根的、受损严重的胚轴应弃用。

（二）种子处理

胚轴应随采随种，存放时间一般不超过 2 周，而且必须在阴凉环境保存处。胚轴在育苗前需进行消毒处理，把胚轴放在百菌清溶液或多菌灵溶液中浸泡 2min 即可。

（三）育苗

红树林苗圃地常年平均海水盐度以 1.5%~2% 为宜，盐度过高不利于苗木生长，盐度果蒂苗木抗逆性差，造林成活率低。苗圃除了应保证海水浸淹条件以外，最好布设淡水浇灌设施。淡水浇灌可适度调控苗圃内的海水盐度，提高苗木生长速率，同时还可冲洗粘附在幼苗上的泥浆，减少病害发生，提高成苗率和出圃率（钟才荣等，2021）。

育苗一般采用可降解营养袋，营养袋的大小根据预期要使用的造林苗木规格确定，小苗采用 10cm × 10cm，中苗 15cm × 15cm，大苗 20cm × 20cm。育苗土通常采用海泥或营养土，营养土配置比例为：红土 50%+ 牛粪 25%+ 粉沙土 25%+ 过磷酸钙（每立方米牛粪加过磷酸钙 20kg）（钟才荣等，2021）。将装满基质的育苗袋呈垄状摆放在滩涂苗圃上，垄宽度 80~100cm，如果摆放营养袋垄宽度过大将影响小苗光照，造成苗木明显分化，影响苗木质量。

在胚轴插植前半个月把营养袋装好，此时基质的理化性质处于较稳定状态。将胚轴的根部（即挂果时自然朝下部分）朝下、顶芽部分（与果蒂连接处）朝上，胚轴插入土壤的深度为胚轴长度的 1/3~1/2。插好胚轴后及时淋水，使营养袋中的土下沉变实，固定种子。

在幼苗生长时期应注意海水潮汐的变化和海水的盐度，保持滩涂地和育苗袋中的基质水分充足，但切忌将苗木长期浸淹在水中影响根系呼吸。夏天中午退潮期间应用海水或淡水对苗木进行淋浴以确保其温度适当。从播种到抽出 4 片叶子的幼苗时期，每天早晚各浇 1 次淡水降低盐度，之后可以降低浇水频率。

（四）病虫害防治

无病害发生时，每 20 天喷广谱杀菌剂 1 次，如多菌灵或百菌清。一旦发生病害，及时确诊，尽快喷施对应低毒农药防治。立枯病主要为茎叶和根腐烂，要及时拔出病株，然后选用甲基托布津（50%）500~800 倍稀释液或扑海因 400~500 倍稀释液、多硫悬浮液（40%）300~500 倍稀释液等进行防治，喷药频率为 3~5 天 1 次，连喷 3~5 次。灰霉病发病时感病组织呈浅褐色水渍状软腐，后期溃烂。应及时拔出病株，然后甲基托布津或多硫悬浮液防治（方法同上），严重时可用施宝功 2000 倍稀释液防治。炭疽病发病时感病叶出现褐色点状物，继而扩大。防治可用等量式波尔多液、敌克松 600~800 倍稀释液防治。对于生物害虫，可用菊酯类低毒农药防治（钟才荣等，2021）。

（五）出圃前炼苗

出圃造林前 1 个月，需进行炼苗。将苗木连带育苗容器拔起，切断穿出容器外的根系，苗木断根初期每天浇水 2~3 次，5~7 天后停止浇淡水让海水随潮汐规律自然浸淹，使苗木能适应滩涂的自然生长环境（钟才荣等，2021）。炼苗时间大概需要 20~30 天。经过炼苗的苗木其木质化程度和对高盐环境的适应性明显提高，切断穿袋的根系后，苗木从基部重新长出新的根系于营养袋内，此时出圃造林可显著提高成活率。

三、栽培技术

（一）宜林地选择

张乔民等（2001）认为，红树林只能生长在平均海平面之上，平均海平面可作为红树林的宜林临界线，国际上也一般以平均海平面作为红树林生长下限高程。但在各地实际调查中发现，在个别避风浪条件很好的港湾和泻湖海岸，平均海平面以下的滩涂也可发育一定规模的红树林（范航清，2000）。广西英罗湾现存红树林约 50% 生长在平均海平面以下，其中大部分为红海榄林（何斌源和赖廷和，2007）。为了确保造林成功，红海榄造林滩涂的高程范围宜位于平均海平面以上至大潮平均高潮位之间的潮滩中下部，且避开风浪大的滩涂。红海榄造林区域海水盐度宜在 30‰以下，红海榄对不同土壤条件适宜性强，对土壤养分没有严格要求，但在泥质和泥沙质土壤中生长最好（廖宝文等，2010）。

（二）胚轴或实生苗选择

红树林造林方法根据种苗来源的不同可分为胚轴造林、容器苗造林和天然苗造林。胚轴造林和人工培育容器苗造林都适合大型繁殖体种类红海榄、木榄和秋茄进行大规模造林和次生林改造，而隐胎生种类如白骨壤和桐花树由于繁殖体较小，插植胚轴容易被潮水冲走，适合容器苗造林（莫竹承和范航清，2001）。容器苗造林生长速度较快，对于逆境造林有重要意义，而且容器苗造林的成活率高于胚轴育苗（谭振，2021）。天然苗造林是直接从红树林群落中挖取天然苗来造林的方式，在挖苗和植苗时容易伤根，造林成活率很低，且挖取幼苗对群落发展有负面影响，因此一般很少采用。

基质条件对选择胚轴或实生苗造林有一定的参考意义。实验表明，沙质地条件下以胚轴苗形式种植的红海榄幼树生长量和保存率远高于以实生苗形式种植的幼树，而在泥质地条件下，不同种植材料的红海榄幼树生长差异性较小（陈玉军等，2014）。因此，可根据造林地的基质条件选择胚轴造林或者实生苗造林。

（三）种植密度

试验表明，种植密度在 0.25m × 0.25m 至 1.00m × 1.00m 的范围内对 2 年生以下的红海榄幼苗生长速度和存活率都没有明显影响，但是对于 2 年生以上的红海榄幼苗，种植密度高于 1m × 0.5m 将会对红海榄幼苗地径生长和保存率都产生负面影响，而对株高生长产生正影响（陈玉军等，2014）。因此，综合造林成活率和成本考虑，红海榄造林密度宜在 1.00m × 1.00m 以上。

（四）胚轴插植深度

以红海榄胚轴长度的 1/3、1/2 和 2/3 这 3 种不同插植深度作对比试验表明，在种植 1 年后，胚轴插植深度对幼树成活及生长的影响较小（陈玉军等，2014）。由于胚轴插植初期，在尚未生根的情况下，若造林地出现较大的风浪，胚轴易被海水卷起而流失，因此，在种植胚轴苗时，胚轴应尽量深植于泥滩中，种植的深度以不超过胚轴长度的 2/3 为宜。

（五）实生苗种植方法

宜采用挖种植穴方式，种植穴的尺寸应稍大于育苗袋。对于采用不可降解材料的育苗袋，必须剥掉育苗袋以后把土球放入种植穴中；对于采用可降解材料的育苗袋，整个育苗袋放置于种植穴中。育苗袋放入种植穴后覆土至育苗袋表面与地表平齐或者略低于地表（5cm 以内）。

（六）种植季节

种植季节应根据各地气候条件调整。在海南岛南部全年均可造林，海南北部海口、文昌、澄迈等地区尽量避免在 1 月造林。在广东、广西、福建、浙江等亚热带地区尽量在 3~9 月完成造林，同时避开台风天气。

（七）幼林管护

潮间带滩涂人为活动（如采挖经济动物）频繁，宜封滩 3~5 年，防止人为破坏。海漂垃圾多的地方应定期清除。3 年内对于成活率或保存率低于 80% 的应进行补植。

四、综合效益

红海榄生长在海岸带前沿的中低潮滩，在抵御风浪冲刷中具有重要的海岸防护功能。此外，红海榄群落对维持滨海湿地的生物多样性、净化水质、促淤造陆、固碳增汇中具有重要的生态功能和价值（生农等 2021）。

（熊燕梅、姜仲茂、辛琨、廖宝文、生农）

参考文献

安宁，郭文福，丁贵杰，等，2020. 马尾松格木幼林混交效果研究 [J]. 中南林业科技大学学报，40（5）：1–6.

白磊，2015. 米老排扦插繁殖技术 [D]. 北京：中国林业科学研究院 .

蔡开朗，麦志通，陈伟玉，等，2021. 7 个阔叶树种在三亚荒坡地区造林的早期生长表现 [J]. 热带林业，49（03）：4–6+10.

蔡仁飞，黄文明，周浮忠，2021. 一种白骨壤育苗方法 [P]. 海南省：CN113229024A.

陈朝黎，余纽，李荣生，等，2021. 米老排叶片营养成分与利用前景分析 [J]. 热带亚热带植物学报，29（4）：367–373.

陈福莲，1999. 檀香扦插试验 [J]. 中药材，22（3）：109–111.

陈桂丹，黄腾华，雷福娟，等，2017. 闽楠木材解剖构造特征研究 [J]. 广西林业科学（4）：375–379.

陈桂葵，陈桂珠，黄玉山，等，1999. 人工污水对白骨壤幼苗生理生态特性的影响 [J]. 应用生态学报（01）：97–100.

陈桂珠，陈桂葵，谭凤仪，等，2000. 白骨壤模拟湿地系统对污水的净化效应 [J]. 海洋环境科学（04）：23–26.

陈国贵，王文卿，谷宣，等，2021. 漳江口红树植物群落周转对大型底栖动物群落结构的影响 [J]. 生态学报，41（11）：4310–4317.

陈海军，官莉莉，赖建明，等，2010. 降香黄檀轻基质网袋容器育苗技术 [J]. 湖南林业科技，37（2）：59–61.

陈荷美，1979. 母生种子采集、品质检验及其贮藏 [J]. 热带林业科技（2）：26–28.

陈宏伟，李江，周彬，等，2006. 西南桦人工林与山地雨林的群落学特征比较 [J]. 植物学通报，23（2）：169–176.

陈剑成，黄丽丹，玉桂成，等，2011. 火力楠种子园自由授粉家系子代测定 [J]. 林业科技开发，25（2）：79–81.

陈居静，2013. 六种酸枝类木材结构特征及相关属性的研究 [D]. 福州：福建农林大学 .

陈俊光，2020. 努力探索 真抓实干 高质量推进珠三角国家森林城市群建设 [J]. 国土绿化（5）：45–49.

陈凯，李婷，杨梅，等，2019. 外源酚酸对降香黄檀幼苗生长和养分吸收的影响 [J]. 湖南师范大学自然科学学报，42（4）：34–40+52.

陈来德，2013. 闽楠与香樟混交效果评价 [J]. 安徽农学通报（15）：102–103，134.
陈雷，孙冰，廖绍波，等，2014. 广州城市绿地彩叶植物资源调查及应用 [J]. 广东农业科学，41（21）：49–55.
陈丽华，弗里德·穆拉德，陈振兴，等，2013. 紫檀水提取物用作直接血管舒张剂的制备方法及其应用 [P]. 中国，ZL200810084964. 3.
陈丽华，弗里德·穆拉德，陈振兴，等，2014. 紫檀乙醇提取物用作直接血管舒张剂的制备方法及应用 [P]. 中国，ZL200810084963. 9.
陈丽文，时群，杨利平，等，2021. 黄花风铃木的组培快繁技术 [J]. 现代园艺，3：116–117.
陈琳，曾冀，庞圣江，等，2020. 氮素施肥对西南桦无性系早期生长的影响 [J]. 林业科学研究，33（3）：70–75.
陈琳，曾杰，徐大平，等，2010. 氮素营养对西南桦幼苗生长及叶片养分状况的影响 [J]. 林业科学，46，35–40.
陈鹭真，王文卿，张宜辉，等，2010，2008 年南方低温对我国红树植物的破坏作用 [J]. 植物生态学报，34（02）：186–194.
陈明皋，吴际友，舒瑶，等，2014. 闽楠无性系扦插繁殖试验 [J]. 湖南林业科技（3）：1–3+8.
陈强，苏俊武，钟萍，等，2017. 格木不同苗龄苗木的生长与分化研究 [J]. 西部林业科学，46（2）：153–156.
陈青度，李小梅，曾杰，等，2004a. 紫檀属树种在我国的引种概况及发展前景 [J]. 广东林业科技，20（2）：38–41.
陈青度，李小梅，曾杰，2004b. 紫檀属树种实生苗培育技术的研究 [J]. 广东林业科技，20（1）：47–50.
陈秋夏，杨升，王金旺，等，2019. 浙江红树林发展历程及探讨 [J]. 浙江农业科学，60（07）：1177–1181.
陈秋夏，郑坚，周文培，等，2019. 秋茄新品种‘龙港’[J]. 园艺学报，46（S2）：2928–2929.
陈全助，金亚杰，郭朦朦，等，2017. 闽楠叶斑病病原鉴定及其生物学特性测定 [J]. 植物病理学报（3）：313–323.
陈全助，叶小真，吴松，等，2020. 闽楠叶斑病化学杀菌剂与抑菌植物室内筛选 [J]. 福建林业科技（3）：40–44+109.
陈仁利，郭俊杰，王佳永，等，2014. 一种促进檀香紫檀提早结实的嫁接方法 [P]：中国，ZL201310247404. 6.
陈仁利，曾杰，2018. 檀香紫檀嫁接采种园营建及无性系生长差异研究 [J]. 经济林研究，

36（3）：57–61.

陈荣，张新华，马国华，2014. 檀香与不同豆科植物寄生关系的研究 [J]. 热带亚热带植物学报，22（1）：53–60.

陈瑞炳，2000. 马占相思种源选择研究 [J]. 林业科技通讯（6）：12–15.

陈润政，傅家瑞，1984. 格木种子休眠和萌发生理的研究 [J]. 林业科学，4（1）：35–41.

陈升侃，2018. 尾叶桉 × 细叶桉重要经济性状的遗传变异与关联分析 [D]. 中国林业科学研究院 .

陈圣贤，2005. 红花天料木育苗造林技术 [J]. 林业实用技术（11）：20–21.

陈天宇，黄桂华，王西洋，等，2021. 配比施肥对柚木无性系林生长的影响 [J]. 中南林业科技大学学报，41（04）：66–75.

陈天宇，2020. 密度与施肥对柚木无性系生长及枝条发育的影响 [D]. 北京：中国林业科学研究院 .

陈伟，杨斌，史富强，等，2015. 配方施肥对西南桦幼林生长的影响 [J]. 西部林业科学，44（5）：81–84+95.

陈伟，钟才荣，2006. 红树植物白骨壤的育苗技术 [J]. 热带林业（04）：26–27.

陈伟文，蔡嘉慧，王景飞，等，2021. 海南岛母生资源调查与分析 [J]. 绿色科技，23（19）：126–129，133.

陈伟玉，卢瑜，邢增俊，2013. 檀香茎段组织培养技术研究 [J]. 热带林业，41（2）：7–10.

陈文宗，谌振，杨光穗，等，2016. 机械处理和酸处理对檀香紫檀发芽率和幼苗生长的影响 [J]. 广东农业科学，43（12）：6–11.

陈晓，1997. 中药外敷治疗小儿腹胀 268 例 [J]. 实用中医药杂志，13（4）：22.

陈耀辉，赵志刚，李保彬，等，2017. 华南丘陵区坡向和坡位对西南桦和灰木莲生长的影响 [J]. 中南林业科技大学学报，37（1）：33–37.

陈勇，孙冰，廖绍波，等，2015. 彩叶树种岭南槭早期生长及其美景度评价研究 [J]. 广东林业科技，31（1）：19–22.

陈宇，2019. 闽楠地理种源试验与早期选择 [J]. 林业勘察设计（1）：53–56.

陈玉军，廖宝文，黄勃，等，2011. 秋茄（*Kandelia obovata*）和无瓣海桑（*Sonneratia apetala*）红树人工林消波效应量化研究 [J]. 海洋与湖沼，42（6）：764–770.

陈玉军，廖宝文，李玫，等，2012. 无瓣海桑和秋茄人工林的减风效应 [J]. 应用生态学报，23(4)：959–964.

陈玉军，廖宝文，李玫，等，2014. 高盐度海滩红树林造林试验 [J]. 华南农业大学学报，35（2）：78–85.

陈彧，陈强，杨众养，等，2015. 红花天料木育苗及栽培技术 [J]. 热带林业，43（4）：38–41.

陈彧，杨众养，等，2014. 海南特类材树种扦插育苗技术研究 [J]. 热带林业，42（1）：4–6.

陈元献，杨永梅，2012. 白骨壤的沙地育苗技术 [J]. 热带林业，40（1）：24–25.

陈圆媛，2018. 单株综合抚育对闽楠中龄林生长的影响研究 [D]. 福州：福建农林大学 .

陈泽坦，2002. 珐蛱蝶母生树上的一种新害虫 [J]. 植物保护，28（5）：59–60

陈章和，朱素琴，李韶山，等，2000. UV–B 辐射对南亚热带森林木本植物幼苗生长的影响 [J]. 云南植物研究，22（4）：467–474.

陈芝卿，1973. 母生木虱生物学及其防治方法的初步研究 [J]. 热带林业，3：18–25.

陈志云，2010. 米老排混交林生态系统生产力及养分特征研究 [D]. 福州：福建农林大学 .

陈祖旭，刘水娥，孟宪法，等，2006. 马占相思无性系选择研究 [J]. 广东林业科技，2（3）：59–63，65.

陈祖旭，张方秋，张卫华，2013. 大叶相思优良家系的区域化选择 [J]. 浙江林业科技，33（6）：10–15.

谌红辉，贾宏炎，郭文福，等，2013. 西南桦无性系测定与评价 [J]. 林业实用技术，6：9–11.

成家隆，2016. 水东湾深水裸滩红树林造林技术研究 [D]. 重庆：西南大学 .

崔永忠，杨文云，李昆，等，2011. 檀香种子发芽试验研究 [J]. 西南农业学报，24（5）：1924–1927.

崔之益，徐大平，杨曾奖，等，2018a. 土壤含水量对旱季降香黄檀树干呼吸和非结构性碳水化合物的影响 [J]. 生态学杂志，37（2）：374–382.

崔之益，徐大平，杨曾奖，等，2018b. 土壤含水量对降香黄檀树干呼吸速率、生长和氮含量的影响 [J]. 华南农业大学学报，39（2）：54–61.

刀保辉，杨光习，段生彪，等，2016. 海拔对西南桦幼苗冻害程度的影响 [J]. 广西林业科学，45（1）：110–114.

邓海秀，徐峰，2009. 交趾黄檀与微凹黄檀比较研究初探 [J]. 中国木材（3）：10–13.

邓继忠，甘四明，黄华盛，等，2016. 一种针对二倍体 PCR 产物的 Sanger 测序中个体内 SNP 的识别方法 [P]. 中国：ZL 2013 1 06112631.

邓力，2013. 降香黄檀种子贮藏及播前处理技术 [J]. 林业科技开发，27（5）：115–117.

邓艺，曾炳山，刘英，等，2012. 巨桉无性系 EG5 叶片高效再生体系的建立 [J]. 林业科学研究，25（3）：394–399.

邓志勇，邓业成，刘艳华，等，2007. 60 种植物提取物对小菜蛾的杀虫活性筛选 [J]. 河南农业科学（9）：57–60.

翟东群，姜笑梅，殷亚方，2014. 红木资源现状及变化趋势 [J]. 木材工业，28（2）：26–30.

刁海林，蔡道雄，罗建举，等，2011. 米老排干燥特性研究 [J]. 湖北农业科学，50

（21）：4415–4418.

丁释丰，袁森，黄稚清，冯志坚，2019. 干旱胁迫对红果风铃木幼苗生理生化指标的影响 [J]. 黑龙江农业科学，3：13–17.

丁友芳，陈伯毅，黄素梅，等，2016. 南洋杉实生苗培育技术及苗木质量分级 [J]. 亚热带植物科学，45（4）376–378.

董晓龙，陈红，冯彦洪，等，2014. 猴耳环药渣 /HDPE 复合材料的制备与力学性能研究 [J]. 高分子通报，（2）：162–166.

窦志浩，温茂元，蔡景光，1994. 海南珍贵树种：母生的适应性试验报告 [J]. 热带作物研究（4）：65–69.

杜健，梁坤南，周树平，等，2016. 不同地区柚木人工林生长及土壤理化性质的研究 [J]. 林业科学研究，29（6）：7.

杜健，梁坤南，周再知，等，2016. 云南西双版纳柚木人工林立地类型划分及评价 [J]. 林业科学，52（9）：10.

杜丽敏，梁居红，麦有专，等，2016. 檀香紫檀高压育苗技术总结 [J]. 热带林业，44（1）：35–36.

范春节，曾炳山，裘珍飞，等，2008. 桉树转基因研究进展 [J]. 浙江林业科技，28（2）：65–72.

范春节，曾炳山，裘珍飞，等，2009a. 尾赤桉 DH201–2 遗传转化体系建立的研究 [J]. 浙江林业科技，29（4）：15–20.

范春节，曾炳山，裘珍飞，等，2009b. 尾赤桉叶片及茎段的离体培养与植株再生 [J]. 福建林学院学报，29（1）：74–78.

范春节，曾炳山，裘珍飞，等，2016. 尾细桉 YL02 叶片诱导的植株再生体系的建立 [J]. 分子植物育种，14（10）：2785–2790.

范春节，王象军，裘珍飞，等，2015. TDZ 对尾细桉叶片离体再生的影响 [J]. 热带农业科学，35（9）：37–41.

范航清，邱广龙，2004. 中国北部湾白骨壤红树林的虫害与研究对策 [J]. 广西植物（6）：558–562.

范航清，2000. 红树林——海岸环保卫士 [M]. 南宁：广西科技出版社 .

范辉华，李莹，汤行昊，等，2020. 不同密度杉木林分下套种闽楠的生长分析 [J]. 森林与环境学报（2）：184–189.

方发之，杨众养，陈彧，等，2015. 海南珍贵乡土树种套种农作物试验初报 [J]. 热带林业，43（1）：4–6.

方夏峰，方柏洲，2007. 闽南格木木材物理力学性质的研究 [J]. 福建林业科技，34（2）：146–147.

福建省林业局绿化工作办公室，2021. 福建的“中国最美古树”[J]. 福建林业（4）：19–21.
傅立国，金鉴明，1992. 中国植物红皮书：第一册 [M]. 北京：科学出版社 .
甘四明，李发根，翁启杰，等，2013. 一种基于荧光 dUTP 的自动检测 SSR 分子标记的方法 [P]. 中国：ZL 2010102399198.
甘四明，施季森，白嘉雨，等，1999. 尾叶桉和细叶桉无性系的 RAPD 指纹图谱构建 [J]. 南京林业大学学报（自然科学版），23（1）：11–14.
甘四明，施季森，白嘉雨，等，2003. 7 个桉树杂交亲本 RAPD 位点多态性和杂合性的研究 [J]. 林业科学，29（2）：162–167.
甘四明，2020. 林木分子育种研究的基因组学信息资源述评 [J]. 南京林业大学学报（自然科学版），44（4）：1–11.
高伟，聂森，叶功富，等，2017. 平潭岛岩质海岸带裸露山体植被恢复模式与成效分析 [J]. 防护林科技，162（3）：5–7.
高兆蔚，2009. 两种黄檀的形态特征差异及甄别方法的探讨 [J]. 林业勘察设计（1）：58–61.
葛玉珍，梁惠凌，蒋国秀，等，2020. 不同产地降香黄檀种子和幼苗性状的变异研究 [J]. 广西植物，40（4）：567–575.
弓明钦，王凤珍，陈羽，等，2000. 西南桦对菌根的依赖性及其接种效应研究 [J]. 林业科学研究，13（1）：8–14.
龚擎红，刘光正，王丽艳，等，2015. 闽楠人工林不同坡位生长特性研究 [J]. 南方林业科学（5）：22–24+28.
谷可欣，张天翼，何泾正，等，2020. 檀香醇对耐甲氧西林金黄色葡萄球菌 USA300 的抑制作用 [J]. 湖南农业大学学报（自然科学版），46（5）：594–600.
谷勇，陈芳，吴昊，2010. 版纳省藤的组织培养 [J]. 植物生理学通讯（10）：1055–1060.
顾龚平，张卫明，肖正春，等，2008. 燃油植物油楠的资源开发利用 [J]. 中国野生植物资源（4）：14–16.
顾关云，1981. 檀香树皮的化学成分 [J]. 国外医药植物药分册，3：22.
顾茂彬，刘元福，1980. 麻楝蛀斑螟初步研究 [J]. 昆虫知识（4）：118 — 120.
顾云春，1993. 森林立地分类与评价的立地要素原理与方法 [M]. 北京：科学出版社 .
广东省林业局，广东省林学会，2002. 广东省商品林 100 种优良树种栽培技术 [M]. 广州：广东科技出版社 .
广东省林业局，2019. 建设珠三角国家森林城市群构建粤港澳大湾区生态安全新格局 [J]. 国土绿化（1）：20–25.
广东省林业厅，2017. 珠三角国家森林城市群建设总体规划（2016–2025）.
广东省湛江南药试验场，1983. 湛江引种檀香树结香的观察 [J]. 中药材科技，5：1–2.

广州市林业和园林局，2018. 广州市绿地系统规划（2020–2035）.
郭本森，1985. 麻楝梢斑螟的初步研究 [J]. 动物学研究，6（4）：139–144.
郭滨，2020. 不同林龄杉木林间伐后套种闽楠对杉木生长的影响 [J]. 安徽农学通报，26（22）：60–61，76.
郭俊杰，赵志刚，曾杰，2010. 西南桦花枝嫁接人工制种技术 [J]. 浙江林业科技，30（5）：72–75.
郭利军，曾炳山，刘英，等，2012a. 巨桉无性系 Eg5 的卡那霉素和头孢霉素敏感性研究 [J]. 中南林业科技大学学报，32（3）：75–80.
郭利军，曾炳山，刘英，等，2012b. 农杆菌介导转化巨桉 Eg5 影响因素的研究 [J]. 中南林业科技大学学报，32（6）：61–66.
郭利军，曾炳山，刘英，2013. 根癌农杆菌介导的巨桉 Eg5 高效遗传转化体系建立 [J]. 植物学报，48（1）：87–93.
郭璐瑶，苗灵凤，李大东，等，2022. 施氮和增温对降香黄檀幼苗生长发育和生理特征的影响 [J]. 植物科学学报，40（2）：259–268.
郭朦朦，陈全助，冯丽贞，等，2018. 闽楠溃疡病病原鉴定及其生物学特性研究 [J]. 热带作物学报（8）：1601–1610.
郭文福，蔡道雄，贾宏炎，等，2006. 米老排人工林生长规律的研究 [J]. 林业科学研究，19（5）：585–589.
郭文福，曾杰，黎明，2008. 广西凭祥西南桦种源家系选择试验 I. 幼林生长性状的变异 [J]. 林业科学研究，21（5）：652–656.
郭文福，2009. 米老排人工林生长与立地的关系 [J]. 林业科学研究，22（6）：835–839.
郭晓玲，田佳佳，高晓霞，等，2009. 不同产区沉香药材挥发油成分 GC–MS 分析 [J]. 中药材，32（9）：1354–1358.
郭晓萍，朱家富，2020. 闽楠容器苗培育技术 [J]. 现代农业科技（5）：133–136.
郭彦彤，梁坤南，黄桂华，等，2012. 柚木愈伤组织诱导培养的研究 [J]. 中南林业科技大学学报，32（3）：53–58.
国家林业局速生丰产用材林基地建设工程管理办公室，2013. 楠木培育技术规程：LY/T 2119–2013[S]. 北京：中国标准出版社 .
国家药典委员会，2000. 中华人民共和国药典 2000 年版一部 [M]. 北京：化学工业出版社 .
国家药典委员会，2010. 中华人民共和国药典一部 [M]. 北京：中国医药科技出版社 .
韩维栋，高秀梅，卢昌义，等，2002. 雷州半岛的红树林植物组成与群落生态 [J]. 广西植物，23（2）：127–132.
韩维栋，黄剑坚，蔡俊欣，2007. 白骨壤果实的营养成分及含量 [J]. 林业科技（3）：51–52.

郝建，莫慧华，黄弼昌，等，2016. 西南桦和尾巨桉凋落叶分解及其与土壤性质的相关性 [J]. 林业科学研究，29（2）：202–208.

郝建，莫慧华，麻静，等，2016. 西南桦与红椎混交造林模式评价 [J]. 西北林学院学报，31（2）：135–139.

昊坤明，罗明雄，1979. 红花天料木种子园 [J]. 热带林业科技（4）：27–31.

何斌，何纾敏，黄弼昌，等，2015. 速生阶段西南桦人工林养分积累及其分配特征 [J]. 东北林业大学学报，43（3）：23–25+42.

何斌源，赖廷和，陈剑锋，等，2007. 两种红树植物白骨壤（*Avicennia marina*）和桐花树（*Aegiceras corniculatum*）的耐淹性 [J]. 生态学报（3）：1130–1138.

何斌源，赖廷和，2007. 广西沿海红海榄造林的宜林临界线 [J]. 应用生态学报，18（8）：1702–1708.

何畅，2019. 基于叶片表型与 SSR 标记的油楠种质资源遗传多样性分析 [D]. 北京：中国林业科学研究院 .

何梦玲，戚树源，胡兰娟，2010. 白木香离体侧根中色酮类化合物的诱导形成 [J]. 中草药，32（2）：281–284.

何明军，冯锦东，欧淑玲，等，2008. 濒危药用植物降香黄檀种子贮藏条件与萌发特性初步研究 [J]. 时珍国医国药，（9）：2074–2075.

何木林，2006. 卷荚相思和厚荚相思优良无性系的造林效果 [J]. 林业勘察设计（2）：20–23.

何琴飞，彭玉华，曹艳云，等，2012. 降香黄檀容器育苗基质试验 [J]. 林业科技开发，26（06）：92–95.

何诗雨，2017. 人工间伐引种红树对乡土红树生长恢复影响的研究 [D]. 深圳：深圳大学 .

何书奋，林国维，刘俊，等，2018. 不同家系交趾黄檀在三亚地区早期生长表现 [J]. 热带林业，46（3）：30–32.

何拓，罗建举，2016. 交趾黄檀及其相似树种木材构造的比较分析 [J]. 林业工程学报，1（4）：58–63.

何友均，覃林，李智勇，等，2012. 西南桦纯林与西南桦 × 红椎混交林碳贮量比较 [J]. 生态学报，32：7586–7594.

贺红，2002. 檀香体胚发生及影响因素的研究 [J]. 基层中药杂志，16（5）：17–19.

洪舟，刘福妹，杨曾奖，等，2019. 5 个泰国种源大果紫檀的早期生长及材性分析 [J]. 南京林业大学学报，43（2）：161–167.

洪舟，刘福妹，张宁南，等，2018. 降香黄檀生长性状家系间变异与优良家系初选 [J]. 南京林业大学学报（自然科学版），42（4）：106–112.

洪舟，杨曾奖，张宁南，等，2020. 降香黄檀生长和材性性状种源差异及早期选择 [J].

南京林业大学学报（自然科学版），44（1）：11–17.
洪舟，张宁南，杨曾奖，等，2020. 低温胁迫对不同产地降香黄檀幼苗生理特征影响 [J]. 西北林学院学报，35（3）：29–35.
洪舟，吴培衍，张金文，等，2020. 漳州地区交趾黄檀幼龄期生长表现及适应性分析 [J]. 南京林业大学学报（自然科学版），44（6）：118–124.
胡建湘，郑玲丽，2004. 西双版纳引种栽培蛇皮果初报 [J]. 亚热带植物科学（3）：48–50.
胡启荣，2010. 四种南洋杉在低山丘陵地的生长比较 [J]. 广东林业科技，26（4）：28–31.
胡文强，2014. 石门国家森林公园猴耳环种群结构及其功能性状研究 [D]. 中国林业科学研究院，硕士学位论文 .
胡杨，陈守光，于彬，等，2020. 尾叶桉全双列杂交试验研究 [J]. 林业科技通讯（7）：24–29.
黄弼昌，何斌，周燕萍，等，2016. 速生阶段西南桦人工林碳贮量及其分布格局 [J]. 中南林业科技大学学报，36（2）：79–83.
黄滨，冯明开，陈舜让，等，1989. 檀香林分的生长分析 [J]. 中药材，12（12）：7–11.
黄彩虹，符韵林，韦鹏练，2022. 施钙与覆膜对降香黄檀生长及心材形成的影响 [J]. 西南林业大学学报，42（6）：1–7.
黄富远，2007. 檀香的边材不作檀香药用 [J]. 辽宁中医药大学学报，9（2）：123.
黄桂华，梁坤南，林明平，等，2012. 柚木花粉收集与贮藏研究 [J]. 种子，31（9）：1–3.
黄桂华，梁坤南，林明平，等，2015. 柚木种子园促花结实技术的初步研究 [J]. 种子，34（8）：98–100.
黄桂华，梁坤南，周再知，等，2009. 不同基质对柚木种子发芽与幼苗生长的影响 [J]. 种子，28（10）：86–87.
黄桂华，梁坤南，林明平，等，2011. 珍贵树种坡垒和油丹及其育苗技术 [J]. 林业实用技术，10：23–24.
黄桂华，梁坤南，韦海，等，2015. 柚木冷害调查及耐寒无性系选择 [J]. 广东林业科技，31（3）：16–19.
黄桂华，梁坤南，周再知，等，2010. 南洋杉苗期施肥效应的研究 [J]. 中南林业大学学报，30（1）：29–33.
黄桂华，梁坤南，周再知，等，2019. 一种柚木苗期叶面肥及其施用方法 [P]. 中国：ZL201510786476. 7.
黄桂华，梁坤南，周再知，等，2013. 一种柚木无性系轻基质穴盘快速育苗的方法 [P]. 中国：ZL 201210579050. 0.
黄桂华，梁坤南，周再知，等，2011. 柚木花粉离体萌发试验 [J]. 林业科学研究，24（4）：527–530.

黄桂华，梁坤南，周再知，等，2018. 柚木无性系苗期抗旱生理评价与选择的研究 [J]. 中南林业科技大学学报，38（5）：11–17.

黄桂华，梁坤南，周再知，等，2019. 柚木无性系生长性状的遗传变异与选择效应 [J]. 华南农业大学学报，40（1）：101–106.

黄桂华，梁坤南，周再知，等，2014. 柚木无性系指纹图谱的构建方法及其应用 [P]. 中国：ZL 201410010871. 1.

黄桂华，梁坤南，周再知，等，2011. 柚木种子园无性系开花特性与结实差异分析 [J]. 种子，30（8）：5–8.

黄桂华，梁坤南，周再知，等，2015a. 柚木无性系苗期抗寒生理评价与选择的研究 [J]. 东北林业大学学报，43（9）：12–17.

黄桂华，梁坤南，周再知，等，2015b. 育苗密度与基质对柚木小棒槌苗生长的影响 [J]. 华南农业大学学报，36（2）：74–78.

黄桂华，梁坤南，周再知，等，2010. 珍贵用材树种坡垒的研究与发展 [J]. 江西农业大学学报，32（增）：108–111.

黄佳聪，郭俊杰，曾杰，2017. 滇西地区西南桦无性系早期测定与生长节律研究 [J]. 林业科学研究，30（3）：518–524.

黄洁，谢英彪，1998. 红花檀香茶治疗冠心病心绞痛 32 例观察 [J]. 时珍国药研究，（03）：21.

黄烈健，陈祖旭，张赛群，等，2012. 马占相思优树组培快繁技术研究 [J]. 林业科学研究，25（2）：227–230.

黄烈健，施琼，易敏，2013. 马占相思采穗圃母株定植密度与修剪试验 [J]. 福建林业科技，40（4）：86–89.

黄烈健，易敏，2013. 大叶相思不同种植密度及修剪高度对穗条量及扦插生根的影响 [J]. 中南林业科技大学学报，33（8）：10–13+37.

黄烈健，詹妮，李军，等，2014. 马占相思开花生物学特征研究 [J]. 林业科学研究，27（1）：45–52.

黄其城，2017. 火力楠人工林不同密度效应探究 . 绿色科技（3）：124–125.

黄塞北，2012. 热带硬阔叶材高效干燥技术研究 [D]. 南京：南京林业大学 .

焦立超，2015. 基于 DNA 条形码的濒危木材识别技术研究 [D]. 北京：中国林业科学研究院 .

黄文雄，2019. 广州小斑螟监测和综合防治技术规程 [J]. 现代农业研究（12）：46–47.

黄秀美，2013. 闽楠种源试验初步研究 [J]. 林业勘察设计（2）：109–112.

黄志玲，申文辉，朱积余，等，2016. 桂南地区 10 种珍贵树种人工林早期生长表现 [J]. 西部林业科学，45（5）：84–88.

黄忠良，郭贵仲，张祝平，1997. 渐危植物格木的濒危机制及其繁殖特性的研究 [J]. 生态学报，17：671-676.
贾春红，李淑芳，林红英，等，2012. 8 株方斑东风螺病原菌对 17 种中草药敏感性测定 [J]. 中兽医学杂志，（6）：6-9.
贾宏炎，黎明，曾冀，等，2015. 降香黄檀工厂化育苗轻基质筛选试验 [J]. 中南林业科技大学学报，35（11）：74-79.
贾宏炎，赵志刚，蔡道雄，等，2009. 格木轻基质容器苗分级研究 [J]. 种子，28（11）：19-21.
贾瑞丰，徐大平，杨曾奖，等，2013. 干旱胁迫对降香黄檀幼苗光合生理特性的影响 [J]. 西北植物学报，33（6）：1197-1202.
江香梅，林卫红，魏柏松，等，2020. 闽楠育苗初报 [J]. 江西林业科技（4）：9-10.
江业根，陆俊锟，康丽华，等，2016. 菌剂与化肥对降香黄檀苗期生长、结瘤的影响 [J]. 中南林业科技大学学报，36（5）：6-10+25.
姜百惠，丁扬，苗灵凤，等，2020. 淹水和盐胁迫对降香黄檀植株生理生态特性的影响 [J]. 海南大学学报（自然科学版），38（2）：132-140.
姜清彬，李清莹，仲崇禄，2017. 乡土珍贵树种火力楠的培育与综合利用 [J]. 林业科技通讯，（8）：3-7.
姜仲茂，管伟，丁功桃，等，2018. 不同光照和淹浸程度对木榄幼苗生长的综合效应 [J]. 生态环境学报，27（10）：1883-1889.
蒋桂雄，朱积余，2014. 广西珍贵树种高效栽培技术（连载）[J]. 广西林业（1）：44-45.
蒋谦才，李镇魁，2008. 中山野生植物 [M]. 广州：广东科技出版社 .
蒋有绪，1990. 试论建立我国森林立地分类系统 [J]. 林业科学（3）：262-270.
金川，2012. 浙江人工红树林对关键环境因子的生态响应研究 [D]. 北京：北京林业大学 .
金海湘，戴金宏，黄桂莲，等，2019. 华南风铃木类植物种质资源的形态与分子鉴定 [J]. 中国农学通报，35（7）：36-41.
金苏蓉，张邦文，欧阳勋志，2013. 多因子对楠木容器苗造林生长影响的分析［J］. 江西农业大学学报（3）：456-461.
康敏明，杨海燕，陈红跃，等，2006. 34 种阔叶树种早期生长比较 [J]. 广东林业科技，22（4）：83-87.
赖猛，梁坤南，黄桂华，等，2011. 柚木种源生长和与材质有关特性的遗传变异及综合评价 [J]. 林业科学研究，24（2）：234-238.
雷利堂，2012. 盐分胁迫对油楠和铁力木幼苗生长与生理特性的影响 [D]. 南宁：广西大学 .
黎明，韦叶桥，蒙愈，等，2015. 不同基质和育苗容器规格对格木幼苗生长的影响 [J]. 南方农业学报，46（9）：1646-1650.
黎少玮，2018. 米老排容器育苗基质与 N、P、K 施肥配比的研究 [D]. 北京：中国林业科

学研究院 .
李策，马媛媛，2014. 蒙药三味檀香胶囊治疗失眠症的疗效观察 [J]. 中国民族医药杂志，20（07）：8–9.
李光友，陆海飞，吴玉强，等，2021. 滇南尾巨桉人工林对不同间伐抚育措施的生长响应及其效益分析 [J]. 林业科技通讯（12）：3–13.
李光友，徐建民，RistoVuokko 等，2011. 尾叶桉无性系多性状遗传分析 [J]. 福建农林大学学报（自然科学版），40（1）：43–47.
李光友，徐建民，罗亚春，等，2022. 密度和施肥对滇南尾巨桉人工林生长影响的分析 [J]. 西南林业大学学报，42（3）：1–9.
李光友，徐建民，王英生，等，2017 杂交桉家系在冷凉区优势评价与遗传分析 [J]. 南京林业大学学报（自然科学版），41（4）：55–63.
李光友，杨雪艳，徐建民，等，2020 尾叶桉（Eucalyptus urophylla）杂种家系遗传测定及抗风选择 [J]. 分子植物育种，18（6）：2041–2051.
李光友，朱映安，徐建民，等，2017. 卡西亚松扦插育苗技术研究 [J]. 中南林业科技大学学报，37（10）：13–17.
李国新，何朝阳，黎颖锋，等，2003. 格木的育苗技术 [J]. 广东林业科技，19（2）：51–52.
李海滨，曾冬琴，温艺超，等，2011. 海南油楠资源概况及其培育对策 [J]. 热带林业，39（3）：30–33.
李浩，黄世能，王卫文，等，2012. 不同遮阳处理对猴耳环苗期生长的影响 [J]. 中南林业科技大学学报，32（10）：147–150+197.
李娟，林建勇，梁瑞龙，等，2012. 园林绿化树种资源及其应用评价 [J]. 广西林业科学，41（2）：150–154.
李娟，林建勇，姜英，等，2019. 不同种源闽楠种子形态特征和主要营养成分分析 [J]. 广西林业科学（3）：301–312.
李军，黄烈健，陈祖旭，等，2010. 大叶相思花部形态与开花生物学研究 [J]. 热带亚热带植物学报，18（4）：379–385.
李科，洪舟，杨曾奖，等，2018. 不同种源交趾黄檀种子形态及多点发芽率的差异 [J]. 浙江农林大学学报，2018，35（1）：121–127.
李莲芳，孟梦，方波，等，2012. 西南桦与高阿丁枫混交幼林生长及其混交匹配性分析 [J]. 西部林业科学，41（1）：17–23.
李梅，黄世能，陈祖旭，等，2018. 药用乔木树种猴耳环研究现状及开发利用前景 [J]. 林业科学，54（4）：142–154.
李品荣，曾觉民，陈强，等，2007. 西南桦人工纯林与混交林群落学特征比较 [J]. 东北林业大学学报，35（5）：14–16.
李萍，彭百承，袁慧星，2010. 檀香茶提取物镇静催眠作用的实验研究 [J]. 内蒙古中医药，11：142–143.
李琪媛，2019. 金洞林场杉木 – 闽楠混交林目标树密度研究 [D]. 长沙：中南林业科技大学 .
李琼琼，2017. 油楠树干泌油性状与分泌道结构特征的研究 [D]. 北京：中国林业科学研究院 .
李荣生，程林林，尹光天，等，2017. 氮肥对闽楠人工幼林生长的影响 [J]. 林业科技通讯（12）：18–22.
李荣生，尹光天，曾炳山，等，2008. 印度尼西亚蛇皮果的开发利用 [J]. 林业实用技术（6）：46–48.
李荣生，尹光天，杨锦昌，等，2009. 乡土用材棕榈藤种半同胞家系的早期选择 [J]. 世界竹藤通讯（4）：1–5.
李荣生，尹光天，杨锦昌，等，2017. 闽楠福建种源家系在广东的生长表现及其选择 [J]. 中南林业科技大学学报（6）：7–13.
李蓉蓉，2021. 华南沿海风铃木类植物鉴定与遗传多样性研究 [D]. 哈尔滨：东北林业大学 .
李蓉蓉，孟景祥，张勇，等，2021. 4 种风铃木在不同栽培地区叶表型性状适应性变异 [J]. 热带林业，49（2）：4–10.
李瑞聪，曾秀珍，周琳，等，2016. 基于 SBE 与 SD 法的珍贵树种视觉景观评价研究 [J]. 东南园艺，4（02）：68–72.
李瑞聪，2016. 交趾黄檀不同家系种子形态特性和发芽率差异 [J]. 福建热作科技，41（2）：29–33.
李瑞聪，2017. 闽南山地引种交趾黄檀种源初步表现 [J]. 绿色科技（15）：127–129.
李善淇，郑海水，等，1979. 母生幼林早期间伐的效果 [J]，热带林业，（2）：15–25.
李双喜，杨曾奖，徐大平，等，2015a. 施氮量对檀香幼苗生长及养分积累的影响 [J]. 植物营养与肥料学报，21（3）：807–814.
李双喜，杨曾奖，徐大平，等，2015b. 水分、养分和寄主对檀香幼苗根系生长及营养吸收的影响 [J]. 植物资源与环境学报，24（1）：61–68.
李孙玲，景跃波，卯吉华，等，2021. 不同寄主植物对檀香幼苗生长和光合特性的影响 [J]. 贵州林业科技，49（1）：23–26+6.
李薇，黄峥，苏丹萍，贺涛，2013. 深圳市城区主要园林植物的物候特征及其景观效应分析 [J]. 亚热带植物科学，42（2）：131–136.
李湘阳，曾炳山，徐大平，等，2010. 大果紫檀试管苗玻璃化影响因子的研究 [J]. 安徽农业科学，38（32）：18200–18201.
李湘阳，曾炳山，徐大平，2019. 不同基质对降香黄檀组培苗移植成活率及生长的影响

[J]. 种子，38（8）：16–20.

李湘阳，曾炳山，李荣生，等，2011. 蛇皮果的组织培养研究 [J]. 中国农学通报（28）：245–248.

李湘阳，曾炳山，裘珍飞，等，2010. 固化剂中 Cl 和 K 离子质量浓度对柚木组培苗生长的影响 [J]. 东北林业大学学报，38（4）：14–15.

李小飞，杨曾奖，徐大平，等，2019. 铲草和施肥对降香黄檀与印度檀香混交林土壤氮素矿化淋溶的影响 [J]. 应用生态学报，30（8）：2575–2582.

李效文，刘星，潘凤跃，等，2018. 不同配比基质对降香黄檀种子萌发的影响 [J]. 林业科技通讯（6）：65–68.

李信贤，温远光，温肇穆，1991. 广西海滩红树林主要建群种的生态分布和造林格局 [J]. 基因组学与应用生物学 .

李雁，窦雅静，羊仁秀，2019. 不同基质配方对坡垒和铁凌幼苗生长影响的比较 [J]. 分子植物育种，17（22）：7608–7615.

李应兰，陈福莲，1994. 人工促成檀香结香的研究 [J]. 热带亚热带植物学报，2（3）：39–45.

李应兰，1997a. 檀香嫁接试验 [J]. 中药材，20（11）：543–545.

李应兰，1997b. 檀香奇木落户中华 [J]. 植物杂志，1：8–9.

李应兰，2003. 檀香引种研究 [M]. 北京：科学出版社 .

李毓琦，刘小金，徐大平，等，2021. 不同施肥量对降香黄檀苗木生长和叶片养分状况的影响 [J]. 热带作物学报，42（2）：481–487.

李媛鑫，李效文，陈秋夏，2020. 多效唑对降香黄檀容器苗抗寒性的影响研究 [J]. 西南林业大学学报（自然科学），40（5）：56–63.

李云，郑德璋，廖宝文，等，1998. 几种红树植物引种试验初报 [J]. 林业科学研究，06：91–94.

李治明，崔紫芳，梁栩，2015. 油楠叶中黄酮提取及抗氧化活性研究 [J]. 广州化工，43（23）：137–140.

梁称利，张宁南，龙友深，等，2011. 不同种源檀香在广东低山区生长表现 [J]. 种子，30（6）：1–5.

梁坤南，赖猛，黄桂华，等，2011. 10 个柚木种源 27 年生长与适应性 [J]. 中南林业科技大学学报，31（4）：8–12.

梁坤南，周再知，马华明，等，2011. 我国珍贵树种柚木人工林发展现状、对策与展望 [J]. 福建林业科技，38（4）：173–178.

梁坤南，黄桂华，林明平，等，2020. 琼西南柚木次生种源 / 家系多性状综合选择 [J]. 林业科学研究，33（6）：13–22.

梁坤南，邝炳朝，周再知，等，2010. 柚木培育技术规程：LY/T 1900-2010 [S]. 北京：国家林业局.

梁坤南. 柚木 // 徐大平，丘佐旺. 南方主要珍贵树种栽培技术 [M]. 第一版，广州：广东科技出版社，2013：213-230.

梁善庆，罗建举，2007. 人工林米老排木材的物理力学性质 [J]. 中南林业科技大学学报，2007，27（5）：97-100+116.

梁士楚，董鸣，王伯荪，等，2003. 红树植物木榄种群分布格局关联维数的研究 [J]. 海洋科学（06）：51-54.

梁卫芳，梁坤南，黄桂华，等，2017. 沸石与 N、P、K、Ca 不同配比对柚木幼林早期生长的影响 [J]. 中南林业科技大学学报，37（4）：14-20.

梁杨静，兰薇，桑柏，等，2010. 三叶檀香散的药理研究进展 [J]. 云南民族大学学报（自然科学版），19（2）：86-89.

梁振益，嵇莎莎，陈祎平，等，2016. 双水相体系萃取油楠种子总皂苷的研究 [J]. 热带生物学报，7（2）：270-273.

廖宝文，李玫，陈玉军，管伟，2010. 中国红树林恢复与重建技术 [M]. 北京：科学出版社.

廖宝文，邱凤英，张留恩，等，2010. 红树植物白骨壤小苗对模拟潮汐淹浸时间的生长适应性 [J]. 环境科学，31（05）：1345-1351.

廖宝文，郑德璋，郑松发，等，1998. 红树植物桐花树育苗造林技术的研究 [J]. 林业科学研究，11（5）：474-480.

廖高文，2021. 不同海拔高度对闽楠幼树生长量的影响 [J]. 南方园艺（4）：62-64.

廖永翠，2015. 茉莉酸信号途径参与调控沉香倍半萜生物合成的分子机制研究 [D]. 北京协和医学院（清华大学医学部）& 中国医学科学院.

林国胜，朱帅群，包以秋，等，2020. 施肥对黑木相思幼林生长和形质性状的影响. 林业与环境科学，2020，36（3）：44-47.

林焕泽，李红念，梅全喜，等，2011. 沉香叶的研究进展. 今日药学，21（9）：547-549.

林开勤，赵志刚，郭俊杰，等，2010. 西南桦嫩枝扦插繁殖试验 [J]. 种子，29（9）：70-72.

林励，魏敏，肖省娥，等，2000. 外界刺激对檀香挥发油含量及质量的影响 [J]. 中药材，23（3）：152-154.

林明俊，2018. 檀香木的雕刻艺术探究 [J]. 雕塑，（03）：80-81.

林能庆，2015. 米老排嫁接技术研究 [J]. 防护林科技，2015，12：14-16.

林鹏，傅勤，1995. 中国红树林环境生态及经济利用. 北京：高等教育出版社.

林鹏，胡宏友，郑文教，等，1998. 深圳福田白骨壤红树林生物量和能量研究 [J]. 林业科学（1）: 20–26.
林奇艺，蔡岳文，袁亮，等，2000. 外界刺激檀香“结香”试验研究 [J]. 中药材，23（7）: 375–376
林榕庚，1992. 格木播种育苗试验 [J]. 广西林业科学，21（3）: 102–105.
林欣海，2015. 福建柏米老排混交林生长力与生态效能研究 [J]. 林业勘察设计，1 : 120–123.
刘炳妤，黄桂华，梁坤南，等，2020. 柚木无性系光合生理特征与生长综合评价 [J]. 植物研究，40（2）: 209–216.
刘炳妤，梁坤南，黄桂华，等，2019. 柚木（*Tectona grandis*）无性系对低温胁迫的生理响应及耐寒性评价 [J]. 分子植物育种，17（24）: 8245–8254.
刘福妹，韦菊玲，庞圣江，等，2019. 不同种源和家系交趾黄檀种子活力及其在广西凭祥的引种表现 [J]. 南方农业学报，50（1）: 110–117.
刘福妹，2019. 基于 SSR 标记的 3 个黄檀属珍贵红木用材树种遗传多样性研究 [D]. 黑龙江：东北林业大学 .
刘国昌，林明，魏秋桂，2017. 闽楠马尾松混交效果研究 [J]. 绿色科技（21）: 111–113.
刘济祥，李红怀，2007. 岭南槭育苗试验研究 [J]. 现代农业科技（20）: 15+17.
刘举，陈继富，2013. 木兰科四种植物种子油的提取及脂肪酸成分分析 [J]. 广西植物，33（2）: 208–211.
刘昆成，於艳萍，王凌晖，等，2013. 三种植物生长调节剂对格木幼苗根系生长的影响 [J]. 北方园艺，（5）: 66–68.
刘能文，吕泽群，唐镇忠，等，2015. 五种珍贵热带硬阔叶树材的干燥基准 [J]. 木材工业，29（3）: 47–50.
刘萍，边强，2002. 金合欢属树提取物有抗癌作用 [J]. 国外医药（合成药 生化药 制剂分册），3 : 59–59.
刘士玲，陈琳，庞圣江，等，2020. 施 N、P 肥对西南桦无性系幼苗生长及叶片 N、P 含量的影响 [J]. 华南农业大学学报，41（2）: 111–116.
刘士玲，陈琳，杨保国，等，2019. 氮磷肥对西南桦无性系生物量分配和根系形态的影响 [J]. 南京林业大学学报（自然科学版），43（5）: 23–29.
刘士玲，贾宏炎，陈琳，等，2019. 容器规格和添加生物炭的基质配方对西南桦幼苗生长的影响 [J]. 生态学杂志，38（9）: 2875–2882.
刘顺治，林金国，王晓娴，等，2015. 黄檀属和紫檀属 6 种红木化学组成及 pH 值的研究 [J]. 西北林学院学报，30（4）: 233–235.
刘图强，刘玉华，尹斌开，等，2011. 楠木培育施肥对比试验初报［J］. 科技与生活

（10）：105–106.

刘望舒，徐建民，李光友，等，2021. 尾叶桉与赤桉正反交杂种 F1 代生长、材性及其化学组分与抗风性能的分析 [J]. 林业科技通讯（2）：12–20.

刘文爱，范航清，2011. 广州小斑螟发生与环境因子的关系 [J]. 生态学报，31（23）：335–338.

刘文爱，李丽凤，2018. 广州小斑螟生物学特性及其防治的研究 [J]. 中国森林病虫，37（2）：18–21.

刘喜明，马景蕃，陈瑞英，2016. 交趾黄檀的化学特性研究 [J]. 龙岩学院学报，34（5）：112–116.

刘小金，徐大平，郭俊誉，等，2020. 海南省珍贵树种资源和产业调查分析 [J]. 热带林业，48（3）：53–57.

刘小金，徐大平，杨曾奖，等，2012a. 檀香种子生活力快速测定法 [J]. 南京林业大学学报，36（4）：67–70.

刘小金，徐大平，杨曾奖，等，2012b. 广东三地幼龄檀香生长和结香的早期评价 [J]. 林业科学，48（5）：108–115.

刘小金，徐大平，杨曾奖，等，2013. 几种生长调节剂对幼龄檀香生长、心材形成和精油成分的影响 [J]. 林业科学，49（7）：143–149.

刘小金，徐大平，杨曾奖，等，2015. 檀香心材和边材的精油含量及成分差异 [J]. 森林与环境学报，35（3）：219–224.

刘小金，徐大平，杨曾奖，等，2016a. 海南尖峰岭檀香心材比例、精油含量和成分的分布特征 [J]. 华南农业大学学报，37（5）：66–71.

刘小金，徐大平，杨曾奖，等，2016b. 脱落酸对檀香幼苗生长、光合及叶片抗氧化酶活性的影响 [J]. 南京林业大学学报（自然科学版），40（3）：57–62.

刘小金，徐大平，张宁南，等，2010a. 赤霉素对檀香种子发芽及幼苗生长的影响 [J]. 种子，29（8）：71–74.

刘小金，徐大平，张宁南，等，2010b. 苗期寄主配置对印度檀香幼苗生长影响的研究 [J]. 林业科学研究，23（6）：924–927.

刘小金，徐大平，张宁南，等，2021. 海南尖峰岭檀香心材和边材的矿质养分含量差异 [J]. 华南农业大学学报，42（2）：90–95.

刘小金，徐大平，杨曾奖，等，2017. 海南尖峰岭大果紫檀心材比例及精油成分组成 [J]. 森林与环境学报，37（2）：241–245.

刘晓军，王永胜，刘艳芬，2013. 檀香树叶和种子对文昌鸡生长性能和抗氧化性能的影响 [J]. 中国畜牧兽医，40（08）：54–56.

刘欣，潘超美，郭颖，等，2011. 猴耳环苗木分级标准的研究 [J]. 广东林业科技，27

（5）: 7–12.
刘艳丽，梁坤南，黄桂华，等，2014. 柚木无性系愈伤组织诱导及植株再生 [J]. 广西植物，34（6）: 841–847.
刘英，曾炳山，裘珍飞，等，2012. 叶片位置和切除方式对巨细桉 DH201–2 再生的影响 [J]. 广东林业科技，28（3）: 21–26.
刘英，曾炳山，2016. 一种火力楠组织培养快速繁殖育苗方法 [P]. 中国: 201610299886. 3.
刘英，2022. 檀香组培苗瓶外微扦插研究 [J]. 中南林业科技大学学报，42（5）: 1–9.
刘志昆，2018. 闽楠苗木枯梢病的防治和治理技术 [J]. 农业与技术（24）: 183.
龙友深，梁称利，2015. 南洋杉施肥与肥效时效研究 [J]. 贵州林业科技，43（1）: 10–13.
卢靖，董诗凡，2016. 8 种用材树种造林成效比较 [J]. 林业科技通讯（1）: 11–14.
卢立华，蔡道雄，贾宏炎，等，2009. 南亚热带 7 种林分凋落叶养分含量的年动态变化 [J]. 林业科学，45（4）: 1–6.
卢乃会，陈杰，韩成友，2016. 不同激素处理对母生枝条扦插繁殖的影响 [J]. 安徽农业科学，44（13）: 217–219.
卢启锦，魏开炬，2004. 火力楠的栽培与综合利用 [J]. 特种经济动植物，7（2）: 23，30.
陆碧瑶，李毓敬，麦浪天，等，1982. 油楠油挥发成分的研究 [J]. 林产化学与工业，1（2）: 26–30.
陆海飞，刘望舒，徐建民 等，2021. 广西中南部尾巨桉人工林立地类型划分及立地质量评价 [J]. 林业科学，57（5）: 13–24.
陆海飞，徐建民，刘望舒 等，2022. 引入哑变量的广西尾巨桉人工林地位指数模型拟合效果分析 [J]. 林业科技通讯（10）: 1–6.
陆海飞，2021. 滇南地区尾巨桉纸浆林立地质量评价及主伐年龄的确定 [D]. 北京：中国林业科学研究院 .
陆俊锟，徐大平，杨曾奖，等，2011. 慢生根瘤菌 DG 的分离、鉴定及其与降香黄檀的共生关系 [J]. 应用与环境生物学报，17（3）: 379–383.
路露，金艳，申超，等，2018. 6 种热带红树植物气孔性状研究 [J]. 现代农业科技（24）: 135–139.
罗成学，姜成，黄玲 等，2021. 滇南中山区桉树纸浆林高效培育模式研究初报 [J]. 桉树科技，38（3）: 23–27.
罗达，史作民，王卫霞，等，2015. 南亚热带格木、马尾松幼龄人工纯林及其混交林生态系统碳氮储量 [J]. 生态学报，35（18）: 6051–6059.
罗良儿，2016. 密度对闽楠人工林生长和土壤肥力的影响研究 [J]. 绿色科技（9）: 42–44.
罗明道，洪舟，李科，等，2019. 交趾黄檀 1 年生容器苗分级标准研究 [J]. 华南农业大学学报，2019，40（2）: 76–82.

罗宁，2014. 闽楠优良地理种源选择及其子代林遗传增益分析 [J]. 西部林业科学（5）：19–23，40.

罗尊宁，1997. 愈胃汤治疗胃痛 150 例临床观察 [J]. 四川中医，15（7）：36.

骆丹，王春胜，曾杰，2020. 西南桦幼林冠层光合特征及其对造林密度的响应 [J]. 中南林业科技大学学报，40（4）：44–49，139.

骆丹，王春胜，曾杰，2021. 西南桦幼林生长与枝条发育对光环境的响应 [J]. 华南农业大学学报，42（4）：83–88.

骆丹，王春胜，刀保辉，等，2021. 云南德宏州西南桦天然林物种组成及多样性研究 [J]. 林业科学研究，34（5）：159–167.

吕晓波，2019. 海南岛六种红树植物幼苗对光照、盐度和淹水时间的生理适应性研究 [D]. 海口：海南大学 .

吕中跃，裘珍飞，曾炳山，等，2018. 黑木相思 14 个无性系叶片性状变异分析 . 林业与环境科学，34（4）：43–47.

麻永红，贾瑞丰，杨曾奖，等，2017. 6 年生不同家系降香黄檀早期生长评价 [J]. 中南林业科技大学学报，37（8）：42–47.

马朝忠，苏彬，庞正轰，等，2018. 西南桦幼林氮磷钾肥添加微量元素配方施肥效果分析 [J]. 南方农业学报，49（1）：116–120.

马国华，何跃敏，张静峰，等，2005. 檀香幼苗半寄生性初步研究 [J]. 热带亚热带植物学报，13（3）：233–238.

马国华，胡玉姬，许秋生，2008. 檀香的组织培养与快速繁殖 [J]. 植物生理学通讯，44（2）：296.

马华明，2013. 土沉香［*Aquilaria sinensis*（Lour.）Gilg.］结香机制的研究 [D]. 北京：中国林业科学研究院博士学位论文 .

马建华，2002. 盐度对泌盐和非泌盐红树植物信使物质影响的比较研究 [D]. 厦门：厦门大学 .

麦宝莹，洪舟，徐大平，等，2019. 不同家系交趾黄檀种子萌发及幼苗生长差异 [J]. 南京林业大学学报（自然科学版），43（2）：153–160.

麦宝莹，洪舟，徐大平，等，2019. 交趾黄檀种源苗期生长性状地理变异和遗传稳定性分析 [J]. 南京林业大学学报（自然科学版），43（2）：168–174.

梅全喜，李红念，林焕泽，等，2013. 沉香叶与沉香药材降血糖作用的比较研究 [J]. 时珍国医国药，24（7）：1606–1607.

蒙兰杨，唐国强，唐武，等，2019. 不同坡位对格木生长影响与嫁接成活的相关性分析 [J]. 中南林业科技大学学报，39（7）：65–71.

明安刚，贾宏炎，田祖为，等，2014. 不同林龄格木人工林碳储量及其分配特征 [J]. 应用生态学报，25（4）：940–946.
莫世琴，林明平，王淑娥，2016. 不同产地交趾黄檀种子形态与发芽率研究 [J]. 热带林业，44（2）：8–10.
莫小路，曾庆钱，邱蔚芬，等，2008. 檀香体细胞胚胎的发生及植物再生的研究 [J]. 食品与药品，10（1）：35–37.
莫竹承，范航清，2001. 红树林造林方法的比较 [J]. 广西林业科学，30（2）：73–76.
沐小涵，史富强，等，2015. 大果紫檀在西双版纳的引种试验初报 [J]. 林业调查规划，40（6）：109–115.
欧建德，2015. 福建闽楠人工幼林氮磷钾施肥效应与施肥模式 [J］. 浙江农林大学学报（1）：92–97.
潘启龙，2012. 肥料与生长调节剂对油楠和刨花润楠幼苗生长的影响 [D]. 广西：广西大学 .
潘伟华，2005. 红花天料木造林技术与效果分析 [J]. 引进与咨询（11）：66–67.
潘文，李元跃，陈攀，等，2012. 广西红树植物桐花树种群遗传多样性分析 [J]. 广西植物，32（02）：203–207+213.
潘玉斌，2018. 红树林人工恢复造林技术分析 [J]. 南方农业，12（21）：73+77.
庞圣江，唐诚，张培，等，2016. 广西大青山西南桦人工林拟木蠹蛾为害的影响因子 [J]. 东北林业大学学报，44（11）：85–88.
庞圣江，张培，杨保国，等，2018. 广西大青山西南桦人工林林下植物多样性与稳定性 [J]. 中南林业科技大学学报，38（2）：103–107，113.
彭鹏祥，2012. 不同地理种源柚木木材应用特性研究 [D]. 广州：华南农业大学 .
彭仕尧，李光友，徐建民，2014. 尾细桉无性系在雷州半岛的适应性及稳定性评价 [J]. 安徽农业科学，42（18）：5850–5854.
彭仕尧，徐建民，李光友，等，2013. 尾细桉无性系在雷州半岛的生长与遗传分析 [J]. 中南林业科技大学学报，33（4）：23–27.
彭万喜，张宁南，张党权，等，2008. 檀香叶抽提物成分的 Py–GC/MS 分析 [J]. 华南理工大学学报（自然科学版），36（11）：38–44.
彭玉华，黄志玲，郝海坤，等，2015. 施肥对珍稀濒危树种格木苗木的影响 [J]. 广西林业科学，44（3）：232–238.
蒲玉瑾，张丽佳，苗灵凤，等，2019. 不同钙离子浓度对低温下降香黄檀幼苗生长及生理特性的影响 [J]. 植物科学学报，37（2）：251–259.
祁翠翠，韩长日，陈光英，等，2013. 红花天料木叶挥发油化学成分分析 [J]. 天然产物研究与开发，25（B12）：51–53.
钱军，陈国德，苟志辉，等，2016. 海南地区 6 个种源红花天料木幼苗生长差异评价 [J].

热带林业，44（1）：9–11.
秦明芳，谢金鲜，周红海，等，2010. 檀香茶叶水提醇沉液对心血管的作用及抗疲劳的实验研究 [J]. 基因组学与应用生物学，29（5）：962–968.
邱广龙，2005. 红树植物白骨壤繁殖生态研究与果实品质分析 [D]. 西宁：广西大学 .
裘珍飞，曾炳山，李湘阳，等，2009. TDZ 对巨尾桉（GL9）胚性愈伤组织诱导和再生的影响 [J]. 林业科学研究，22（5）：740–743.
裘珍飞，曾炳山，李湘阳，等，2012. 4 个桉树无性系愈伤诱导和分化 [J]. 林业科学研究，25（4）：531–534.
裘珍飞，曾炳山，李湘阳，等，2013. 米老排的组织培养和快速繁殖 [J]. 植物生理学报，49（10）：1077–1081.
裘珍飞，曾炳山，杨锦昌，2017. 米老排组培苗移植及其影响因素 [J]. 林业与环境科学，33（3）：39–43.
裘珍飞，曾炳山，郭光生，等，2017. 不同光源对柚木组培苗生长发育的影响 [J]. 广西植物，2017，37（5）：592–598.
裘珍飞，曾炳山，李湘阳，等，2016. 培养基调节对黑木相思增殖的影响 [J]. 南方林业科学，4（2）：12–14.
裘珍飞，2017. 黑木相思优良无性系叶片数量性状与生长评价 [J]. 热带亚热带植物学报，25（5）：465–471.
曲芬霞，陈存及，2010. 闽楠组培快繁技术研究 [J]. 林业实用技术（11）：7–9.
阙小黎，2019. 闽北山地不同坡位闽楠人工林的生长规律 [J]. 防护林科技（8）：50–53.
热带林业科学研究站，1974. 母生的培育技术 [J]. 农业科技通讯（7）：7–8.
容卫冰，曾凯，邓君晖，等，2016. 红树林白骨壤的育苗造林技术探讨 [J]. 绿色科技（21）：62+64.
尚秀华，张沛健，谢耀坚，等，2018. 赤桉抗风和生长性状的 SSR 关联分析 [J]. 南京林业大学学报（自然科学版），42（4）：97–105.
尚秀华，高丽琼，张沛健，等，2016. 3 种风铃木扦插繁殖技术研究 [J]. 桉树科技，33（1）：38–42.
申智骅，2016. 华南红树植物叶片经济学及元素特征 [D]. 南宁：广西大学 .
张宏达，1997. 深圳福田红树林湿地生态系统研究 [M]. 广州：广东科技出版社 .
沈乐，徐建民，李光友，等，2019. 尾叶桉与巨桉杂种 F1 代生长性状遗传分析 [J]. 林业科学，55（7）：68–76.
沈乐，徐建民，李光友，等，2020a. 尾巨桉杂种 F1 与抗风性关联的性状分析及其选优 [J]. 林业科学研究，33（5）：13–20.
沈乐，徐建民，李光友，等，2020b. 尾巨桉杂种 F1 代纸浆材材质性状和化学组分遗传

分析 [J]. 中南林业科技大学学报，40（10）：143–149.
生农，辛琨，廖宝文，2021. 红树林湿地生态功能及其价值研究文献学分析 [J]. 湿地科学与管理（1）：47–50.
盛小彬，李善志，陆文，等，2018. 不同寄主植物对檀香幼苗生长的影响研究 [J]. 热带林业，46（1）：22–24.
施福军，俞建妹，王凌晖，2011. 降香黄檀扦插繁殖技术研究 [J]. 广东农业科学，38（1）：50–52.
石忠诚，叶晓鸿，梁伦智，等，2016. 柚木种子园自由授粉子代家系测定及早期选择 [J]. 林业与环境科学，32（4）：33–37.
时波，2018. 深圳市梧桐山毛棉杜鹃生态景观林抚育技术指标的研究 [D]. 广州：华南农业大学 .
帅欧，林励，汪科元，等，2013. 沉香叶中芒果苷的提取工艺 [J]. 林业科技开发，27（5）：101–104.
宋绪忠，杨华，杨锦昌，等，2007. 版纳省藤家系苗期生长特性的初探 [J]. 广东林业科技，23（2）：6–10.
宋志姣，翁启杰，周长品，等，2016. 细叶桉（*Eucalyptus tereticornis*）早期生长的 SSR 标记关联分析 [J]. 分子植物育种，14（1）：195–203.
苏初旺，袁全平，熊经波，等，2011. 米老排人工林木材机械加工性能研究 [J]. 安徽农业科学，39（31）：19206–19208.
粟谋，邓肇聪，2015. 肇庆主要珍贵树种早期生长表现与评价 [J]. 防护林科技（8）：65–67.
孙洁，刘俊，郁培义，等，2015. 不同基质配方对降香黄檀幼苗生长生理的影响 [J]. 中南林业科技大学学报，35（7）：45–49.
孙明升，胡颖，陈旋，等，2020. 外源调节物质对干旱胁迫下格木幼苗生理特性的影响 [J]. 林业科学，56（10）：165–172.
沈国舫，2019. 格木 . 中国主要树种造林技术（第二版）[M]. 北京：中国林业出版社 .
沈国舫，2020. 中国主要树种造林技术（第二版）[M]. 北京：中国林业出版社 .
覃敏，2016. 米老排优良种源 / 家系选择与遗传变异研究 [D]. 北京：中国林业科学研究院 .
覃旭，2010. 柑橘溃疡病防治药剂的研究 [D]. 桂林：广西师范大学 .
谭丽杰，2011. 中药沉香研究进展 . 中国药房，45（39）：3738–3741.
谭玲，何友均，覃林，等，2015. 红椎和西南桦营养元素的含量与储量特征 [J]. 广西植物，35（1）：69–74.
谭振，2021. 红海榄胚轴和幼苗种植差异比较 [J]. 热带林业，49（02）：11–15.

汤行昊，张亚玲，柯彦杰，2021. 不同施基肥措施下闽楠造林成效研究 [J]. 防护林科技（6）：1–4.

唐诚，王春胜，庞圣江，等，2017. 西南桦人工林树皮厚度模型模拟 [J]. 林业科学，53（7）：85–93.

唐诚，王春胜，庞圣江，等，2018a. 广西大青山西南桦人工林立地类型划分及评价 [J]. 西北林学院学报，33（4）：52–57.

唐诚，王春胜，庞圣江，等，2018b. 广西大青山西南桦人工林土壤养分特征及其与立地生产力的关系 [J]. 林业科学研究，31（2）：164–169.

唐诚，王春胜，庞圣江，等，2019. 广西大青山西南桦人工林立地指数表编制 [J]. 浙江农林大学学报，36（4）：828–834.

唐继新，朱雪萍，贾宏炎，等，2022. 西南桦红椎混交林的生长动态及林木形质分析 [J]. 南京林业大学学报（自然科学版）（1）：97–105.

唐秋霞，王友绍，2021. 雷州半岛红树林群落特征及其分布格局 [J]. 生态科学 40（5）：23–32.

唐显，2012. 菌群及瓶插法在白木香树上生产沉香 [P]. 中国：CN102696690A.

陶弘景，1955. 本草经集注 [M]. 上海：群联出版社 .

田嘉琦，王咏雪，2018. 田阔秋茄种植前后沿浦湾潮间带大型底栖动物群落特征变化研究 [J]. 浙江海洋大学学报（自然科学版），4（2）：45–48.

万承永，张露，苏恒，2018. 黑地膜覆盖对闽楠切杆裸根造林幼林后期生长的影响 [J]. 中南林业调查规划（3）：59–93.

王增，吴翠蓉，于海霞，等，2015. 基于 GC/MS 鉴别真伪檀香紫檀的研究 [J]. 林业科技开发，29（2）：86–89.

王彩云，王春胜，曾杰，2020. 西南桦树皮精油提取工艺优化 [J]. 林产工业，57（8）：33–36.

王彩云，杨海宽，王春胜，等，2020. 西南桦树皮精油产量和成分随树龄的变化规律研究 [J]. 中南林业科技大学学报，40（8）：37–44.

王春胜，唐诚，赵志刚，等，2018. 桂西地区西南桦中龄林生长对间伐和施肥的响应 [J]. 中南林业科技大学学报，38+28–32.

王春胜，吴龙敦，赵志刚，等，2012. 修枝高度对西南桦人工幼林生长的影响 [J]. 中南林业科技大学学报，32（9）：51–54+101.

王春胜，赵志刚，曾冀，等，2013. 广西凭祥西南桦中幼林林木生长过程与造林密度的关系 [J]. 林业科学研究，26（2）：257–262.

王春胜，赵志刚，吴龙敦，等，2012. 修枝高度对西南桦拟木蠹蛾为害的影响 [J]. 西北林学院学报，27（6）：120–123.

王达明，杨正华，邹丽，等，2013. 西南桦人工林的林分密度研究 [J]. 西部林业科学，42（1）：13–19.

王德兴，陈瑞来，1997. 红树林家族的奇特成员——秋茄树 [J]. 国土绿化（2）：41.

王东光，张宁南，杨曾奖，等，2016. 20 种真菌对白木香挥发油成分的影响 . 华南农业大学学报，37（5）：77–83.

王东光，尹光天，邹文涛，等，2013. 不同基质和季节对闽楠嫩枝扦插生根的影响 [J]. 热带作物学报（8）：1458–1462.

王宏艳，2016. 蒙药三味檀香胶囊治疗冠心病心绞痛 [J]. 中国民族医药杂志，22（7）：24.

王鸿，黄烈健，胡峰，2016. 16 年生马占相思高效组培技术体系 [J]. 分子植物育种，14（4）：986–996.

王欢，曾建雄，骆必刚，等，2017. 粤东地区西南桦优良无性系多性状综合选择 [J]. 中南林业科技大学学报，37（12）：72–75，84.

王欢，郭俊杰，张栋，等，2018. 西桦组杂种无性系生长、形质变异与早期选择 [J]. 分子植物育种，16（5）：1638–1646.

王黄倚君，汤行昊，吴俊杰，等，2021. 不同种源闽楠种子特征研究 [J]. 南方林业科学（4）：5–9+26.

王军，龚德才，潘彪，2019. 南京明代宝船厂遗址出土大型木构件材质分析研究 [J]. 文博学刊，2（4）：34–42.

王俊林，徐建民，李光友，等，2011. 尾叶桉家系在粤东地区的生长选择研究 [J]. 安徽农业科学，39（19）：11568–11571.

王丽云，刘小金，崔之益，等，2018. 施肥对降香黄檀营养生长和生殖生长的影响 [J]. 植物研究，38（2）：225–231.

王丽云，刘小金，徐大平，等，2017. 生长调节剂对降香黄檀营养生长与生殖生长的影响 [J]. 华南农业大学学报，38（5）：86–90.

王凌晖，秦武明，杨梅，等，2009. 厚荚相思无性系造林与林业可持续发展 [J]. 安徽农业科学，37（2）：592–594.

王楠，王宏信，李向林，等，2017. 施肥对降香黄檀幼苗生长和光合的影响 [J]. 东北林业大学学报，45（1）：25–29.

王威，杜丽侠，郑小贤，等，2009. 北京市山区风景林现状分析及经营措施研究 [J]. 南京林业大学学报（自然科学版），33（2）：149–152.

王伟，徐建民，李光友，等，2012a. 24 个桉树品系遭受桉树枝瘿姬小蜂危害后防御酶活性变化 [J]. 中南林业科技大学学报，32（6）：24–28.

王伟，徐建民，李光友，等，2012b. 桉树不同无性系叶片内含物变化与枝瘿姬小蜂抗性的关系 [J]. 热带亚热带植物学报，20（6）：539–545.

王伟，徐建民，李光友 等，2013a. 桉树抗枝瘿姬小蜂关联基因的初步筛选研究 [J]. 北方园艺，(24)：88-91.

王伟，徐建民，李光友 等，2013b. 桉树枝瘿姬小蜂危害对桉树次生代谢产物含量的影响 [J]. 热带亚热带植物学报，21（6）：521-528.

王卫斌，杨德军，曹建新，2009. 西双版纳西南桦人工群落植物区系比较研究 [J]. 林业科学研究，22（1）：29-36.

王文卿，陈琼，2013. 南方滨海耐盐植物资源（一）[M]. 厦门：厦门大学出版社 .

王文卿，王瑁，2007. 中国红树林 [M]. 北京：科学出版社 .

王雪，2021. 金洞林场闽楠人工林多功能经营密度控制图研建 [D]. 长沙：中南林业科技大学 .

王雪，李际平，曹小玉，等，2021. 基于林分密度控制图的闽楠人工林全周期经营目标树密度研究 [J]. 中南林业科技大学学报（9）：71-78.

王雅连，马新业，詹若挺，等，2015. 降香黄檀种子播种前处理技术 [J]. 时珍国医国药，26（7）：1753-1754.

王永胜，刘艳芬，蔡升，等，2012. 檀香树叶和种子对文昌鸡肉品质的影响 [J]. 中国畜牧兽医，39（12）：64-69.

王玥琳，2019. 不同培育措施对降香黄檀生长和生理代谢影响的研究 [D]. 中国林业科学研究院 .

王玥琳，徐大平，杨曾奖，等，2018. 不同栽培措施对降香黄檀内源激素含量的影响 [J]. 植物研究，38（5）：688-696.

王玥琳，徐大平，杨曾奖，等，2019a. 不同浓度乙烯利对降香黄檀心材和精油成分的影响 [J]. 林业科学研究，32（3）：56-64.

王玥琳，徐大平，杨曾奖，等，2019b. 不同培育措施对降香黄檀保护性酶、PAL 活性及 MDA 含量的影响 [J]. 分子植物育种，17（2）：635-642.

王玥琳，徐大平，杨曾奖，等，2019c. 修枝和乙烯对降香黄檀光合系统特性影响 [J]. 分子植物育种，17（7）：2392-2398.

魏丽萍，刘世红，岳海，等，2014. GA_3 和 6-BA 对降香黄檀种子发芽的影响 [J]. 热带农业科技，37（2）：25-27.

魏敏，林励，邱金裕，等，2000. 风害损伤对檀香药材质量的影响研究 [J]. 中国中药杂志，25（12）：710-713.

温小莹，黄芳芳，甘先华，等，2018. N 素指数施肥对格木、降香黄檀苗期生长的影响 [J]. 林业与环境科学，34（6）：1-7.

温小莹，黄芳芳，甘先华，等，2017. 坡垒、青皮在广东树木公园的引种表现 [J]. 林业与环境科学，33（4）：52-56.

温远光，1999. 广西英罗港 5 种红树植物群落的生物量和生产力 [J]. 广西科学（2）：63–68.
吴国欣，王凌晖，梁惠萍，等，2010. 三种植物生长调节剂对降香黄檀种子发芽的影响 [J]. 基因组学与应用生物学，29（1）：120–124.
吴国欣，王凌晖，梁惠萍，等，2012. 氮磷钾配比施肥对降香黄檀苗木生长及生理的影响 [J]. 浙江农林大学学报，29（2）：296–300.
吴国欣，王凌晖，俞建妹，等，2010. 降香黄檀幼苗年生长节律研究 [J]. 浙江林业科技，30（3）：56–60.
吴菊英，1980. 红花天料木播种量和分床苗木规格的探讨 [J]. 热带林业科技（1）：11–15.
吴俊多，沈松，李莲芳，等，2020. 畹町林场柚木中龄林疏伐前后的林分结构变化分析 [J]. 甘肃农业大学学报，55（6）：117–130.
吴培培，孙冰，罗水兴，等，2017. 岭南槭不同种源家系种子形态和幼苗生长变异 [J]. 林业科学研究，30（6）：1015–1021.
吴培培，2018. 彩叶植物岭南槭种子性状与幼苗生长及叶色表现研究 [D]. 中国林业科学研究院 .
吴培衍，张金文，林滨滨，等，2019. 交趾黄檀采穗圃幼化技术 [J]. 防护林科技（1）：90–91.
吴世军，陈广超，徐建民，等，2016. 巨桉种源 / 家系多点遗传变异及选择比较 [J]. 林业与环境科学，32（6）：10–15.
吴世军，陈广超，徐建民，等，2017a. 赣南巨桉种源 _ 家系变异规律及选择 [J]. 林业与环境科学 33（6）：1–7.
吴世军，陈广超，徐建民，等，2017b. 滇南亚高山巨桉种源 – 家系变异及早期选择研究 [J]. 热带亚热带植物学报，25（3）：257–263.
吴世军，陈广超，徐建民，等，2018. 杂种桉无性系不同树干高度材性变异分析 [J]. 福建农林大学学报（ 自然科学版）47（1）：48–53.
吴世军，徐建民，李光友，等，2018. 滇中南巨桉种源 / 家系年度变异分析 [J]. 中国农学通报，34（23）：60–64.
吴文龙，陈云云，吴昇宇，等，2020. 即食香脆白骨壤果实加工工艺的研究 [J]. 中国调味品，45（09）：99–104.
吴秀彩，杜正彩，郝二伟，等，2021. 海洋中药秋茄的化学成分及药理活性研究进展 [J]. 世界科学技术 – 中医药现代化，23（12）：4711–4723.
吴艺东，洪舟，吴培衍，等，2019. 交趾黄檀嫁接苗培育技术 [J]. 林业实用技术，000（6）：64–65.
吴银兴，2011. 不同抚育方式对降香黄檀生长的影响 [J]. 安徽农学通报（上半月刊），17（15）：173–174.

吴映明，郑培珊，刘妮，等，2018. 广东红树林区鱼类物种多样性 [J]. 中山大学学报（自然科学版），57（05）：104–114.

吴永彬，林伟强，罗绍洪，等，2002. 30 种阔叶树种的造林效果初报 [J]. 福建林业科技，29（4）：31–33+36.

吴忠锋，杨锦昌，成铁龙，等，2014. 海南油楠的重要生物学特性及产油特征 [J]. 林业科学，50（4）：144–151.

吴忠锋，杨锦昌，尹光天，等，2017. 海南岛油楠天然群体种子表型变异及其对种子萌发、幼苗生长的影响 [J]. 中南林业科技大学学报，37（4）：64–69.

伍淑婕，2006. 广西红树林生态系统服务功能及其价值评估 [D]. 广西师范大学 .

武冲，2013. 麻楝种质资源遗传多样性研究 [D]. 北京：中国林业科学研究院 .

武冲，张勇，仲崇禄，2011. 麻楝种子育苗技术 [J]. 林业实用技术 12：15–16.

夏纬瑛，1990. 植物名释札记 [M]. 北京：农业出版社 .

霄迪，2009. 大红酸枝——交趾黄檀 [J]. 家具，S1（012）：90–93.

肖斌，2014. 猴耳环种子贮藏及其种苗繁育研究 [D]. 广州：广州中医药大学 .

肖书富，2014. 杉木间伐强度对林下套种闽楠幼林生长效果研究 [J]. 福建林业（2）：43–45.

肖文海，2021. 檫木与闽楠不同模式混交造林效果研究 [J]. 安徽农学通报（3）：52–53.

辛琨，颜葵，李真，等，2014. 海南岛红树林湿地土壤有机碳分布规律及影响因素研究 [J]. 土壤学报，51（05）：1078–1086.

徐楚峰，2013. 海南沉香现状调查 . 艺术市场，32（21）：110–115.

徐大平，丘佐旺，2013. 南方主要珍贵树种栽培技术 [M]. 广州：广东科技出版社：106–120.

徐大平，杨曾奖，梁坤南，等，2008. 华南 5 个珍贵树种的低温寒害调查 [J]. 林业科学，44（5）：1–2.

徐大平，丘佐旺，2013. 南方主要珍贵树种栽培技术 [M]. 广州：广东科技出版社：106–119.

徐建民，李光友，项东云，等，2015. 桉树丰产林经营技术规程 LY/T 2456–2015. 北京：国家林业局 .

徐建民，罗亚春，李光友，等，2020. 一种尾巨桉提质增效间伐方法 [P]. 中国：ZL2020 10074456. 8.

徐建民，韩超，唐红燕，等，2014. 卡西亚松引种种源 / 家系苗期选择的研究 [J]. 中南林业科技大学学报，34（10）：14–18.

徐建民，李光友，朱映安，等，2016. 一种卡西亚松扦插育苗体系的建立方法 [P]. 中国：201610239673. 1.

徐珊珊，刘小金，徐大平，等，2021. IAA 和 NAA 对降香黄檀扦插繁殖的影响 [J]. 林业科学研究，34（5）：168–176.

徐珊珊，徐大平，洪舟，等，2021. 降香黄檀生根的生理机制 [J]. 中南林业科技大学学报，41（10）：1–10.

徐燕千，劳家骐，1984. 木麻黄栽培 [M]. 北京：中国林业出版社 .

徐永荣，王鹏程，纪和，等，2011. 寄主植物生长情况及配置距离对檀香幼林生长的影响 [J]. 湖北农业科学，50（20）：4216–4220.

徐玉梅，杨德军，陈勇，等，2020. 格木山地造林幼林生长规律研究 [J]. 林业调查规划，45（4）：132–135.

徐大平，丘佐旺，2013. 南方主要珍贵树种栽培技术 [M]. 广州：广东科技出版社，241–260.

许佳胜，2020. 闽楠母树与半同胞子代生长的关联分析 [J]. 福建林业科技（3）：19–22+39.

许伟兵，李保彬，庞晓峰，等，2019. 鳌蒴萌芽林改造中树种生长与林分结构的关系分析 [J]. 林业与环境科学，35（3）：1–6.

许洋，许传森，2006. 主要造林树种网袋容器育苗轻基质技术 [J]. 林业实用技术，（10）：37–40.

薛世玉，李小飞，郭俊誉，等，2021. 不同管理措施下檀香 – 降香黄檀混交林凋落物特征 [J]. 应用与环境生物学报，27（5）：1186–1193.

薛世玉，李小飞，徐大平，等，2021. 抚育措施对檀香 + 降香黄檀混交林林下植被多样性的影响 [J]. 热带作物学报，42（8）：2422–2429.

薛杨，陈杰，等，2009. 红花天料木扦插育苗技术研究 [Ⅱ]. 热带林业，37（2）：2–26.

颜佳睿，2020. 金洞林场闽楠人工林全周期经营目标树密度研究 [D]. 长沙：中南林业科技大学 .

颜志成，陈潆，2018. 檀香紫檀和染料紫檀木材研究 [J]. 质量技术监督研究，4（1）：21–24.

杨柳，方崇荣，王增，等，2013. 檀香紫檀中可挥发性成份对其材种鉴定的初步研究 [J]. 浙江林业科技，33（1）：40–44.

杨保国，曾莉，黄旭光，等，2021. 柚木人工林伐桩萌芽更新规律研究 [J]. 广西林业科学，50（4）：403–407.

杨昌儒，刘震，倪周游，等，2017. 不同石砾含量栽培基质对降香黄檀生理指标的影响 [J]. 湖北农业科学，56（17）：3287–3291.

杨德军，王卫斌，耿云芬，等，2008. 西南桦纯林与混交林生态系统 C 贮量的对比研究 [J]. 福建林学院学报，28（2）：151–155.

杨锋，王冼民，赵海清，等，2021. 滨海滩涂种植海水稻与白骨壤的适宜区及综合效益对比研究 [J]. 热带林业，49（04）：4–8.

杨光习，刀保辉，杨从发，等，2017. 滇西地区西南桦幼林施肥试验初报 [J]. 林业科技通讯，(6)：17–19.
杨红兰，冯守富，尹永昌，等，2020. 锰胁迫对降香黄檀幼苗期生理特性的影响 [J]. 南方农业，14(27)：149–151.
杨锦昌，李琼琼，尹光天，等，2016. 海南尖峰岭野生油楠不同单株树脂化学成分研究 [J]. 林业科学研究，29(2)：245–249.
杨锦昌，尹光天，李荣生，等，2011. 油楠实生苗培育试验研究 [J]. 林业实用技术，(10)：29–30.
杨锦昌，尹光天，李荣生，等，2015. LY/T 2538–2015，油楠栽培技术规程 [S]. 北京：中国标准出版社 .
杨锦昌，尹光天，吴仲民，等，2011b. 海南尖峰岭油楠树脂油的主要理化特性 [J]. 林业科学，47(09)：21–27.
杨锦昌，尹光天，吴忠锋，等，2013. 油楠树脂油分泌特性及作为香料香精开发的潜力分析 [C]// 中国上海全国香料香精化妆品专题学术论坛 . 全国轻工业香精香料行业生产力促进中心；上海香料研究所，45–51.
杨锦昌，邹文涛，尹光天，等，2017. 不同处理方法对油楠成熟和过熟种子萌发特性的影响 [J]. 热带亚热带植物学报，25(4)：331–338.
杨锦昌，许煌灿，尹光天，等，2006. 单叶省藤组培家系的生长特性分析 [J]. 林业科学，42(2)：120–124.
杨柳，方崇荣，张建，等，2016. 气质联用鉴别降香黄檀与越南香枝的研究 [J]. 南京林业大学学报（自然科学版），40(1)：97–103.
杨绍增，1996. 马占相思利用价值的研究 [J]. 云南林业科技(2)：20–30.
杨文君，王慷林，李莲芳，等，2017. 盈江省藤苗木生长对肥料种类和施用量的响应 [J]. 世界竹藤通讯，15(6)：13–18.
杨晓燕，张春，何金元，等，2021. 不同密度造林对交趾黄檀早期生长的影响 [J]. 绿色科技，2021，23(23)：100–102.
杨雪艳，2018. 卡西亚松生长节律及家系早期选择研究 [D] 北京：中国林业科学研究院 .
杨晏平，郭俊杰，黄佳聪，等，2012. 滇西地区西南桦种源家系早期选择 [J]. 种子，31(1)：67–70.
杨曾奖，徐大平，曾杰，等，2008. 南方大果紫檀等珍贵树种寒害调查 [J]. 林业科学，44(11)：123–127.
杨曾奖，徐大平，张宁南，等，2011. 降香黄檀嫁接技术研究 [J]. 林业科学研究，24(5)：674–676.
杨政川，张添荣，陈财辉，1995. 木贼叶木麻黄在台湾之种源试验 I. 种子重与苗木生长

[J]. 林业试验研究报告季刊，10（2）：2–7.
姚贻强，李桂荣，梁士楚，2009. 广西防城港红树植物木榄种群结构的研究 [J]. 海洋环境科学，28（03）：301–304.
姚英，于存，2021. 闽楠叶斑病病原菌的分离鉴定及其生物学特性 [J]. 农技服务（6）：40–44.
叶丽芳，2016. 不同种源家系闽楠生长差异性分析与选择 [J]. 林业勘察设计（3）：74–77.
叶水西，2008. 降香黄檀扦插育苗技术初步研究 [J]. 安徽农学通报，14（9）：128–129.
叶勇，卢昌义，谭凤仪，2001. 木榄和秋茄对水渍的生长与生理反应的比较研究 [J]. 生态学报（10）：1654–1661.
颐茂彬，陈佩珍，1981. 母生荚碟的初步研究 [J]. 林业科学，23（1）：31–36.
蚁伟民，曹洪麟，王伯荪，等，1999. 鼎湖山格木群落的组成种类和结构特征 [J]. 热带亚热带植物学报，7（1）：7–14.
易观路，罗建华，林国荣，等，2004. 不同处理对格木种子发芽的影响 [J]. 福建林业科技，31（3）：68–70.
易敏，黄烈健，陈祖旭，等，2011. 大叶相思扦插繁殖技术研究 [J]. 江西农业大学学报，33（1）：84–89.
易敏，黄烈健，陈祖旭，等，2010. 马占相思扦插繁殖技术研究 [J]. 林业科学研究，23（6）：910–913.
易敏，黄烈健，施琼，2014. 马大杂种相思扦插育苗技术 [J]. 福建林业科技，41（1）：108–112.
殷亚方，姜笑梅，徐峰，等，2017. 中华人民共和国国家标准《红木》GB/T 18107–2017[M]. 北京：中华人民共和国国家质量监督检验检疫总局，中国国家标准化管理委员会 .
于晓丽，李发根，翁启杰，等，2011. 桉树扦插生根和生长性状的 QTL 定位 [J]. 林业科学研究，24（2）：200–204.
于晓丽，2015. 桉树高密度遗传图谱构建及生长和材性 QTL 解析 [D]. 北京：中国林业科学研究院 .
俞建妹，李付伸，刘晓璐，等，2010. 植物生长调节剂对降香黄檀种子发芽及幼苗生长的影响 [J]. 广西农业科学，41（7）：649–652.
袁洁，尹光天，杨锦昌，等，2013. 米老排天然群体的种实表型变异研究初报 [J]. 热带作物学报，34（10）：2057–2062.
岳阳，吴利平，夏俊勇，等，2019. 楠木枝枯病病原菌鉴定 [J]. 植物病理学报（5）：699–704.
曾杰，陈青度，李小梅，2000. 世界紫檀属树种及其在我国的引种前景 [J]. 广东林业科技，16(4)：38–44.

曾炳山，裘珍飞，梁坤南，等，2003. 柚木组培苗微扦插移植方法 [P]. 中国：ZL 03126743. 2.

曾冀，雷渊才，唐继新，等，2018. 马尾松人工林强度采伐后套种阔叶树种的生长动态 [J]. 中南林业科技大学学报，38（3）：64–69，81.

曾冀，朱雪萍，唐继新，等，2020. 杉木人工林间伐后套种阔叶树种的生长动态 [J]. 西北林学院学报，35（5）：97–103.

曾杰，2010. 西南桦丰产栽培技术问答 [M]. 北京：中国林业出版社 .

曾杰，陈青度，李小梅，2000. 世界紫檀树树种及其在我国的引种前景 [J]. 广东林业科技，16（4）：38–44.

曾杰，郭文福，赵志刚，等，2006. 我国西南桦研究的回顾与展望 [J]. 林业科学研究，19（3）：379–384.

曾秀珍，2017. 交趾黄檀实生苗培育技术 [J]. 福建热作科技，42（2）：39–41.

詹妮，黄烈健，2015. 厚荚相思花粉活力测定及贮藏研究 [J]. 种子，34（11）：1–4.

詹妮，黄烈健，2016a. 大叶相思花粉离体萌发适宜条件及活力检测方法 [J]. 林业科学，52（2）：67–73.

詹妮，黄烈健，2016b. 马占相思花粉离体萌发研究 [J]. 广西植物，36（5）：595–599.

詹妮，黄烈健，2016c. 贮藏温度及时间对大叶相思花粉活力的影响 [J]. 分子植物育，14（7）：1857–1863.

詹妮，黄烈健，李军，2016. 马占相思种子园结荚率低的原因探析 [J]. 西南大学学报（自然科学版），38（9）：46–52.

詹仁荣，2016. 不同施肥时间与肥料类型对闽楠幼林生长的影响研究 [J]. 安徽农学通报（17）：117–120.

张安菊，梁振益，陈祎平，等，2013. 油楠树脂油化学成分的研究 [J]. 化学分析计量，22（3）：33–35.

张春霞，刘新科，辛琨，等，2021. 广东省红树林修复技术指南 . 广东省政府文件 .

张迪，陈祖旭，黄世能，2015. 施肥对猴耳环幼苗生长的影响 [J]. 林业科学研究，28（6）：906–909.

张迪，2015. 猴耳环种子特性及苗期生长研究 [D]. 北京：中国林业科学研究院 .

张栋，黎颖锋，邓柄权，等 . 不同贮藏条件对米老排种子含水率和萌发特性的影响 [J]. 林业科技通讯，2016，8：21–24.

张方秋，李小川，潘文，等，2012. 广东生态景观树种栽培技术 [M]. 北京：中国林业出版社 .

张建龙，2019. 中国森林资源调查报告（2014–2018）[M]. 北京：中国林业出版社.

张捷，李蓉蓉，孟景祥，等，2021. 我国风铃木类植物叶性状表型变异与遗传多样性研

究 [J]. 植物研究，41（6）：11.

张捷，王青，仲崇禄，等，2019. 生长基质和激素对麻楝嫩枝扦插生根的影响 [J]. 植物研究 39（3）：380–386.

张金浩，周再知，杨晓清，等，2014. 氮素营养对南洋杉幼苗生长、根系活力及氮含量的影响 [J]. 林业科学，50（2）：31–36.

张静，2016. 风铃木类植物开花性状与观赏价值研究 [D]. 北京：中国林业科学研究院 .

张静，廖绍波，孙冰，等，2017. 观赏树种黄花风铃木花期物候与花形态 [J]. 浙江农林大学学报，34（4）：759–764.

张珂，廖绍波，孙冰，等，2018. 广东 3 地典型彩叶树种岭南槭所在天然群落特征比较 [J]. 浙江农林大学学报，35（1）：10–19.

张珂，2018. 岭南槭群落特征、色彩呈现及美景度研究 [D]. 北京：中国林业科学研究院 .

张丽，杨小波，农寿千，等，2019. 两种不同保护模式下坡垒种群发育特征 [J]. 生态学报，39（ 10）：3740–3748.

张梅坤，2017. 不同种源大果紫檀引种漳州初步研究 [J]. 河南农业，14（5）：38–40.

张宁南，王卫文，徐大平，等，2009. 印度檀香叶苯 / 醇抽提物生物活性成分的 Py–GC/MS 分析 [J]. 中南林业科技大学学报，29（4）：70–73.

张培，赵志刚，贾宏炎，等，2021. 林窗面积对桉树林分内格木生长、形态及生物量分配的影响 [J]. 西北农林科技大学学报（自然科学版），49（5）：40–46+55.

张沛健，徐建民，卢万鸿，等，2021a. 基于生长过程的海南桉树纸浆林土壤理化性质和植物多样性分析 [J]. 中南林业科技大学学报，41（5）：82–92.

张沛健，徐建民，卢万鸿，等，2021b. 雷琼地区尾细桉人工林立地类型划分及质量评价 [J]. 林业科学研究，34（6）：130–139.

张沛健，2021. 雷琼地区尾细桉纸浆林立地质量评价及生长规律研究 [D]. 北京：中国林业科学研究院 .

张万儒，盛炜彤，蒋有绪，等，1992. 中国森林立地分类系统 [J]. 林业科学研究（3）：251–262.

张乔民，隋淑珍，张叶春，等，2001. 红树林宜林海洋环境指标研究 [J]. 生态学报，21（9）：1427–1437.

张青青，周再知，王西洋，等，2021. 间伐强度对柚木林土壤质量及生长的影响 [J]. 林业科学研究，34（4）：127–134.

张少平，徐呈祥，李超群，等，2017. 檀香紫檀苗木炭疽病病原菌分离鉴定 [J]. 广东农业科学，44（8）：85–89.

张帅，李荣生，尹光天，等，2012. 蛇皮果高空压条的促根措施 [J]. 中南林业科技大学学报（11）：56–59.

张帅，李荣生，尹光天，等，2013a. 省藤族 4 种栽培植物的高空压条研究 [J]. 热带作物学报，34（2）：259–262.
张帅，李荣生，尹光天，等，2013b. 蛇皮果高空压条繁殖试验 [J]. 热带作物学报（7）：1242–1246.
张薇，刘洋洋，邹宇琛，等，2020. 中药檀香化学成分及药理活性研究进展 [J]. 世界科学技术 – 中医药现代化，22（12）：4300–4307.
张伟，梁成伟，2014. 植物类异戊二烯合成途径的研究进展 . 山东化工，43（5）：57–58.
张卫华，张方秋，陈祖旭，2013. 3 种相思苗期耐旱性评估与选择研究 [J]. 广东林业科技，29（5）：7–17.
张显强，2016. 米老排人工林萌芽更新研究 [D]. 南宁：广西大学 .
张雪琴，刀保辉，王春胜，等，2021. 云南省德宏州西南桦人工林立地指数表编制 [J]. 云南农业大学学报（自然科学），36（6）：1051–1056.
张艳朋，2015. 广西珍贵树种病害调查及柚木两种叶斑病菌的生物学特性测定 [D]. 南宁：广西大学 .
张阳锋，尹光天，杨锦昌，等，2018. 造林密度对米老排人工林初期生长的影响 [J]. 林业科学研究，31（4）：83–89.
张宜辉，2003. 几种红树植物繁殖体发育和幼苗成长过程的生理生态学研究 [D]. 厦门：厦门大学 .
张勇，2013. 三种木麻黄遗传改良研究 [D]. 北京：中国林业科学研究院研究生院 .
张照远，黄妹平，徐建民，等，2017. 基于 SSR 标记的桉树枝瘿姬小蜂的关联分析 [J]. 基因组学与应用生物学，36（4）：1660–1666.
张照远，项东云，徐建民，等，2016a. 3 个桉树品种对桉树枝瘿姬小蜂抗性研究 [J]. 广西林业科学，45（4）：373–376.
张照远，项东云，徐建民，等，2016b. 不同种源巨桉生长、干形和抗桉树枝瘿姬小蜂的综合评价 [J]. 林业资源管理（5）：107–111.
漳州市林业科技推广站，2020. 交趾黄檀的扦插育苗方法 [P]. 中国：CN201911329118. 8.
赵和金，2007. 三种相思品种材性与制浆性能比较 [J]. 林业勘察设计（02）：80–82.
赵霞，徐大平，刘小金，等，2018. 磷素施肥对降香黄檀幼苗生长及叶片养分状况的影响 [J]. 植物研究，38（2）：218–224.
赵霞，徐大平，杨曾奖，等，2017. 养分胁迫对降香黄檀幼苗生长及叶片养分状况的影响 [J]. 生态学杂志，36（6）：1503–1508.
赵夏博，梅文莉，龚明福，等，2012. 降香挥发油的化学成分及抗菌活性研究 [J]. 广东农业科学，39（3）：95–96+99.
赵艳玲，王梅，靳玉蕾，等，2019. 正义 EuCuZnSOD 和反义 4CL1 双基因对巨尾桉耐低

温能力的影响 [J]. 分子植物育种，17（8）：2540–2545.
赵志刚，郭俊杰，沙二，等，2009. 我国格木的地理分布与种实表型变异 [J]. 植物学报，44（3）：338–344.
赵志刚，王晨彬，王欢，等，2019a. 温度对荔枝异形小卷蛾发育和繁殖的影响 [J]. 生态学报，39（7）：2626–2633.
赵志刚，王晨彬，王欢，等，2019b. 荔枝异形小卷蛾的人工饲料配方及其效果分析 [J]. 应用昆虫学报，56（1）：163–169.
赵志刚，王晨彬，王胜坤，等，2018. 格木人工林内荔枝异形小卷蛾的生活史及其防治 [J]. 西北林学院学报，33（6）：152–158.
赵志刚，王敏，曾冀，等，2013. 珍稀树种格木蛀梢害虫的种类鉴定与发生规律初报 [J]. 环境昆虫学报，35（4）：534–538.
赵志刚，张朝斌，丘英华，等，2011. 粤北西南桦种源试验林星天牛危害分析与早期综合评价 [J]. 林业科学研究，24（6）：768–773.
郑德璋，廖宝文，郑松发，等，1999. 红树林主要树种造林与经营技术研究 [M]. 北京：科学出版社 .
郑海雷，林鹏，1997. 红树植物白骨壤对盐度的某些生理反应 [J]. 厦门大学学报（自然科学版）（1）：139–143.
郑海水，黎明，汪炳根，等，2003. 西南桦造林密度与林木生长的关系 [J]. 林业科学研究，16（1）：81–86.
郑坚，吴朝辉，陈秋夏，等，2016. 遮荫对降香黄檀幼苗生长和生理的影响 [J]. 林业科学，52（12）：50–57
郑绍燕，2016. 深圳湾公园植物配置特色研究 [D]. 广州：华南农业大学 .
郑万钧，1985. 中国树木志（第二卷）[M]. 北京：中国林业出版社 .
郑雨盼，杨锦昌，邹文涛，等，2020. 常用促根生长调节剂对闽楠高空压条生根的影响 [J]. 热带作物学报（9）：1803–1807.
中国国家药典委员会，2012. 中华人民共和国药典：一部 . 北京：中国医药科技出版社：172.
中国科学院中国植物志委员会，1990. 中国植物志 [M]. 北京：科学出版社 .
中国科学院中国植物志委员会，1983. 中国植物志 [M]. 北京：科学出版社 .
中国科学院中国植物志委员会，1981. 中国植物志（第 46 卷）[M]. 北京：科学出版社 .
中国科学院中国植物志委员会，1999. 中国植物志（第 52 卷）：第 1 分册 [M]. 北京：科学出版社 .
中国林业科学研究院热带林业研究所，国家林业局速生丰产用材林基地建设管理办公室，肇庆市林业局，2013. 檀香栽培技术规程，国家林业局 . LY/T 2121–2013：1–16.

中国林业科学研究院热带林业研究所，海南行政区林业科学研究所，广东省尖峰岭林业局，等，1978. 防止母生人工林出现早衰现象的初步意见 [J]. 热带林业科技（1）: 1–7.
钟才荣，杨众养，陈毅青，等，2021. 海南红树林修复手册 [M]. 北京：中国林业出版社 .
钟日妹，周保彪，庞惠丹，等，2021. 檀香理想混交种植模式的探讨 [J]. 林业科技，46（1）: 40–41.
钟日妹，周保彪，黄任泽，2020. 母生树在湛江地区引种培育技术研究 [J]. 绿色科技（7）: 183–184.
仲崇禄，施纯淦，等，2002. 华南地区山地木麻黄种源试验与筛选 [J]. 林业科学，38（6）: 58–65.
仲崇禄，洪长福，白嘉雨，等，2001. 麻楝属树种种源苗期试验及其在我国发展潜力 [J]. 广东林业科技，17（4）: 26–31.
周保彪，钟日妹，庞惠丹，2019. 珍贵树种母生的早期选优报告 [J]. 种子科技，37（17）: 30，33.
周凡，付宗营，高鑫，等，2021. 黑木相思木材物理和力学性质研究 [J]. 木材科学于技术，35（1）: 70–76.
周凡，周永东，高鑫，等，2020. 黑木相思木材干燥特性及干燥工艺制定 . 浙江农林大学学报，37（3）: 571–577.
周芳萍，徐建民，陆海飞，等，2022a. 尾巨桉采伐后套种乡土树种混交林中期试验研究 [J]. 林业科学研究，35（4）: 10–19.
周芳萍，徐建民，陆海飞，等，2022b. 利用珍贵树种改造尾巨桉纯林的混交模式研究 [J]. 林业科学研究，35（1）: 10–19.
周涵韬，李芳，张赛群，等，2008. 红树植物白骨壤甜菜碱醛脱氢酶基因的克隆与功能研究 [J]. 厦门大学学报（自然科学版），47（S2）: 11–15.
周京南，2015. 降香的药用价值研究 [J]. 中国集体经济: 66–69.
周庆年，刘文杰，1981. 飞机草对檀香生长的影响及其寄生过程的观察 [J]. 中草药，12（3）: 30–31+22.
周铁烽，2001. 中国热带主要经济树木栽培技术 [M]. 北京：中国林业出版社 .
周再知，梁坤南，黄桂华，等，2018. 南洋杉用材林培育技术规程 [S]. 北京：国家林业局 .
周再知，梁坤南，徐大平，等，2010. 钙与硼、氮配施对酸性土壤上柚木无性系苗期生长的影响 [J]. 林业科学，46（5）: 102–108.
周再知，张金浩，黄桂华，等，2015. 一种坡垒半木质化嫩枝扦插育苗的方法 [P]. 中国：ZL 201410016629. 3.
周长品，李昌荣，李发根，等，2020. 用于鉴定桉树无性系的 STR 引物、PCR 试剂盒及方法：中国，ZL 2017 1 0761216. 3 [P].

周长品，李发根，翁启杰，等，2010. PCR 产物直接测序和混合克隆测序进行桉树 EST-SSR 标记开发 [J]. 分子植物育种，8（1）：e0001.

朱明，王静，张小宁，2014. 蒙药紫檀香生药基源研究 [J]. 中国民族医药杂志，20（11）：44-46.

朱鹏，王峥峰，叶万辉，等，2013. 珍稀濒危物种格木传粉方式和交配系统的初步研究 [J]. 热带亚热带植物学报，21（1）：38-44.

朱先成，曾杰，陶永强，等，2007. 云南西双版纳大果紫檀种源苗期试验 . 福建林业科技，34（3）：131-134.

朱益萍，陈奶荣，饶久平，等，2016. 交趾黄檀心边材径向弯曲蠕变性能 [J]. 福建林业科技，43（2）：112-116.

朱志鹏，钟楷，陈川富，等，2019. 不同树龄米老排木材机械加工性能研究 [J]. 西南林业大学学报（自然科学），39（1）：184-188.

邹滨，曾繁助，叶育石，2013. 乐昌植物 [M]. 武汉：华中科技大学出版社，268.

邹慧，曾杰，2018. 土著菌根真菌侵染对西南桦无性系幼苗生长和叶片养分的影响 [J]. 分子植物育种，16（19）：6494-6503.

邹慧，王春胜，曾杰，2018. 西南桦幼苗接种丛枝菌根真菌的生长与光合生理响应 [J]. 热带亚热带植物学报，26（4）：383-390.

邹慧，王春胜，曾杰，2019. 土著菌根真菌对西南桦无性系幼苗光合生理的影响 [J]. 中南林业科技大学学报，39（1）：1-7.

邹慧，王春胜，陆俊锟，等，2019. 6 种外生菌根真菌对西南桦幼苗的接种效应 [J]. 微生物学通报，46（3）：453-460.

邹寿青，郭永杰，2008. 大果紫檀的育苗栽培技术 [J]. 林业调查规划，33（5）：131-133.

邹文涛，尹光天，杨锦昌，等，2008. 单叶省藤的丛栽效应 [J]. 中南林业科技大学学报，（3）：33-38.

Abdullah G S，Kikuchi A，Yu X，et al.，2017. Difference between non-transgenic and salt tolerant transgenic *Eucalyptus camaldulensis* for deversity and allelopathic effects of essential oils [J]. Pak. J. Bot.，49（1）：345-351.

Aggarwal D，Kumar A，Reddy M S，2015. Genetic transformation of endo-1，4-β-glucanase（Korrigan）for cellulose enhancement in *Eucalyptus tereticornis* [J]. Plant Cell Tiss. Organ Cult.，122（2）：363-371.

Aggarwal D，Kumar A，Sudhakara Reddy M，2011. Agrobacterium tumefaciens mediated genetic transformation of selected elite clone（s）of *Eucalyptus tereticornis* [J]. Acta Physiol Plant，33（5）：1603-1611.

Aher A N，Pal S C，Yadav S K，et al.，2009. Antioxidant activity of isolated phytoconstituents from *Casuarina equisetifolia* Frost（Casuarinaceae）[J]. Journal of Plant Sciences，4：15–20.

Ahuja I，Kissen R，Bones A M，2012. Phytoalexins in defense against pathogens. Trends in Plant Science，17（2）：73–90.

Akhouri V，Kumar A，Kumar M，2020. Antitumour property of *Pterocarpus santalinus* seeds against DMBA–induced breast cancer in rats [J]. Breast Cancer：Basic and Clinical Research，14：1–9.

Alcantara B K & Veasey E A，2013. Genetic diversity of teak（*Tectona grandis* L. F.）from different provenances using microsatellite markers [J]. Revista Arvore，37：747–758.

Alves A A，Rosado C C G，Faria D A，et al.，2012. Genetic mapping provides evidence for the role of additive and non–additive QTLs in the response of inter–specific hybrids of Eucalyptus to Puccinia psidii rust infection [J]. Euphytica，183（1）：27–38.

Ammitzboll H，Vaillancourt R E，Potts B M，et al.，2019. Independent genetic control of drought resistance，recovery，and growth of *Eucalyptus globulus* seedlings [J]. Plant Cell Env.，43（7）：103–115.

An Y，Geng Y，Yao J，et al.，2020. Efficient genome editing in Populus using CRISPR/Cas12a [J]. Front. Plant Sci.，11：593938.

Anish M C，Anoop1 E V，Vishnu R，et al，2015. Effect of growth rate on wood quality of teak（*Tectona grandis* L. f.）：a comparative study of teak grown under differing site quality conditions[J]. Journal of the Indian Academy of Wood Science，12（1）：81–88.

Ankalaiah C，Mastan T，Reddy M S，2017. A study of the density，population structure and regeneration of red sanders *Pterocarpus santalinus*（Fabales：Fabaceae）in a protected natural habitat—Sri Lankamalleswara wildlife sanctuary，Andhra Pradesh，India [J]. Journal of Threatened Taxa，9（9）：10669–10674.

Annapurna D，Rathore T S，Joshi G，2004. Effect of container type and size on the growth and quality of seedlings of Indian sandalwood（*Santalum album* L.）[J]. Australian Forestry，67（2）：82–87.

Annapurna D，Rathore T S，Joshi G，2005. Refinement of potting medium ingredients for production of high quality seedlings of sandalwood（*Santalum album* L.）[J]. Australian Forestry，68（1）：44–49.

Annisaurrohmah A，Herawati W，Widodo P，2014. Cultivar Diversity of Salak Pondoh in Banjarnegara[J]. Majalah Ilmiah Biologi（Biosfera）（2）：71–83.

Anonymous，2015. Brazil approves transgenic *Eucalyptus* [J]. Nature Biotechnol.，33（6）：577.

Arun Kumar A N，Joshi G，Manikandan S，2017. Variability for heartwood content in three commercially important tree species of Penisular India—*Hardwickia binate*，*Pterocarpus santalinus* and *Santalum album* [C]// Pandey K K, Ramakantha V, Chauhan S S, et al.（eds. ）. Wood is good : current trends and future prospects in wood utilization. Springer, Singapore, 117–126.

Arun Kumar A N, Joshi G, 2014. *Pterocarpus santalinus*（red sanders）an endemic, endangered tree of India : current status, improvement and the future[J]. Journal of Tropical Forestry and Environment, 4（2）: 1–10.

Arun Kumar A N, 2011. Vatiability studies in *Pterocarpus santalinus* in different aged plantations of Karnataka [J]. My Forest, 47（4）: 343–353.

Arunakumara K K I U, Walpola B C, Subasinghe S, et al., 2011. *Pterocarptus santalinus* Linn. F.（Rath handun）: a review of its botany, uses, phytochemistry and pharmacology [J]. Journal of the Korean Society for Applied Biological Chemistry, 54（4）: 495–500.

Ashari S, 2002. On the agronomy and botany of salak（Salacca zalacca）[D]. Wageningen, Netherland : Wageningen University.

Azamthulla M, Anbu J, Ashoka V L, et al., 2016. Isolation and characterisation of *Pterocarpus santalinus* heartwood extract [J]. Der Pharmacia Lettre, 8（12）: 34–39.

Azamthulla M, Rajkapoor B, Kavimani S, 2015. A review on *Pterocarpus santalinus* Linn. [J]. World Journal of Pharmaceutical Research, 4（2）: 282–292.

Badan Standardisasi Nasional, 2009. Salak（3167 : 2009）[S]. Jakarta : Badan Standardisasi Nasional.

Baker W J, 2015. A revised delimitation of the rattan genus（Arecaceae）[J]. Phytotaxa（2）: 139–152.

Balaraju K, Agastian P, Ignacimuthu S, et al., 2011. A rapid *in vitro* propagation of red sanders（*Pterocarpus santalinus* L.）using shoot tip explants [J]. Acta Physiologiae Plantarum, 33 : 2501–2510.

Balaraju K, Arokiyaraj S, Agastian P, et al., 2008. Antimicrobial activity of leaf extracts of *Pterocarpus santalinus* L.（Fabaceae）[J]. Journal of Pure and Applied Microbiology, 2（1）: 161–164.

Ballesta P, Ahmar S, Lobos G A, et al., 2022. Heritable variation of foliar spectral reflectance enhances genomic prediction of hydrogen cyanide in a genetically structured population of Eucalyptus [J]. Front. Plant Sci., 13 : 871943.

Barrett M A, Brown J L, Yoder A D, 2013. Protection for trade of precious rosewood [J]. Nature（499）: 29– 29.

Bartholomé J, Mabiala A, Savelli B, et al., 2015. Genetic architecture of carbon isotope composition and growth in Eucalyptus across multiple environments [J]. New Phytol., 206

（4）：1437–1449.

Bartholomé J，Salmon E，Vigneron P，et al.，2013. Plasticity of primary and secondary growth dynamics in *Eucalyptus hybrids*：a quantitative genetics and QTL mapping perspective [J]. BMC Plant Biol.，13：120.

Bhat K M. Characterization of juvenile wood in tropical hardwood teak [C]//Forest Products for Sustainable Forestry，Pullman，Washington，1997.

Bhat K M，1998. Properties of fast–grown teak wood：impact on end–users' requirements[J]. Journal of Tropical Forest Products，4（1）：1–10.

Blanchette R，2003. Agarwood formation in Aquilaria trees：resin production in nature and how it can be induced in plantation grown trees [C]. Notes from presentation at First International Agarwood Conference，1241–1246.

Blanchette R A，Van Beek H H，2009. Cultivated agarwood. United States Patent：7638145 B2.

Bortoloto T M，Fuchs–Ferraz M C P，Kettener K，et al.，2020. Identification of a molecular marker associated with lignotuber in *Eucalyptus* ssp. [J]. Sci. Rep.，10：3608.

Brand J，Kimber P，Streatfield J，2006. Preliminary analysis of Indian sandalwood（*Santalum album* L.）oil from a 14–year–old plantation at Kununurra，western Australia[J]. Sandalwood Research Newsletter，21：1–3.

Brechbill G O，2012. The Woody Notes of Fragrance. New Jersey：Fragrance books：28–30.

Bulle S，Reddyvari H，Nallanchakravarthula V，et al.，2016. Therapeutic potential of *Pterocarpus santalinus* L.：an update [J]. Pharmacognosy Review，10（19）：43–49.

Bundock P C，Potts B M，Vaillancourt R E，2008. Detection and stability of quantitative trait loci（QTL）in *Eucalyptus globulus* [J]. Tree Genet. Genomes，4（1）：85–95.

Butler J B，Freeman J S，Vaillancour R E，et al.，2016. Evidence for different QTL underlying the immune and hypersensitive responses of *Eucalyptus globulus* to the rust pathogen *Puccinia psidii* [J]. Tree Genet. Genomes，12（3）：39.

Byrne M，Moran G F，Tibbits W N，1993. Restriction map and maternal inheritance of chloroplast DNA in *Eucalyptus nitens* [J]. J. Hered.，84（3），218–220.

Byrne M，Murrell JC，Owen JV，et al.，1997. Mapping of quantitative trait loci influencing frost tolerance in *Eucalyptus nitens* [J]. Theor. App. Genet.，95（5–6）：975–979.

CAO Y，LIU L，GUO Z，et al.，2014. Chemical constituents from the stems of Homalium ceylanicum[J]. Journal of Chinese Pharmaceutical Sciences，23（3）：165–169.

Cappa E P，Ei–Kassaby Y A，Garcia M N，et al.，2013. Impacts of population structure and analytical models in genome–wide association studies of complex traits in forest trees：a case study in *Eucalyptus globulus* [J]. PLoS ONE，8：e81267.

Castellanos Arévalo A P，Estrada Luna A A，Cabrera Ponce JL，et al.，2020. Agrobacterium rhizogenes-mediated transformation of grain（Amaranthus hypochondriacus）and leafy（A. hybridus）amaranths [J]. Plant Cell Rep.，39（9）：1143-1160.

Chaiyasit Liengsir i，Francis C. Yeh & Tim J. B. Boyle，1995. Isozyme analysis of atropical forest tree *Pterocarpus macrocarpus*. Kurz in Thailand [J]. Forest Ecology and Management，74：13-22.

Chaiyasit Liengsir i，Tim J. B. Boyle & Francis C. Yeh.，1998. Mating system in Pterocarpus macrocarpus. Kurz in Thailand [J]. The Journal of Heredity，89（3）：216- 221.

Chandrashekara U M，Sivaprasad A，Nair K K N，et al.，2001. Establishment and growth of some medicinal tree species on two degraded lands and in an agroforestry system in Kerala，India [J]. Journal of Tropical Forest Science，13（1）：13-18.

Chaturani G D G，Subasinghe S，Jayatilleke M P，2006. *In-vitro* establishment，germination and growth performance of red sandalwood（*Pterocarpus santalinus* L.）[J]. Tropical Agricultural Research and Extension，9：116-130.

Che P，Anand A，Wu E，et al.，2018. Developing a flexible，high-efficiency Agrobacterium-mediated sorghum transformation system with broad application [J]. Plant Biotechnol. J.，16（7）：1388-1395.

Chen B H，Fang B J，Chen Q G，et al.，2020. Superior provenance and plus tree selection for *Betula alnoides* in souther Fujian China[J]. Pakistan Journal of Botany，52（5）：1751-1755.

Chen L，Jia HY，Zeng J，et al.，2016. Growth and nutrient efficiency of *Betula alnoides* clones in response to phosphorus supply[J]. Annals of Forest Research，59（2）：199-207.

Chen L，Wang CS，Dell B，et al.，2018. Growth and nutrient dynamics of *Betula alnoides* seedlings under exponential fertilization[J]. Journal of Forestry Research，29（1）：111-119.

Chen M S，2008. Inducible direct plant defense against insect herbivores：a review[J]. Insect Science，15（2）：101-114.

Chen Z P，Guo L B，He J，et al.，2020. Triterpene saponins from the seeds of *Erythrophleum fordii* and their cytotoxic activities[J]. Phytochemistry，177：112428.

ChÍnh N N，Chung C T，C ǎ n V V，et al.，2009. Vietnam forest trees（2nd edition）[M]. Hanoi：Agricultural Publishing House.

CITES，2013. Co P16 Prop. 60. Consideration of proposals for amendment of appendices I and II[C]. Bangkok（Thailand）：Convention on International Trade in Endangered Species（CITES），1-16.

Cordeiro, Joel MP, Kaehler, Miriam, Souza, Luiz Gustavo, Felix, Leonardo P, 2020. Heterochromatin and numeric chromosome evolution in Bignoniaceae, with emphasis on the Neotropical clade Tabebuia alliance[J]. Genetics and molecular biology, 43 (1): e20180171.

Corredoira E, Ballester A, Ibarra M, et al., 2015. Induction of somatic embryogenesis in explants of shoot cultures established from adult Eucalyptus globulus and *E. saligna*×*E. maidenii* trees [J]. Tree Physiol., 35 (6): 678–690.

Cui M, Liu C, Piao C, et al., 2020. A stable Agrobacterium rhizogenes–mediated transformation of cotton (*Gossypium hirsutum* L.) and plant regeneration from transformed hairy root via embryogenesis [J]. Front. Plant Sci., 11: 604255.

Cui Z Y, Li X F, Xu D P, et al., 2021. Physiological changes during heartwood formation induced by plant growth regulators in *Dalbergia odorifera* (Leguminosae) [J]. IAWA Journal, 43 (2): 217–234.

Cui Z Y, Yang Z J, Xu D P, et al., 2017. Stem respiration and chemical composition in Dalbergia Odorifera plantations differing in soil moisture content[J]. Austrian Journal of Forest Science, 134 (4): 347–365.

Cui Z, Li X, Xu D, et al., 2020. Changes in Non–structural carbohydrates, wood properties and essential oil during chemically–induced heartwood formation in *Dalbergia odorifera*[J]. Frontiers in Plant Science, 11: 1161.

Cui Z, Yang Z, Xu D, 2019. Synergistic roles of biphasic ethylene and hydrogen peroxide in wound–induced vessel occlusions and essential oil accumulation in *Dalbergia odorifera*[J]. Frontiers in Plant Science, 10: 250.

Dai Y, Hu G, Dupas A, et al., 2020. Implementing the CRISPR/Cas9 technology in Eucalyptus hairy roots using wood–related genes [J]. Int. J. Mol. Sci., 21 (10): 3408.

Das S, Ray S, Dey S, et al., 2001. Optimisation of sucrose, inorganic nitrogen and abscisic acid levels for *Santalum album* L. somatic embryo production in suspension culture[J]. Process Biochemistry, 37 (1): 51–56.

Dasgupta M G, Bari M P A, Shanmugavel S, et al., 2021. Targeted re–sequencing and genome–wide association analysis for wood property traits in breeding population of *Eucalyptus tereticornis* × *E. grandis* [J]. Genomics, 113 (6): 4276–4292.

de França Bettencourt G M, Soccol C R, Giovanella T S, et al., 2020. Agrobacterium tumefaciens–mediated transformation of Eucalyptus urophylla clone BRS07–01 [J]. J. For. Res., 31 (2): 507–519.

de la Torre F, Rodríguez R, Jorge G, et al., 2014. Genetic transformation of *Eucalyptus globulus* using the vascular–specific EgCCR as an alternative to the constitutive CaMV35S promoter [J]. Plant Cell Tiss. Organ Cult.，117（1）: 77–84.

Delang，O. C.，2007. The role of medicinal plants in the provision of health care in Lao PDR [J]. Journal of Medicinal Plants Research，1（3）: 50– 59.

Deng J，Huang H，Yu X，et al.，2015. DiSNPindel : improved intra–individual SNP and InDel detection in direct amplicon sequencing of a diploid [J]. BMC Bioinformatics，16 : 343.

Denis M，Favreau B，Ueno S，et al.，2013. Genetic variation of wood chemical traits and association with underlying genes in *Eucalyptus urophylla* [J]. Tree Genetics & Genomes，9（4）: 927–942.

Dhanabal S P，Syamala G，Elango K，et al.，2006. Protective effect of *Pterocarpus santalinus* on galactosamine induced liver damage [J]. Natural Product Sciences，12（1）: 8–13.

Ding X，Mei W L，Lin Q，et al.，2020. Genome sequence of the agarwood tree Aquilariasinensis (Lour.) Spreng : the first chromosome–level draft genome in the Thymelaeceaefamily. Giga Science，9（3）: 13.

Diwakar A，Kumar A，Reddy M，2010. Shoot organogenesis in elite clones of *Eucalyptus tereticornis* [J]. Plant Cell Tiss. Organ Cult.，102（1）: 45–52.

Dobrowolska I，Andrade G M，Clapham D，et al.，2016. Histological analysis reveals the formation of shoots rather than embryos in regenerating cultures of *Eucalyptus globulus* [J]. Plant Cell Tiss. Organ Cult.，128（2）: 319–326.

Dong M，Du H，Li X，et al.，2022. Discovery of biomarkers and potential mechanisms of agarwood incense smoke intervention by untargeted metabolomics and network pharmacology[J]. Drug Design，Development and Therapy，16 : 265.

Dransfield J，Uhl N，Asmussen C，Baker W J，2008. Genera palmarum : The evolution and classification of palms[J]. Kew Publishing，Royal Botanic Gardens，Kew.

Driguez P，Bougouffa S，Carty K，et al.，2021. LeafGo : Leaf to Genome，a quick workflow to produce high–quality de novo plant genomes using long–read sequencing technology [J]. Genome Biol.，22（1）: 256.

Du D，Fang L，Qu J，et al.，2011. Oleanane–Type Triterpene Saponins and Cassaine–Type Diterpenoids from *Erythrophleum fordii*[J]. Planta Medica，77 : 1631–1638.

Dubey D，Sahu M C，Rath S，et al.，2012. Antimicrobial activity of medicinal plants used by aborigines of Kalahandi，Orissa，India against multidrug resistant bacteria [J]. Asian Pacific Journal of Tropical Biomedicine，S846–S854.

Ekabo O A，Farnsworth N R，Santisuk T，et al.，1993. A phytochemical investigation of Homalium ceylanicum[J]. Journal of Natural Products，56（5）: 699–707.

Elorriaga E, Klocko A L, Ma C, et al., 2021. Genetic containment in vegetatively propagated forest trees：CRISPR disruption of LEAFY function in Eucalyptus gives sterile indeterminate inflorescences and normal juvenile development [J]. Plant Biotechnol. J., 19（9）：1743–1755.

Elshire R J, Glaubitz J C, Sun Q, et al., 2011. A robust, simple Genotyping–by–sequencing（GBS）approach for high diversity species [J]. PloS ONE, 6：e0019379.

Eom H J, Jong P, Chang CS, 2011. A reappraisal of the Acer wilsonii complex and Related Species in China[J]. Korean Journal of Plant Taxonomy, 41（4）：329–337.

Erb M, 2018. Plant defenses against herbivory：closing the fitness gap[J]. Trends in plant Science, 23（3）：187–194.

Fan D, Liu T, Li C, et al., 2015. Efficient CRISPR/Cas9–mediated targeted mutagenesis in populus in the first generation [J]. Sci. Rep., 5：12217.

Fan, C, Liu, Q, Zeng, B, et al., 2016. Development of simple sequence repeat（SSR）markers and genetic diversity analysis in blackwood（*Acacia melanoxylon*）clones in china Silvae Genetica, 2016, 65（1）：49~54.

FAO, 1994. Mangrove Forest Management Guidelines[M]. Rome：FAO of the United Nations, 160–181.

Freeman J S, Potts B M, Downes G M, et al., 2013. Stability of quantitative trait loci for growth and wood properties across multiple pedigrees and environments in *Eucalyptus globulus* [J]. New Phytol., 198（4）：1121–1134.

Freeman J S, Potts B M, Vaillancourt R E, 2008. Few Mendelian genes underlie the quantitative response of a forest tree, *Eucalyptus globulus*, to a natural fungal epidemic [J]. Genetics, 178（1）：563–571.

Gan S, Shi J, Li M, et al., 2003. Moderate–density molecular maps of *Eucalyptus urophylla* S. T. Blake and E. tereticornis Smith genomes based on RAPD markers [J]. Genetica, 118（1）：59–67.

Gardner M F, Tai N D, 2004. Preservation, rehabilitation and utilization of Vietnamese montane forest [R] London：Center for Ecology and Hydrology.

Gentry A H, 1992. Flora Neotropica. Bignoniaceae：part II（tribe *Tecomeae*）[M]：New York：The New York Botanical Garden Bronx.

Gentry A H A, 1970. Revision of Tabebuia（bignoniaceae）in Central America[J]. Brittonia, 22（3）：246–264.

George A B, Ioana G C, 2008. Safety assessment of sandalwood oil（*Santalum album* L.）[J]. Food and Chemical Toxicology, 46：421–432.

Gion J M, Carouche A, Dewee S, et al., 2011. Comprehensive genetic dissection of wood properties in a widely-grown tropical tree : Eucalyptus [J]. BMC Genomics, 12 : 301.

Girijashankar V, 2011. Genetic transformation of Eucalyptus [J]. Physiol. Mol. Biol. Plants, 17 (1): 9–23.

Gosney B J, Potts B M, O' Reilly-Wapstra JM, et al., 2016. Genetic control of cuticular wax compounds in *Eucalyptus globulus* [J]. New Phytol., 209 (1): 202–215.

Grattapaglia D, Bertolucci F L, Sederoff R R, 1995. Genetic mapping of QTLs controlling vegetative propagation in *Eucalyptus grandis* and *E. urophylla* using a pseudotestcross strategy and RAPD markers [J]. Theor. Appl. Genet., 90 (7–8): 933–947.

Grattapaglia D, Sederoff R, 1994. Genetic linkage maps of *Eucalyptus grandis* and *Eucalyptus urophylla* using a pseudotestcross : mapping strategy and RAPD markers [J]. Genetics, 137 (4): 1121–1137.

Grattapaglia D, Silva-Junior O B, Resende R T, et al., 2018. Quantitative genetics and genomics converge to accelerate forest tree breeding [J]. Front. Plant Sci., 9 : 1693.

Grodzicker T, Williams J, Sharp P, et al., 1975. Physical mapping of temperature-sensitive mutations of adenoviruses [J]. Cold Spring Harb. Sym. Quant. Biol., 39 (1): 439–446.

Grose S O, Olmstead R G, 2007. Evolution of a Charismatic Neotropical Clade : Molecular Phylogeny of *Tabebuia* s. l., Crescentieae, and Allied Genera (Bignoniaceae) [J]. Systematic Botany, 32 (3): 650–659.

Ha M T, Tran M H, Phuong T T, et al., 2017. Cytotoxic and apoptosis-inducing activities against human lung cancer cell lines of cassaine diterpenoids from the bark of *Erythrophleum fordii* [J]. Bioorganic & Medicinal Chemistry Letters, 27 (13): 2946–2952.

Hamdan S, Rahman R M, Ismail J, et al., 2018. Dynamic young's modulus and moisture content of tropical wood species across sap, median, and internal wood regions[J]. BioResources, 13 (2): 2907–2915.

Haque M A, Shaha M K, Ahmed S U, et al., 2011. Use of inorganic substances in folk medicinal formulations : a case study of a folk medicinal practitioner in Tangail district, Bangladesh [J]. American-Eurasian Journal of Sustainable Agriculture, 5 (4): 415–423.

Harbaugh D T, Baldwin B G, 2007. Phylogeny and biogeography of the sandalwoods (*Santalum*, santalaceae): repeated dispersals throughout the pacific[J]. American Journal of Botany, 94 (6): 1028–1040.

Hartvig I, So T, Changtragoon S, et al., 2017. Population genetic structure of the endemic rosewoods *Dalbergia cochinchinensis* and *D. oliveri* at a regional scale reflects the Indochinese landscape and life-history traits. [J]. Ecology & Evolution : 1–16.

He X, Wang Y, Li F, et al., 2012. Development of 198 novel EST-derived microsatellites in Eucalyptus (Myrtaceae) [J]. Am. J. Bot., 99 (4): e134-148.

Hemanthakumar A S, Preetha T S, Pillai P P, et al. 2019. Embryogenesis followed by enhanced micro-multiplication and eco-restoration of *Calamus thwaitesii* Becc.: an economic non-wood forest produce for strengthening agroforestry system[J]. Agroforestry Systems: 1093-1105.

Hien V T T, T P D, 2012. Genetic diversity among endangered rare *Dalbergia cochinchinensis* (Fabaceae) genotypes in Vietnam revealed by random amplified polymorphic DNA (RAPD) and inter simple sequence repeats (ISSR) markers [J]. African Journal of Biotechnology, 11: 8632-8644.

Higa M, Iha Y, Aharen H, et al., 1987. Studies on the constituents of *Casuarina equisetifolia* J. R. & G. Forst[J]. Bulletin of the College of Science. University of the Ryukyus, No. 45: 147-158.

Hong Z, Li J, Liu X, et al., 2020. The chromosome-level draft genome of *Dalbergia odorifera*[J]. Gigascience, 9 (8): 1-8.

HUAF C P, 2014. Research on germination techniques for seedlings of *Dalbergia cochinchinensis Pierre* in KaBang district, Gia Lai province, Vietnam [J]. Journal of Agriculture & Rural Development: 1.

Huang G H, Liang K N, Zhou Z Z, et al., 2015. Genetic variation and origin of teak (*Tectona grandis* L. f.) native and introduced provenances [J]. Silvae Genetica, 64 (1): 33-46.

Huang G H, Liang K N, Zhou Z Z, et al., 2016. SSR genotyping—genetic diversity and fingerprinting of teak (Tectona grandis) clones [J]. Journal of Tropical Forest Science, 28 (1): 48-58.

Huang G H, Liang K N, Zhou Z Z, et al., 2019. Variation in photosynthetic traits and correlation with growth in teak (*Tectona grandis* Linn.) clones [J]. Forests, 10 (1): 44.

Huang G H, Liao X Z, Han Q, et al., 2022. Integrated metabolome and transcriptome analyses reveal dissimilarities in the anthocyanin synthesis pathway between different developmental leaf color transitions in *Hopea hainanensis* (Dipterocarpaceae) [J]. Front. Plant Sci, 13: 830413.

Huang W B, Sun X F, 2013. Tropical Hardwood Flows in China: Case Studies of Rosewood and Okoum é [M]. Forest Trends Association, Washington DC, USA.

Huang XY, Chen Z P, Zhou S W, et al., 2018. Cassaine diterpenoids from the seeds of *Erythrophleum fordii* and their cytotoxic activities[J]. Fitoterapia, 127: 245-251.

Huang X Y, Xu C S, Tian H Y, 2019. Cassaine diterpenoid alkaloids from the seeds of

Erythrophleum fordii and their cytotoxic activities[J]. Toxicon, 158 : S75–S76.

Huang Z, Ouyang L, Li Z, et al., 2014. A urea–type cytokinin, 2–Cl–PBU, stimulates adventitious bud formation of *Eucalyptus urophylla* by repressing transcription of rboh1 gene[J]. Plant Cell Tiss. Organ Cult., 119（2）: 359–368.

Hung T M. Cuong T D, Kim J A, et al., 2014. Cassaine diterpene alkaloids from *Erythrophleum fordii* and their anti–angiogenic effect[J]. Bioorganic & Medicinal Chemistry Letters, 24 : 168–172.

Jamal A, Siddiqui A, Ali S M, 2005. Home remedies for skin care in Unani system of medicine [J]. Natural Product Radiance, 4（4）: 339–340.

James F. Coles, Timothy J. B. Boyle (eds.), 1999. Pterocarpus macrocarpus : genetics, seed biology and nursery production [M]. Center for International Forestry Research, Bogor, Indoesia.

Janczur M K, Gonz á lez–Camarena E, Le ó n–Solano H J, et al., 2021. Impact of the female and hermaphrodite forms of *Opuntia robusta* on the plant defence hypothesis[J]. Scientific Reports, 2021, 11（1）: 1–20.

Jayaraman S, Mohamed R, 2015. Crude extract of Trichoderma elicits agarwood substances in cell suspensionculture of the tropical tree, *Aquilaria malaccensis* Lam[J]. Turkish Journal of Agriculture & Forestry, 39 : 163–173.

Jiang Qingbin, Li Qingying, Chen Yu, et al., 2017. Arbuscular mycorrhizal fungi enhanced growth of *Magnolia macclurei* (Dandy) Figlar seedlings grown under glasshouse conditions [J]. Forest Science, 63（4）: 441–448.

Jiang T, Li K, Liu H, et al., 2016. The effects of drying methods on extract of *Dalbergia cochinchinensis* Pierre [J]. European Journal of Wood & Wood Products, 74（5）: 1–7.

Jiang, Z, Guan, W, Xiong Y, et al., 2019. Interactive effects of intertidal elevation and light level on early growth of five mangrove species under Sonneratia apetala Buch. Ham. Plantation canopy : turning monocultures to mixed forests[J]. Forests, 10（2）: 83.

JØKER D, 2000. *Dalbergia cochinchinensis* Pierre (Seed Leaflet No. 26.) [R]. Danida Forest Seed Centre, 75 : 317–343.

Jung K, Jeon J S, Ahn M J, et al., 2012. Preparative isolation and purification of flavonoids from *Pterocarpus santalinus* using centrifugal partition chromatography [J]. Journal of Liquid Chromatography & Related Technologies, 35 : 2462–2470.

Kadambi K, 1954. Inducing heartwood formation in the Indian sandalwood tree, *Santalum album* Linn. [J]. Indian Forester, 80 : 659–662.

Kainer D, Padovan A, Degenhardt J, et al., 2019. High marker density GWAS provides novel insights into the genomic architecture of terpene oil yield in Eucalyptus [J]. New Phytol., 223 (3): 1489–1504.

Kakino M, Sugiyama T, Kunieda H, et al., 2012. Agarwood (*Aquilaria crassna*) extracts decrease high–protein high–fat diet–induced intestinal putrefaction toxins in mice[J]. Pharmaceutica Analytica Acta, 3 (3): 77–86.

Kakino M, Tazawa S, Maruyama H, et al., 2010. Laxative effects of agarwood on low–fiber diet–induced constipation in rats[J]. Complementary & Alternative Medicine, 10 (14): 1145–1149.

Kalinganirer A, Pinyopusarerk K, 2000. Chukrasia: Biology, Cultivation and Untilisation [M]. ACIAR Technical Reports No. 49. CSIRO, Canberra.

Kang J, Liu C, Wang H Q, et al., 2014. Studies on the bioactive flavonoids isolated from *Pithecellobium clypearia* Benth[J]. Molecules, 19 (4): 4479–4490.

Karlinasari L, Indahsuary N, Kusumo H T, et al., 2015. Sonic and ultrasonic waves in agarwood trees (*Aquilaria microcarpa*) inoculated with *Fusarium solani*[J]. Journal of Tropical Forest Science, 27 (3): 351–356.

Karthikeyan A, Arunprasad T, 2021. Growth response of *Pterocarpus santalinus* seedlings to native microbial symbionts (*Arbuscular mycorrhizal* fungi and *Rhizobium aegyptiacum*) under nursery conditions [J]. Journal of Forestry Research, 32: 225–231.

Kesari A N, Gupta R K, Watal G, 2004. Two aurone glycosides from heartwood of *Pterocarpus santalinus* [J]. Phytochemistry, 65: 3125–3129.

Kettles G J, Drurey C, Schoonbeek H J, et al., 2013. Resistance of Arabidopsis thaliana to the green peach aphid, *Myzus persicae*, involves camalexin and is regulated by microRNAs[J]. New Phytologist, 198 (4): 1178–1190.

Khadem S, Marles R J, 2012. Chromone and flavonoid alkaloids: occurrence and bioactivity. Molecules, 17 (1): 191–206.

Khorn S, 2002. Distribution of selected tree species for gene conservation in Cambodia. Viet Nam forest trees [M]. Hanoi: Forest Inventory and Planning Institute. Agricultural Publishing House: Annex B2–1–B2–9.

Kirst M, Basten C J, Myburg A A, et al., 2005. Genetic architecture of transcript–level variation in differentiating xylem of a Eucalyptus hybrid [J]. Genetics, 169 (4): 2295–2303.

Kirst M, Myburg A A, De León J P G, et al., 2004. Coordinated genetic regulation of growth and lignin revealed by quantitative trait locus analysis of cDNA microarray data in an interspecific backcross of Eucalyptus [J]. Plant Physiol., 135 (4): 2368–2378.

Klápště J, Suontama M, Telfer E, et al., 2017. Exploration of genetic architecture through sib–ship reconstruction in advanced breeding population of *Eucalyptus nitens* [J]. PLoS ONE,

12 : e0185137.

Klocko A L, Ma C, Robertson S, et al., 2016. FT overexpression induces precocious flowering and normal reproductive development in Eucalyptus [J]. Plant Biotechnol. J., 14 (2): 808–819.

Krishnaveni K S, Srinivasa Rao J V, 2000a. A new triterpene from callus of *Pterocarpus santalinus* [J]. Fitoterapia, 71 : 10–13.

Krishnaveni K S, Srinivasa Rao J V, 2000b. An isoflavone from *Pterocarpus santalinus* [J]. Phytochemistry, 53 : 605–606.

Krishnaveni K S, Srinivasa Rao J V, 2000c. A new acylated isofalvone glucoside from *Pterocarpus santalinus* [J]. Chemical & Pharmaceutical Bulletin, 48 (9): 1373–1374.

kugawa H, Ueda R, Matsumoto K, et al. 1993. Effects of agarwood extracts on the central nervous system in mice[J]. Planta Medica, 59 (1): 32–36.

Kukrety S, Gezan S, Jose S, et al., 2013. Facilitating establishment of advance regeneration of *Pterocarpus santalinus* L.–an endangered tree species from India [J]. Restoration Ecology, 21 (3): 372–379.

Kulheim C, Yeoh S H, Wallis I R, et al., 2011. The molecular basis of quantitative variation in foliar secondary metabolites in Eucalyptus globulus [J]. New Phytol., 191 (4): 1041–1053.

Kullan A R K, Dyk M M, Hefer C A, et al., 2012. Genetic dissection of growth, wood basic density and gene expression in interspecific backcrosses of *Eucalyptus grandis* and *E. urophylla* [J]. BMC Genetics, 13 : 60.

Kumar A N A, Joshi G, Ram H Y M, 2012. Sandalwood : history, uses, present status and the future[J]. Current Science, 103 (12): 1408–1416.

Kumar A, Jnanesha A C, 2017. Potential species of aromatic plants for cultivation in semi–arid tropical (Sat) regions of Deccan region [J]. Journal of Medicinal Plants Studies, 5 (3): 269–272.

Kumar D, 2011. Anti–inflammatory, analgesic, and antioxidant activities of methanolic wood extract of *Pterocarpus santalinus* L. [J]. Journal of Pharmacology and Pharmacotherapeutics, 2 (3): 200–202.

Kurnianto H, 2020. Variasi dan hubungan fenetik kultivar salak (Salacca zalacca (Gaertn.) Voss) di Lereng Selatan Merapi berdasarkan karakter morfologis[D]. Yogyakarta : Universitas Gadjah Mada.

Kwon H J, Hong Y K, Kim K H, et al., 2006. Methanolic extract of *Pterocarpus santalinus* induces apoptosis in HeLa cells [J]. Journal of Ethnopharmacology, 105 (1–2): 229–234.

Lee Y F, 1999. Morphology and genetics of the rattan Calamus subinermis in a provenance cum progeny trial[J]//Bacilieri R., Appanah S. Rattan cultivation : achievements, problems and prospects : An international consultation of experts for the project : conservation, genetic improvement, and silviculture of rattans in south-east Asia, 12-14 May, Kuala Lumpur, Malaysia, CIRAD-For ê t/FRIM, Malaysia.

LEE D K, 2005. Annual Report for Year 2004-2005. Restoration of degraded forest ecosystem in the south East Asian tropical region[R]. Seoul : ASEAN-Korea Environmental Cooperation Unit.

Lesmana D, 2005. Peranan wanita dalam pengambilan keputusan penerapan teknologi pada usahatani salak 'Pondoh Nglumut' [J]. Jurnal Ekonomi Pertanian dan Pembangunan (1): 29-38.

Li F, Gan S, 2011a. An optimised protocol for fluorescent-dUTP based SSR genotyping and its application to genetic mapping in Eucalyptus [J]. Silvae Genet., 60 (1): 18-25.

Li F, Gan S, Zhang Z, et al., 2011. Microsatellite-based genotyping of the commercial Eucalyptus clones cultivated in China [J]. Silvae Genet., 60 (5): 216-223.

Li F, Zhou C, Weng Q, et al., 2015. Comparative genomics analyses reveal extensive chromosome colinearity and novel quantitative trait loci in Eucalyptus [J]. PLoS ONE, 10 : e0145144.

Li L, Tao R H, Wu J M, et al., 2017. Three new sesquiterpenes from *Pterocarpus santalinus* [J]. Journal of Asian Natural Products Research, published on line, https : //doi. org/10. 1080/10286020, 2017. 1335714.

Li L L, Chen L, Li Y H, et al., 2020. Cassane and nor-cassane diterpenoids from the roots of *Erythrophleum fordii*[J]. Phytochemistry, 174 : 112343.

Li N, Yu F, Yu SS, 2004. Triterpenoids from *Erythrophleum fordii*[J]. Acta Botanica Sinica, 46 : 371-374.

Li R S, Li J G, Yin G T, et al., 2017. A male-specific SCAR DNA marker and sex ratio of seedlings in salak (*Salacca zalacca* var. *zalacca*) [J]. Journal of Forestry Research (1): 47-50.

Li R S, Yin G T, Yang J C, et al., 2011. Shoot drying and its cause in *Calamus simplicifolius* at Nanmeiling, Hainan, China[J]. Journal of Forestry Research (4): 681-684.

Li Y, Zhang X, Cheng Q, et al., 2021. Elicitors modulate young sandalwood (*Santalum album* L.) growth, heartwood formation and concrete oil synthesis[J]. Plants, 10 (2): 339.

Liao G, Dong W, Yang J, et al., 2018. Monitoring the chemical profile in agarwood formation within one year and speculating on the biosynthesis of 2- (2-phenylethyl) chromones.

Molecules，23（6）：1261.

Lima B M，Cappa E P，Silva-Junior O B，et al.，2019. Quantitative genetic parameters for growth and wood properties in Eucalyptus "urograndis" hybrid using near-infrared phenotyping and genome-wide SNP-based relationships [J]. PLoS ONE，14：e0218747.

Liu D，Hu R，Palla K J，et al.，2016. Advances and perspectives on the use of CRISPR/Cas9 systems in plant genomics research [J]. Curr. Opin. Plant Biol.，30：70-77.

Liu F M，Hong Z，Yang Z J，et al.，2019. De Novo transcriptome analysis of *Dalbergia odorifera* T. Chen（Fabaceae）and transferability of SSR markers developed from the transcriptome[J]. Forests，10（2）.

Liu F，Hong Z，Xu D，et al.，2019. Genetic diversity of the endangered *Dalbergia odorifera* revealed by SSR Markers[J]. Forests，10（3）.

Liu F M，Zhang N N，Liu X J，et al.，2019. Genetic diversity and population structure analysis of *Dalbergia Odorifera* germplasm and development of a core collection using microsatellite markers[J]. Genes，10（4）.

Liu L，Guo Z，Chai X，et al.，2013. Phenolic glycosides from the stems of *Homalium ceylanicum*（Gardner）Bentham（Flacourtiaceae/Salicaceae sensu lato）[J]. Biochemical Systematics and Ecology，2013，46：55-58.

Liu X J，Xu D P，Xie Z S，et al.，2009. Effects of different culture media on the growth of Indian sandalwood（*Santalum album* L.）seedlings in Zhanjiang，Guangdong，southern China[J]. Forestry Studies in China，11（2）：132-138.

Liu X J，Xu D P，Yang Z J，et al.，2018. Investigation of exogenous benzyladenine on growth，biochemical composition，photosynthesis and antioxidant activity of *Indian* Sandalwood（*Santalum album* L.）Seedlings[J]. Journal of Plant Growth Regulation，37：1148-1158.

Liu X J，Xu D P，Yang Z J，et al.，2017. Geographic variations in seed germination of *Dalbergia odorifera* T. Chen in response to temperature[J]. Industrial Crops and Products，102：45-50.

Liu Y，Chen H，Yang Y，et al.，2013. Whole-tree agarwood-inducing technique：an efficient novel technique for producing high-quality agarwood in cultivated Aquilaria sinensis trees[J]. Molecules，18（3）：3086-3106.

Lowe K，Wu E，Wang N，et al.，2016. Morphogenic regulators baby boom and wuschel improve monocot transformation [J]. Plant Cell，28（9）：1998-2015.

Lu H，Xu J，Li G，et al.，2020. Site classification of *Eucalyptus urophylla* × *Eucalyptus grandis* plantations in China[J]. Forests，11（8）：871.

Lu J K, Xu D P, Kang L H, et al., 2014. Host-species-dependent physiological characteristics of hemiparasite *Santalum album* in association with N2-fixing and non-N2-fixing hosts native to southern China[J]. Tree physiology, 34 (9): 1006-1017.

MacLachlan I R, Gasson P, 2010. PCA of CITES listed *Pterocarpus santalinus* (Leguminosae) wood [J]. IAWA Journal, 31 (2): 121-138.

Mahroof R M, Hauxwell C, Edirisinghe J P, et al., 2002. Effects of artificial shade on attack by the mahogany shoot borer, *Hypsipyla robusta* (Moore) [J]. Agricultural and Forest Entomology, 4: 283-292.

Mamani E M C, Bueno N W, Faria D A, et al., 2010. Positioning of the major locus for Puccinia psidii rust resistance (Ppr1) on the Eucalyptus reference map and its validation across unrelated pedigrees [J]. Tree Genet. Genomes, 6 (6): 953-962.

Mandrou E, Denis M, Plpmion C, et al., 2014. Nucleotide diversity in lignification genes and QTNs for lignin quality in a multi-parental population of Eucalyptus urophylla [J]. Tree Genet. Genomes, 10 (5): 1281-1290.

Mandrou E, Hein P R G, Villa E, et al., 2012. A candidate gene for lignin composition in Eucalyptus: Cinnamoyl-CoA reductase (CCR)[J]. Tree Genet. Genomes, 8 (2): 353-364.

Manjunatha B K, 2006a. Antibacterial activity of *Pterocarpus santalinus* [J]. Indian Journal of Pharmaceutical Sciences, 68 (1): 115-116.

Manjunatha B K, 2006b. Hepatoprotective activity of *Pterocarpus santalinus* L. f., an endangered medicinal plant [J]. Indian Journal of Plarmacology, 38 (1): 25-28.

Matsunaga E, Nanto K, Oishi M, et al., 2012. Agrobacterium-mediated transformation of Eucalyptus globulus using explants with shoot apex with introduction of bacterial choline oxidase gene to enhance salt tolerance [J]. Plant Cell Rep., 31 (1): 225-235.

Mei H, Hu H, Lv Y, et al., 2021. The hypolipidemic effect of *dalbergia odorifera* T. C. Chen leaf extract on hyperlipidemic rats and its mechanism investigation based on network pharmacology[J]. Hindawi: 1-13.

Mendonça E G SVC, Balieiro F P, et al., 2013. Genetic transformation of *Eucalyptus camaldulensis* by agrobalistic method [J]. Revista Árvore, 37 (3): 419-429.

Meng S, Ma H B, Li Z S, et al., 2021. Impacts of nitrogen on physiological interactions of the hemiparasitic *Santalum album* and its N-2-fixing host *Dalbergia odorifera*[J]. Trees-Structure and Function, 35 (3): 1039-1051.

Mhoswa L, O' Neill M M, Mphahlele M M, et al., 2020. A genome-wide association study for resistance to the insect pest Leptocybe invasa in Eucalyptus grandis reveals genomic regions and positional candidate defence genes [J]. Plant Cell Physiol., 61 (7): 1285-1296.

Miller M R, Dunham J P, Amores A, et al., 2007. Rapid and cost-effective polymorphism identification and genotyping using restriction site associated DNA (RAD) markers [J]. Genome Res., 17 (2): 240–248.

Mizrachi E, Verbeke L, Christie N, et al., 2017. Network-based integration of systems genetics data reveals pathways associated with lignocellulosic biomass accumulation and processing [J]. Proc. Nat. Acad. Sci. USA, 114 (5): 1195–1200.

Mohamed R, Jong P L, Kamziah A K, 2014. Fungal inoculation induces agarwood in young *Aquilaria malaccensis* trees in the nursery[J]. Journal of Forestry Research, 25 (1): 201–204.

Mujib A, 2005. *In vitro* regeneration of sandal (*Santalum album* L.) from leaves[J]. Turkish Journal of Botany, 29 : 63–67.

Muller B S F, Filho J E, Lima B M, et al., 2018. Independent and Joint-GWAS for growth traits in Eucalyptus by assembling genome-wide data for 3373 individuals across four breeding populations [J]. New Phytol., 221 (2): 818–833.

Mulliken T, Crofton P, 2008. Review of the status, harvest, trade and management of seven Asian CITES-listed medicinal and aromatic plant species[M]. Federal Agency for Nature Conservation, Bonn, Germany.

Muthan S B, Rathore T S, Rai V R, 2006. Micropropagation of an endangered *Indian* sandalwood (*Santalum album* L.) [J]. Journal of Forest Research, 11 (3): 203–209.

Myburg A A, Grattapaglia D, Tuskan G A, et al., 2014. The genome of *Eucalyptus grandis* [J]. Nature, 510 (7505): 356–362.

Naef R, 2011. The volatile and semi-volatile constituents of agarwood, the infected heartwood of *Aquilaria* species : a review[J]. Flavour & Fragrance Journal, 26 (2): 73–87.

Narayan S, Devi R S, Ganapathi V, et al., 2007. Effect of *Pterocarpus santalinus* extract on the gastric pathology elicited by a hypertensive drug in wistar rats [J]. Pharmaceutical Biology, 45 (6): 468–474.

Narayan S, Devi R S, Srinivasan P, et al., 2005 *Pterocarpus santalinus* : a traditional herbal drug as a protectant against ibuprofen induced gastric ulcers[J]. Phytotherapy Research, 19 : 958–962.

Nasir M H, Yusmah S M Y, 2007. Distribution of *Rhizophora stylosa* in peninsular malaysia[J]. Journal of Tropical Forest Science 19 (1): 57–60.

Navada K K, Vittal R R, 2014. Ethnomedicinal value of *Pterocarpus santalinus* (Linn. f.), a Fabaceae member [J]. Oriental Pharmacy and Experimental Medicine, 14 : 313–317.

Newton A C, Soehartono T, 2001. CITES and the conservation of tree species : the case of *Aquilaria* in Indonesia[J]. International Forestry Review, 3 (1): 27–33.

Nghia N H, Luomaaho T, Hong L T, et al., 2004. Status of forest genetic resources conservation and management in Vietnam [M]. Serdang, Malaysia : Proceeding of the Asia Pacific Forest Genetic Resources Programme (APFORGEN) : 290–301.

Ngo T C, Hau N Y, Dao D Q, 2019. Radical scavenging activity of natural–based cassaine diterpenoid amides and amines[J]. Journal of Chemical Information and Modeling, 59 : 766–776.

Nguyen B. C, 1996. Study on some silvicultural characters and technique for planting *Chukrasia tabularis*. A. Juss [D]. Agricultural Doctoral Thesis, Forest Science Institute of Vietnam.

Nguyen T D, Nishimura H, Imai T, et al., 2018. Natural durability of the culturally and historically important timber : *Erythrophleum fordii* wood against white–rot fungi[J]. Journal of Wood Science, 64 : 301–310.

Nguyen T T T, To D C, Vo P H T, et al., 2020. Cassaine diterpenoid amide from stem bark of Erythrophleum fordii suppresses cytotoxic and induces apoptosis of human leukemia cells[J]. Molecules, 25 (14) : 3304.

Oguchi T, Kashimura Y, Mimura M, et al., 2014, A multi–year assessment of the environmental impact of transgenic Eucalyptus trees harboring a bacterial choline oxidase gene on biomass, precinct vegetation and the microbial community [J]. Transgenic Res., 23 (5) : 767–777.

Olorunnisola A O, 2005. Dimensional stability of cement–bonded composite boards produced from rattan cane particles[J]. Journal of Bamboo and Rattan (2) : 173–182.

Olorunnisola A O, Adefisan O O, 2002. Trial production and testing of cement–bonded particleboard from rattan furniture waste[J]. Wood Fibre Science (1) : 116–124.

Olorunnisola A O, Pitman A, Mansfield–Williams H, 2005. Hydration characteristics of cement–bonded composites made from rattan cane and coconut husk[J]. Journal of Bamboo and Rattan (2) : 193–202.

Opuni–Frimpong E, Karnosky D F, Storer A J, et al., 2008. Silvicultural systems for plantation mahogany in Africa : influences of canopy shade on tree growth and pest damage[J]. Forest Ecology and Management, 255 : 328–333.

Ouyang L J, Li L M, Gan S M, 2015. Towards an efficient regeneration protocol for *Eucalyptus urophylla* [J]. J. Trop. For. Sci., 27 (3) : 289–297.

Ouyang L J, Li L M, 2016. Effects of an inducible aiiA gene on disease resistance in *Eucalyptus urophylla* × *Eucalyptus grandis* [J]. Transgenic Res., 25 (4) : 441–452.

Padovan A, Webb H, Mazanec R, et al., 2017. Association genetics of essential oil traits in

Eucalyptus loxophleba：explaining variation in oil yield [J]. Mol. Breed.，37（6）：73.

Pateraki I，Heskes A M，Hamberger B，2015. Cytochromes P450 for terpene functionalisation and metabolic engineering[M]. Biotechnology of Isoprenoids. Frankfurt：Springer：107–139.

Peeris M K P，Senarath W T P S K，2015. *In vitro* propagation of *Santalum album* L. [J]. Journal of National Science Foundation of Sri Lanka，43（3）：265–272.

Peng P X，Li K F，Liang K N，et al.，2012. A comparative study on wood properties of teaks from different geographical provenances [J]. Advanced Materials Research，430–432：508–511.

Peng Y，Diao J，Zheng M，et al.，2016. Early growth adaptability of four mangrove species under the canopy of an introduced mangrove plantation：Implications for restoration[J]. Forest Ecology and Management，373：179–188.

Persoon G A，Beek H H V，2008. Growing 'The Wood of The Gods'：agarwood production in southeast Asia[J]. Netherlands：Springer：58–59.

Pinyopusarerk K，Kalinganire A，2003. Domestication of *Chukrasia* [M]. Canberra：Elect Printing，Australia.

Pinyopusarerk K，Turnbull J W，Midgley S J，1996.Recent Casuarina Research and Development[M]. Proceedings of the Third International Casuarina Workshop，DaNang，Vietnam，4~7 March. CSIRO，Canberra.

Plasencia A，Soler M，Dupas A，et al.，2016. Eucalyptus hairy roots，a fast，efficient and versatile tool to explore function and expression of genes involved in wood formation [J]. Plant Biotechnol. J.，14（6）：1381–1393.

Pornputtapitak W，2008. Chemical constituents of the branches of Anomianthus dulcis and the branches of *Dalbergia cochinchinensis* Pierre [D]. Bangkok：Silpakorn University.

Pracaya，1999. Pests and plant diseases[M]. Jakarta：Penebar Swadaya[Indonesia].

Prakash E，Sha Valli Khan P S，Sreenivasa Rao T J V，et al.，2006. Micropropagation of red sanders（*Pterocarpus santalinus* L.）using mature nodal explants [J]. Journal of Forest Research，11：329–335.

Prakash O，Kumar R，Srivastava R，et al.，2015. Plants explored with anti–diabetic properties：a review [J]. American Journal of Pharmacological Sciences，3（3）：55–66.

Prasad J S，Menon J M，Vijil V V，et al.，2016. Evaluation of anti–melanogenic activity of *Pterocarpus santalinus* L. using bacterial system [J]. Biotechnological Research，2（2）：58–60.

Prasad M N V，Padmalatha K，Jayaram K，et al.，2007. Medicinal plants from Deccan ecoregion，India：traditional knowledge，ethnophamacology，cultivation，utilization， conservation and biotechnology—opportunities and impediments [J]. Medicinal and Aromatic Plant Science and Biotechnology, 1（2）: 155–208.

Qu J, Hu Y C, Yu S S, et al., 2006. New cassaine diterpenoid amides with cytotoxic activities from the bark of *Erythrophleum fordii*[J]. Planta Medica, 72 : 442–449.

Rabinaeayan A, Switu J, Rudrappa C, et al., 2018. Pharmacognostical and phytochemical Analysis on leaves of *Homalium ceylanicum*（Gardn.）Benth. [J]. Pharmacognosy Journal, 10（2）: 272–277.

Radomiljac A M, McComb J A, McGrath J F, 1999. Intermediate host influences on the root hemi–parasite *Santalum album* L. biomass partitioning[J]. Forest Ecology and Management, 113（2–3）: 143–153.

Radomiljac A M, McComb J A, Shea S R, 1998. Field establishment of *Santalum album* L.–the effect of the time of introduction of a pot host（*Alternanthera nana* R. Br. ）[J]. Forest Ecology and Management, 111（2–3）: 107–118.

Radomiljac A M, McComb J E N, Pate J S, et al., 1998. Xylem transfer of organic solutes in *Santalum album* L.（Indian Sandalwood）in association with legume and non–legume hosts[J]. Annals of Botany, 82（5）: 675–682.

Radomiljac A M, 1998a. The influence of pot host species, seedling age and supplementary nursery nutrition on *Santalum album* Linn.（Indian sandalwood）plantation establishment within the Ord River Irrigation Area, Western Australia[J]. Forest Ecology and Management, 102（2–3）: 193–201.

Radomiljac A M, 1998b. *Santalum album* L. plantations : a complex interaction between parasite and host——Ph D thesis of Murdoch University[M]. Perth, Western Australia : Murdoch University.

Raj Mahammadh V, 2014. Smuggling of red sandal wood in India : a review study [J]. International Journal of Economic and Business Review, 2（10）: 55–63.

Rajeswara Rao B R, Syamasundar K V, Rajput D K, et al., 2012. Potential species of medicinal plants for cultivation in Deccan region [J]. Journal of Pharmacognosy, 3（2）: 96–100.

Rajeswari V, Paliwal K, 2008. *In vitro* plant regeneration of red sanders（*Pterocarpus santalinus* L. f. ）from cotyledonary nodes [J]. Indian Journal of Biotechnology, 7 : 541–546.

Rao P S, Rangaswamy N S, 1971. Morphogenic studies in tissue cultures of the parasite *Santalum album* L. [J]. Biologia plantarum, 13（3）: 200–206.

Redaksi Agromedia, 2007. Budi Daya Salak[M]. Jakarta : AgroMedia.

Reddy C S, Reddy K N, Murthy E N, et al., 2009. Traditional medicinal plants in

Seshachalam hills, Andhra Pradesh, India [J]. Journal of Medicinal Plants Research, 3 (5): 408–412.

Reddy K N, Reddy C S, 2008. First red list of medicinal plants of Andhra Pradesh, India–conservation assessment and management planning [J]. Ethnobotanical Leaflets, 12 : 103–107.

Reich P B, Borchert R, 1982. Phenology and ecophysiology of the tropical tree, *Tabebuia* neochrysantha (Bignoniaceae) [J]. Ecology, 63 (2): 294–299.

Resende M D V, Resende M F R, Sansaloni C P, et al., 2012. Genomic selection for growth and wood quality in Eucalyptus : capturing the missing heritability and accelerating breeding for complex traits in forest trees [J]. New Phytol., 194 (1): 116–128.

Resende R T, Vilela M D, Silva F F, et al., 2017. Regional heritability mapping and genome–wide association identify loci for complex growth, wood and disease resistance traits in Eucalyptus [J]. New Phytol. 213 (3): 1287–1300.

Rocha D, Ashokan P, Santhoshkumar A, et al., 2014. Influence of host plant on the physiological attributes of field–grown sandal tree (*Santalum album*) [J]. Journal of Tropical Forest Science, 26 (2): 166–172.

Rohmer M, 1999. The discovery of a mevalonate–independent pathway for isoprenoid biosynthesis in bacteria, algae and higher plants[J]. Natural Product Reports, 16 (5): 565–574.

RONG–HUA L, XIN–CHAO W, FENG S, et al., 2016. Flavonoids from heartwood of *Dalbergia cochinchinensis* [J]. Chinese Herbal Medicines, 8 (1): 89–93.

Rosado C C G, Guimaraes L M S, Faria D A, et al., 2016. QTL mapping for resistance to Ceratocystis wilt in Eucalyptus [J]. Tree Genet. Genomes, 12 (4): 72.

Rugkhla A, Jones M G K, 1998. Somatic embryogenesis and plantlet formation in *Santalum album* and *S. spicatum*[J]. Journal of Experimental Botany, 49 (320): 563–571.

Sakchoowong W, Chobtham C, Rattanachan S, 2008. Effects of tree shade on attacks by the red cedar shoot borer, *Hypsipyla robusta* (Moore)(Lepidoptera : Pyralidae) [J]. Kasetsart Journal Natural Science, 42 : 435–443.

Sanjaya B M, Thrilok S R, Vittal R R, 2006. Factors influencing in vivo and in vitro micrografting of sandalwood (*Santalum album* L.): an endangered tree species[J]. Journal of Japanese Forest Research, 11 : 147–151.

Sankanur M S, Shivanna H, 2010. Effect of integrated nutrient management on growth and development of the *Pterocarpus santalinus* (Linn. f.) seedlings [J]. Karnataka Journal of Agriculture Sciences, 23 (5): 726–728.

Sansaloni C P, Petroli C D, Carling J, et al., 2010. A high–density Diversity Arrays

Technology（DArT）microarray for genome-wide genotyping in Eucalyptus [J]. Plant Methods，6：16.

Sarangi P K，2010. Conservation，production and marketing of red sanders，*Pterocarpus santalinus* L. f. [J]. Indian Forester，136（5）：569–579.

Selvam A B D，Bandyopadhyay S，2008. Fluorescence analysis of the heartwood of *Pterocarpus santalinus* L. f. [J]. Bulletin of the Botanical Survey of India，50（4）：187–189.

Senthilkumar N，Mayavel A，Subramani S P，et al.，2015. Red sander，*Pterocarpus santalinus* L. in Rajampet forest range，Rajampet forest division，Andhra Pradesh，India [J]. Advances in Applied Science Research，6（10）：130–134.

Sexton T R，Henry R J，Harwood C E，et al.，2011. Pectin methylesterase genes influence solid wood properties of *Eucalyptus pilularis* [J]. Plant Physiol.，158（1）：531–541.

Shi Z，Sun B，Pei N，et al ，2020. The complete chloroplast genome of *Acer tutcheri* Duthie（Acereae，Sapindaceae）：an ornamental tree endemic to China. Mitochondrial DNA Part B，5（3）：2686–2687.

Shirota O，Pathak V，Sekita S，et al，2003. Phenolic constituents from *Dalbergia cochinchinensis* [J]. Journal of Natural Products，66：1128–1131.

Singh B，Sharma R A，2015. Plant terpenes：defense responses，phylogenetic analysis，regulation and clinical applications. Biotech，5（2）：129–151.

Singh J S，Singh K D，2011. Silviculture of dry deciduous forests，India [M]// G ü nter S ，Weber M，Stimm B，et al.（eds. ）Silviculture in the tropics，Tropical Forestry，vol. 8，Springer，Berlin，Heidelberg. 273–283.

So T，Dell B，2010. Conservation and utilization of threatened hardwood species through reforestation–an example of *Afzelia xylocarpa*（Kruz. ）*Craib* and *Dalbergia cochinchinensis Pierre* in Cambodia [J]. Pacific Conservation Biology，16（2）：101–116.

Subasinghe U，Gamage M，Hettiarachchi D S，2013. Essential oil content and composition of Indian sandalwood（*Santalum album*）in Sri Lanka[J]. Journal of Forestry Research，24（1）：127–130.

Sukewijaya I M，Rai I N，Mahendra M. S，2009. Development of salak bali as an organic fruit[J]. Asian Journal of Food and Agro–Industry（s.）：37–43.

Suontama M，Klápště J，Telfer E，et al.，2019. Efficiency of genomic prediction across two *Eucalyptus nitens* seed orchards with different selection histories [J]. Heredity，122（3）：370–379.

Suresh K，Hegde M，Deenathayalan P，et al.，2017. Variation in heartwood formation and wood density in plantation-grown red sanders (*Pterocarpus santalinus*) [C]// Pandey K K, Ramakantha V, Chauhan S S, et al. (eds.) . Wood is good : current trends and future prospects in wood utilization. Springer, Singapore, 139–151.

Sykes R W, Gjersing E L, Foutz K, et al., 2015. Down-regulation of p-coumaroyl quinate/shikimate 3' -hydroxylase (C3' H) and cinnamate 4-hydroxylase (C4H) genes in the lignin biosynthetic pathway of *Eucalyptus urophylla* × *E. grandis* leads to improved sugar release [J]. Biotechnol. Biofuels, 8 : 128.

Tamuli P, Boruah P, Saikia R, 2006. Mycofloral study of the phyllosphere and soil of agarwood tree plantation. Plant Archives, 6 (2) : 695–697.

Teixeira da Silva J A, Kher M M, Soner D, et al., 2019. Red sandalwood (*Pterocarpus santalinus* L. f.) : biology, importance, propagation and micropropagation [J]. Journal of Forestry Research, 30 : 745–754.

Thamarus K, Groom K, Bradley A, et al., 2004. Identification of quantitative trait loci for wood and fibre properties in two full-sib pedigrees of *Eucalyptus globulus* [J]. Theor. App. Genet., 109 (4) : 856–864.

Thavamanikumar S, Mcmanus L J, Ades P K, et al., 2014. Association mapping for wood quality and growth traits in *Eucalyptus globulus* ssp. globulus Labill identifies nine stable marker-trait associations for seven traits [J]. Tree Genet. Genomes, 10 (6) : 1661–1678.

Thavamanikumar S, Tibbits J, Mcmanus L, et al., 2011. Candidate gene-based association mapping of growth and wood quality traits in *Eucalyptus globulus* Labill [J]. BMC Proc., 5 : O15.

Thumma B R, Nolan M F, Evans R, et al., 2005. Polymorphisms in cinnamoyl CoA reductase (CCR) are associated with variation in microfibril angle in *Eucalyptus* spp. [J]. Genetics, 171 (3) : 1257–1265.

Tsao C C, Shen Y C, Su C R, et al., 2008. New diterpenoids and the bioactivity of *Erythrophleum fordii* [J]. Bioorganic & Medicinal Chemistry, 16, 22 : 9867–9870.

Van Ooijen J, 2006. JoinMap 4. 0, Software for the calculation of genetic linkage maps in experimental populations [M]. Wageningen : Kyazma BV.

Vedavathy S, 2004. Cultivation of endemic red sanders for international trade [J]. Natural Product Radiance, 3 (2) : 83–84.

Vijayalakshmi K P, Renganayaki P R, 2017. Effect of pre-sowing treatment on germination of red sanders [J]. International Journal of Current Microbiology and Applied Sciences, 6 (4) : 168–173.

Vipranarayana S, Prasad T N V K V, Damodharam T, 2012. *In vitro* seed germination and induction of enhanced shoot multiplication in *Pterocarpus santalinus* Linn. f : an endemic medicinal plant of Seshachalam hills, Tirumala [J]. International Journal of Pure and Applied Sciences and Technology, 9（2）: 118–126.

Vlot A C, Sales J H, Lenk M, et al., 2021. Systemic propagation of immunity in plants[J]. New Phytologist, 229（3）: 1234–1250.

Wang S, Hwang T, Chung M, et al., 2015. New flavones, a 2-（2-phenylethyl）-4H-chromen-4-one derivative, and anti-inflammatory constituents from the stem barks of *Aquilaria sinensis*[J]. Molecules, 20（11）: 20912–20925.

Vo P H T, Nguyen T D T, Tran H T, 2020. Cytotoxic components from the leaves of *Erythrophleum fordii* induce human acute leukemia cell apoptosis through caspase 3 activation and PARP cleavage[J]. Bioorganic & Medicinal Chemistry Letters, 31: 127673.

Wang C S, Guo J J, Hein S, et al., 2019. Foliar morphology and spatial distribution in five-year-old plantations of *Betula alnoides*[J]. Forest Ecology and Management, 432: 514–521.

Wang C S, Guo J J, Zhao Z G, et al., 2021. Spatial patterns and seasonal dynamics of foliar nutrients in 5-year-old *Betula alnoides* plantations[J]. Forest Ecology and Management, 480: 118683.

Wang C S, Hein S, Zhao Z G, et al., 2016. Branch occlusion and discoloration of *Betula alnoides* under artificial and natural pruning[J]. Forest Ecology and Management, 375: 200–210.

Wang C S, Tang C, Hein S, et al., 2018. Branch development of five-year-old *Betula alnoides* plantations in response to planting density[J]. Forests, 9: 42.

Wang C S, Zeng J, Hein S, et al., 2017. Crown and branch attributes of mid-aged *Betula alnoides* plantations in response to planting density[J]. Scandinavian Journal of Forest Research, 32: 679–687.

Wang C S, Zhao Z G, Hein S, et al., 2015. Effect of Planting Density on Knot Attributes and Branch Occlusion of *Betula alnoides* under Natural Pruning in Southern China[J]. Forests, 6: 1343–1361.

Wang J, Wu H, Chen Y, et al., 2020. Efficient CRISPR/Cas9-mediated gene editing in an interspecific hybrid poplar with a highly heterozygous genome [J]. Front. Plant Sci., 11: 996.

Wang W, Weng X, Cheng D, 2000. Antioxidant activities of natural phenolic components from *Dalbergia odorifera* T. Chen[J]. Food chemistry, 71（1）: 45–49.

Wang X, Gao B, Nakashima Y, et al., 2022. Identification of a diarylpentanoid-producing polyketide synthase revealing an unusual biosynthetic pathway of 2-（2-phenylethyl）chromones in agarwood[J]. Nature Communications, 2022, 13（1）: 1–12.

Xia L, Li W, Wang H, et al., 2019. LC-MS guided identification of dimeric 2-（2-phenylethyl）chromones and sesquiterpene-2-（2-phenylethyl）chromone conjugates from agarwood of *Aquilaria crassna* and their cytotoxicity[J]. Fitoterapia, 138（10）: 104349.

Wang X, Luo P, Qiu Z, et al., 2021. Adventitious bud regeneration and Agrobacterium tumefaciens–mediated genetic transformation of *Eucalyptus urophylla* × *E. tereticornis* interspecific hybrid [J]. In Vitro Cell Dev. Biol.–Plant, doi: 10. 1007/s11627–021–10240–x.

Wang Z, Li L, Ouyang L, 2021. Efficient genetic transformation method for *Eucalyptus genome* editing [J]. PloS ONE, 16: e0252011.

Wardani S, Sugiyarto, 2009. Characterization of white grubs（Melolonthidae: Coleoptera）at salak pondoh agroecosystem in Mount Merapi based on isozymic banding patterns[J]. Nusantara Bioscience（1）: 38–42.

White K J, 1991. Teak: some aspects of research and development [C]. Bangkok: FAO Regional Office for Asia and the Pacific（RAPA）: 70.

Wilson J L, Johnson L A S, 1989. Casuarinaceae. In: Flora of Australia. Hamamelidales to Casuarinales[M]. Canberra: Australian Government Publishing Service, Vol. 3, p100–203.

Wilson N C, Saintilan N, 2018. Reproduction of the mangrove species *Rhizophora stylosa* Griff. at its southern latitudinal limit[J]. Aquatic Botany 151: 30–37.

Wu S F, Chang F R, Wang S Y, et al., 2011. Anti–inflammatory and cytotoxic neoflavonoids and benzofurans from *Pterocarpus santalinus* [J]. Journal of Natural Products, 74: 989–996.

Wu S F, Hwang T L, Chen S L, et al., 2011. Bioactive components from the heartwood of *Pterocarpus santalinus* [J]. Bioorganic & Medicinal Chemistry Letters, 21（18）: 5630–5632.

Xiang P, Dong W, Cai C, et al., 2021. Three new dimeric 2–（2–phenylethyl）chromones from artificial agarwood of *Aquilaria sinensis*[J]. Natural Product Research, 35（21）: 3592–3598.

Xiaojin L, Daping X, Ningnan Z et al., 2020. Complete chloroplast genome sequence of *Homalium hainanense*（Salicaceae）[J]. Mitochondrial DNA Part B, 5: 3, 2819–2820.

Xu C X, Zeng J, Cui T C, et al., 2016. Introduction, growth performance and ecological adaptability of hongmu tree species（*Pterocarpus* spp.）in China [J]. Journal of Tropical Forest Science, 28（3）: 260–267.

Xu D P, Xu S S, Zhang N N, et al., 2019. Chloroplast genome of *Dalbergia cochinchinensis*（Fabaceae）, a rare and endangered rosewood species in southeast Asia[J]. Mitochondrial DNA Part B, 4（1）: 1144–1145.

Yadav D, Sharma A K, Srivastava S, et al., 2016. Nephroprotective potential of standardized herbals described in Ayurveda: a comparative study [J]. Journal of Chemical and

Pharmaceutical Research，8（8）：419–427.

Yang Jinchang，Li QiongQiong，Yu Niu，et al.，2016. Genetic diversity and genetic structure among natural populations of *Sindora glabra* in Hainan Island，China as revealed by ISSR markers[J]. Biochemical Systematics and Ecology，69，145–151.

YANG Q，SUE Z，2007. Flora of China：Flacourtiaceae[M]. Beijing：Science Press：128–133.

Yang W S，Jeong D，Nam G，et al.，2013. AP–1 pathway–targeted inhibition of inflammatory responses in LPS–treated macrophages and EtOH/HCl–treated stomach by *Archidendron clypearia* methanol extract[J]. Journal of Ethnopharmacology，146：637–644.

Yang W S，Lee J，Kim T W，et al.，2012. Src/NF–kB–targeted inhibition of LPS–induced macrophage activation and dextran sodium sulphate–induced colitis by *Archidendron clypearia* methanol extract[J]. Journal of Ethnopharmacology，142（2）：287–293.

Yang Z T，Chen R Y，Zhao Y Q，et al.，2014. Preparation and mechanical properties of *Pithecellobium clypearia* Benth fibre/polypropylene composites processed by vane extruder[J]. Journal of Reinforced Plastics and Composites，33（2）：150–165.

Yin M Y，Guo J J，Wang CS，et al.，2019. Genetic parameter estimates and genotype × environment interactions of growth and quality traits for *Betula alnoides* Buch. –Ham. ex D. Don in four provenance–family trials in southern China[J]. Forests，10：1036.

Yu F，Li N，Yu S S，2005. A new diterpenoid glucopyranoside from *Erythrophleum fordii*[J]. Journal of Asian Natural Products Research，7（1）：19–24.

Yu N，Chen Z L，Yang J C，et al.，2020. Integrated transcriptomic and metabolomic analyses reveal regulation of terpene biosynthesis in the stems of Sindora glabra[J]. Tree Physiology，41：1087–1102.

Yu N，Sun H X，Yang J C，et al.，2022. The Diesel Tree Sindora glabra Genome Provides Insights Into the Evolution of Oleoresin Biosynthesis [J]. Frontiers in Plant Science，12. 794830.

Yu X，Guo Y，Zhang X，et al.，2012. Integration of EST–CAPS markers into genetic maps of *Eucalyptus urophylla* and *E. tereticornis* and their alignment with E. grandis genome sequence [J]. Silvae Genet.，61（6）：247–255.

Yu X，Kikuchi A，Matsunaga E，et al.，2013. The choline oxidase gene codA confers salt tolerance to transgenic *Eucalyptus globulus* in a Semi–confined condition [J]. Mol. Biotechnol.，54（2）：320–330.

Yu X，Kikuchi A，Shimazaki T，et al.，2012. Assessment of the salt tolerance and environmental biosafety of *Eucalyptus camaldulensis* harboring a mangrin transgene [J]. J.

Plant Res., 126 (1) : 141–150.

Yu X, Zhou C, Li F, et al., 2016. A novel set of EST–InDel markers in *Eucalyptus* L' H é rit. : polymorphisms, cross–species amplification, physical positions and genetic mapping [J]. Mol. Breed., 36 (7) : 1–9.

Yuji Fujii KS, Hayashi K, Tanabe T, et al., 2016. Evaluation of salt tolerance in candidate elite *Eucalyptus globulus* conal plants and field test [J]. Japan TAPPI J., 70 (12) : 1301–1309.

Yumi Z H, Hashim A P, Amid A, 2014. Screening of anticancer activity from agarwood essential oil. Pharmacognosy Research, 6 (3) : 191–194. Zeier J. Metabolic regulation of systemic acquired resistance[J]. Current Opinion in Plant Biology, 2021, 62 : 102050.

Yupa Doungyot ha, John N. Owens, 2002. The reproductive biology and reproductive success of Pterocarpus macrocarpus Kurz[J]. Biotropica, 34 (1) : 58– 67.

Zamare D K, Baburao K, Samal K C, 2013. *In vitro* antibacterial and synergistic effects of plant extracts and synthetic antibiotic 'Aztreonam' against extended bacterial spectrum [J]. International Journal of Agriculture, Environment & Biotechnology, 6 (3) : 587–595.

Zarpelon T G, Guimaraes L M S, Faria D A, et al., 2015. Genetic mapping and validation of QTLs associated with resistance to Calonectria leaf blight caused by Calonectria pteridis in *Eucalyptus* [J]. Tree Genet. Genomes, 11 (1) : 803.

Zhang M, Zhou C, Song Z, et al., 2018. The first identification of genomic loci in plants associated with resistance to galling insects : a case study in *Eucalyptus* L 'Hér. (Myrtaceae) [J]. Sci. Rep., 8 : 2319.

Zhang M M, Zhao G J, Liu B, et al., 2019. Wood discrimination analyses of *Pterocarpus tinctorius* and endangered *Pterocarpus santalinus* using DART–FTICR–MS coupled with multivariate statistics [J]. IAWA Journal, 40 (1) /l 58–74.

Zhang N, Xue S, Song J, et al., 2021 Effects of various artificial agarwood–induction techniques on the metabolome of *Aquilaria sinensis*. BMC Plant Biology, 2021, 21 (1) : 1–13.

Zhang P, Li X, Xue S, et al., 2021. Effects of weeding and fertilization on soil biology and biochemical processes and tree growth in a mixed stand of *Dalbergia odorifera* and *Santalum album*[J]. Journal of Forestry Research, 32 (6) : 2633–2644.

Zhang X H, Da Silva J A, Jia Y X, et al., 2012. Chemical composition of volatile oils from the pericarps of Indian sandalwood (*Santalum album*) by different extraction methods[J]. Natural Product Communications, 7 (1) : 93–96.

Zhang X H, Jaime A T D S, Jia Y X, et al., 2012. Essential oils composition from roots of *Santalum album* L. [J]. Journal of Essential Oil Bearing Plants, 15 (1) : 1–6.

Zhao Y, Yang L, Kong F, et al., 2021. Three new 5, 6, 7, 8-tetrahydro-2-（2-phenylethyl）chromones and one new dimeric 2-（2-phenylethyl）chromone from agarwood of *Aquilaria crassna* Pierre ex Lecomte in Laos[J]. Natural Product Research, 35（14）: 2295-2302.

Zhao Z G, Guo J J, Wang C S, et al., 2015. Simulating the heartwood formation process of *Erythrophleum fordii* Oliv. in south China[J]. Journal of Forestry Research, 26 : 1049-1055.

Zhao Z G, Shen W, Wang CS, et al., 2021. Heartwood variations in mid-aged plantations of *Erythrophleum fordii*[J]. Journal of Forestry Research, 32 : 2375-2383.

Zhou C, He X, Li F, et al., 2014. Development of 240 novel EST-SSRs in *Eucalyptus* L' H é rit [J]. Mol. Breed., 33（1）: 221-225.

Zhou C, Wang L, Weng Q, et al., 2020. Association of microsatellite markers with growth and wood mechanical traits in *Eucalyptus cloeziana* F. Muell.（Myrtaceae）[J]. Ind. Crops Prod., 154 : 112702.

Zhou X R, Zhang N N, Zhao Y M, et al., 2021. Distribution dynamics and roles of starch in Non-photosynthetic vegetative organs of *Santalum album* Linn., a hemiparasitic tree[J]. Frontiers in Plant Science, 11 : 532-537.

Zhou X, Jacobs T B, Xue L J, et al., 2015. Exploiting SNPs for biallelic CRISPR mutations in the outcrossing woody perennial *Populus reveals* 4-coumarate : CoA ligase specificity and redundancy [J]. New Phytol., 208（2）: 298-301.

Zhou Z Z, Liu S C, Liang K N, et al., 2017. Growth and mineral nutrient analysis of teak（*Tectona grandis*）grown on acidic soils in south China[J]. Journal of Forestry Research, 28（3）: 503-511.

Zhou Z Z, Liang K N, Xu D P, et al., 2012. Effects of calcium, boron and nitrogen fertilization on the growth of teak（*Tectona grandis*）seedlings and chemical property of acidic soil substrate [J]. New Forests, 43（2）: 231-243.

Zyhaidi Yahya A, Amir Saaiffudin K, Hashim M N, 2011. Growth response and yield of plantation grown teak（*Tecatona grandis*）after low thinning treatments at Pagoh, Peninsular Malaysia[J]. Journal of Tropical Forest Science, 23（4）: 453-459.